工程材料与检测

主　编　李　钊
副主编　高秋生　李宝昌　王　策
主　审　郭启臣

哈尔滨工业大学出版社

内 容 简 介

全书共 15 章,内容包括材料的基本知识、检测的基本知识、土、骨料、石灰与石膏、水泥、沥青、稳定土、水泥混凝土、沥青混凝土、钢材基本知识和重要的检测试验及方法。

本书适用于职业学校土木建筑类专业教学用书,也可供从事土木工程设计、施工、监理、科研等相关人员学习参考。

图书在版编目(CIP)数据

工程材料与检测/李钊主编. —哈尔滨:哈尔滨工业大学出版社,2024.9.—ISBN 978-7-5767-1278-0

Ⅰ.TB302

中国国家版本馆 CIP 数据核字第 2024KW2842 号

策划编辑　闻　竹　常　雨
责任编辑　张　颖
封面设计　童越图文
出版发行　哈尔滨工业大学出版社
社　　址　哈尔滨市南岗区复华四道街 10 号　邮编 150006
传　　真　0451-86414749
网　　址　http://hitpress.hit.edu.cn
印　　刷　哈尔滨市颉升高印刷有限公司
开　　本　787 mm×1 092 mm　1/16　印张 20.5　字数 509 千字
版　　次　2024 年 9 月第 1 版　2024 年 9 月第 1 次印刷
书　　号　ISBN 978-7-5767-1278-0
定　　价　128.00 元

(如因印装质量问题影响阅读,我社负责调换)

前　言

工程材料与检测是高等学校土木类专业重要的实践教学内容，同时检测也是分析研究土木工程材料的基本方法。本书按照土木学科背景和应用型人才培养目标，围绕专业规范要求的材料科学基础知识领域中的知识单元和核心知识点，依据最新的专业教学标准和规范，结合编者的现场实践及教学经验编写。

本书对接材料员和试验员的职业标准、职业能力和岗位要求，按照工程材料的种类和检测逻辑编制章节，包括材料的基本知识、检测基本知识，以及单体材料、胶凝材料、混合材料的基本性质与试验。目的是使学生掌握常用工程材料及其制品的质量标准、检验方法，能按照常用材料进场验收的程序、内容和方法执行进场验收，会判断进场材料的符合性，会保管现场常用建筑材料及其制品，会核查计量器具的符合性，能依据计量标准和施工质量验收规范独立检测常用工程材料的技术性能，能独立执行工程材料的取样和送检并评价材料质量，这充分体现了教材通用性、实用性原则，更贴近本专业的发展和实际需要。

本书由李钊担任主编，高秋生、李宝昌、王策担任副主编，黑龙江建筑职业技术学院郭启臣担任主审。随着新材料、新技术、新工艺、新装备的不断发展和检测规范标准的更新，我们将对本书的技术指标和检测措施进行及时修正。

我们希望通过本书的出版，能够为广大读者提供有关工程材料的专业知识和实用技能，促进现代职业教育的高质量发展，期待读者的支持和建议。

由于编写人员水平有限，可能存在一些不足之处，敬请读者批评指正。

编　者
2024 年 5 月

目 录

第1章 材料的基本知识 ·· 1
  1.1 工程材料概述 ·· 1
  1.2 工程材料的分类 ·· 1
  1.3 材料的体积构成 ·· 2
  1.4 材料的物理性质 ·· 3
  1.5 材料的力学性质 ·· 7
  1.6 工程材料的质量标准 ·· 9

第2章 检测基本知识 ·· 11
  2.1 检测任务与检测过程 ·· 11
  2.2 检测数据统计分析方法 ······································ 12

第3章 土 ·· 23
  3.1 土的工程分类 ·· 23
  3.2 土的技术性质 ·· 24
  3.3 土的试验 ·· 25
  3.4 土的最优含水率试验 ·· 37

第4章 骨料 ·· 41
  4.1 骨料分类 ·· 41
  4.2 骨料的技术性质 ·· 41
  4.3 矿质混合料 ·· 45
  4.4 骨料试验取样与缩分 ·· 54
  4.5 骨料的试验 ·· 56

第5章 石灰与石膏 ·· 74
  5.1 石灰 ·· 74
  5.2 石膏 ·· 78

第6章 水泥 ·· 81
  6.1 通用硅酸盐水泥 ·· 81
  6.2 专用水泥 ·· 90
  6.3 特性水泥 ·· 92
  6.4 通用水泥的质量等级、验收与保管 ···························· 94
  6.5 水泥试验的一般规定 ·· 97
  6.6 水泥试验 ·· 98

第 7 章 沥青 ... 113
7.1 石油沥青 ... 113
7.2 煤沥青 ... 124
7.3 乳化沥青 ... 125
7.4 改性沥青 ... 126
7.5 沥青试验 ... 127

第 8 章 稳定土 ... 151
8.1 稳定土的组成 ... 151
8.2 稳定土的技术性质 ... 152
8.3 稳定土的配合比设计 ... 154
8.4 石灰试验 ... 155
8.5 无机结合料稳定材料无侧限抗压强度试验 ... 158

第 9 章 水泥混凝土 ... 160
9.1 概述 ... 160
9.2 水泥混凝土的组成材料 ... 161
9.3 水泥混凝土的主要技术性能 ... 171
9.4 水泥混凝土配合比 ... 180
9.5 其他品种混凝土简介 ... 186
9.6 混凝土拌合物试验 ... 188

第 10 章 混凝土力学性能试验 ... 206
10.1 概述 ... 206
10.2 混凝土抗压强度度验 ... 210
10.3 混凝土静力受压弹性模量试验 ... 213
10.4 混凝土抗折强度试验 ... 216
10.5 混凝土劈裂抗拉强度试验 ... 218
10.6 回弹法检测混凝土强度简介 ... 221

第 11 章 混凝土耐久性试验 ... 228
11.1 概述 ... 228
11.2 混凝土抗渗性能试验 ... 228
11.3 混凝土动弹性模量试验 ... 231
11.4 混凝土抗冻性能试验 ... 233
11.5 混凝土碳化试验 ... 236
11.6 混凝土抗硫酸盐侵蚀试验 ... 238
11.7 混凝土碱骨料反应试验 ... 240

第 12 章 沥青混凝土 ... 244
12.1 定义 ... 244
12.2 沥青混合料特点 ... 244

12.3	沥青混合料的分类	245
12.4	热拌沥青混合料	245
12.5	其他沥青混合料	260

第13章 沥青材料试验 … 263

13.1	沥青针入度试验	263
13.2	沥青延度试验	265
13.3	沥青软化点试验(环球法)	266
13.4	沥青脆点试验	268
13.5	沥青标准黏度试验	269
13.6	沥青与粗骨料的黏附性试验	271

第14章 沥青混合料试件制作方法 … 273

14.1	目的与适用范围	273
14.2	压实沥青混合料密度试验	276
14.3	沥青混合料马歇尔稳定度试验	278
14.4	沥青混合料车辙试验	280
14.5	沥青混合料中沥青含量试验	282

第15章 钢材 … 285

15.1	概述	285
15.2	钢材的主要技术性能	286
15.3	常用钢的品种、质量标准和应用	293
15.4	常用建筑钢材	299
15.5	钢筋试验	305

参考文献 … 318

第1章 材料的基本知识

1.1 工程材料概述

工程材料是构成工程的所有材料的统称。工程中所用材料不仅要受到各种荷载的作用,还要面临复杂的环境因素的侵蚀,经受恶劣气候的考验,因此构成工程的材料应具备良好的物理性能、力学性能和耐久性等。

现代工程材料起源于19世纪20年代。1824年,英国人约瑟夫·阿斯普丁(J. Aspdin)发明了"波特兰水泥";1852年,法国人让·朗波特(R. Lambot)采用钢丝网和水泥制成了世界上第一艘小水泥船,钢材开始大量使用于建筑工程中,出现了钢筋混凝土;1872年,在美国纽约出现了第一座钢筋混凝土房屋。20世纪中叶,预应力技术得到了较大发展,出现了采用预应力混凝土结构的大跨度厂房、屋架和桥梁。

1949年中华人民共和国成立后,随着各项建设事业的蓬勃发展,为了满足大规模经济建设的需要,我国建材工业得到了迅猛的发展。在水泥生产方面,陆续在全国建设了数家年产50万t以上水泥的水泥厂,水泥的生产也由原来单一的品种向多品种发展,到目前已有数十个品种。另外也生产出大量性能优异、质量良好的功能材料,如新型的保温隔热、吸声、防水、耐火材料等。

工程材料的基本性质主要有三个方面:物理性质、力学性质和化学性质。材料的这些性质主要与其体积构成有密切联系。

①物理性质,主要包括密度、孔隙分布状态、与水有关的性质、热工性能等。

②力学性质,主要包括材料的立方体抗压强度、单轴抗压强度、变形性能等。

③化学性质,主要包括材料抵抗周围环境对其起化学作用的性能,如抗老化性、耐腐蚀。

1.2 工程材料的分类

工程材料的种类很多,需对其进行分类学习。工程材料的分类方式主要有两种:按材料的主要功能与用途分类;按主要化学成分分类。

1.2.1 按材料的主要功能与用途分类

工程材料按材料的主要功能与用途可分为结构类材料、功能型材料和装饰装修材料。

①结构类材料:主要使用在结构部位,主要有水泥、混凝土、砂浆、砌块(砖)、钢材等。

②功能型材料:在建筑物中发挥各种功能(如保温隔热、绝热、吸声、隔声、防水等),主要有保温隔热材料、绝热材料、吸声材料、隔声材料、防水材料等。

③装饰装修材料:主要使用在建筑物的装饰装修部位,起装饰作用,其品种、规格很多,

更新换代很快。

1.2.2 按主要化学成分分类

按主要化学成分可将工程材料分为无机材料、有机材料和有机与无机复合材料。

①无机材料。工程材料中绝大部分是无机材料,主要有水泥、砂、石、混凝土、砂浆、砖、钢材等。

②有机材料。有机材料主要有沥青、有机高分子防水材料、木材以及制品、各种有机涂料等。

③有机与无机复合材料。有机与无机复合材料是集无机与有机两者优点于一身的材料,主要有浸渍聚合物混凝土或砂浆、覆有机涂膜的彩钢板、玻璃钢等。

1.3 材料的体积构成

常见的工程材料有块状和颗粒状之分,块状材料如砌块、混凝土、石材等;颗粒状材料如各种骨料。根据材料的聚集状态不同,其体积构成也呈现不同的特点。

1.3.1 块状材料体积构成特点

打开石料,人们常发现在其内部和材料实体间被部分空气所占据。材料实体内部被空气占据的空间称为孔隙。材料内部孔隙的数量和其分布状态对材料基本性质有重要影响。块状材料的体积构成示意图如图 1.1 所示。

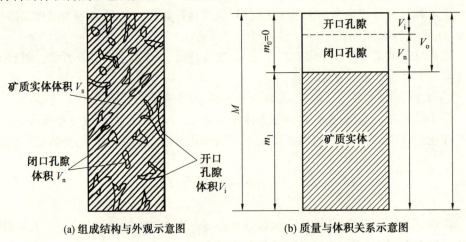

(a) 组成结构与外观示意图   (b) 质量与体积关系示意图

图 1.1 块状材料的体积构成示意图

块状材料在自然状态下的总体积为

$$V = V_s + V_o \tag{1.1}$$

式中　V——块状材料在自然状态下的总体积,cm^3;

　　　V_s——材料矿质实体的体积,cm^3;

　　　V_o——材料内部孔隙体积,cm^3。

材料内部孔隙分为连通孔隙(开口孔隙)和封闭孔隙(闭口孔隙)。连通孔隙是指孔隙之间、孔隙和外界之间都连通的孔隙;封闭孔隙是指孔隙之间、孔隙和外界之间都不连通的孔隙。一般而言,连通孔隙对材料的吸水性影响较大,而封闭孔隙对材料的保温性能影响较大。

孔隙按其直径的大小可分为粗大孔、毛细孔、极细孔三类。粗大孔是指其直径大于毫米级的孔隙,主要影响材料的密度、强度等性能;毛细孔是指直径在微米至毫米级的孔隙,这类孔隙对水具有强烈的毛细作用,主要影响材料的吸水性、抗冻性等性能;极细孔是指其直径在微米级以下的孔隙,因其直径微小,对材料的性能影响不大。

1.3.2 颗粒状材料的体积构成特点

对于单个颗粒而言,其体积构成与块状材料是相同的,但如果大量的颗粒材料堆积在一起作为整体研究时,它的体积构成与块状材料相比会出现较大差异。颗粒状材料的颗粒之间存在着大量的被空气占据的空间,称为孔隙。对于颗粒状材料而言,孔隙是影响其性能的主要因素,而颗粒材料内部的孔隙对颗粒材料堆积性能的影响很小,一般情况下可以忽略不计。颗粒状材料的体积构成示意图如图 1.2 所示。

颗粒状材料在自然堆积状态下的总体积为

$$V = V_s + V_o + V_V \tag{1.2}$$

式中 V——颗粒状材料在自然堆积状态下的总体积;

V_V——颗粒状材料颗粒之间的空隙体积。

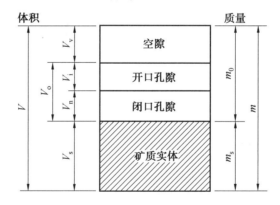

图 1.2 颗粒状材料的体积构成示意图

1.4 材料的物理性质

1.4.1 材料的物性参数

1. 真实密度(密度)

真实密度是指材料在规定条件((105±5)℃烘干至恒重,温度 20 ℃)下,单位真实体积(不含孔隙的矿质实体体积)的质量,用 ρ 表示。

$$\rho = \frac{m_s}{V_s} \tag{1.3}$$

式中 ρ——材料的真实密度,g/cm³;
$\quad\quad m_s$——材料实体的质量,g;
$\quad\quad V_s$——材料矿质实体的体积,cm³。

对于绝对密实而外形规则的材料,如钢材、玻璃等,V_s 可采用测量计算的方法求得;对于可研磨的非密实材料,如砌块、石膏,V_s 可采用研磨成细粉,再用密度瓶测定的方法求得。

2. 表观密度(视密度)

表观密度是指材料在规定条件((105±5)℃烘干至恒重)下,单位表观体积(包括矿质实体体积和闭口孔隙体积)的质量,用 ρ_a 表示。

$$\rho_a=\frac{m_s}{V_s+V_n}=\frac{m_s}{V_a} \tag{1.4}$$

式中 ρ_a——材料的表观密度,g/cm³;
$\quad\quad m_s$——材料矿质实体的质量,g;
$\quad\quad V_s$——材料矿质实体的体积,cm³;
$\quad\quad V_n$——材料内部闭口孔隙的体积,cm³;
$\quad\quad V_a$——环境表观体积,cm³。

对于外形不规则的颗粒状材料,常用排水法测量其表观体积。对于颗粒状材料通常采用表观密度而不是真实密度描述其相关性能。

3. 体积密度(毛体积密度)

体积密度是指材料在自然状态下,单位体积(毛体积)的质量,用 ρ_b 表示。

$$\rho_b=\frac{m_s}{V_s+V_n+V_i}=\frac{m_s}{V_b} \tag{1.5}$$

式中 ρ_b——材料的体积密度,g/cm³;
$\quad\quad m_s$——材料矿质实体的质量,g;
$\quad\quad V_s$——材料矿质实体的体积,cm³;
$\quad\quad V_n$——材料内部闭口孔隙的体积,cm³;
$\quad\quad V_i$——材料内部开口孔隙的体积,cm³;
$\quad\quad V_b$——材料在自然状态下的总体积(毛体积),cm³。

对于外形规则的材料,如烧结砖、砌块等,其在自然状态下的总体积(毛体积)可采用测量、计算方法求得。对于外形不规则的散粒材料,可采用排水法测量。将已知质量的颗粒放入水中浸泡 24 h 饱水后,用湿毛巾擦干而求得饱和面干质量,然后用排水法求得颗粒状材料在水中的体积即为该材料在自然状态下的总体积(毛体积)。

4. 堆积密度

堆积密度是指颗粒状材料在自然堆积状态下,单位体积(包括材料矿质实体体积、闭口孔隙体积、开口孔隙体积和颗粒间空隙体积)的质量,用 ρ_p 表示。

$$\rho_p=\frac{m_s}{V_s+V_n+V_i+V_v}=\frac{m_s}{V_p} \tag{1.6}$$

式中 ρ_p——材料的堆积密度,g/cm³;
$\quad\quad m_s$——材料矿质实体的质量,g;

V_s——材料矿质实体的体积,cm^3;

V_n——材料内部闭口孔隙的体积,cm^3;

V_i——材料内部开口孔隙的体积,cm^3;

V_v——材料颗粒之间的空隙体积,cm^3;

V_p——材料的堆积体积,cm^3。

颗粒状材料的堆积密度分为自然堆积状态、振实状态和捣实状态下的堆积密度,计算方法与式(1.6)相同。

5. 孔隙率

孔隙率是指材料内部孔隙体积占材料总体积的百分率,用 P 表示。

$$P=\frac{V_n+V_i}{V_s+V_n+V_i}\times 100\%=\left(1-\frac{\rho_b}{\rho}\right)\times 100\% \tag{1.7}$$

孔隙率可反映材料的密实程度,它直接影响着材料的力学性能、热工性能及耐久性等。但孔隙率只能反映材料内部所有孔隙的总量,并不能反映孔隙的分布状况,也不能反映孔隙是开放的还是封闭的,是连通的还是独立的等特性。不同尺寸、不同特征的孔隙对材料性能的影响是不同的。

6. 空隙率

空隙率指颗粒状材料在自然堆积状态下,颗粒之间的空隙体积占总体积的百分率,用 n 表示。

$$n=\frac{V_v}{V_s+V_n+V_i+V_v}\times 100\%=\left(1-\frac{\rho_p}{\rho_b}\right)\times 100\% \tag{1.8}$$

空隙率反映颗粒状材料堆积体积内颗粒的填充状态,是衡量砂石级配好坏、进行混凝土配合比设计的重要原始数据。

1.4.2 材料与水有关的性质

水对工程材料存在不同程度的破坏作用,市政工程在使用中不可避免地会受到外界雨、雪、地下水、冻融的影响,因此研究工程材料与水有关的性质意义重大。材料与水有关的性质包括材料的亲水性与憎水性、吸水性、抗冻性等。

1. 亲水性与憎水性

将一滴水滴在固体材料表面,因材料性能的不同,水滴将出现不同的状态,如图 1.3 所示,其中 1.3(b)所示水滴向固体表面扩展,这种现象称为固体材料能被水润湿;图 1.3(c)所示水滴呈球状,不容易扩散,这种现象称为固体不能被水润湿。固体材料能否被水润湿,取决于该材料具有亲水性还是憎水性。

为便于说明材料与水的亲和能力,此处引入润湿角的概念。图 1.3 中的水滴、固体材料及空气形成了固-液-气系统,在三相交界处沿液-气界面作切线,固-液界面所夹的角称为材料的润湿角(θ),如图 1.3(a)所示。当 $\theta<90°$ 时,表明材料为亲水性或能被水润湿;当 $\theta\geqslant90°$ 时,表明材料为憎水性或不能被水润湿。θ 的大小取决于固-气之间的表面张力(γ_{sv})、气-液之间的表面张力(γ_{lv})以及固-液之间界面张力(γ_{sl})三者之间的关系,具体如下:

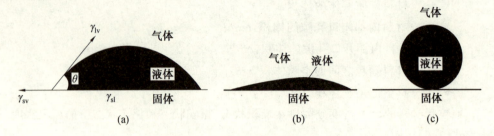

图 1.3 水滴在不同固体材料表面的形状

$$\cos\theta = \frac{\gamma_{sv} - \gamma_{sl}}{\gamma_{lv}} \tag{1.9}$$

大多数无机材料都是亲水性的,如石膏、石灰、混凝土等。亲水材料若有较多的毛细孔隙,则对水有强烈的吸附作用;而像沥青、塑料等憎水材料对水有排斥作用,故常用作防水材料。

2. 吸水性

吸水性是指材料在水中吸收水分达到饱和的能力,采用吸水率和饱和吸水率表示。

吸水率是指材料在吸水饱和时所吸收水分的质量占材料干质量的百分率,即

$$w_a = \frac{m_1 - m}{m} \times 100\% \tag{1.10}$$

式中 w_a——材料的吸水率,%;

m——材料烘干至恒重时的质量,g;

m_1——材料吸水至饱和时的质量,g。

饱和吸水率(简称饱水率)是指材料在强制条件(如抽真空)下,最大吸水质量与材料干质量的百分率。采用真空抽气法将材料开口孔隙内部空气抽出,当恢复常压时,水很快进入材料孔隙中,此时水分几乎充满开口孔隙的全部体积,所以饱和吸水率大于吸水率。

$$w_{sa} = \frac{m_2 - m}{m} \times 100\% \tag{1.11}$$

式中 w_{sa}——材料的饱和吸水率,%;

m——材料烘干至恒重时的质量,g;

m_2——材料经强制吸水至饱和时的质量,g。

吸水率、饱和吸水率能有效地反映材料缝隙的发育程度,可通过比较二者差值的大小来判断材料抗冻性等。

3. 抗冻性

抗冻性是指材料在吸水饱和状态下,抵抗多次冻融循环,不被破坏、强度也不显著降低的性能。

材料的抗冻性用抗冻等级 F 表示,如 F15 表示在标准试验条件下,材料强度下降不大于 25%,质量损失不大于 5%,所能经受的冻融循环次数最多为 15 次。材料在饱水状态下,放入 −15 ℃环境冻结 4 h 后,再放入(20±5)℃水中溶解 4 h,为一次冻融循环。

市政工程在温暖季节被水湿润、寒冷季节受到冰冻,如此反复交替作用,材料孔隙内壁因水结冰而导致体积膨胀(约 9%),会产生高达 100 MPa 的应力,从而使材料发生严重破坏。

1.5 材料的力学性质

工程材料在生产、使用过程中会受到各种外力作用,此时将表现出来各种力学性质,主要有强度、变形性能、脆性与韧性等。

1.5.1 强度

材料在荷载作用下抵抗破坏的能力称为强度。材料受到外力作用时,在其内部会产生抵抗外力作用的内应力,单位面积上所产生的内力称为应力,数值上等于外力除以受力面积。当材料受到的外力增加时,其内部产生的应力值也随之增加。当该应力值达到材料内部质点间结合力的最大值时,材料被破坏。材料的强度就是材料内部抵抗破坏的极限应力。

1. 理论强度

材料的理论强度是克服固体材料内部质点间的结合力,形成两个新表面时所需的应力。理论上材料的强度可以根据化学组成、晶体结构、与强度之间的关系来计算,但不同材料有不同的组成、不同的结构及不同的结合方式,Orowan 提出的简化材料理论强度计算公式如下:

$$f_{th}=\sqrt{\frac{EU}{a}} \tag{1.12}$$

式中 f_{th}——材料的理论强度,MPa;
E——材料的弹性模量,MPa;
U——材料的单位表面能,J/m²;
a——原子间距离,或者称为晶格常数,m。

材料的理论强度是在假定材料内部没有任何缺陷的前提下推导出来的,即外力必须克服内部质点之间的相互作用力,将质点间距离拉开足够大,才能使材料发生破坏。由于固体材料内部质点间的距离很小,通常在 0.1~1 nm 数量级,因此,理论强度值很大。但是,实际工程中所使用的材料按照某种标准方法测得的实际强度值远远低于理论强度。其原因在于实际材料内部通常存在许多缺陷,例如孔隙、裂缝等,所以尽管所施加的外力相对很小,但局部应力集中已经达到了理论强度。因此,人们在实际工程中常常发现在远低于材料理论强度的应力时工程材料就发生破坏。

2. 材料的静力强度

工程材料通常所受的静力有拉力、压力、剪切力和弯曲力,根据所受静力的不同,材料的静力强度可分为抗拉强度、抗压强度、抗剪强度和抗弯(抗折)强度,如图 1.4 所示。

材料的抗拉强度、抗压强度、抗剪强度、抗弯(抗折)强度按下式计算:

$$f=\frac{p_{max}}{A}$$
$$f_t=\frac{3p_{max}l}{2bh^2} \tag{1.13}$$

式中 f——材料的抗拉强度、抗压强度、抗剪强度,MPa;
f_t——材料的抗弯(抗折)强度,MPa;

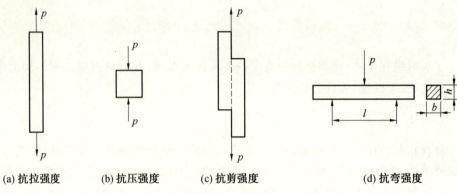

(a) 抗拉强度　　(b) 抗压强度　　(c) 抗剪强度　　(d) 抗弯强度

图 1.4　材料受静力作用示意图

p_{max}——材料受拉、受压、受剪、受弯(折)破坏时的极限荷载值,N;

A——材料的受力截面积,mm^2;

l——试件两支点间的距离,mm;

b、h——试件矩形截面的宽和高,mm。

3. 影响材料强度的因素

工程材料的强度通常经试验检测而得,所以影响材料强度的因素包括两方面:材料的组成、结构和含水状态,以及试验方法。

(1)材料的组成、结构和含水状态。

金属材料多属于晶体材料,内部质点排列规则,且以金属键相连接,不易破坏,所以金属材料的强度高。而水泥浆体硬化后形成凝胶粒子的堆积结构,相互之间以分子引力连接,强度很弱,因此混凝土的强度比金属低得多。材料内部含有孔隙,孔隙的数量、尺度、孔隙结构特征及材料内部质点间的结合方式造成了材料结构上的极大差异,导致不同材料的强度高低有别。一般,孔隙率越大,材料的强度越低。

材料吸水后导致其内部质点间的距离增大,相互间作用力减弱,所以强度降低。温度升高同样能使材料内部质点间的距离增大,导致材料强度下降。

(2)试验方法。

一般情况下,由于"环箍效应"的影响,对于同种材料,大试件测出的强度小于小试件测出的强度;棱柱体试件的强度小于同样尺寸的立方体试件的强度;承压板与试件间摩擦越小,所测强度值越低。

对试件进行强度检测时,加荷速度越快,所测的强度值越高。

4. 强度等级

强度等级是材料按强度值的大小所划分的级别,如硅酸盐水泥按 3 d、28 d 的抗压强度、抗折强度划分为 42.5、52.5、62.5 等强度等级。强度等级是人为划分的,是不连续的。划分强度等级时,规定的各项指标都合格时,才能定为某强度等级,否则就要降低级别。强度等级与强度间的关系可简单地表述为:"强度等级来源于强度,但不等同于强度"。

5. 比强度

比强度是指材料的强度与其体积密度的比值,是衡量材料轻质高强性能的指标。木材的强度值虽比混凝土低,但其比强度却高于混凝土,这说明木材与混凝土相比是典型的轻质高强材料。

1.5.2 变形性能

工程材料在外力作用下会发生变形,常见的变形有弹性变形、塑性变形。

材料在外力作用下发生变形,当外力去掉后,完全恢复到原来状态的性质,称为弹性。材料的这种能完全恢复的变形称为弹性变形,具备弹性变形特征的材料称为弹性材料。

材料在外力作用下发生变形,当外力去掉后,材料仍保持变形后的形状和尺寸的性质,称为塑性。材料的这种不能恢复的变形称为塑性变形,具备塑性变形特征的材料称为塑性材料。

实际上,没有单纯发生弹性变形或塑性变形的材料。以钢材为例,在外力作用不大时表现为弹性,外力增加到一定时表现出塑性特征;而混凝土在受到外力作用时,既发生弹性变形,又发生塑性变形,所以混凝土属于弹塑性材料。

1.5.3 脆性与韧性

脆性是指材料在荷载作用下,破坏前没有明显预兆(即塑性变形),表现为突发性破坏的性质。脆性材料的特点是塑性变形很小,且抗压强度是抗拉强度的 5~50 倍。无机非金属材料多属于脆性材料。

韧性又称冲击韧性,是材料在冲击、振动荷载作用下,能承受很大的变形而不发生突发性破坏的性质。韧性材料的特点是变形大,特别是塑性变形大。建筑钢材、塑料、木材等属于韧性材料。材料内部含有孔隙,孔隙的数量、尺度、孔隙结构特征及材料内部质点间的结合方式造成了材料结构上的极大差异,导致不同材料的强度高低有别。一般,孔隙率越大,材料的强度越低。

1.6　工程材料的质量标准

工程材料的质量标准是产品生产、检验和评定质量的技术依据。其主要内容包括:产品的类型、品种、主要技术性能指标、包装、储运、保管规则等。质量标准的作用有以下几个方面。

(1)建材工业企业必须严格按照技术标准进行设计、生产,以确保产品质量,生产出合格的产品。

(2)工程材料的使用者必须按技术标准选择、使用质量合格的材料,使设计、施工标准化,以确保工程质量,加快施工进度,降低工程造价。

(3)供需双方必须按照技术标准规定进行材料的验收,以确保双方的合法权益。

工程材料的质量标准分为国家标准、行业标准、地方标准、企业标准四级,分别由相应的标准化管理部门批准并颁布。各级标准均有相应的代号,见表 1.1,其表示方法由标准名称、标准代号、顺序号和发布年号组成,如图 1.5 所示。国家质量技术监督局是国家标准化管理的最高机关。国家标准和行业标准属于全国通用标准,是国家指令性技术文件,各级生产、设计、施工等部门均必须严格遵照执行。

表 1.1　各级标准的代号

标准级别	标准代号及名称	
国家标准	GB——国家标准； GBJ——建筑工程国家标准	GB/T——推荐国家标准
行业标准 （部分）	JGJ——住房城乡建设行业标准； JT——交通行业标准； SL——水利水电行业标准	JC——建筑材料行业标准； YB——冶金行业标准； LY——林业行业标准
地方标准	DB——地方标准	
企业标准	QB——企业标准	

图 1.5　通用硅酸盐水泥的国家标准

第 2 章 检测基本知识

2.1 检测任务与检测过程

材料是土木建筑工程的物质基础,并在一定程度上决定着建筑与结构的形式及工程施工方法。新型土木工程材料的研发与应用将促使工程结构设计方法和施工技术不断变化与革新,同时新颖的建筑与结构形式又不断向土木工程材料提出更高的性能要求。建筑师总是把精美的建筑艺术与科学合理地选用土木工程材料融合在一起;结构工程师也只有在很好地了解土木工程材料技术性能的基础上,才能根据工程力学原理准确计算并确定建筑构件的尺寸,从而创造先进的结构形式。

土木工程材料检测是土木工程材料学的重要组成部分,同时也是学习和研究土木工程材料的重要方法。土木工程材料基本理论的建立及其技术性能的开发与应用,都是在科学检测基础上逐步发展和完善起来的,同时,土木工程材料的科学检测将进一步推动土木工程学科的发展。

2.1.1 检测目的

(1)巩固、拓展专业理论知识,丰富、提高专业素质。
(2)掌握常用仪器设备的工作原理和操作技能,培养掌握工程技术和科学研究的基本能力。
(3)了解土木工程材料及其相关检测规范,掌握常用土木工程材料的检测方法。
(4)培养严谨求实的科学态度,提高分析与解决实际问题的能力。

2.1.2 检测任务

(1)分析、鉴定土木工程原材料的质量。
(2)检验、检查材料成品及半成品的质量。
(3)验证、探究土木工程材料的技术性质。
(4)统计分析检测资料,独立完成检测报告。

2.1.3 检测过程

检测过程是检测者进行检测时的工作程序,土木工程材料的每个检测都应包括以下过程。

1. 检测准备

认真、充分的检测准备工作是保证检测顺利进行并取得满意检测结果的前提和条件,检测准备工作的内容包括以下两个方面。

(1) 理论知识的准备。

每个检测都是在相关理论知识指导下进行的,检测前,只有充分了解检测的理论依据和检测条件,才能有目的、有步骤地进行检测,否则将会陷入盲目。

(2) 仪器设备的准备。

检测前应了解所用仪器设备的工作原理、工作条件和操作规程等内容,以便使整个检测过程能够按照预先设计的检测方案顺利、快捷、安全地进行。

2. 取样与试件制备

检测要有检测对象,对检测对象的选取称为取样。检测时不可能对全部材料都进行测试,实际上也没有必要,往往是选取其中的一部分。因此,取样要有代表性,使其能够反映整批材料的质量性能,起到"以点代面"的作用。检测取样完成后,对有些检测对象的测试项目可以直接进行检测操作,并进行结果评定。在大多数情况下,还必须对检测对象进行检测前处理,制作成符合一定标准的试件,以获得具有可比性的检测结果。

3. 检测操作

检测操作必须在充分做好准备工作以后才能进行,检测过程的每一步操作都应采用标准的检测方法,以使测得的检测结果具有可比性,因为不同的检测方法往往会得出不同的检测结果。检测操作环节是整个检测过程的中心内容,应规范操作,仔细观察,详细记录。

4. 结果分析与评定

检测数据的分析与整理是得出检测结果的最后一个环节,应根据统计分析理论,实事求是地对所得数据与结果进行科学归纳整理,同时结合相关标准规范,以检测报告的形式给出检测结论,并作出必要的理论解释和原因分析。

2.2 检测数据统计分析方法

检测中所测得的原始数据并不是最终结果,只有将其进行统计归纳、分析整理,找出规律性的问题及其内在的本质联系,才是检测的目的所在。本节主要介绍检测数据统计分析的基本方法。

2.2.1 测量与误差

测量是从客观事物中获取有关信息的认识过程,其目的是在一定条件下获得被测量的真值。尽管被测量的真值客观存在,但检测时所进行的测量工作都是依据一定的理论与方法,使用一定的仪器与工具,并在一定条件下由特定的人进行的,由于检测理论的近似性、仪器设备灵敏度与分辨能力的局限性,以及检测环境的不稳定性等因素的影响,被测量的真值很难求得,测量结果和被测量真值之间总会存在或多或少的偏差,由此而产生的偏差也就必然存在,这种偏差称为测量值的误差。设测量值为 x,真值为 A,则误差 ε 为

$$\varepsilon = |x - A| \tag{2.1}$$

测量所得到的数据都含有一定量的误差,没有误差的测量结果是不存在的。既然误差一定存在,那么测量的任务是想方设法将测量值中的误差减至最小,或在特定的条件下,求出被测量的最近真值,并估计最近真值的可靠度。

按照对测量值影响性质的不同,误差可分为系统误差、偶然误差和粗大误差,这三类误差在检测数据中常混杂出现。

1. 系统误差

在指定测量条件下,多次测量同一量时,若测量误差的绝对值和符号总是保持恒定,测量结果始终朝一个方向偏离或者按某一确定的规律变化,则这种测量误差称为系统误差或恒定误差。例如在使用天平称量某一物体的质量时,由砝码的标准质量不准确及空气浮力影响引起的误差,在多次反复测量时恒定不变,这些误差就属于系统误差。系统误差的产生与下列因素有关:

(1)仪器设备系统本身,如温度计、滴定管的精确度有限,天平砝码不准等。

(2)仪器使用时所处的环境,如温度、湿度、气压的随时变化等。

(3)测量方法的影响与限制,如检测时对测量方法选择不当,相关作用因素在测量结果表达式中没有得到反映,或者所用公式不够严密,以及公式中系数的近似性等,从而产生方法误差。

(4)观测者的个人习惯性,如有的人在测量读数时眼睛位置总是偏高或偏低,记录某一信号的时间总是滞后等。

系统误差属于恒差,增加测量次数不能消除系统误差。通常可采用多种不同的检测技术或不同的检测方法,以判定有无系统误差存在。在确定系统误差的性质之后,应设法消除或使之减少,从而提高测量的准确度。

2. 偶然误差

偶然误差也称随机误差。在同一条件下多次测量同一量时,测得值总是有稍许差异且变化不定,并在消除系统误差之后依然如此,这种绝对值和符号经常变化的误差称为偶然误差。偶然误差产生的原因较为复杂,影响因素很多,而且难以确定某个因素产生具体影响的程度,因此偶然误差难以找出确切原因并加以排除。检测表明,大量次数测量所得到的一系列数据的偶然误差都服从一定的统计规律。

(1)绝对值相等的正、负误差出现机会相同,绝对值小的误差比绝对值大的误差出现的机会多。

(2)误差不会超出一定的范围,偶然误差的算术平均值随着测量次数的无限增加而趋向于零。

检测还表明,在确定的测量条件下对同一量进行多次测量,用算术平均值作为该量的测量结果能够比较好地减少偶然误差。

设:某量的 n 次测量值为 $x_1, x_2, x_3, \cdots, x_n$,其误差依次为 $\varepsilon_1, \varepsilon_2, \varepsilon_3, \cdots, \varepsilon_n$,真值为 A,则

$$(x_1 - A) + (x_2 - A) + (x_3 - A) + \cdots + (x_n - A) = \varepsilon_1 + \varepsilon_2 + \varepsilon_3 + \cdots + \varepsilon_n \tag{2.2}$$

将上式展开整理得

$$\frac{1}{n}[(x_1 + x_2 + x_3 + \cdots + x_n) - nA] = \frac{1}{n}(\varepsilon_1 + \varepsilon_2 + \varepsilon_3 + \cdots + \varepsilon_n) \tag{2.3}$$

式(2.3)表示平均值的误差等于各测量值的平均误差。由于测量值的误差有正有负,相加后可抵消一部分,而且 n 越大相消的机会越多,因此,在确定的测量条件下,减小测量偶然误差的办法是增加测量次数。在消除系统误差之后,算术平均值的误差随测量次数的增加

而减少,平均值即趋于真值。因此,可取算术平均值作为直接测量的最近真值。

测量次数的增加对提高平均值的可靠性是有利的,但并不是测量次数越多越好。因为增加次数必定延长测量时间,这将给保持稳定的测量条件增加困难,同时延长测量时间也会给观测者带来疲劳,这又可能引起较大的观测误差。增加测量次数只能对降低偶然误差有所帮助而对减小系统误差无效,因此,实际测量次数不必过多,一般取4～10次即可。

3. 粗大误差

凡是在测量时用客观条件不能解释为合理现象的那些突出的误差称为粗大误差,也称过失误差。粗大误差是观测者在观测、记录和整理数据过程中,由缺乏经验、粗心大意、疲劳等原因引起的。初次进行检测的学生,在检测过程中常常会产生粗大误差,学生应在教师的指导下不断总结经验,提高检测素质,努力避免粗大误差的出现。

误差的产生原因不同,种类各异,其评定标准也有区别。为了评判测量结果的好坏,引入测量的精密度、准确度和精确度等概念。精密度、准确度和精确度都是评价测量结果好坏与否的指标,但各词含义不同,使用时应加以区别。测量的精密度高,是指测量数据比较集中,偶然误差较小,但系统误差的大小不明确。测量的准确度高,是指测量数据的平均值偏离真值较小,测量结果的系统误差较小,但数据分散的情况即偶然误差的大小不明确。测量的精确度高,是指测量数据集中在真值附近,即测量的系统误差和偶然误差都比较小;精确度是对测量的偶然误差与系统误差的综合评价。

2.2.2 数据统计特征值

1. 算术平均值

算术平均值表征法是最基本的数据统计分析方法,在数据分析中经常用到,用来说明检测时测得一批数据的平均水平和度量这些数据的中间位置。算术平均值用下式表示为

$$\overline{X} = \frac{x_1 + x_2 + \cdots + x_n}{n} = \frac{\sum_{i=1}^{n} x_i}{n} \tag{2.4}$$

式中 $\overline{X}$——算术平均值;

$x_1, x_2, \cdots, x_n$——各检测数据值;

n——检测数据个数。

2. 加权平均值

加权平均值表征法也是比较常用的一种数据统计分析方法,它是考虑了测量值与其所占权重因素的评价方法。加权平均值用下式表示为

$$m = \frac{x_1 g_1 + x_2 g_2 + \cdots + x_n g_n}{g_1 + g_2 + \cdots + g_n} = \frac{\sum_{i=1}^{n} x_i g_i}{\sum_{i=1}^{n} g_i} \tag{2.5}$$

式中 m——加权平均值;

$x_1, x_2, \cdots, x_n$——各检测数据值;

$g_1, g_2, \cdots, g_n$——各检测数据值的对应权数;

n——检测数据个数。

2.2.3 误差计算与数据处理

1. 范围误差(极差)

在实际测量中,正常的合乎道理的误差不是漫无边际的,而是具有一定的范围。检测数值中的最大值与最小值之差称为范围误差或极差,它表示数据离散的范围,可用来度量数据的离散性。

$$w = x_{\max} - x_{\min} \tag{2.6}$$

式中 w——范围误差(极差);

$x_{\max}$——检测数据最大值;

$x_{\min}$——检测数据最小值。

【例 2.1】 三块砂浆试件抗压强度测量值分别为 5.21 MPa、5.63 MPa、5.72 MPa,求该测量结果的范围误差。

【解】 因为该测量值中的最大值和最小值分别为 5.72 MPa、5.21 MPa,所以测量结果的范围误差为

$$w = x_{\max} - x_{\min} = 5.72 - 5.21 = 0.51 (\text{MPa})$$

2. 算术平均误差

算术平均误差可反映多次测量产生误差的整体平均状况,计算公式为

$$\begin{aligned}
\delta &= \frac{|\varepsilon_1| + |\varepsilon_2| + \cdots + |\varepsilon_n|}{n} \\
&= \frac{|x_1 - A| + |x_2 - A| + \cdots + |x_n - A|}{\infty} \\
&= \frac{|x_1 - \overline{X}| + |x_2 - \overline{X}| + \cdots + |x_n - \overline{X}|}{n} \\
&= \frac{\sum_{i=1}^{n} |x_i - \overline{X}|}{n}
\end{aligned} \tag{2.7}$$

式中 δ——算术平均误差;

$x_1, x_2, \cdots, x_n$——各检测数据值;

$\varepsilon_1, \varepsilon_2, \cdots, \varepsilon_n$——各检测数据测量误差;

A——被测量最近真值;

$\overline{X}$——检测数据值的算术平均值;

n——检测数据个数。

【例 2.2】 三块砂浆试块的抗压强度分别为 5.21 MPa、5.63 MPa、5.72 MPa,求算术平均误差。

【解】 因为这组试件的平均抗压强度为 5.52 MPa,所以其算术平均误差为

$$\begin{aligned}
\delta &= \frac{|x_1 - \overline{X}| + |x_2 - \overline{X}| + |x_3 - \overline{X}|}{n} \\
&= \frac{|5.21 - 5.52| + |5.63 - 5.52| + |5.72 - 5.52|}{3}
\end{aligned}$$

$$= 0.2 (\text{MPa})$$

3. 标准差(均方根差)

在测量结果的评定中,只知道产生误差的平均水平是不够的,还必须了解数据的波动情况及其带来的危险性。标准差(均方根差)则是衡量数据波动性(离散性大小)的指标,计算公式为

$$\sigma = \sqrt{\frac{\varepsilon_1^2 + \varepsilon_2^2 + \cdots + \varepsilon_n^2}{n}}$$

$$= \sqrt{\frac{(x_1 - \overline{X})^2 + (x_2 - \overline{X})^2 + \cdots + (x_n - \overline{X})^2}{n-1}}$$

$$= \sqrt{\frac{\sum_{i=1}^{n}(x_i - \overline{X})^2}{n-1}} \tag{2.8}$$

式中 σ——标准差(均方根差);

$x_1, x_2, \cdots, x_n$——各检测数据值;

$\varepsilon_1, \varepsilon_2, \cdots, \varepsilon_n$——各检测数据测量误差;

$\overline{X}$——检测数据值的算术平均值;

n——检测数据个数。

【例2.3】 某水泥厂某月生产10个编号的42.5级矿渣水泥,28 d抗压强度分别为47.3 MPa、45.0 MPa、48.4 MPa、45.8 MPa、46.7 MPa、47.4 MPa、48.1 MPa、47.8 MPa、46.2 MPa、44.8 MPa,求其标准差。

【解】 因为10个编号水泥的算术平均强度 $\overline{X}$ 和 $\sum_{i=1}^{n}(x_i - \overline{X})^2$ 分别为

$$\overline{X} = \frac{\sum_{i=1}^{n} x_i}{n} = \frac{467.5}{10} = 46.8 (\text{MPa})$$

$$\sum_{i=1}^{n}(x_i - \overline{X})^2 = 14.47 (\text{MPa})$$

所以,标准差 $\sigma = \sqrt{\dfrac{\sum_{i=1}^{n}(x_i - \overline{X})^2}{n-1}} = \sqrt{\dfrac{14.47}{9}} = 1.27 (\text{MPa})$

4. 极差估计法确定标准差

利用极差估计法确定标准差的主要优点是计算方便,但反映实际情况的精确度较差。

(1)当数据不多时($n \leq 10$),利用极差估计法确定标准差的计算式为

$$\sigma = \frac{1}{d_n} w \tag{2.9}$$

(2)当数据很多时($n > 10$),先将数据随机分成若干个数量相等的组,然后对每组求极差,并计算极差平均值:

$$\overline{w} = \frac{\sum_{i=1}^{n} w_i}{m}$$

此时标准差的估计值近似用下式计算：

$$\sigma = \frac{1}{d_n}\overline{w} \tag{2.10}$$

式中 σ——标准差的估计值；

d_n——与 n 有关的系数，见表2.1；

$w,\overline{w}$——极差及各组极差平均值；

m——数据分组的组数；

n——每一组内数据拥有的个数。

表 2.1 极差估计法系数表

n	1	2	3	4	5	6	7	8	9	10
d_n	—	1.128	1.693	2.059	2.326	2.534	2.704	2.847	2.970	3.078
$1/d_n$		0.886	0.591	0.486	0.429	0.395	0.369	0.351	0.337	0.325

5. 变异系数

标准差是表征数据绝对波动大小的指标，当被测量的量值较大时，绝对误差一般较大；当被测量的量值较小时，绝对误差一般较小。评价测量数据相对波动的大小，以标准差与检测数据值的算术平均值之比的百分率来表示，即变异系数。变异系数计算式为

$$C_v = \frac{\sigma}{\overline{X}} \times 100\% \tag{2.11}$$

式中 C_v——变异系数；

σ——标准差；

$\overline{X}$——检测数据值的算术平均值。

变异系数与标准差相比具有独特的工程意义，标准差表示不出来的数据波动情况，变异系数可表示出来。例如，甲、乙两厂均生产42.5级矿渣水泥，甲厂某月生产的水泥平均强度为49.84 MPa，标准差为1.68 MPa；同月乙厂生产的水泥平均强度为36.2 MPa，标准差为1.62 MPa，试比较两厂的变异系数。

甲厂的变异系数：

$$C_{v甲} = \frac{\sigma_{甲}}{\overline{X}_{甲}} \times 100\% = \frac{1.68}{49.8} \times 100\% = 3.37\%$$

乙厂的变异系数：

$$C_{v乙} = \frac{\sigma_{乙}}{\overline{X}_{乙}} \times 100\% = \frac{1.62}{46.2} \times 100\% = 3.51\%$$

通过以上计算，如果单从标准差指标上看，甲厂大于乙厂，说明甲厂生产的水泥质量的绝对波动性大于乙厂；从变异系数指标上看，则乙厂大于甲厂，说明乙厂生产的水泥强度的相对波动性比甲厂大，产品的稳定性较差。

6. 正态分布和概率

为了厘清数据波动更为完整的规律，应找出频数分布情况，画出频数分布直方图。数据波动的规律不同，曲线的形状则不同。当分组较细时，直方图的形状逐渐趋于一条曲线。在

实际数据分析处理中,按正态分布曲线的情况最多,使用也最广泛。正态分布曲线由概率密度函数给出,即

$$\varphi(x) = \frac{1}{\sqrt{2\pi}\sigma} e^{-\frac{(x-\mu)^2}{2\sigma^2}} \tag{2.12}$$

式中　x——检测数据值;

　　　μ——曲线最高点横坐标,正态分布的均值;

　　　σ——正态分布的标准差,其大小表示曲线的"胖瘦"程度,σ越大,曲线越"胖",数据越分散;反之,表示数据越集中,如图2.1所示。

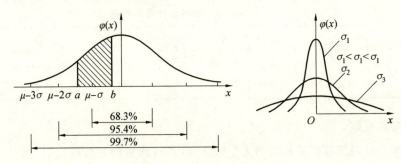

图 2.1　正态分布示意图

当已知均值μ和标准差σ时,就可以画出正态分布曲线。数据值落入任意区间(a,b)的概率$P(x_1=a, x_2=b)$时横坐标和曲线$\varphi(x)$所夹的面积(图2.1中阴影面积))可用下式求出:

$$P(a<x<b) = \frac{1}{\sqrt{2\pi}\sigma} \int_a^b e^{-\frac{(x-\mu)^2}{2\sigma^2}} dx \tag{2.13}$$

(1)数据值落在$(\mu-\sigma, \mu+\sigma)$的概率是68.3%;

(2)数据值落在$(\mu-2\sigma, \mu+2\sigma)$的概率是95.4%;

(3)数据值落在$(\mu-3\sigma, \mu+3\sigma)$的概率是99.7%。

在实际工程中,概率的分布问题经常用到。例如,要了解一批混凝土的强度低于设计要求强度的概率大小,就可用概率分布函数求得。

$$F(x) = \int_{-\infty}^{x_0} \varphi(x) dx = \frac{1}{\sqrt{2\pi}\sigma} \int_{-\infty}^{x_0} e^{-\frac{(x-\mu)^2}{2\sigma^2}} dx \tag{2.14}$$

令 $t = \frac{x-\mu}{\sigma}$,则 $\varphi(t) = \frac{1}{\sqrt{2\pi}} e^{-\frac{t^2}{2}}$。

$$F(t) = \frac{1}{\sqrt{2\pi}} \int_{-\infty}^{t} e^{-\frac{t^2}{2}} dt \tag{2.15}$$

根据上述条件,编制概率计算表(表2.2、表2.3),可方便计算。

表 2.2 标准正态分布表（一）

t	0.00	0.01	0.02	0.03	0.04	0.05	0.06	0.07	0.08	0.09
0.0	0.500 0	0.504 0	0.508 0	0.512 0	0.516 0	0.519 9	0.523 9	0.527 9	0.531 9	0.535 9
0.1	0.539 8	0.543 8	0.547 8	0.551 7	0.555 7	0.559 6	0.563 6	0.567 5	0.571 4	0.575 3
0.2	0.579 3	0.583 2	0.587 1	0.591 0	0.594 8	0.598 7	0.602 6	0.606 4	0.610 3	0.614 1
0.3	0.617 9	0.621 7	0.625 5	0.629 3	0.633 1	0.636 8	0.640 6	0.644 3	0.648 0	0.651 7
0.4	0.655 4	0.659 1	0.662 8	0.666 4	0.670 0	0.673 6	0.677 2	0.680 8	0.684 4	0.687 9
0.5	0.691 5	0.695 0	0.698 5	0.701 9	0.705 4	0.708 8	0.712 3	0.715 7	0.719 0	0.722 4
0.6	0.725 7	0.729 1	0.732 4	0.735 7	0.738 9	0.742 2	0.745 4	0.748 6	0.751 7	0.754 9
0.7	0.758 0	0.761 1	0.764 2	0.767 3	0.770 3	0.773 4	0.776 4	0.779 4	0.782 3	0.785 2
0.8	0.788 1	0.791 0	0.793 9	0.796 7	0.799 5	0.802 3	0.805 1	0.807 8	0.810 6	0.813 3
0.9	0.815 9	0.818 6	0.821 2	0.823 8	0.826 4	0.828 9	0.831 5	0.834 0	0.836 5	0.838 9
1.0	0.841 3	0.843 8	0.846 1	0.848 5	0.850 8	0.853 1	0.855 4	0.857 7	0.859 9	0.862 1
1.1	0.864 3	0.866 5	0.868 6	0.870 8	0.872 9	0.874 9	0.877 0	0.879 0	0.881 0	0.883 0
1.2	0.884 9	0.886 9	0.888 8	0.890 7	0.892 5	0.894 4	0.896 2	0.898 0	0.899 7	0.901 5
1.3	0.903 2	0.904 9	0.906 6	0.908 2	0.909 9	0.911 5	0.913 1	0.914 7	0.916 2	0.917 7
1.4	0.919 2	0.920 7	0.922 2	0.923 6	0.925 1	0.926 5	0.927 8	0.929 2	0.930 6	0.931 9
1.5	0.933 2	0.934 5	0.935 7	0.937 0	0.938 2	0.939 4	0.940 6	0.941 8	0.943 0	0.944 1
1.6	0.945 2	0.946 3	0.947 4	0.948 4	0.949 5	0.950 5	0.951 5	0.952 5	0.953 5	0.954 5
1.7	0.955 4	0.956 4	0.957 3	0.958 2	0.959 1	0.959 9	0.960 8	0.961 6	0.962 5	0.963 3
1.8	0.964 1	0.964 8	0.965 6	0.966 4	0.967 1	0.967 8	0.968 6	0.969 3	0.970 0	0.970 6
1.9	0.971 3	0.971 9	0.972 6	0.973 2	0.973 8	0.974 4	0.975 0	0.975 6	0.976 1	0.976 7
2.0	0.977 2	0.977 8	0.978 3	0.978 8	0.979 3	0.979 8	0.980 3	0.980 8	0.981 2	0.981 7
2.1	0.982 1	0.982 6	0.983 0	0.983 4	0.983 8	0.984 2	0.984 6	0.985 0	0.985 4	0.985 7
2.2	0.986 1	0.986 4	0.986 8	0.987 1	0.987 4	0.987 8	0.988 1	0.988 4	0.988 7	0.989 0
2.3	0.989 3	0.989 6	0.989 8	0.990 1	0.990 4	0.990 6	0.990 9	0.991 1	0.991 3	0.991 6
2.4	0.991 8	0.992 0	0.992 2	0.992 5	0.992 7	0.992 9	0.993 1	0.993 2	0.993 4	0.993 6
2.5	0.993 8	0.994 0	0.994 1	0.994 3	0.994 5	0.994 6	0.994 8	0.994 9	0.995 1	0.995 2
2.6	0.995 3	0.995 5	0.995 6	0.995 7	0.995 9	0.996 0	0.996 1	0.996 2	0.996 3	0.996 4
2.7	0.996 5	0.996 6	0.996 7	0.996 8	0.996 8	0.996 9	0.997 0	0.997 1	0.997 3	0.997 4
2.8	0.997 4	0.997 5	0.997 6	0.997 7	0.997 7	0.997 8	0.997 9	0.997 9	0.998 0	0.998 1
2.9	0.998 1	0.998 2	0.998 2	0.998 3	0.998 4	0.998 4	0.998 5	0.998 5	0.998 6	0.998 6

表 2.3 标准正态分布表（二）

t	$\varphi(t)$	t	$\varphi(t)$	t	$\varphi(t)$
3.00～3.01	0.998 7	3.15～3.17	0.999 2	3.40～3.48	0.999 7
3.02～3.05	0.998 8	3.18～3.21	0.999 3	3.49～3.61	0.999 8
3.06～3.08	0.998 9	3.22～3.26	0.999 4	3.62～3.89	0.999 9
3.09～3.11	0.999 0	3.27～3.32	0.999 5	3.89～∞	1.000 0
3.12～3.14	0.999 1	3.33～3.39	0.999 6		

【例 2.4】 如果一批混凝土试件的强度数据分布为正态分布,试件的平均强度为 41.9 MPa,其标准差为 3.56 MPa,求强度分别比 30 MPa、40 MPa、50 MPa 低的概率。

【解】
$$P(x \leqslant 30) = F(30) = \varphi(\frac{30-41.9}{3.56}) = \varphi(-3.34)$$
$$= 1 - \varphi(3.34) = 1 - 0.9996$$
$$= 0.0004$$

$$P(x \leqslant 40) = F(40) = \varphi(\frac{40-41.9}{3.56}) = \varphi(-0.53)$$
$$= 0.2981$$

$$P(x \leqslant 50) = F(50) = \varphi(\frac{50-41.9}{3.56}) = \varphi(2.28)$$
$$= 0.9887$$

7. 可疑数据的取舍

在一组条件完全相同的重复检测中,当发现有某个过大或过小的可疑数据时,应按数理统计方法给以鉴别并决定取舍,常用的方法有三倍标准差法和格拉布斯法。

(1)三倍标准差法。

三倍标准差法是美国混凝土标准(ACT 214—65)所采用的方法,它的准则是
$$|x_i - \overline{X}| > 3\sigma \tag{2.16}$$

式中 x_i——任意检测数据值;

$\overline{X}$——检测数据值的算术平均值;

σ——标准差。

另外规定,当 $|x_i - \overline{X}| > 2\sigma$ 时,数据保留,但需存疑;如发现检测过程中有可疑的变异时,该数据值应予舍弃。

(2)格拉布斯法。

三倍标准差法虽然比较简单,但须在已知标准差的条件下才能使用。格拉布斯法则是在不知道标准差的情况下对可疑数字的取舍方法,格拉布斯法使用步骤如下:

①把检测所得数据从小到大依次排列:$x_1, x_2, \cdots, x_n$。

②选定显著性水平 α(一般 $\alpha = 0.05$),并根据 n 及 α,从表 2.4 中求得 T 值。

③计算统计量 T 值:
$$T = \frac{\overline{X} - x_1}{\sigma} \quad (\text{当 } x_1 \text{ 可疑时}) \tag{2.17}$$

式中 $\overline{X}$——数据算术平均值;

$$T = \frac{x_n - \overline{X}}{\sigma} \quad (\text{当 } x_n \text{ 可疑时}) \tag{2.18}$$

式中 x——测量值;

n——试件个数;

σ——标准差。

(4)查表 2.4,得相应于 n 与 α 的 $T(n,\alpha)$ 值。当计算的统计量 $T \geqslant T(n,\alpha)$ 时,则假设的可疑数据是对的,应予以舍弃;当 $T < T(n,\alpha)$ 时,则不能舍弃。

表 2.4 n,α 和 T 值的关系

α	3	4	5	6	7	8	9	10
5.0%	1.15	1.46	1.67	1.82	1.94	2.03	2.11	2.18
2.5%	1.15	1.48	1.71	1.89	2.02	2.13	2.21	2.29
1.0%	1.15	1.49	1.75	1.94	2.10	2.13	2.21	2.41

在以上两种方法中,三倍标准差法相对简单,几乎绝大部分数据可不舍弃;格拉布斯法适用于不掌握标准差的情况,适用面较宽,但使用较复杂。

8. 有效数字与数字修约

对检测测得的数据不但要翔实记录,而且要进行各种运算,哪些数字是有效数字,需要记录哪些数据,对运算后的数字如何取舍,都应当遵循一定的规则。

一般来讲,仪器设备显示的数字均为有效数字,均应读出并记录,包括最后一位的估计读数。对分度式仪表,读数一般要读到最小分度的十分之一。例如,使用一把最小分度为毫米的直尺,测得某一试件的长度为 76.2 mm,其中"7"和"6"是准确读出来的,最后一位"2"是估读的,由于尺子本身将在这一位出现误差,所以数字"2"存在一定的可疑成分,也就是说实际上这一位可能不是"2"。虽然"2"不是十分准确,但是此时的"2"还是能够近似地反映出这一位大小的信息,应算为有效数字。

当仪器设备上显示的最后一位数是"0"时,此"0"也是有效数字,也要读出并记录。例如,使用一把分度为毫米的尺子测得某一试件的长度为 5.60 cm,它表示试件的末端恰好与尺子的分度线"6"对齐,下一位是"0",如果记录时写成 5.6 cm,则不能肯定这一实际情况,所以此"0"是有效数字,必须记录。另外,在记录数据时,由于选择的单位不同,也会出现"0"。例如,5.60 cm 也可记为 0.056 0 m 或 56 000 μm,这些由于单位变换而出现的"0",没有反映出被测量大小的信息,不能认为是有效数字。

对于运算后的有效数字,应以误差理论作为决定有效数字的基本依据。加减运算后小数点后有效数字的位数可估计为与参加加减运算各数中小数点后有效数字最少的相同;乘除运算后小数点后有效数字的位数可估计为与参加乘除运算各数中有效数字最少的相同。

关于数字修约问题,《标准化工作导则》有具体规定:

(1)在拟舍弃的数字中,保留数后边(右边)第一个数字小于 5(不包括 5)时,则舍去,保留数的末位数字不变。例如,将 14.243 2 修约后为 14.2。

(2)在拟舍弃的数字中,保留数后边(右边)第一个数字大于 5(不包括 5)时,则进 1,保留数的末位数字加 1。例如,将 26.484 3 修约到保留一位小数,修约后为 26.5。

(3)在拟舍弃的数字中保留数后边(右边)第一个数字等于 5,且 5 后边的数字并非全部为零时,则进 1,即保留数末位数字加 1。例如,将 1.050 1 修约到保留小数一位,修约后为 1.1。

(4)在拟舍弃的数字中,保留数后边(右边)第一个数字等于 5,且 5 后边的数字全部为零时,保留数的末位数字为奇数时则进 1;若保留数的末位数字为偶数(包括 0)时,则不进。例如,将下列数字修约到保留一位小数。修约前为 0.350 0,修约后为 0.4;修约前为 0.450 0,修约后为 0.4;修约前为 1.050 0,修约后为 1.0。

(5)拟舍弃的数字若为两位以上的数字,不得连续进行多次(包括二次)修约,应根据保留数后边(右边)第一个数字的大小,按上述规定一次修约出结果。例如,将 15.454 6 修约成整数,正确的修约是修约前为 15.454 6,修约后为 15;不正确的修约是修约前、一次修约、二次修约、三次修约、四次修约分别为 15.454 6、15.455、15.46、15.5、16。

第3章 土

土是一种天然的地质材料，它是由地壳表层的整体岩石经过风化、搬运和沉积过程而形成的。土可用作土工建筑物的构筑材料，可作为支承建筑物荷载的地基，还可作为建筑物周围的赋存介质，在工程领域被广泛使用。

3.1 土的工程分类

土的种类很多，在《公路土工试验规程》(JTGE 40—2007)中，按照土的颗粒组成特征、土的塑性指标和土中有机质存在的情况，划分为巨粒土、粗粒土、细粒土和特殊土。土的进一步分类如下：

①巨粒土：分为漂石土(又称块石)、卵石土(又称小块石)。
②粗粒土：分为砾类土、砂类土。
③细粒土：分为粉质土、黏质土、有机质土。
④特殊土：分为黄土、膨胀土、红黏土、盐渍土、冻土。

土可以用代号来表示，见表3.1。

表3.1 土类的名称和代号

名称	代号	名称	代号	名称	代号
漂石	B	级配良好砂	SW	含砾低液限黏土	CLG
块石	Ba	级配不良砂	SP	含砂高液限黏土	CHS
卵石	C_b	粉土质砂	SM	含砂低液限黏土	CLS
小块石	C_{ba}	黏土质砂	SC	有机质高液限黏土	CHO
漂石夹土	BSl	高液限粉土	MH	有机质低液限黏土	CLO
卵石夹土	CbSl	低液限粉土	ML	有机质高液限黏土	MHO
漂石质土	SlB	含砾高液限粉土	MHG	有机质低液限黏土	MLO
卵石质土	SlCb	含砾低液限粉土	MLG	黄土(低液限黏土)	CHE
级配良好砾	CW	含砂高液限粉土	MHS	膨胀土(高液限黏土)	CLY
级配不良砾	CP	含砂低液限粉土	MLS	红土(高液限粉土)	MHR
细粒质砾	GF	高液限黏土	CH	红黏土	R
粉土质砾	GM	低液限黏土	CL	盐渍土	St
黏土质砾	GC	含砾高液限黏土	CHG	冻土	Ft

3.2 土的技术性质

土由固体颗粒、液体、气体三相组成,土中固体矿物构成土的骨架,骨架之间贯穿着大量孔隙,孔隙中充填着液体水和气体。土的体积包括土粒体积、土中水的体积和空气的体积。

1. 土的密度和动密度

土的密度是指单位土的总体积所具有的质量;动密度是指单位土的总体积具有的重力,按下式计算:

$$\rho = \frac{m}{V}, \quad \gamma = \rho g \approx 10\rho \tag{3.1}$$

式中 ρ——土的密度,g/cm³;
m——土的总质量,g;
V——土的总体积(土粒体积、土中水的体积和空气的体积),cm³;
γ——土的动密度,kN/m³;
g——重力加速度。

通常情况下,$\rho = 1.6 \sim 2.2$ g/cm³,$\gamma = 16 \sim 22$ kN/m³。对于细粒土可用环刀法测定密度;对于粗粒土和巨粒土可用灌水法测定密度。

2. 土粒相对密度

土粒相对密度是指土在 105~110 ℃下烘至恒重时的质量与同体积 4 ℃蒸馏水质量的比值,按下式计算:

$$G_s = \frac{m_s}{V_s \rho_w} \approx \frac{m_s}{V_s} \tag{3.2}$$

式中 G_s——土粒相对密度,无量纲指标;
m_s——干土粒的质量,g;
V_s——土粒的体积,cm³;
ρ_w——水的密度,g/cm³。

土粒相对密度只与组成土粒的矿物成分有关,而与土的孔隙大小及其中所含水分多少无关。砂土的相对密度为 2.65~2.69;粉土的相对密度为 2.70~2.71;黏性土的相对密度为 2.72~2.75。用相对密度瓶法测定粒径小于 5 mm 的土相对密度;用浮称法测定粒径大于或等于 5 mm 的土,且其中粒径为 20 mm 土的质量应小于总土质量的 10%;用虹吸筒法测定粒径大于或等于 5 mm 的土,且其中粒径为 20 mm 的土的质量应大于总土质量的 10%;经验法适用在已进行大量的土粒相对密度试验,相对密度数据比较丰富时采用。

3. 土的含水量

土的含水量是指土体中水的质量与固体矿物质量的比值,用百分数表示,按下式计算:

$$w = \frac{m_w}{m_s} \times 100\% \tag{3.3}$$

式中 w——土的含水量,%;
m_w——土体中水的质量,g;
m_s——固体颗粒质量,g。

一般情况下砂土的含水量为 0~40%,黏性土的含水量为 20%~60%。

4. 土的换算指标

土的换算指标主要包括土的干密度、饱和密度、有效重度、孔隙率和饱和度。

(1) 土的干密度是指土的质量与土的总体积之比。

(2) 土的饱和密度是指当土的孔隙中全部被水所充满时的密度,即水的质量与土的质量之和与土的总体积之比。

(3) 土的有效重度是指当土浸没在水中时,土的固相受到水的浮力作用,扣除浮力以后的土体重力与土的总体积之比。

(4) 土的孔隙率是指土中的孔隙体积与土的总体积之比。

(5) 土的饱和度是指孔隙中水的体积与孔隙体积之比。

3.3 土的试验

3.3.1 土的含水率试验

土的含水率是指土在105~110 ℃温度下,烘干到恒重时所失去的水分质量和达到恒重后干土质量的比值,以百分数表示。土的含水率是土的基本物理指标之一,它反映了土的干湿状态,是计算干密度、孔隙比、饱和度、液性指数等指标的基本数据和评价土工程性质的重要依据,是研究土的物理力学性质必不可少的重要指标。含水率的变化会直接引起土的强度、稳定性等一系列力学性质的变化,同一类土,当其含水率增大时,强度降低。天然土层的含水率变化范围很大,它与土的种类、埋藏条件及其所处的自然地理环境等有关。一般干的粗砂土,其值接近于零,而饱和砂土的含水率可达35%,坚硬黏性土的含水率为20%~30%,饱和状态的软黏性土(如淤泥)的含水率可达60%或更大。

1. 烘干法测量土的含水率

烘干法是测量土的含水率最常用的方法,即先称土样的湿土质量,然后置于烘箱内维持105~110 ℃烘至恒重,再称干土质量,湿土与干土的质量之差(即土中水的质量)与干土质量的比值即为土的含水率。本试验方法适用于粗粒土、细粒土、有机质土和冻土的含水率的测定。

(1) 主要仪器设备。

① 电热鼓风烘箱(图 3.1)。控制温度在105~110 ℃。

② 干燥器(图 3.2)。可用变色硅胶颗粒作为干燥剂。

③ 称量盒。直径为50 mm,高为30 mm。

④ 电子天平(图 3.3)。称量200 g,感量为0.01 g;称量1 000 g,感量值为0.1 g。

图 3.1 电热鼓风烘箱　　图 3.2 干燥器

(a)　　　　　　　　　(b)

图 3.3　电子天平

(2)试验步骤。

①取具有代表性的试样 15～30 g 或用环刀中的试样(有机质土、砂类土和整体状构造冻土试样质量为 50 g),放入称量盒内,盖上盒盖,将盒外附着的土擦净后,测出称量盒加湿土质量,精确至 0.01 g。

②打开盒盖,将盒置于烘箱内,在 105～110 ℃ 的温度下烘至恒重。黏土、粉土的烘干时间不得少于 8 h,砂土不得少于 6 h。含有机质超过干土质量 5% 的土,应将温度控制在 65～70 ℃ 的恒温下烘至恒重。

③从烘箱中取出称量盒,盖上盒盖,放入干燥器内冷却至室温,测出称量盒加干土质量,精确至 0.01 g。

④对于层状和网状构造的冻土含水率测定,按下列步骤进行:用四分法切取 200～500 g 试样(视冻土结构均匀程度而定,结构均匀少取,反之多取)放入搪瓷盘中,称量盘和试样的质量,精确至 0.1 g。待冻土试样融化后,调成均匀糊状(土太湿时,多余的水分让其自然蒸发或用吸球吸出,但不得将土粒带出;土太干时,可适当加水),称糊状土和盘的质量,精确至 0.1 g。从糊状土中取样测定含水率,其余按上述步骤进行。

(3)注意事项。

①打开土样后,应立即取样并称取湿土质量,以免水分蒸发。烘干土从烘箱内取出时,切勿外露在空气中,以免干土吸收水蒸气。

②土样必须按要求烘至恒重,否则影响测试精度,刚刚烘干的土样要冷却后才能称重。

③使用称量盒前,应先检查盒盖与盒底号码是否一致,发现不一致时应另换相符者进行称量。

(4)结果计算。

试样的含水率按下式计算,精确至 0.1%:

$$w_b = \left(\frac{m_d}{m_0} - 1\right) \times 100\% \tag{3.4}$$

式中　w_b——试样含水率,%;

　　　m_d——干土质量,g;

　　　m_0——湿土质量,g。

2.酒精燃烧法和炒干法测量土的含水率

(1)酒精燃烧法测量土的含水率。

使用的主要仪器设备有天平(称量 200 g,感量为 0.01 g)、干燥器、称量盒、滴管、调土刀、火柴等。酒精浓度为95%。试验要点如下：

①取代表性土样(黏性土10 g左右,砂类土20~30 g),放在铝称量盒内称出湿土的质量。

②用滴管把酒精注入盛有土样的称量盒中,到出现自由液面为止。应采用滴管加酒精于称量盒,酒精瓶使用后应立即加盖,并远离燃烧的称量盒。

③将盒底在桌面上轻轻敲击,使酒精浸透全部试样,然后点燃烧烤试样至火焰自熄。燃烧的称量盒应放在瓷盘内,以免烧坏桌面。

④冷却1 min后再按上述方法重复燃烧。第二次加酒精于土中时,应等火焰完全熄灭后进行,切勿用酒精瓶倒入,以免火焰燃及瓶内酒精,发生爆炸危险。黏性土应连续烧4次,砂类土连续烧3次。待最后一次燃烧火焰熄灭后,盖上盒盖,在干燥器中冷却至室温,立即称干土质量。

本方法需进行两次平行测定,计算方法、平行差值要求与烘干法相同。

(2)炒干法测量土的含水率。

使用的主要仪器设备有电炉或火炉、天平(感量为0.5 g)、台称(感量为1.0 g)、金属盘等。试验要点如下：

①按粒径范围选取代表性试样,质量见表3.2。

表3.2 炒干法试样质量

粒径范围/mm	<5	>5~10	>10~20	>20~40	>40
试样质量/g	500	1 000	1 500	3 000	3 000以上

②将试样放入金属盘内,称量湿土质量。

③把金属盘上的试样在电炉或火炉上炒干,炒干时间与试样质量、炉温等有关,大约10 min。

④取下金属盘称量干土质量。

炒干法需进行两次平行测定,含水率计算方法与烘干法相同。

3.3.2 土的密度试验

土的密度是指单位体积土所具有的质量,它反映了土的密实程度。通过密度指标来换算土的重度、孔隙比、孔隙率、饱和度等其他技术指标。在工程设计中,可利用密度指标直接或间接地判定土的工程性质、土体稳定性及地基压缩时的沉降量等。土的密度的试验方法有环刀法、蜡封法、灌砂法和灌水法。对于细粒土,宜采用环刀法;对于易碎裂、难以切削的土,可用蜡封法;对于现场粗粒土,则用灌水法或灌砂法。

1. 环刀法测定土的密度

环刀法是测定土的密度的基本方法,本方法在测定试样密度的同时,可将试样用于土的固结和直剪试验。环刀法的试验原理是采用具有一定容积的环刀,切取土样并称量所取土的质量,环刀内土的质量与环刀容积之比即为土的密度。本试验方法适用于细粒土密度的测量。

(1)主要仪器设备。

①环刀(图3.4)。不锈钢材质,内径有61.8 mm和79.8 mm两种规格,高度均

为 20 mm。

②电子天平(图 3.3)。称量 200 g,感量为 0.01 g。

③切土刀(图 3.5)、钢丝锯、凡士林等。

图 3.4 环刀

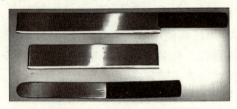
图 3.5 切土刀(上)、刮土刀(中)、调土刀(下)

(2)试验步骤。

①在环刀内壁涂上一薄层凡士林后,称量其质量,精确至 0.1 g,并记下环刀编号。

②把环刀刃口向下放在土样上,将环刀垂直下压,并用切土刀沿环刀外侧切削土样,边压边削至土样高出环刀。用环刀法切取土样时,不要用力过猛或图省事不削成土柱,否则,易使土样开裂扰动。对于较软的土宜先用钢丝锯将土样锯成几段,然后用环刀切取。

③根据试样的软硬程度采用钢丝锯或切土刀仔细整平环刀两端的土样。修平环刀两端余土时,不得在试样表面反复压抹,以免对土产生扰动。

④擦净环刀外壁,称量环刀与土的总质量,准确至 0.1 g。此质量减去步骤①称出的环刀质量为试样质量。

(3)计算与结果评定。

①试样的湿密度按下式计算,精确至 0.01 g/cm³:

$$\rho_0 = \frac{m_0}{V} \tag{3.5}$$

式中 ρ_0——试样的湿密度,g/cm³;

V——环刀容积,cm³;

m_0——试样质量,g。

②试样的干密度按下式计算,精确至 0.01 g/cm³:

$$\rho_d = \frac{\rho_0}{1 + 0.01 w_0} \tag{3.6}$$

式中 ρ_d——试样的干密度,g/cm³;

ρ_0——试样的湿密度,g/cm³;

w_0——湿土样的含水率,%。

本试验应进行两次平行测定,两次测定的差值应不大于 0.03 g/cm³,取两次测量的平均值作为试验结果。

2. 蜡封法测量土的密度

蜡封法测量土的密度是根据阿基米德原理,通过测量蜡封试样在水中的质量,换算出不规则试样的体积,在称量土试样质量的基础上,根据密度定义计算土的湿密度。本试验方法适用于易破裂土和形状不规则坚硬土的密度测量。蜡封法密度测定示意图如图 3.6 所示。

(1)主要仪器设备。

①电子天平。称量 500 g,感量为 0.1 g;称量 200 g,感量为 0.01 g。

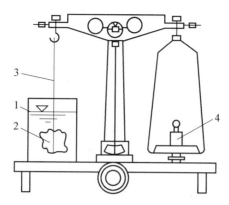

图 3.6　蜡封法密度测定示意图
1—烧杯;2—蜡封试样;3—细线;4—砝码

②熔蜡加热器、烧杯、钢针、吸水纸和细线若干。

(2)试验步骤。

①从原状土样中切取体积不小于 30 cm³ 的代表性试样,清除表面浮土及尖锐棱角,系上细线,称量试样质量,准确至 0.01 g,并取切削余土测定其含水率。

②持细线将试样缓缓浸入刚过熔点的蜡液中,浸没后立即提出,检查试样周围的蜡膜,当有气泡时应用钢针刺破,再用蜡液补平,冷却后称蜡封试样的质量。

③将蜡封试样挂在天平的一端,浸没于盛有纯水的烧杯中,称量蜡封试样在纯水中的质量,并测定纯水的温度。由于蜡封试样在水中的质量与水的密度有关,而水的密度与温度有关,此时测定水温即是为了消除因水密度变化而产生的影响。

④取出试样,擦干蜡面上的水分,再称量蜡封试样质量。当浸水后试样质量增加时,应另取试样重做试验。

(3)注意事项。

①石蜡的燃点较低,熔化时不应使温度太高,以免发生危险。试样蜡封时,应避免石蜡浸入土体的空隙中。因各种蜡的密度不同,试验前应测定石蜡的密度。

②蜡液温度以蜡液达到熔点以后不出现气泡为准。蜡液温度过高,对土样的含水率和结构都会造成一定的影响;蜡液温度过低,蜡熔化不均匀,不易封好蜡皮。

(4)计算与结果评定。

试样的湿密度按下式计算,精确至 0.01 g/cm³:

$$\rho_0 = \frac{m_0}{\dfrac{m_0 - m_{nw}}{\rho_{wT}} - \dfrac{m_n - m_0}{\rho_n}} \tag{3.7}$$

式中　m_0——试样质量,g;
　　　m_n——蜡封试样质量,g;
　　　m_{nw}——蜡封试样在纯水中的质量,g;
　　　ρ_n——石蜡的密度,g/cm³;
　　　ρ_{wT}——纯水在 T ℃时的密度,g/cm³,可查表 3.3。

表3.3 水在不同温度下的密度

温度/℃	水的密度/(g·cm^{-3})	温度/℃	水的密度/(g·cm^{-3})	温度/℃	水的密度/(g·cm^{-3})
4.0	1.000 0	15.0	0.999 1	26.0	0.996 8
5.0	1.000 0	16.0	0.998 9	27.0	0.996 5
6.0	0.999 9	17.0	0.998 8	28.0	0.996 2
7.0	0.999 9	18.0	0.998 6	29.0	0.995 9
8.0	0.999 9	19.0	0.998 4	30.0	0.995 7
9.0	0.999 8	20.0	0.998 2	31.0	0.995 3
10.0	0.999 7	21.0	0.998 0	32.0	0.995 0
11.0	0.999 6	22.0	0.997 8	33.0	0.994 7
12.0	0.999 5	23.0	0.997 5	34.0	0.994 4
13.0	0.999 4	24.0	0.997 3	35.0	0.994 0
14.0	0.999 2	25.0	0.997 0	36.0	0.993 7

本试验应进行两次平行测定,两次测定的差值不得大于0.03 g/cm³,取两次测值的平均值作为试验结果。

3. 灌砂法测定土的密度

灌砂法测定土的密度是利用已标定好的单位质量标准砂的体积不变原理,按灌入标准砂的质量计算试坑容积,以试坑中挖出土的质量与试坑容积之比计算土的密度。本试验方法适用于现场测定粗粒土的密度。灌砂法比较复杂,需要一套量砂设备,但能准确地测定试坑的容积,适用于半干旱、干旱地区土的密度测定。

(1)主要仪器设备。

①土密度测定器。由容砂瓶、灌砂漏斗和底盘组成,如图3.7所示。灌砂漏斗高为135 mm、直径为165 mm,尾部有孔径为13 mm的圆柱形阀门。容砂瓶容积为4 L,容砂瓶和灌砂漏斗之间用螺纹接头连接,底盘承托灌砂漏斗和容砂瓶。

②电子天平。称量10 kg,最小分度值为5 g;称量500 g,最小分度值为0.1 g。

③土样筛。孔径分别为0.25 mm、0.5 mm。

④小铁铲、盛土容器、标准砂若干。

(2)试验前准备。

①使用的标准砂应清洗洁净,宜选用粒径为0.25~0.50 mm、密度为1.47~1.61 g/cm³的洁净干燥砂。选用粒径为0.25~0.50 mm的标准砂,主要是考虑在此范围内标准砂的密度变化较小。

②组装容砂瓶与灌砂漏斗,螺纹连接处应旋紧,并作以标记,以后每次拆卸再衔接时都要接在这一位置。称量组装好的容砂瓶与灌砂漏斗的总质量m_{r1},精确至5 g。

③将密度测定器竖立,灌砂漏斗口向上,关闭阀门,向灌砂漏斗中注满标准砂,打开阀门使灌砂漏斗内的标准砂漏入容砂瓶内,继续向灌砂漏斗内注砂漏入瓶内,当砂停止流动时迅速关闭阀门,倒掉灌砂漏斗内多余的砂,称量容砂瓶、灌砂漏斗和标准砂的总质量m_{r3},精确至5 g。

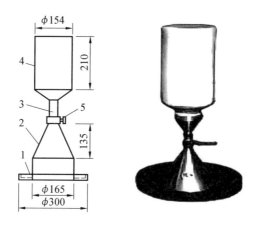

图 3.7 土密度测定器(单位:mm)
1—底盘;2—灌砂漏斗;3—螺纹接头;4—容砂瓶;5—阀门

④倒出容砂瓶内的标准砂,通过灌砂漏斗向容砂瓶内注水至水面高出阀门,关阀门,倒掉灌砂漏斗中多余的水,称量容砂瓶、灌砂漏斗和水的总质量 m_{r2},精确到 5 g。测定水温,精确到 0.5 ℃。

⑤重复测定三次,三次测值之间的差值不得大于 3 mL,取三次测值的平均值。

(3)容砂瓶的容积与标准砂密度的计算。

①容砂瓶的容积按下式计算:

$$V_r = \frac{m_{r2} - m_{r1}}{\rho_{wT}} \tag{3.8}$$

式中 V_r——容砂瓶容积,mL;
m_{r2}——容砂瓶、灌砂漏斗和水的总质量,g;
m_{r1}——容砂瓶和灌砂漏斗的总质量,g;
ρ_{wT}——不同水温时水的密度,g/cm³,可查表 3.3。

②标准砂的密度按下式计算:

$$\rho_s = \frac{m_{r3} - m_{r1}}{V_r} \tag{3.9}$$

式中 ρ_s——标准砂的密度,g/cm³;
m_{r3}——容砂瓶、灌砂漏斗和标准砂的总质量,g。

所需标准砂的量按下列方法确定,即将标准砂灌满容砂瓶,并称取灌满标准砂的密度测定器的总质量 m_s。把灌满标准砂的密度测定器倒置(即灌砂漏斗口向下)在一洁净的平面上,打开阀门,直至砂停止流动。迅速关闭阀门,称取剩余标准砂和密度测定器的总质量,计算流失的标准砂的质量,该流失量即为灌满漏斗所需标准砂的质量 m_{r4}。重复上述步骤三次,取其平均值。

(4)试验步骤。

①按规定尺寸挖好试坑,并称取挖出的试样质量 m_p,并取代表性土样测定含水率。

②向容砂瓶内注满砂,关闭阀门,称量容砂瓶、灌砂漏斗和砂的总质量,精确至 10 g。

③将密度测定器倒置(容砂瓶向上)于挖好的坑口上,打开阀门,使标准砂注入试坑。在注砂过程中不应振动。当砂注满试坑时关闭阀门,称量容砂瓶、灌砂漏斗和余砂的总质量

m_{r5},精确至 10 g。注满试坑所用标准砂的质量按下式计算：

$$m_s = m_{r3} - m_{r4} - m_{r5} \quad (3.10)$$

(5)结果计算。

试样的湿、干密度(ρ_0、ρ_d)分别按下式计算,精确至 0.01 g/cm³：

$$\rho_0 = \frac{m_p}{\dfrac{m_s}{\rho_s}} \quad (3.11)$$

$$\rho_d = \frac{m_p}{\dfrac{1+0.01\omega_1}{\dfrac{m_s}{\rho_s}}}$$

式中 m_p——挖出的试样质量,g；

w_1——挖出的湿土试样的含水率,%。

4. 灌水法测定土的密度

灌水法测定土的密度与灌砂法的原理基本一样,不同的是以水代替标准砂,即在试坑内铺一层塑料薄膜,灌水后测量试坑的体积。本试验方法适用于现场测定粗粒土的密度。

(1)主要仪器设备。

①储水筒。直径应均匀,并附有刻度及出水管。

②台秤。称量 50 kg,感量为 10 g。

③水准尺、铁锹、套环、秒表、塑料薄膜袋等。

(2)试验步骤。

①根据试样最大粒径,选定试坑的尺寸,见表 3.4。开挖试坑时,坑壁和坑底应规则,试坑直径与深度只能略小于薄膜塑料袋的尺寸。

表 3.4 试坑的尺寸　　　　　　　　　　　　　mm

试样最大粒径	试坑尺寸	
	直径	深度
5~20	150	200
40	200	250
60	250	300

②将选定试验场地处的试坑地面整平,除去表面松散的土层,并用水准尺找平。

③按确定的试坑直径划出坑口轮廓线,在轮廓线内下挖至试验要求的深度,边挖边将坑内的试样装入盛土容器内,称试样质量 m_p,精确到 10 g,并测定试样的含水率。

④试坑挖好后,放上相应尺寸的套环,将大于试坑容积的塑料薄膜袋平铺于坑内,翻过套环压住薄膜四周。薄膜袋的尺寸应与试坑的大小相适应,铺设时应使薄膜塑料袋紧贴坑壁,否则测得的容积偏小,求得的密度值偏大。

⑤记录储水筒内初始水位高度,拧开储水筒出水管开关,将水缓慢注入塑料薄膜袋中。当袋内水面接近套耳边缘时,将水流调小,直至袋内水面与套环边缘齐平时关闭出水管,持续 3~5 min,记录储水筒内水位高度。当袋内出现水面下降时,应另取塑料薄膜袋重做试验。

(3)结果计算。

①试坑的体积按下式计算：

$$V_p = (H_1 - H_2) \times A_w - V_0 \quad (3.12)$$

式中 V_p——试坑体积，cm^3；

H_1——储水筒内初始水位高度，cm；

H_2——储水筒内注水终止时水位高度，cm；

A_w——储水筒断面积，cm^2；

V_0——套环体积，cm^3。

②土试样的湿密度按下式计算：

$$\rho_0 = \frac{m_p}{V_p} \quad (3.13)$$

式中 ρ_0——试样的湿密度，g/cm^3；

V_p——试坑的体积，cm^3；

m_p——试样的质量，g。

3.3.3 土粒相对密度试验

土粒密度与同体积（指与土粒体积相同，不是与土的体积相同）4 ℃时水的密度之比，称为土粒相对密度，它在数值上为单位体积土粒的质量。土粒相对密度主要取决于土的矿物成分，其范围为 2.65～2.76，见表 3.5。测定土的相对密度，进而可计算土的孔隙比、饱和度，并为土的其他物理力学试验（如颗粒分析的密度计法试验、固结试验等）提供必要的基础数据。根据土粒径的不同，土粒相对密度试验可分别采用比重瓶法、浮称法或虹吸筒法。本试验采用比重瓶法，适用于粒径小于 5 mm 的各类土。

表 3.5 常见土的土粒相对密度

土的种类	砂土	粉土	黏性土	
			粉质黏土	黏土
颗粒相对密度	2.65～2.69	2.70～2.71	2.72～2.73	2.74～2.76

1. 主要仪器设备

(1)短颈比重瓶。如图 3.8 所示，容积为 100 mL 或 50 mL。瓶的大小对相对密度试验结果影响不大，允许采用 100 mL 的比重瓶，也允许采用 50 mL 的比重瓶。

(2)恒温水槽。如图 3.9 所示，精确度应为 ±1 ℃。

图 3.8 短颈比重瓶　　　　图 3.9 恒温水槽

(3)沙浴电炉。如图 3.10 所示,应能控制调节温度的变化。
(4)天平。称量 200 g,最小分度值为 0.001 g。
(5)温度计。刻度为 0～50 ℃,最小分度值为 0.5 ℃。
(6)滴管等。

图 3.10　沙浴电炉

2. 比重瓶的校准

比重瓶的校准有称量校正法和计算校正法,前一种方法准确度较高,后一种方法引入了某些假设,但对相对密度影响不大,故以称量校正法为准。

(1)将比重瓶洗净、烘干,置于干燥器内,冷却后称其质量,精确至 0.001 g。

(2)把煮沸经冷却的纯水注入比重瓶。注满纯水,塞紧瓶塞,多余水自瓶塞毛细管中溢出。将比重瓶放入恒温水槽直至瓶内水温稳定,取出比重瓶,擦干外壁,称瓶和水的总质量,精确至 0.001 g。测定恒温水槽内水温,精确至 0.5 ℃。

(3)调节多个恒温水槽内的温度,温度差宜为 5 ℃,测定不同温度下的瓶和水的总质量。在每个温度下均应进行两次平行测定,两次测定的差值不得大于 0.002 g,取两次测值的平均值。

3. 试验步骤

(1)将比重瓶烘干,称烘干试样 15 g(当用 50 mL 的比重瓶时,称烘干试样 10 g)装入比重瓶,称试样和瓶的总质量,精确至 0.001 g。

(2)向比重瓶内注入半瓶纯水,摇动比重瓶,并放在沙浴上煮沸,煮沸时间自悬液沸腾起砂土应不少于 30 min,黏土、粉土不少于 1 h。对含有可溶盐、有机质和亲水性胶体的土必须用中性液体(煤油)代替纯水。采用真空抽气法排气时,真空表读数宜接近当地一个负大气压值,抽气时间不得少于 1 h。用中性液体试验时,不能用煮沸法,应用真空抽气法。

(3)将煮沸经冷却的纯水(或抽气后的中性液体)注入装有试样悬液的比重瓶。应将纯水注满,塞紧瓶塞,多余的水分自瓶塞毛细管中溢出。将比重瓶置于恒温水槽内至温度稳定,且瓶内上部悬液澄清,取出比重瓶,擦干瓶外壁,称比重瓶、水、试样总质量,精确至 0.001 g。测定瓶内的水温,精确至 0.5 ℃。

(4)从温度与瓶、水总质量的关系曲线中查得各试验温度下的瓶、水总质量。

4. 注意事项

(1)煮沸排气时,应防止悬液溅出瓶外,火力要小,并防止煮干。土中气体要排尽,否则,会影响试验结果的准确性。

(2)瓶中悬液与蒸馏水的温度应一致,测定 m_{bw} 及 m_{bws} 时,须将比重瓶外水分擦干。

5. 结果计算

土粒相对密度按下式计算：

$$\gamma_s = \frac{m_d}{m_{bw} + m_d - m_{bws}} \times \gamma_{TW} \tag{3.14}$$

式中　m_{bw}——比重瓶、水的总质量，g；

　　　m_{bws}——比重瓶、水、试样的总质量，g；

　　　m_d——试样干质量，g；

　　　γ_{TW}——$T\ ℃$时纯水或中性液体的相对密度，水的相对密度可查表3.3求得，中性液体的相对密度应实测至0.001 g。

3.3.4　土的颗粒分析试验

土的颗粒组成在一定程度上反映了土的性质，工程上常依据颗粒组成对土进行分类。粗粒土主要是依据颗粒组成进行分类的；细粒土由于矿物成分、颗粒形状及胶体含量等因素，不能单以颗粒组成进行分类，还要借助于塑性图或塑性指数进行分类。颗粒分析试验可分为筛析法和密度计法。对于粒径大于0.075 mm的土粒可用筛析法测定；而对于粒径小于0.075 mm的土粒则用密度计法来测定。筛析法是将土样通过各种不同孔径的筛子，并按筛子孔径的大小将颗粒加以分组，然后再称量并计算出各个粒组占总量的百分数。本试验采用筛析法，适用于粒径在0.075~60 mm土的颗粒分析。

1. 主要仪器设备

(1)分析筛。粗筛孔径为60 mm、40 mm、20 mm、10 mm、5 mm、2 mm，细筛孔径为2.0 mm、1.0 mm、0.5 mm、0.25 mm、0.075 mm。

(2)天平。称量500 g，最小分度值为1 g；称量200 g，最小分度值为0.01 g。

(3)振筛机、烘箱、研钵、瓷盘、毛刷等。

2. 试验步骤

(1)按表3.6的规定称取试样质量，精确至0.1 g。试样质量超过500 g时，精确至1 g。

表3.6　土颗粒分析试样质量

粒径范围/mm	<2	≥2~<10	≥10~<20	≥20~<40	≥40~60
试样质量/g	100~300	300~1 000	1 000~2 000	2 000~4 000	>4 000

(2)将试样过2 mm筛，称筛上和筛下的试样质量。当筛下的试样质量小于试样总质量的10%时，不进行细筛分析；当筛上的试样质量小于试样总质量的10%时，不进行粗筛分析。

(3)取筛上的试样倒入依次叠好的粗筛中，筛下的试样倒入依次叠好的细筛中，进行筛析。细筛宜置于振筛机上振筛，振筛时间为10~15 min。再按由上而下的顺序将各筛取下，称各级筛上及底盘内试样的质量，精确至0.1 g。

(4)筛后各级筛上和底盘内试样质量的总和与筛前试样总质量的差值，不得大于试样总质量的1%。根据土的性质和工程要求可适当增减不同筛径的分析筛。

(5)含有细粒土颗粒的筛析法试验步骤。

①将天平调平,并将每节筛子清理干净,称出每节筛子(包括底盘)的质量,精确至0.1 g。

②按表3.6的规定称取试样质量,精确至0.1 g。将试样过2 mm筛,称筛上和筛下的试样质量。

③当粒径小于0.075 mm的试样质量大于试样总质量的10%时,应按密度计法或移液管法测定小于0.075 mm的颗粒组成。

3. 结果计算

(1)小于某粒径的试样质量占试样总质量的百分比按下式计算:

$$X = \frac{m_A}{m_B} \tag{3.15}$$

式中 X——小于某粒径的试样质量占试样总质量的百分比,%;

m_A——小于某粒径的试样质量,g;

m_B——试样总质量,g。

(2)以小于某粒径的试样质量占试样总质量的百分数为纵坐标,颗粒粒径为横坐标,在单对数坐标上绘制颗粒大小分布曲线,如图3.11所示。

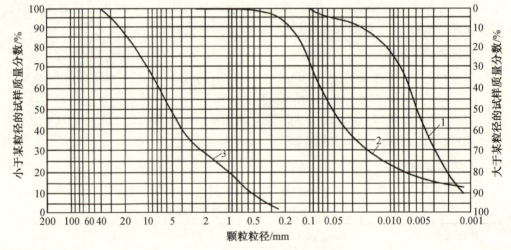

图3.11 颗粒大小分布曲线

1~3—土样1~3

(3)必要时应计算级配指标(不均匀系数和曲率系数)。

①不均匀系数 C_u 按下式计算:

$$C_u = \frac{d_{60}}{d_{10}} \tag{3.16}$$

式中 d_{60}——限制粒径,颗粒大小分布曲线上的某粒径,小于该粒径的土含量占总质量的60%;

d_{10}——有效粒径,颗粒大小分布曲线上的某粒径,小于该粒径的土含量占总质量的10%。

②曲率系数 C_c 按下式计算：

$$C_c = \frac{d_{30}^2}{d_{10} \times d_{60}} \tag{3.17}$$

式中 d_{30}——颗粒大小分布曲线上的某粒径，小于该粒径的土含量占总质量的 30%。

③当砂土的 $C_u \geqslant 5$，且 $C_c = 1 \sim 3$ 时，级配良好；当有一个指标或两个指标都不满足时，则级配较差。砂土可按表 3.7 分为砾砂、粗砂、中砂、细砂和粉砂，分类时根据粒组含量栏从上到下以最先符合者确定。

表 3.7 砂土的分类

土的名称	粒组含量
砾砂	粒径大于 2 mm 的颗粒质量占总质量的 25%～50%
粗砂	粒径大于 0.5 mm 的颗粒质量超过总质量的 50%
中砂	粒径大于 0.25 mm 的颗粒质量超过总质量的 50%
细砂	粒径大于 0.075 mm 的颗粒质量超过总质量的 85%
粉砂	粒径大于 0.075 mm 的颗粒质量超过总质量的 50%

4．注意事项

(1)在筛析过程中，应避免或尽量减少微小颗粒的飞扬。过筛后，要检查筛孔中是否夹有颗粒，若夹有颗粒，应将颗粒轻轻刷下，放入该筛盘的土样中，一并称量。

(2)颗粒大小分布曲线应在半对数坐标纸上绘制，并取小于某粒径的试样质量占试样总质量的百分比为纵坐标，取粒径的对数为横坐标。

(3)当大于 0.075 mm 的颗粒超过试样总质量的 10% 时，应先进行筛析法试验，然后经过洗筛过 0.075 mm 筛，再用密度计法或移液管法进行试验。

3.4 土的最优含水率试验

在实际工程中，当把土用作路堤、江河堤坝、机场跑道及建筑物填土地基等填筑材料时，需要对土的压实性能进行测定。为了提高土的强度，降低土的压缩性和渗透性，改善土的工程性质，控制现场施工质量，需在试验室内给定的击实条件下，求得干密度与含水率的关系，并求出压实填土所能达到的最大干密度和相应的最优含水率。击实试验是利用标准化的击实仪器和规定的标准方法，测出土的最大干密度及最优含水率，为工程设计施工提供土的压实参数。击实试验原理是利用土的压实程度与含水率、压实功能和压实方法有密切的关系而进行的。当压实功能和压实方法不变时，土的干密度随含水率增加而增加。当干密度达到某一最大值后，含水率继续增加而使干密度减小。能使土达到最大干密度的含水率，称为最优含水率，与其相应的干密度称为最大干密度。击实试验分轻型击实和重型击实，轻型击实试验适用于粒径小于 5 mm 的黏性土，重型击实试验适用于粒径不大于 20 mm 的土。采用三层击实时，最大粒径不大于 40 mm。轻型击实试验的单位体积击实功约为 592.2 kJ/m³，重型击实试验的单位体积击实功约为 2 864.9 kJ/m³。

1. 主要仪器设备

(1)击实仪。

击实仪如图 3.12 所示,击实筒和击锤尺寸应符合表 3.8 的规定。击实仪的击锤应配导筒,击锤与导筒间应有足够的间隙使锤能自由下落,电动操作的击锤必须有控制落距的跟踪装置和锤击点按一定角度(轻型 53.5°,重型 45°)均匀分布的装置(重型击实仪中心点每圈要加一击)。

(a)电动击实仪　　　　　(b)手动击实仪

图 3.12　击实仪

表 3.8　击实仪主要部件规格

试验方法	锤底直径/mm	锤质量/kg	落高/mm	击实筒 内径/mm	击实筒 筒高/mm	击实筒 容积/cm³	护筒高度/mm
轻型	51	2.5	305	102	116	947.4	50
重型	51	4.5	457	152	116	2 103.9	50

(2)天平。称量 200 g,最小分度值为 0.01 g。

(3)台秤。如图 3.13 所示,称量 10 kg,最小分度值为 5 g。

(4)标准筛。孔径分别为 20 mm、40 mm 和 5 mm。

(5)试样推出器(脱模器)。如图 3.14 所示,宜用螺旋式千斤顶或液压式千斤顶,如无此种装置,亦可用刮刀和修土刀从击实筒中取出试样。

2. 试样制备

试样制备分为干法和湿法。干法制备试样即用四分法取代表性土样 20 kg(重型为 50 kg),风干碾碎,过 5 mm 筛(重型过 20 mm 或 40 mm 筛),将筛下土样拌匀,并测定土样

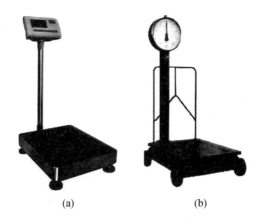

图 3.13 台秤

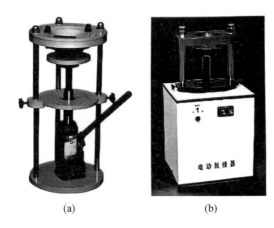

图 3.14 脱模器

的风干含水率。根据土的塑限预估最优含水率,制备 5 个不同含水率的一组试样,相邻 2 个含水率的差值宜为 2%。湿法制备试样即取天然含水率的代表性土样 20 kg(重型为 50 kg),碾碎,过 5 mm 筛(重型过 20 mm 或 40 mm 筛),将筛下土样拌匀,并测定土样的天然含水率。根据土样的塑限预估最优含水率,选择至少 5 个含水率的土样,分别将天然含水率的土样风干或加水进行制备,使制备好的土样水分均匀分布。

3. 试验步骤

(1)将击实仪平稳置于刚性基础上,击实筒与底座连接好,安装好护筒,在击实筒内壁均匀涂一薄层润滑油。称取一定量试样,倒入击实筒内,分层击实。轻型击实试样为 2~5 kg,分 3 层,每层 25 击。重型击实试样为 4~10 kg,分 5 层,每层 56 击;若分 3 层,每层 94 击。每层试样高度宜相等,两层交界处的土面应刨毛。击实完成时,超出击实筒顶的试样高度应小于 6 mm。

(2)卸下护筒,用直刮刀修平击实筒顶部的试样,拆除底板,试样底部若超出筒外,也应修平,擦净筒外壁,称筒与试样的总质量,精确至 1 g,并计算试样的湿密度。

(3)用推土器将试样从击实筒中推出,取两个代表性试样测定其含水率,两个含水率的差值应不大于 1%。

(4)对不同含水率的试样依次击实。

4. 结果计算

试样的干密度按下式计算：

$$\rho_d = \frac{\rho_0}{1+0.01w_i} \tag{3.18}$$

式中 ρ_d——试样的干密度，g/cm^3；

ρ_0——试样的湿密度，g/cm^3；

w_i——某点试样的含水率，%。

干密度和含水率的关系曲线应在直角坐标纸上绘制，如图 3.15 所示，取曲线峰值点相应的纵坐标为击实试样的最大干密度，取相应的横坐标为击实试样的最优含水率。当关系曲线不能绘出峰值点时，应进行补点，但土样不宜重复使用。

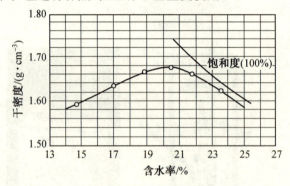

图 3.15 $\rho_d - w$ 关系曲线

气体体积等于零（即饱和度100%）的试样的饱和含水率按下式计算：

$$w_{sal} = \left(\frac{\rho_w}{\rho_d} - \frac{1}{\gamma_s}\right) \times 100\% \tag{3.19}$$

式中 w_{sal}——试样饱和含水率，%；

ρ_w——温度为 4 ℃时水的密度，g/cm^3；

ρ_d——试样的干密度，g/cm^3；

γ_s——土颗粒的相对密度。

在轻型击实试验中，当试样中粒径大于 5 mm 的土质量小于或等于试样总质量的 30% 时，应对最大干密度和最优含水率分别按式(3.20)、式(3.21)进行校正。

$$\rho'_{dmax} = \frac{1}{\dfrac{1-P_5}{\rho_{dmax}} + \dfrac{P_5}{\rho_w \times \gamma_{s2}}} \tag{3.20}$$

式中 ρ'_{dmax}——校正后试样的最大干密度，g/cm^3；

P_5——粒径大于 5 mm 土的质量分数，%；

γ_{s2}——粒径大于 5 mm 土粒的饱和面干相对密度。

饱和面干相对密度是指当土粒呈饱和面干状态时土粒总质量与相当于土粒总体积的纯水在 4 ℃时质量的比值：

$$w'_{opt} = w_{opt}(1-P_5) + P_5 \times w_{ab} \tag{3.21}$$

式中 w'_{opt}——校正后试样的最优含水率，%；

w_{opt}——击实试样的最优含水率，%；

w_{ab}——粒径大于 5 mm 土粒的吸着含水率，%。

第 4 章 骨 料

骨料是混凝土的主要组成材料,主要起骨架和填充作用,有碎石、砾石、机制砂、石屑、砂等。骨料对混凝土的性能、配合比与经济性有显著的影响。

4.1 骨料分类

按颗粒尺寸大小,骨料可分为粗骨料和细骨料。依据有关技术标准,水泥混凝土中粒径大于 4.75 mm 的骨料为粗骨料,而小于 4.75 mm 的骨料为细骨料;沥青混合料中粒径大于 2.36 mm 的骨料为粗骨料,小于 2.36 mm 的骨料为细骨料。通常粗骨料中会含有一些细骨料,细骨料中也会含有一些粗骨料。

在沥青混合料中常需要掺入粒径小于 0.075 mm 的矿物粉末,这种矿物粉末起填充作用,通常称为填料。工程中填料常采用石灰岩等碱性岩石加工磨细而成的矿粉,水泥、消石灰、粉煤灰等矿物粉末有时也可作为填料使用。

按来源,骨料可分为天然骨料和人工骨料。天然岩石经过风化、磨蚀作用而形成的卵石及砂,称为天然骨料;天然岩石或大块卵石经机械破碎制备成小颗粒的碎石或砂,或高炉矿渣被破碎作为骨料使用,称为人工骨料。

粗骨料主要有天然砾石、人工碎石、破碎砾石、筛选砾石和矿渣。

细骨料主要有天然砂、人工砂(包括机制砂)及石屑。天然砂是岩石在自然条件下风化而成,因产地不同又分为河砂、山砂和海砂。河砂颗粒表面圆滑,比较洁净,质地较好,产源广;山砂颗粒表面粗糙有棱角,含泥量和有机质量较多;海砂虽然具有河砂的特点,但因其在海中故常混有贝壳碎片和盐分等有害杂质。人工砂是将岩石轧碎而成的颗粒,表面粗糙,多棱角,较洁净。

4.2 骨料的技术性质

骨料的技术性质主要有表观密度、堆积密度、空隙率、含水率、颗粒级配与粗细程度、含泥量、针片状颗粒含量、有害物质、坚固性、强度及碱活性等,本节介绍其中的一部分。

1. 含水率

骨料的含水率会随着自然环境的变化而变化,因而骨料颗粒呈现不同的含水状态:干燥状态、气干状态、饱和面干状态和湿润状态,如图 4.1 所示。

关于骨料和集料的叫法,建筑行业称为骨料;建材行业和公路行业通常称为集料。本书统一按建筑行业的规定称为骨料,书中涉及建材行业及公路行业的标准及规范,则仍用原名不变。

干燥状态是指骨料内部不含水或接近于完全不含水状态;气干状态是指骨料内部含有

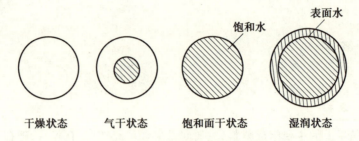

图 4.1 骨料颗粒的含水状态

的水分与所处环境的大气湿度达到相对平衡,骨料在所处的大气环境中吸收水分与放出水分的量相等,达到动态平衡,此时骨料中所含水分占骨料干重的百分率,称为平衡含水率;饱和面干状态是指骨料内部孔隙吸收的水分达到吸水饱和,而表面没有多余水分的状态;湿润状态是指骨料内部吸收水分达到饱和,且表面还附有一层自由水的状态。

以水泥混凝土为例,骨料的含水状态影响拌合混凝土的用水量及混凝土的工作性。如果使用干燥或气干状态的骨料,在混凝土拌合物中,骨料将吸收水泥浆中的水分,使混凝土的有效拌合水量减少。而润湿状态的骨料,在混凝土拌合中将释放水分,使水泥浆稠度变稀,同样影响拌合混凝土的用水量及其工作性。从理论上讲,使用饱和面干状态骨料在混凝土中既不会吸收水分,也不会释放水分,可以准确控制拌合混凝土的用水量,但实际施工中很难将骨料处理成饱和面干状态。

对于较坚固密实的骨料,气干状态的含水率和饱和面干状态下的含水率相差不大,大多在1%左右。所以在试验室试配混凝土时,一般以干燥状态的骨料为基准进行配合比设计;在工业与民用建筑工程中,多以气干状态的骨料为基准进行配合比设计;而在大型水利工程中多按饱和面干状态的骨料为基准来设计混凝土的配合比。

2. 颗粒级配与粗细程度

骨料是由不同粒径的岩石颗粒组合而成的集合体,其搭配的比例和颗粒总体粗细程度对混凝土的性能有很大影响。

颗粒级配简称级配,是指骨料中各级粒径颗粒搭配的比例。级配好的骨料,各级粒径颗粒搭配的比例较为合适,大颗粒的空隙被中颗粒填充,中颗粒的空隙又被更小一级的颗粒填充,这样逐级填充使得骨料的总体空隙率较小。采用这种骨料拌合混凝土能够获得较为密实的混凝土。

骨料的颗粒级配采用筛分试验来确定。称量一定量的骨料试样,让骨料试样通过一套试验标准筛,经称量每个筛子上颗粒的质量,计算分计筛余率和累计筛余率(或通过百分率),最后与骨料的质量标准进行对比,判断骨料的级配是否合格。

以细骨料为例,细骨料筛分试验采用的是一套筛孔为方形,筛孔尺寸分别为 4.75 mm、2.36 mm、1.18 mm、0.6 mm、0.3 mm、0.15 mm 的标准筛。称量 500 g 试样,倒入标准筛中,经规定时间摇筛干净后,分别称量各号筛上试样的质量(称为筛余量),用 m_1 表示。然后计算各号筛上的分计筛余百分率、累计筛余百分率和通过百分率,它们之间的关系见表 4.1。

分计筛余百分率是指各号筛上的筛余量除以试样总量的百分率,准确至 0.1%。计算公式为

$$a_i = \frac{m_i}{500} \times 100\% \tag{4.1}$$

式中　a_i——各号筛的分计筛余百分率，%；
　　　m_i——某号筛上的筛余质量，g；
　　　500——试样的总质量，g。

表 4.1　分计筛余百分率、累计筛余百分率和通过百分率之间的计算关系

筛孔尺寸/mm	筛余量/g	分计筛余百分率/%	累计筛余百分率/%	通过百分率/%
4.75	m_1	$a_1 = m_1/m$	$A_1 = a_1$	$P_1 = 1 - A_1$
2.36	m_2	$a_2 = m_2/m$	$A_2 = a_2 + a_2$	$P_2 = 1 - A_2$
1.18	m_3	$a_3 = m_3/m$	$A_3 = a_3 + a_3 + a_3$	$P_3 = 1 - A_3$
0.60	m_4	$a_4 = m_4/m$	$A_4 = a_4 + a_4 + a_4 + a_4$	$P_4 = 1 - A_4$
0.30	m_5	$a_5 = m_5/m$	$A_5 = a_5 + a_5 + a_5 + a_5 + a_5$	$P_5 = 1 - A_5$
0.15	m_6	$a_6 = m_6/m$	$A_6 = a_6 + a_6 + a_6 + a_6 + a_6 + a_6$	$P_6 = 1 - A_6$
底盘	$m_{底盘}$		$m = m_1 + m_2 + m_3 + m_4 + m_5 + m_6 + m_{底盘}$	

累计筛余百分率是指各号筛上大于等于该号筛的各号筛的分计筛余百分率之和，准确至 0.1%。计算公式为

$$A_i = a_1 + a_2 + \cdots + a_i \tag{4.2}$$

式中　A_i——各号筛的累计筛余率，%；
　　　$a_1, a_2, \cdots, a_i$——4.75 mm，2.36 mm，$\cdots$，0.075 mm 筛的各号筛的分计筛余百分率，%。

通过百分率等于 1 减去该号筛的累计筛余百分率，准确至 0.1%。计算公式为

$$P_i = 1 - A_i \tag{4.3}$$

式中　P_i——各号筛的通过百分率，%；
　　　A_i——各号筛的累计筛余百分率，%。

3. 针片状颗粒含量

粗骨料的颗粒形状以近立方体或近球状体为最佳，但在岩石破碎生产碎石的过程中往往会产生一定量的针片状颗粒，使骨料的空隙率增大，并降低混凝土的强度，特别是抗折强度。

针状颗粒是指长度大于该颗粒所属粒级平均粒径 2.4 倍的颗粒；片状颗粒是指厚度小于平均粒径 0.4 倍的颗粒。平均粒径是指该粒级上下限粒径的平均值。相关标准对各类粗骨料中的针片状颗粒含量做了明确的限制。

4. 有害物质

骨料中会存在一些不坚实的颗粒，这些不坚实的颗粒有两种类型：一类是本身易于破裂；另一类是受到冻结时易于膨胀破坏。页岩等一些低密度的骨料可以认为是不坚实的，这些骨料的应用会使混凝土产生剥落。混入骨料中的黏土块、木块及煤块也有同样的影响。煤块还会产生膨胀，导致混凝土破裂。云母会导致混凝土用水量的增加和强度的下降。一些黄铁矿和褐铁矿则可能会与水和氧气反应产生硫酸盐，并对水泥水化产物产生侵蚀作用。

这些杂质在骨料中的含量及其对混凝土性能的影响可通过试验进行确定。

5. 坚固性

坚固性是指粗骨料在自然风化和其他外界物理化学因素作用下抵抗破裂的能力,采用质量损失百分率表示。对已轧制成的碎石或天然卵石亦可采用规定级配的各粒级骨料,按现行试验规程《公路工程集料试验规程》(JTG E42—2024)选取规定数量,分别装在金属网篮浸入饱和硫酸钠溶液中进行干湿循环试验。经5次循环后,观察其表面破坏情况,并计算质量损失百分率。

6. 强度

反映粗骨料强度的力学性质指标主要有压碎值和磨耗值。

(1)压碎值。

压碎值是粗骨料在连续增加的荷载下抵抗压碎的能力,用以评价其在公路工程中的适用性。

按《公路工程集料试验规程》(JTG E42—2024)的规定,粗骨料压碎值试验是将3 kg、9.5~13.2 mm的骨料试样装入压碎值测定仪的金属筒内,放在压力机上,在10 min左右时间内均匀地加荷至400 kN,稳压5 s然后卸载,称其通过2.36 mm的筛余量,按下式计算:

$$Q'_a = \frac{m_1}{m_0} \times 100\% \tag{4.4}$$

式中 Q'_a——石料的压碎值,%;

m_0——试验前试样质量,g;

m_1——试验后通过2.36 mm筛孔的细料质量,g。

(2)磨耗值。

磨耗值用以评定抗滑表层的骨料抵抗车轮撞击磨耗的能力。按我国现行试验规程《公路工程集料试验规程》(JTG E42—2024)的规定,采用道瑞磨耗试验机来测定骨料的磨耗值。其方法是选取粒径为9.5~13.2 mm的洗净骨料试样,单层紧排于两个试模内(不少于24粒),然后排砂并用环氧树脂砂浆填充密实。经养护24 h,拆模取出试件,准确称出试件质量,试件、托盘和配重总质量为(2 000±10)g。将试件安装在道瑞磨耗试验机附的托盘上,道瑞磨耗试验机的磨盘以28~30 r/min的转速旋转,磨500 r后,取出试件,刷净残砂,准确称出试件质量。按下式计算磨耗值:

$$AAV = \frac{3(m_1 - m_2)}{\rho_s} \times 100\% \tag{4.5}$$

式中 AAV——骨料的道瑞磨耗值,%;

m_1——磨耗前试件的总质量,g;

m_2——磨耗后试件的质量,g;

ρ_s——骨料表干密度,g/cm³。

骨料的磨耗值越高,表示骨料耐磨性越差。

7. 碱活性

骨料本身会含有一些活性物质,并且会与水泥中的碱产生膨胀反应,进而导致混凝土破坏。这类活性物质主要有活性硅组分和碳酸盐组分,与碱的反应分别称为碱—硅反应和碱—碳酸盐反应。

碱—硅反应首先是从水泥浆体孔液中的碱侵蚀骨料中的硅质矿物开始,随后形成碱—硅酸盐凝胶体,这种凝胶体会损坏骨料与水泥浆体之间的黏结;更为主要的是这种凝胶会吸水膨胀,最终使周围的水泥浆体产生破裂。活性硅质材料的颗粒尺寸会影响碱—硅反应速率,细小的颗粒(20~30 pm)会在数月内产生膨胀,而较大的颗粒则会在数年后产生膨胀。水分的存在是碱—硅反应的必要条件,而温度的升高则会加速膨胀。一般认为骨料中的活性硅组分超过 0.5% 就有可能导致膨胀破坏。

碱与白云石、石灰石骨料还会产生碱—碳酸盐反应,所产生的凝胶产物也会吸水而产生膨胀破坏。

4.3 矿质混合料

路桥用砂石材料大多数情况下是以矿质混合料的形式与水泥或沥青胶结后形成混凝土。欲使水泥混凝土或沥青混合料具备良好的使用性能,除各种矿质骨料的技术性质应符合要求外,矿质混合料还必须满足最小空隙率和最大摩擦力的基本要求。最小空隙率是不同粒径的各级矿质骨料按一定比例搭配,使其组成一种具有最大密实度(或最小空隙率)的矿质混合料;最大摩擦力是各级矿质骨料在进行比例搭配时,应使各级骨料排列紧密,形成一个多级空间骨架结构且具有最大摩擦力的矿质混合料。为达到上述要求,要对矿质混合料进行科学的组成设计。

4.3.1 矿质混合料的级配类型

矿质混合料的级配类型通常有以下两种形式。

1. 连续级配

连续级配是将某一矿质混合料在标准筛孔配成的套筛中进行筛分试验时,所得到的级配曲线平顺圆滑且具有连续的(而不是间断的)性质。相邻粒级的颗粒之间有一定的比例关系,这种由大到小,逐级粒径均有,并按比例互相搭配组成的矿质混合料,称为连续级配的矿质混合料。

2. 间断级配

间断级配是在连续级配的矿质混合料中剔除其中一个(或几个)粒级的颗粒,形成一种不连续的混合料,这种混合料称为间断级配的矿质混合料。

连续级配和间断级配曲线如图 4.2 所示。

4.3.2 矿质混合料的级配理论

1. 富勒理论

富勒根据试验提出一种级配理论,他认为"骨料的级配曲线越接近抛物线,其密度越大",富勒理想级配曲线如图 4.3 所示。

最大密度曲线方程采用抛物线公式表示:

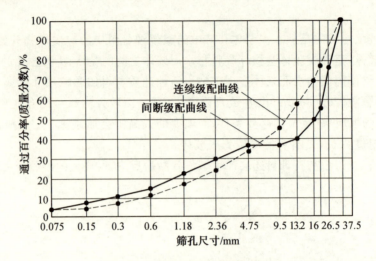

图 4.2 连续级配和间断级配曲线

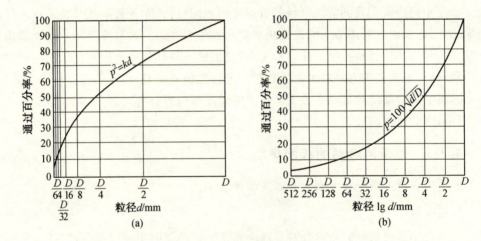

图 4.3 富勒理想级配曲线

注:(a)为常坐标:纵、横坐标均为常数;(b)为半对数坐标:纵坐标为常数,横坐标为对数。

$$p^2 = kd$$

当粒径 d 等于最大粒径 D 时,矿质混合料的通过百分率等于 100%,将此关系代入 $p^2 = kd$,则对任意粒级粒径 d 的通过百分率可按下式求得:

$$p = 100\sqrt{\frac{d}{D}} \tag{4.6}$$

式中　　p——骨料某粒级粒径(d)的通过百分率,%;

　　　　D——矿质混合料的最大粒径,mm;

　　　　d——骨料某粒级的粒径,mm。

2. 泰波理论

泰波认为富勒曲线是一种理想曲线,实际矿料的级配应允许有一定的波动范围,故将富勒最大密度曲线改为 n 次幂的通式,采用下式表示:

$$p = 100\left(\frac{d}{D}\right)^n \tag{4.7}$$

式中 p、D、d——意义同式(4.6);

n——试验指数。

当 $n=0.5$ 时,即为抛物线公式。试验认为 $n=0.3\sim 0.6$ 时,矿质混合料具有较好的密实度,泰波级配曲线范围图如图 4.4 所示。

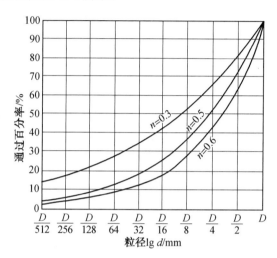

图 4.4 泰波级配曲线范围图

4.3.3 矿质混合料配合比

矿质混合料配合比是指组成矿质混合料的各种骨料的用量比例。采用人为设计的方法来确定配合比的过程,称为配合比设计。矿质混合料的配合比设计方法主要有试算法和图解法两种。

1. 试算法

(1)基本原理。

现欲采用几种骨料配制具有一定级配要求的矿质混合料。在决定各骨料的比例时,先假定混合料中某种粒径的颗粒由某一种对该粒径占优势的骨料组成,而其他各种骨料不含这种粒径的颗粒。根据该粒径去试算这种骨料在混合料中的大致比例。如果比例不合适,则稍加调整,这样逐步试算,最终达到符合矿质混合料级配要求的配合比。

设有 A、B、C 3 种骨料,欲配制成级配为 M 的矿质混合料,如图 4.5 所示,求 A、B、C 骨料在混合料中的比例,即配合比。

按题意做下列两点假设:

①假设 A、B、C 3 种骨料在混合料 M 中的用量比例为 X、Y、Z,则

$$X + Y + Z = 100\%$$

②假设混合料 M 中某一级粒径要求的含量为 $a_{M,i}$,A、B、C 3 种骨料在该粒径的含量为 $a_{A,i}$、$a_{B,i}$、$a_{C,i}$,则

$$a_{A,i} \cdot X + a_{B,i} \cdot Y + a_{C,i} \cdot Z = a_{M,i}$$

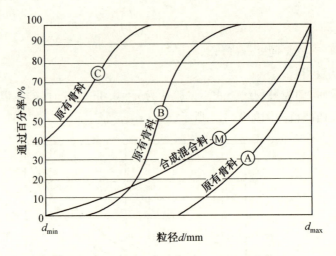

图 4.5　原有骨料与合成混合料的级配图

(2)计算步骤。

在上述两点假设的前提下,按下列步骤求 A、B、C 3 种骨料在该混合料中的用量比例。

①计算 A 骨料在矿质混合料中的用量。在计算 A 骨料在混合料中的用量时,按 A 骨料在某一粒径占优势计算,忽略其他骨料中此粒径的含量。

假设混合料 M 中某一粒级粒径(i)的颗粒中 A 骨料占优势,则 B 料和 C 骨料中该粒径的含量均等于零,将其代入上式得

$$a_{A,i} \cdot X = a_{M,i}$$

整理得

$$X = \frac{a_{M,i}}{a_{A,i}} \times 100\%$$

②计算 C 骨料在矿质混合料中的用量。假设混合料 M 中某一粒级粒径(j)的颗粒中 C 料占优势,同理可计算出 C 骨料在混合料中的用量比例。应用公式可得到

$$a_{C,j} \cdot Z = a_{M,j}$$

$$Z = \frac{a_{M,j}}{a_{C,j}} \times 100\%$$

③计算 B 骨料的用量。

$$Y = 100\% - (X + Z)$$

④校核。校核计算出的配合比,如不在要求的级配范围内,应调整相对比例,重新计算和复核,几次调整,逐步渐近,直到符合为止。如经计算不能满足要求时,可掺加某些单粒级骨料,或调换其他原始骨料。

【例 4.1】现拟用碎石、砂和矿粉 3 种矿质骨料配合 AC—20 公路沥青混凝土路面用矿质混合料。表 4.2 列出各种骨料的分计筛余率和所要求的矿质混合料的级配范围。试求碎石、砂和矿粉 3 种骨料的用量比例。

表 4.2 各种骨料的分计筛余率和所要求的矿质混合料的级配范围

项目		筛孔尺寸/mm											
		26.5	19	16	13.2	9.5	4.75	2.36	1.18	0.6	0.3	0.15	0.075	<0.075
各种骨料的分计筛余率/%	碎石	0	2.4	9.5	13.8	16.4	23.8	15.2	8.6	5.3	3.1	1.1	0.5	0.3
	砂	—	—	—	—	0	10.1	23.7	13.3	15.1	16.9	17.3	2.9	0.7
	矿粉	—	—	—	—	—	—	0	3.0	5.0	5.5	3.2	83.3
所要求的矿质混合料级配范围通过百分率 $P_{M,i}$/%		100	90~100	78~92	62~80	50~72	26~56	16~44	12~33	8~24	5~17	4~13	3~7	—

【解】 (1)计算矿质混合料所要求级配范围的通过百分率中值、累计筛余率中值、分计筛余率中值,计算结果见表 4.3。

表 4.3 矿质混合料要求的级配范围

项目	筛孔尺寸/mm											
	26.5	19	16	13.2	9.5	4.75	2.36	1.18	0.6	0.3	0.15	0.075	<0.075
通过百分率 P_i/%	100	90~100	78~92	62~80	50~72	26~56	16~44	12~33	8~24	5~17	4~13	3~7	
通过百分率中值/%	100	95	85	71	61	41	30	22.5	16	11	8.5	5	0
累计筛余率中值/%	0	5.0	15.0	29.0	39.0	59.0	70.0	77.5	84.0	89.0	91.5	95.0	100
分计筛余率中值 $a_{M,i}$/%	0	5.0	10.0	14.0	10.0	20.0	11.0	7.5	6.5	5.0	2.5	3.5	5.0

(2)由表 4.4 中可知,碎石中 4.75 mm 粒径颗粒含量占优势。假设矿质混合料中 4.75 mm 粒径的颗粒全部由碎石提供,其他骨料均等于零。于是,碎石在混合料中的含量为

$$X = \frac{a_{M,i}}{a_{A,i}} \times 100\% = \frac{20}{23.8} \times 100\% = 84.0\%$$

(3)同理,由表 4.4 可知,矿粉中小于 0.075 mm 颗粒含量占优势,忽略碎石和砂中此粒径的含量。于是,矿粉在混合料中的含量为

$$Z = \frac{a_{M,j}}{a_{C,j}} \times 100\% = \frac{5.0}{83.3} \times 100\% = 6.0\%$$

(4)砂在混合料中的含量为
$$Y = 100\% - (X + Z) = 100\% - (84.0\% + 6.0\%) = 10.0\%$$

(5)校核 3 种骨料是否符合级配范围要求。

通过计算,碎石、砂和矿粉 3 种骨料用量比例为:$X = 84.0\%$、$Y = 10.0\%$、$Z = 6.0\%$。对计算结果进行校核,见表 4.4。

表 4.4 矿质混合料配合组成计算校核

项目		筛孔尺寸/mm											
		26.5	19	16	13.2	9.5	4.75	2.36	1.18	0.6	0.3	0.15	0.075	<0.075
各种骨料的分计筛余率/%	碎石	0	2.4	9.5	13.8	16.4	23.8	15.2	8.6	5.3	3.1	1.1	0.5	0.3
	砂	—	—	—	—	0	10.1	23.7	13.3	15.1	16.9	17.3	2.9	0.7
	矿粉	—	—	—	—	—	—	—	0	3.0	5.0	5.5	3.2	83.3
各骨料在矿质混合料中的含量/%	碎石(84.0%)	0	2.0	8.0	11.6	13.8	20.0	12.8	7.2	4.4	2.6	0.9	0.4	0.3
	砂(10.0%)	—	—	—	—	0	1.0	2.4	1.3	1.5	1.7	1.7	0.3	0.1
	矿粉(6.0%)	—	—	—	—	—	—	—	0	0.2	0.3	0.3	0.2	5.0
合成的矿质混合料级配	$a_{M,i}$/%	0	2.0	8.0	11.6	13.8	21.0	15.2	8.5	6.1	4.6	2.9	0.9	5.4
	$A_{M,i}$/%	0	2.0	10.0	21.6	35.4	56.4	71.6	80.1	86.2	90.8	93.7	94.6	100
	$P_{M,i}$/%	100	98	90	80.4	65.6	43.6	28.4	19.9	13.8	9.2	6.3	5.4	0
所要求的矿质混合料级配范围通过百分率 $P_{M,i}$/%		100	90~100	78~92	62~80	50~72	26~56	16~44	12~33	8~24	5~17	4~13	3~7	

分析表 4.4 中结果可知,按上述配合比,设计出的矿质混合料的级配在要求的矿质混合料级配范围内,符合要求。

2.图解法

图解法为修正平衡面积法,当采用 3 种以上的多种骨料配合矿质混合料时,采用此方法进行设计十分方便。图解法计算步骤如下。

(1)绘制专用坐标。

首先按规定尺寸绘制一方形图框,纵坐标为通过百分率,取 10 cm,按算术标尺,标出通过百分率(0~100%);横坐标为筛孔尺寸(粒径),取 15 cm;连接对角线,该直线即为所要求矿质混合料的中值级配曲线,并以此推导出横坐标的位置。以细粒式沥青混凝土 AC-13 所要求矿质混合料(表 4.5)为例,绘制专用坐标,如图 4.6 所示。

表 4.5 细料式沥青混凝凝土 AC-13 所要求的矿质混合料的级配范围

筛孔尺寸/mm	16	13.2	9.5	4.75	2.36	1.18	0.6	0.3	0.15	0.075
级配范围/%	100	90~100	68~85	38~68	24~50	15~38	10~28	7~20	5~15	4~8
级配中值/%	100.0	95.0	76.5	53.0	37.0	26.5	19.0	13.5	10.0	6.0

(2)在专用坐标上绘制各种骨料的级配曲线,如图 4.7 所示。

(3)确定矿质混合料的配合比。

相邻两种骨料的级配曲线可能有下列 3 种情况。根据各骨料之间的关系,按下述方法即可确定各种骨料用量。

①两相邻级配曲线重叠。如 A 骨料级配曲线下部与 B 骨料级配曲线上部搭接时,在两

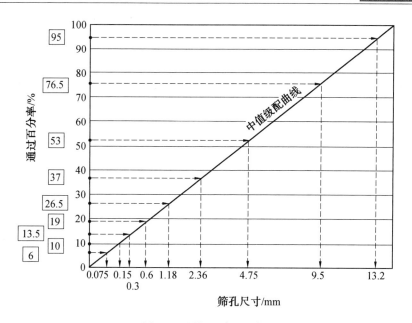

图 4.6 图解法专用坐标

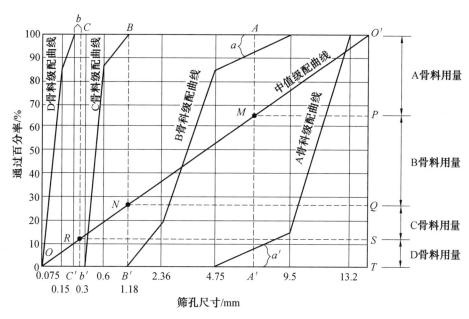

图 4.7 组成骨料级配曲线和要求合成级配曲线图

级配曲线之间引一根垂直于横坐标的直线 AA'(使 $a=a'$),与对角线 OO' 交于点 M,通过点 M 作一水平线与纵坐标交于 P 点。$O'P$ 即为 A 骨料的用量。

②两相邻级配曲线相接。如 B 骨料级配曲线的下末端与 C 骨料级配曲线首端正好在一条垂直线上时,将前一骨料曲线末端与后一骨料曲线首端作垂线相连,垂线 BB' 与对角线 OO' 交于点 N。通过点 N 作一水平线与纵坐标交于点 Q,PQ 即为 B 骨料用量。

③两相邻级配曲线相离。如 C 骨料级配曲线末端与 D 骨料级配曲线首端在水平方向彼此离开一段距离时,作一垂直线平分相离开的距离($b=b'$),垂线 CC' 与对角线 OO' 交于

R,通过点 R 作一水平线与纵坐标交于点 S,QS 即为 C 骨料的用量。剩余 ST 即为 D 骨料用量。

【例 4.2】 现有碎石、石屑、砂和矿粉 4 种骨料,筛分试验结果见表 4.6。

表 4.6 各种骨料的筛分试验结果

材料名称	筛孔尺寸/mm									
	16	13.2	9.5	4.75	2.36	1.18	0.6	0.3	0.15	0.075
	通过百分率/%									
碎石	100	93	17	0	0	0	0	0	0	0
石屑	100	100	100	84	14	8	4	0	0	0
砂	100	100	100	100	92	82	42	21	11	4
矿粉	100	100	100	100	100	100	100	100	96	89

要求将上述 4 种骨料配合成符合《公路沥青路面施工技术规范》(JTG F40—2004)细粒式沥青混凝土混合料(AC-13)所要求(表 4.7)的矿质混合料,试采用图解法确定各种骨料的用量比例。

表 4.7 规范要求的矿质混合料级配

AC-13 所要求的矿质混合料	筛孔尺寸/mm									
	16	13.2	9.5	4.75	2.36	1.18	0.6	0.3	0.15	0.075
	通过百分率/%									
级配范围/%	100	90～100	68～85	38～68	24～50	15～38	10～28	7～20	5～15	4～8
级配中值/%	100	95.0	76.5	53.0	37.0	26.5	19.0	13.5	10.0	6.0

【解】 (1)绘制专用坐标图。

先标出纵坐标;再根据规范要求的矿质混合料级配范围中值,推导出横坐标的位置,如图 4.8 所示。对角线 OO' 即为规范要求的矿质混合料级配范围中值。

(2)在专用坐标图上绘制各种骨料的级配曲线,如图 4.8 所示。

(3)在碎石和石屑级配曲线相重叠部分作一垂线 AA',使垂线截取两级配曲线的纵坐标值相等($a=a'$)。自垂线 AA' 与对角线 OO' 交点 M 引一水平线,与纵坐标交于 P 点,$O'P$ 的长度 $X=35.9\%$,即为碎石的用量。

同理,求出石屑用量 $Y=31.7\%$,砂用量 $Z=24.3\%$,则矿粉用量 $W=8.1\%$。

(4)将图解法求得的各骨料用量列于表 4.8,并对计算结果进行校核。

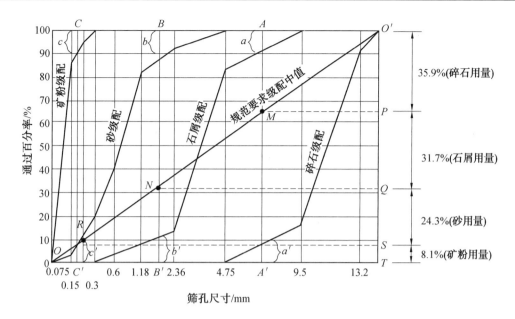

图 4.8　各组成材料和要求混合料级配图

表 4.8　矿质混合料配合比校核

材料名称		筛孔尺寸/mm									
		16	13.2	9.5	4.75	2.36	1.18	0.6	0.3	0.15	0.075
		通过百分率/%									
各种骨料级配	碎石	100	93	17	0	0	0	0	0	0	0
	石屑	100	100	100	84	14	8	4	0	0	0
	砂	100	100	100	100	92	82	42	21	11	4
	矿粉	100	100	100	100	100	100	100	100	96	89
各骨料在混合料中的用量/%	碎石 35.9 (30.0)	35.9 (30.0)	33.4 (27.9)	6.1 (5.1)	0 (0)	0 (0)	0 (0)	0 (0)	0 (0)	0 (0)	0 (0)
	石屑 31.7 (36.0)	31.7 (36.0)	31.7 (36.0)	31.7 (36.0)	20.3 (23.0)	4.4 (5.0)	2.5 (2.9)	1.3 (1.4)	0 (0)	0 (0)	0 (0)
	砂 24.3 (28.0)	24.3 (28.0)	24.3 (28.0)	24.3 (28.0)	24.3 (28.0)	22.4 (25.8)	19.9 (23.0)	10.2 (11.8)	5.1 (5.9)	2.7 (3.1)	1.0 (1.1)
	矿粉 8.1 (6.0)	8.1 (6.0)	8.1 (6.0)	8.1 (6.0)	8.1 (6.0)	8.1 (6.0)	8.1 (6.0)	8.1 (6.0)	8.1 (6.0)	7.8 (5.8)	7.2 (5.2)
合成矿质混合料级配/%		100 (100)	97.5 (97.9)	70.2 (75.1)	52.7 (57.0)	34.9 (36.8)	30.5 (31.9)	19.6 (19.2)	13.2 (11.9)	10.5 (8.9)	8.2 (6.3)

续表4.8

材料名称	筛孔尺寸/mm									
	16	13.2	9.5	4.75	2.36	1.18	0.6	0.3	0.15	0.075
	通过百分率/%									
规范要求级配范围/%	100	90~100	68~85	38~68	24~50	15~38	10~28	7~20	5~15	4~8

从表4.8可以看出,按碎石、石屑、砂、矿粉的比例为35.9%：31.7%：24.3%：8.1% 计算结果,求得合成级配混合料中筛孔9.5 mm的通过量偏低,筛孔0.075 mm的通过量偏高。这是由于图解法的各种骨料的用量比例是根据部分筛孔确定的,所以不能控制所有筛孔。需要调整修正,才能达到满意的结果。

(5)调整之后,所合成的矿质混合料的级配完全在规范要求的范围内,并接近中值,见表4.8。最后确定的矿质混合料的各骨料(碎石、石屑、砂、矿粉)质量分数分别为:30.0%、36.0%、28.0%、6.0%。

4.4 骨料试验取样与缩分

4.4.1 取样方法

在料堆上取样时,取样部位应均匀分布。取砂样前先将取样部位表面铲除,然后从不同部位抽取大致相等的砂样共8份,组成一组砂样品。粗骨料取样是从各部位抽取大致相等的石子15份(在料堆的顶部、中部和底部,各由均匀分布的5个不同部位取得)组成一组石子样品;从皮带运输机上取样时,用接料器在皮带运输机机尾的出料处定时抽取大致等量的砂4份,组成一组砂样品;在皮带运输机机尾的出料处用接料器定时抽取8份石子,组成一组石子样品。从火车、汽车、货船上取样时,从不同部位和深度抽取大致相等的砂8份,组成一组砂样品;从不同部位和深度抽取大致相同的石子16份,组成一组石子样品。当样品检验不合格时,应重新取样。对不合格的项目,应加倍复验,若仍不能满足标准要求,应按不合格处理。

进行单项目试验时,最少取样数量应符合表4.9、表4.10的规定;当需要做几个项目试验时,如确能保证试样经一项试验后不致影响另一项试验的结果,可用同一试样进行几个不同项目的试验。骨料的有机物含量、坚固性、压碎指标值及碱集料反应等检验项目,应根据试验要求的粒级及数量进行取样。

表4.9 砂单项试验取样质量　　　　　　　　　　　　　　　　　　　　　　　kg

序号	试验项目	最少取样数量	序号	试验项目		最少取样数量
1	颗粒级配	4.4	9	坚固性	天然砂	8.0
2	含泥量	4.4			人工砂	20.0
3	石粉含量	6.0	10	表观密度		2.6
4	泥块含量	20.0	11	松散堆积密度与空隙率		5.0
5	云母含量	0.6	12	碱集料反应		20.0
6	轻物质含量	3.2	13	贝壳含量		9.6
7	硫化物与硫酸盐含量	0.6	14	放射性		6.0
8	氯化物含量	4.4	15	饱和面干吸水率		4.4

表4.10 碎石或卵石试验项目所需最少取样质量　　　　　　　　　　　　　　kg

序号	试验项目	最大粒径/mm							
		9.5	16.0	19.0	26.5	31.5	37.5	63.0	75.0
1	颗粒级配	9.5	16.0	19.0	25.0	31.5	37.5	63.0	80.0
2	含泥量	8.0	8.0	24.0	24.0	40.0	40.0	80.0	80.0
3	泥块含量	8.0	8.0	24.0	24.0	40.0	40.0	80.0	80.0
4	针、片状颗粒含量	1.2	4.0	8.0	12.0	20.0	40.0	40.0	40.0
5	有机物含量	按试验要求的粒级和数量取样							
6	硫酸盐和硫化物含量	按试验要求的粒级和数量取样							
7	坚固性	按试验要求的粒级和数量取样							
8	岩石抗压强度	随机选取完整石块锯切或钻取成试验用样品							
9	压碎指标	按试验要求的粒级和数量取样							
10	表观密度	8.0	8.0	8.0	8.0	12.0	16.0	24.0	24.0
11	堆积密度与空隙率	40.0	40.0	40.0	40.0	80.0	80.0	120.0	120.0
12	吸水率	2.0	4.0	8.0	12.0	20.0	40.0	40.0	40.0
13	碱集料反应	20.0	20.0	20.0	20.0	20.0	20.0	20.0	20.0
14	放射性	6.0							
15	含水率	按试验要求的粒级和数量取样							

取样后,应妥善包装、保管试样,避免细料散失和污染,同时附上卡片标明样品名称、编号、取样时间、产地、规格、样品所代表验收批的质量或体积数,以及要求检验的项目和取样方法。

4.4.2 细骨料砂样品的缩分

1. 分料器法

将样品在潮湿状态下拌合均匀,然后通过分料器取接料斗中的其中一份再次通过分料器。重复上述过程,直至把样品缩分到试验所需量为止。

2. 人工四分法

将所取样品置于平板上,在潮湿状态下拌合均匀,并堆成厚度约为 20 mm 的圆饼,然后沿互相垂直的两条直径把圆饼分成大致相等的 4 份,取其中对角线的 2 份重新拌匀,再堆成圆饼。重复上述过程,直至把样品缩分到试验所需量为止。

细骨料的堆积密度和人工砂坚固性检验项目所用的试样可不经缩分,拌匀后直接进行试验。

4.4.3 粗骨料卵石与碎石的样品缩分

将每组样品置于平板上,在自然状态下拌混均匀,并堆成锥体,然后沿互相垂直的两条直径把锥体分成大致相等的 4 份,取其对角的 2 份重新拌匀,再堆成锥体。重复上述过程,缩分至略多于进行试验所必需的量为止。

碎石、卵石的含水率及堆积密度检验项目所用的试样可不经缩分,拌匀后直接进行试验。

4.5 骨料的试验

4.5.1 骨料筛分析试验

对骨料进行筛分析试验,主要是为了计算砂的细度模数和评定砂、碎石或卵石的颗粒级配。由于粗、细骨料的筛分析试验原理相同,试验方法相似,所以本节主要介绍细骨料的筛分析试验过程,粗骨料的筛分析试验可参照细骨料的筛分析试验进行。

1. 主要仪器设备

(1)鼓风烘箱。如图 4.9 所示,温度控制在(105±5)℃。

(2)称砂天平。称量 1 000 g,感量为 1 g。称粗骨料天平:称量 10 kg,感量为 1 g。

(3)砂样筛。方孔,孔径为 9.5 mm、4.75 mm、2.36 mm、1.18 mm、0.60 mm、0.30 mm、0.15 mm 的方孔筛各一只,附有筛底和筛盖。

(4)石样筛。方孔,孔径为 90 mm、75.0 mm、63.0 mm、53.0 mm、37.5 mm、31.5 mm、26.5 mm、19.0 mm、16.0 mm、9.5 mm、4.75 mm、2.36 mm 的方孔筛各一只,附有底盘和筛盖,筛框直径为 300 mm,如图 4.10 所示。

(5)摇筛机(图 4.11)、搪瓷盘、毛刷等。

图 4.9　鼓风烘箱　　图 4.10　标准石样筛和砂样筛　　图 4.11　摇筛机

2.试样制备

细骨料的试样制备首先按照前述的缩分方法，将试样缩分至约 1 100 g，然后放在烘箱中于(105±5)℃下烘干至恒重，待冷却至室温后，筛除大于 9.5 mm 的颗粒并计算其筛余百分率，分成大致相等的两份备用。碎石或卵石试样的制备同样先按照前述的缩分方法，将样品缩分至略重于表 4.11 所规定的试样所需量，然后烘干或风干后备用。

表 4.11　碎石或卵石筛分析所需试样的最小质量

最大公称粒径/mm	9.5	16.0	19.0	26.5	31.5	37.5	63.0	75.0
试样最小质量/kg	1.9	3.2	3.8	5.0	6.3	7.5	12.6	16.0

3.砂的筛分试验步骤

(1)称取烘干砂试样 500 g，将试样倒入按孔径大小顺序从上到下组合的套筛(附筛底)上，然后把套筛置于摇筛机上并固定。

(2)启动摇筛机，摇筛 10 min 后停机取下套筛，按筛孔大小顺序再逐一手筛，筛至每分钟通过量小于试样总质量的 0.1% 时为止。通过的试样并入下一号筛中，与下一号筛中试样一起过筛。按此顺序逐一进行，直至各号筛全部筛完。试样在各个筛号的筛余量按下述方式处理。对粗骨料当筛余颗粒的粒径大于 19.0 mm 时，在筛分过程中，允许用手指拨动颗粒。

恒重指试样在烘干 3 h 以上的情况下，其前后质量之差不大于该项试验所要求的称量精度(下同)。

①质量仲裁时，砂试样在各筛上的筛余量不得超过下式计算量：

$$m_x = \frac{A\sqrt{d}}{300} \tag{4.8}$$

②生产控制检验时，砂试样在各筛上的筛余量不得超过下式计算量：

$$m_x = \frac{A\sqrt{d}}{200} \tag{4.9}$$

式中　m_x——在某一个筛上的筛余量，g；
　　　A——筛面面积，mm^2；
　　　d——筛孔尺寸，mm。

如果砂试样在各筛上的筛余量超过上述计算量，应将该筛余试样分成两份，再次进行筛分,并以筛余量之和作为该号筛的筛余量。

(3)称量各号筛中的筛余量,精确至 1 g。

4. 结果计算

(1)计算分计筛余百分率。

各号筛上的筛余量与试样总质量之比称为分计筛余百分率,分别记为 a_1、a_2、a_3、a_4、a_5、a_6,精确至 0.1%,计算公式为

$$a_n = \frac{m_x}{M} \times 100\% \tag{4.10}$$

式中　　a_n——各号筛的分计筛余百分率,%;

　　　　m_x——各号筛的筛余量,g;

　　　　M——试样总质量,g。

(2)计算累计筛余百分率。

该号筛的筛余百分率加上该号筛以上各筛余百分率之和称为累计筛余百分率,精确至 1%,分别记为 A_1、A_2、A_3、A_4、A_5、A_6,则

$$\begin{aligned}
A_1 &= a_1 \\
A_2 &= a_1 + a_2 \\
A_3 &= a_1 + a_2 + a_3 \\
A_4 &= a_1 + a_2 + a_3 + a_4 \\
A_5 &= a_1 + a_2 + a_3 + a_4 + a_5 \\
A_6 &= a_1 + a_2 + a_3 + a_4 + a_5 + a_6
\end{aligned} \tag{4.11}$$

累计筛余百分率的最终值取两次测试结果的算术平均值作为试验结果,精确至 1%。筛分后,如果每号筛的筛余量与筛底的剩余量之和同原试样质量之差超过 1% 时,须重新进行试验。

(3)计算砂的细度模数,即

$$\mu_1 = \frac{(A_2 + A_3 + A_4 + A_5 + A_6) - 5A_1}{100 - A_1} \tag{4.12}$$

式中　　μ_1——细度模数,精确至 0.01;

　　　　A_1、A_2、A_3、A_4、A_5、A_6——4.75 mm、2.36 mm、1.18 mm、0.60 mm、0.30 mm 及 0.15 mm 筛号的累计筛余百分率。

细度模数取两次测试结果的算术平均值作为试验结果,如两次试验的细度模数之差超过 0.2 时,须重新做试验。

(4)根据各筛号的累计筛余百分率,绘制筛分曲线,评定砂的颗粒级配区情况。

5. 结果判定

(1)根据细度模数的计算值,判定被测砂试样是否属于粗、中、细砂 3 级中的相应一级。

(2)颗粒级配按实际测得的各筛累计筛余百分率与规定的砂粒级配区进行比较,判定被测砂试样是否属于Ⅰ、Ⅱ、Ⅲ 3 个级配区中相应的一个区。

6. 注意事项

当发生停电,试样仍放置于烘箱时,恢复正常后可继续烘干至恒重。当摇筛机因停电或发生故障时,机筛可改用手筛。

4.5.2 骨料含泥量试验

混凝土和砂浆用骨料要求洁净和无黏土杂质,但在工程实际中,天然的骨料难免会含有一定程度的泥土杂质,即便是人工骨料,在运输和存放过程中,也会因黏土造成污染。如果骨料的含泥量超限,将会严重影响工程质量,甚至造成工程事故。因此,国家标准对骨料中的含泥量有明确规定,当骨料的含泥量检验合格时,方可用于混凝土或砂浆工程。

1. 砂的含泥量试验

(1)主要仪器设备。

①鼓风烘箱。能使温度控制在(105±5)℃。

②天平。称量1 000 g,感量为0.1 g。

③方孔筛。孔径为0.075 mm、1.18 mm的筛各一只。

④容器。淘洗试样时能保持试样不溅出(深度大于250 mm)。

⑤搪瓷盘、毛刷等。

(2)试样制备。

将试样缩分至约1 100 g,放入烘箱中在(105±5)℃下烘干至恒重,待冷却至室温后,分成大致相等的两份备用。

(3)试验步骤。

①称取试样500 g,精确至0.1 g,将试样倒入淘洗容器中,注入清水,使水面高于试样约150 mm,充分搅拌均匀后浸泡2 h。然后用手在水中淘洗试样,使尘屑、淤泥和黏土与砂粒分离,把浑水缓缓倒入1.18 mm及0.075 mm的套筛(1.18 mm筛放在上面),滤去小于0.075 mm的颗粒。试验前筛子的两面应先用水润湿,在整个过程中要防止砂粒流失。

②向容器中注入清水,重复上述过程,直到容器内的水清澈为止。

③用水淋洗剩余在筛上的细粒,并将0.075 mm筛放在水中(使水面略高出筛中砂粒的上表面)来回摇动,洗掉小于0.075 mm的颗粒。然后将两只筛的筛余颗粒和清洗容器中已经洗净的试样一并倒入搪瓷盘,放在烘箱中在(105±5)℃下烘干至恒重,待冷却至室温后,称其质量,精确至0.1 g。

(4)计算与结果评定。

砂的含泥量按下式计算,精确至0.1%:

$$Q_a = \frac{G_0 - G_1}{G_0} \times 100\% \tag{4.13}$$

式中 Q_a——砂的含泥量,%;

G_0——试验前烘干试样的质量,g;

G_1——试验后烘干试样的质量,g。

砂的含泥量检验取两个试样测试结果的算术平均值作为测定值。对照规范标准规定,判定试验结果是否合格。

2. 碎石或卵石的含泥量试验

(1)主要仪器设备。

①天平。称量10 kg,感量为1 g。

②烘箱。能使温度控制在(105±5)℃。
③试验筛。孔径为 1.18 mm 及 0.075 mm 筛各一个。
④容器。要求淘洗试样时保持试样不溅出。
⑤搪瓷盘、毛刷等。

(2)试样制备。

试验前,用四分法将试样缩分至略大于规定的量,见表 4.12,此时一定要注意防止细粉流失。然后将试样置于温度为(105±5)℃的烘箱内烘干至恒重,冷却至室温后分成大致相等的两份备用。

表 4.12　碎石或卵石含泥量试验所需试样最小质量

最大粒径/mm	9.5	16.0	19.0	26.5	31.5	37.5	63.0	75.0
试样最小质量/kg	2.0	2.0	6.0	6.0	10.0	10.0	20.0	20.0

(3)试验步骤。

①称取试样一份,精确至 1 g,装入容器中摊平,并注入洁净水或饮用水,使水面高出石子表面 150 mm。充分搅拌后浸泡 2 h,然后用手在水中淘洗颗粒,使尘屑、淤泥和黏土与石子分离,并使之悬浮或溶解于水。缓缓地将浑浊液倒入 1.18 mm 及 0.075 mm 的套筛(1.18 mm 筛放置在上面)上,滤去小于 0.075 mm 的颗粒。试验前筛子的两面应先用水湿润,在整个试验过程中应避免大于 0.075 mm 的颗粒流失。

②再次加水于容器中,重复上述过程,直至洗出的水清澈为止。

③用水冲洗剩留在筛上的细粒,并将 0.075 mm 筛子放在水中(使水面略高出筛内颗粒)来回摇动,以充分洗除小于 0.075 mm 的颗粒,然后将两只筛上剩留的颗粒和筒中已洗净的试样一并装入搪瓷盘中。置于温度为(105±5)℃的烘箱中烘干至恒重,取出冷却至室温后,称取试样的质量,精确至 1 g。

(4)计算与结果判定。

碎石或卵石的含泥量按下式计算,精确至 0.1%:

$$Q_a = \frac{G_1 - G_2}{G_1} \times 100\% \tag{4.14}$$

式中　Q_a——碎石或卵石的含泥量,%;
　　　G_1——试验前碎石或卵石试样的干质量,g;
　　　G_2——试验后碎石或卵石试样的干质量,g。

以两个试样测试结果的算术平均值作为测定值,当两次结果的差值超过 0.2%时,应重新取样进行试验。对照规范标准规定,判定试验结果是否合格。

4.5.3　骨料中泥块含量试验

骨料尤其是天然骨料不但含有泥土颗粒杂质,而且因产源状况还常含有泥块状杂质,其危害不亚于含泥量超限时对工程质量的影响。因此,国家标准对骨料中的泥块含量也作出了明确规定,当骨料中泥块含量在规定范围之内时,骨料泥块含量检验合格,可用于混凝土或砂浆工程;否则,判定骨料泥块含量检验不合格,不能直接用于混凝土或砂浆工程。

1. 砂中泥块含量试验

(1)主要仪器设备。

①鼓风烘箱。能使温度控制在(105±5)℃。

②天平。称量1 000 g,感量为0.1 g。

③方孔筛。孔径为0.60 mm及1.18 mm的筛各一只。

④容器。淘洗试样时能保持试样不溅出,深度大于250 mm。

⑤搪瓷盘、毛刷等。

(2)试样制备。

试验前,将试样缩分至约500 g,放入烘箱中在(105±5)℃下烘干至恒重,待冷却至室温后,筛除小于1.18 mm的颗粒后,分成大致相等的两份备用。

(3)试验步骤。

①称取烘干试样200 g,精确至0.1 g。

②将试样倒入淘洗容器中,注入洁净的清水,使水面高出试样面约150 mm,充分搅拌均匀后浸泡24 h。然后用手在水中碾碎泥块,再把试样放在0.60 mm筛上,用水淘洗,直至目测容器内的水清澈为止。

③把保留下来的试样小心地从筛中取出,装入浅盘后放入烘箱,在(105±5)℃下烘干至恒重,待冷却到室温后称其质量,精确至0.1 g。

(4)计算与结果评定。

砂的泥块含量按下式计算,精确至0.1%:

$$Q_b = \frac{G_1 - G_2}{G_1} \times 100\% \tag{4.15}$$

式中 Q_b——砂的泥块含量,%;

G_1——1.18 mm筛余砂试样的干质量,g;

G_2——试验后试样的干质量,g。

砂的泥块含量取两次测试结果的算术平均值作为测定值。对照规范标准规定,判定试验结果是否合格。

2. 碎石或卵石中泥块含量试验

(1)主要仪器设备。

①鼓风烘箱。能使温度控制在(105±5)℃。

②天平。称量10 kg,感量为1 g。

③方孔筛。孔径为2.36 mm及4.75 mm筛各一只。

④容器。淘洗试样时能保持试样不溅出。

⑤搪瓷盘、毛刷等。

(2)试样制备。

试验前,将样品用四分法缩分至略大于标准规定的2倍数量,缩分时应防止所含黏土块被压碎。缩分后的试样在(105±5)℃烘箱内烘至恒重,冷却至室温后,筛除小于4.75 mm的颗粒,分成大致相等的两份备用。

(3)试验步骤。

①先筛去 4.75 mm 以下的颗粒,然后称重。

②根据试样的最大粒径,按规定数量称取试样一份,精确到 1 g。将试样倒入淘洗容器中,注入清水,使水面高于试样上表面,充分搅拌均匀后,浸泡 24 h。然后用手在水中碾碎泥块,再把试样放在 2.36 mm 筛上,用水淘洗,直至容器内的水目测清澈为止。

③保留下来的试样小心地从筛中取出,装入搪瓷盘后,放在烘箱中于(105±5)℃下烘干至恒量,待冷却至室温后,称出其质量,精确到 1 g。

(4)计算与结果判定。

碎石和卵石的泥块含量按下式计算,精确至 0.01%:

$$Q_b = \frac{G_1 - G_2}{G_1} \times 100\% \tag{4.16}$$

式中 Q_b——碎石和卵石的泥块含量,%;

G_1——4.75 mm 筛筛余试样的质量,g;

G_2——试验后烘干试样的量,g。

以两个试样测试结果的算术平均值作为测定值,当两次结果的差值超过 0.2% 时,应重新取样进行试验。对照规范标准规定,判定泥块含量试验结果是否合格。

4.5.4 骨料坚固性试验

骨料常因表面风化等使其坚固性不足或质量损失过多,从而造成不同程度的工程事故。基于骨料在混凝土和砂浆中的骨架与填充作用,骨料本身应具有足够的坚固性,即要求骨料比水泥石应有更高的强度和质量完整性。因此,国家标准对骨料的坚固性作出了明确规定,坚固性检验合格的骨料才能用于混凝土和砂浆工程。

1.砂的坚固性试验

(1)主要仪器设备。

①鼓风烘箱。能使温度控制在(105±5)℃。

②天平。称量 1 000 g,感量为 0.1 g。

③三脚网篮。用金属丝制成,网篮直径和高均为 70 mm,网的孔径应不大于所盛试样中最小粒径的一半。

④方孔筛。孔径 0.15 mm、0.30 mm、0.60 mm、1.18 mm、2.36 mm、4.75 mm 及 9.5 mm 试验筛各一个。

⑤容器。瓷缸,容积不小于 10 L。

⑥比重计、玻璃棒、搪瓷盘、毛刷等。

⑦10% 氯化钡溶液、硫酸钠饱和溶液。

(2)硫酸钠溶液的配制及试样制备。

在水温为 30 ℃ 左右的 1 L 水中加入无水硫酸钠 350 g 或结晶硫酸钠 750 g,同时用玻璃棒搅拌,使其溶解并达到饱和。然后冷却至 20~25 ℃,并在此温度下静置 48 h,即为试验溶液,其密度应为 1.151~1.174 g/cm³。

(3)试验步骤。

①将试样缩分至约 2 000 g。把试样倒入容器中,用水浸泡、淋洗干净后,放在烘箱中于

(105±5)℃下烘干至恒重,待冷却至室温后,筛除大于 4.75 mm 及小于 0.30 mm 的颗粒,然后筛分成 0.30~0.60 mm、0.60~1.18 mm、1.18~2.36 mm 和 2.36~4.75 mm 4 个粒级备用。

②称取每个粒级试样各 100 g,精确至 0.1 g。将不同粒级的试样分别装入网篮,并浸入盛有硫酸钠溶液的容器中,溶液的体积应不小于试样总体积的 5 倍。网篮浸入溶液时,应上下升降 25 次,以排除试样的气泡。然后静置于该容器中,网篮底面应距离容器底面约 30 mm,网篮之间距离应不小于 30 mm,液面至少高于试样表面 30 mm,溶液温度应保持在 20~25 ℃。

③浸泡 20 h 后,把装试样的网篮从溶液中取出,放在烘箱中于(105±5)℃烘 4 h,至此完成第一次试验循环。待试样冷却至 20~25 ℃后,再按上述方法进行第二次循环。从第二次循环开始,浸泡与烘干时间均为 4 h,共循环 5 次。

④最后一次循环结束后,用清洁的温水淋洗试样,直至淋洗试样后的水加入少量氯化钡溶液不出现白色浑浊为止。洗过的试样放在烘箱中于(105±5)℃下烘干至恒重。待冷却至室温后,用孔径为试样粒级下限的筛过筛,称出各粒级试样试验后的筛余量,精确至 0.1 g。

(4)计算与结果评定。

①各粒级试样质量损失百分率按下式计算,精确至 0.1%:

$$P_i = \frac{G_1 - G_2}{G_1} \times 100\% \tag{4.17}$$

式中　P_i——各粒级试样质量损失百分率,%;

　　　G_1——各粒级试样试验前的质量,g;

　　　G_2——各粒级试样试验后的筛余量,g。

②试样的总质量损失百分率 P 按下式计算,精确至 1%:

$$P = \frac{\alpha_1 P_{j1} + \alpha_2 P_{j2} + \alpha_3 P_{j3} + \alpha_4 P_{j4}}{\alpha_1 + \alpha_2 + \alpha_3 + \alpha_4} \tag{4.18}$$

式中　α_1、α_2、α_3、α_4——各粒级质量占试样(原试样中筛除了大于 4.75 mm 颗粒及小于 0.3 mm 的颗粒)总质量的百分率,%;

　　　P_{j1}、P_{j2}、P_{j3}、P_{j4}——各粒级的分计质量损失百分率,%。

将计算出的总质量损失百分率与规范规定的数值进行比较,判定砂的坚固性是否合格。

2. 压碎指标法测定砂的坚固性试验

(1)主要仪器设备。

①鼓风烘箱。能使温度控制在(105±5)℃。

②天平。称量 10 kg,感量为 1 g。

③压力试验机。量程为 50~1 000 kN。

④受压钢模。受压钢模由圆筒、底盘和加压块组成,其尺寸如图 4.12 所示。

⑤方孔筛。孔径为 4.75 mm、2.36 mm、1.18 mm、0.6 mm 及 0.3 mm 筛各一只。

⑥搪瓷盘、小勺、毛刷等。

(2)试验步骤。

①按本章前述的取样方法取样,将试样放在烘箱中于(105±5)℃下烘干至恒量,待冷却至室温后,筛除大于 4.75 mm 及小于 0.3 mm 的骨料颗粒,然后按颗粒级配试验分成 0.3~

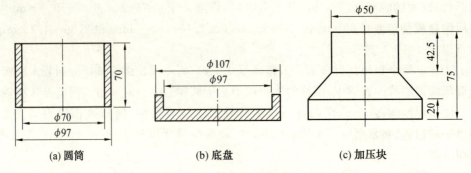

图 4.12 受压钢模示意图(单位:mm)

0.6 mm、0.6~1.18 mm、1.18~2.36 mm 及 2.36~4.75 mm 4 个粒级,每级 1 000 g 备用。

②称取单粒级试样 330 g,精确至 1 g。将试样倒入已组装成的受压钢模内,使试样距底盘面的高度约为 50 mm。整平钢模内试样的表面,将加压块放入圆筒内并转动一周使之与试样均匀接触。

③将装好试样的受压钢模置于压力机的支承板上,对准压板中心后开动机器,以每秒钟 500 N 的速度加荷。加荷至 25 kN 时稳荷 5 s 后,以同样速度卸荷。

④取下受压模,移去加压块,倒出压过的试样,然后用该粒级的下限筛(如粒级为 4.75~2.36 mm 时,则其下限筛指孔径为 2.36 mm 的筛)进行筛分,称出试样的筛余量和通过量,均精确至 1 g。

(3)计算与结果评定。

第 i 单粒级砂样的压碎指标按下式计算,精确至 1%:

$$Y_i = \frac{G_2}{G_1 + G_2} \times 100\% \tag{4.19}$$

式中　Y_i——第 i 单粒级压碎指标值,%;
　　　G_1——试样筛余量,g;
　　　G_2——试样通过量,g。

第 i 单粒级压碎指标值取 3 次测试结果的算术平均值作为测定值,精确至 1%,取最大单粒级压碎指标值作为其压碎指标值。

3.硫酸钠饱和溶液法间接判断碎石或卵石的坚固性试验

(1)主要仪器设备与试剂。

①烘箱。能使温度控制在(105±5)℃。

②天平。称量 10 kg,感量为 1 g。

③方孔筛。根据试样粒级,同筛分析试验用筛。

④容器。搪瓷盆或瓷盆,容积不小于 50 L。

⑤三脚网篮。网篮的外径为 100 mm,高为 150 mm,孔径为 2~3 mm,由铜丝制成。检验 40~80 mm 的颗粒时,应采用外径和高均为 150 mm 的网篮。

⑥试剂。10%氯化钡溶液、硫酸钠溶液。

⑦比重计、搪瓷盆、毛刷等。

(2)硫酸钠溶液和试样的制备。

①硫酸钠溶液的配制。取一定数量的蒸馏水(多少取决于试样及容器的大小),水温30 ℃左右,每 1 L 蒸馏水加入无水硫酸钠(Na_2SO_4)350 g,或结晶硫酸钠($Na_2SO_4 \cdot H_2O$)750 g,用玻璃棒搅拌,使其溶解并饱和,然后冷却至 20~25 ℃,在此温度下静置 48 h,即为试验溶液,其密度应为 1.151~1.174 g/m³。

②试样的制备。将试样按表 4.13 的规定分级,并分别淋洗干净,放入(105±5)℃烘箱内烘干至恒重,待冷却至室温后,筛除小于 4.75 mm 的颗粒,然后按 4.2 节规定进行筛分后备用。

表 4.13 粗骨料坚固性试验所需的各粒级试样量

石子粒级/mm	4.75~9.5	9.5~19.0	19.0~37.5	37.5~63.0	63.0~75.0
试样质量/g	500	1 000	1 500	3 000	3 000

(3)试验步骤。

①根据试样的最大粒径,按表 4.13 称取规定数量的试样一份,精确至 1 g。将不同粒级的试样分别装入网篮,并浸入盛有硫酸钠溶液的容器中,溶液的体积应不小于试样总体积的 5 倍。网篮浸入溶液时,应上下升降 25 次,以排除试样的气泡,然后静置于该容器中,网篮底面应距离容器底面约 30 mm,网篮之间距离应不小于 30 mm,液面至少高于试样表面 30 mm,溶液温度应保持在 20~25 ℃。

②浸泡 20 h 后,把装试样的网篮从溶液中取出,放在干燥箱中于(105±5)℃烘 4 h,至此,完成了第一次试验循环。待试样冷却至 20~25 ℃后,再按上述方法进行第二次循环。从第二次循环开始,浸泡与烘干时间均为 4 h,共循环 5 次。

③最后一次循环后,用清洁的温水淋洗试样,直至淋洗试样后的水加入少量氯化钡溶液不出现白色浑浊为止,洗过的试样放在干燥箱中于(105±5)℃下烘干至恒重。待试样冷却至室温后,用孔径为试样粒级下限的筛过筛,称出各粒级试样试验后的筛余量,精确至 0.1 g。

④对粒径大于 20 mm 的试样部分,应在试样前后记录其颗粒数量,并进行外观检查,描述颗粒的裂缝、开裂、剥落、掉边和掉角等情况所占颗粒数量,作为分析其坚固性时的补充依据。

(4)结果计算。

①试样中某粒级颗粒的分计质量损失百分率 P_i 按下式计算,精确至 0.1%:

$$P_i = \frac{G_1 - G_2}{G_1} \times 100\% \tag{4.20}$$

式中 P_i——各粒级试样质量损失百分率,%;

G_1——各粒级试样试验前的质量,g;

G_2——各粒级试样试验后的筛余量,g。

②试样的总质量损失百分率 P 按下式计算,精确至 1%:

$$P = \frac{\alpha_1 P_{j1} + \alpha_2 P_{j2} + \alpha_3 P_{j3} + \alpha_4 P_{j4} + \alpha_5 P_{j5}}{\alpha_1 + \alpha_2 + \alpha_3 + \alpha_4 + \alpha_5} \tag{4.21}$$

式中 α_1、α_2、α_3、α_4、α_5——各粒级质量占试样(原试样中筛除小于 4.75 mm 的颗粒)总质量的百分率,%;

P_{j1}、P_{j2}、P_{j3}、P_{j4}、P_{j5}——各粒级的分计质量损失百分率,%。

4. 压碎指标法间接判断卵石或碎石的坚固性试验

(1)主要仪器设备。

①压力试验机。荷载量程为 300 kN,示值相对误差为 2%。

②压碎指标值测定仪。如图 4.13、图 4.14 所示。

③秤或天平。称量 10 kg,感量为 1 g。

④方孔筛。孔径分别为 2.36 mm、9.50 mm 和 19.0 mm 的筛各一只。

⑤垫棒。ϕ10 mm,长 500 mm 圆钢。

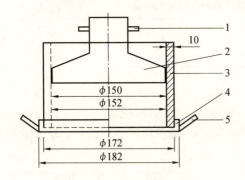

图 4.13　压碎值测定仪　　　　　　　图 4.14　石子压碎仪

1—把手;2—加压头;3—圆模;4—底盘;5—手把

(2)试样制备。

按规定取样,风干后筛除大于 19.0 mm 及小于 9.50 mm 的颗粒,并去除针、片状颗粒,分为大致相等的 3 份备用。当试样中粒径在 9.50～19.0 mm 的颗粒不足时,允许将粒径大于 19.0 mm 的颗粒破碎成粒径为 9.50～19.0 mm 的颗粒用作压碎指标试验。

(3)试验步骤。

①称取试样 3 000 g,精确至 1 g。将试样分两层装入圆模(置于底盘上)内,每装完一层试样后,在底盘下面垫放一根直径为 10 mm 的圆钢,将筒按住,左右交替颠击地面各 25 下,两层颠实后,平整模内试样表面,盖上压头。当圆模装不下 3 000 g 试样时,以装至距圆模上口 10 mm 为准。

②把装有试样的圆模置于压力试验机上,开动压力试验机,按 1 kN/s 速度均匀加荷至 200 kN 并稳荷 5 s,然后卸荷。取下加压头,倒出试样,用孔径为 2.36 mm 的筛筛除被压碎的细粒,称出留在筛上的试样质量,精确至 1 g。

(4)计算与结果判定。

碎石或卵石的压碎指标值按下列计算,精确至 0.1%:

$$Q_a = \frac{G_1 - G_2}{G_1} \times 100\% \tag{4.22}$$

式中　Q_a——碎石或卵石的压碎指标值,%;
　　　G_1——试样的质量,g;
　　　G_2——压碎试验后筛余的试样质量,g。

以 3 次测试结果的算术平均值作为压碎指标测定值,对照规范标准的规定,判定试样是否合格。

4.5.5 骨料表观密度试验

骨料的表观密度是骨料基本的物理状态指标和进行混凝土与砂浆配合比设计的必要参数。掌握骨料表观密度试验方法可进一步了解和评价骨料的其他技术性能。

1. 砂的表观密度试验

(1)主要仪器设备。

①鼓风烘箱。能使温度控制在(105±5)℃。

②天平。称量1 000 g,感量为1 g。

③容量瓶。500 mL。

④干燥器、搪瓷盘、滴管、毛刷等。

(2)试样制备。

试验前,将试样缩分至约650 g,放在烘箱中于(105±5)℃下烘干至恒重,待冷却至室温后,分成大致相等的两份备用。

(3)试验步骤。

①称取烘干试样300 g(m_0),精确至1 g。将试样装入容量瓶,注入冷开水至接近500 mL的刻度处,用手旋转摇动容量瓶,使砂样充分摇动,排除气泡,塞紧瓶盖,静置24 h。

②用滴管小心加水至容量瓶500 mL刻度处,塞紧瓶塞,擦干瓶外水分,称其质量(m_1),精确至1 g。

③倒出瓶内水和试样,洗净容量瓶,再向容量瓶内注入与前述步骤水温相差不超过2 ℃的冷开水至500 mL刻度处,塞紧瓶塞,擦干瓶外水分,称其质量(m_2),精确至1 g。

(4)计算与结果评定。

砂的表观密度按下式计算,精确至10 kg/m³:

$$\rho_0 = \left(\frac{m_0}{m_0 + m_2 - m_1} - a_t \right) \times 1\ 000 \tag{4.23}$$

式中 ρ_0——砂的表观密度,kg/m³;

m_0——烘干砂试样质量,g;

m_1——试样、水及容量瓶的总质量,g;

m_2——水及容量瓶的总质量,g;

a_t——考虑水温对密度影响的修正系数,见表4.14。

表4.14 不同水温对砂、碎石和卵石的表观密度修正系数

水温/℃	15	16	17	18	19	20	21	22	23	24	25
a_t	0.002	0.003	0.003	0.004	0.004	0.005	0.005	0.006	0.006	0.007	0.008

取两次测试结果的算术平均值作为测定值,精确至10 kg/m³。如果两次试验结果之差大于20 kg/m³,须重新取样进行试验。

(5)注意事项。

①试验前应预先制备冷开水,试验过程中应测量和控制水的温度,试验在15~25 ℃的温度范围内进行。从试样加水静置的最后2 h起直至试验结束,其温度相差不应超过2 ℃。

②当气温高于25 ℃或低于15 ℃时,应在具有制冷制热的空调室中试验。
③若在烘干试样时发生停电,试样仍放置于烘箱,待来电时继续烘干至恒重。

2.卵石或碎石的表观密度试验

(1)主要仪器设备。
①烘箱。能使温度控制在(105±5)℃。
②台秤。称量20 kg,感量为20 g。
③广口瓶。1 000 mL,磨口,并带玻璃片。
④试验筛。筛孔公称直径为5.00 mm方孔筛一只。
⑤毛巾、刷子等。

(2)试样制备。
试验前,筛去样品中5.00 mm以下的颗粒,用四分法缩分至不少于2 kg,洗干净后分成两份备用。

(3)试验步骤。
①按表4.15规定的数量称取烘干试样。

表4.15 碎石或卵石表观密度试验所需的试样最小质量

最大粒径/mm	10.0	16.0	20.0	31.5	40.0	63.0	80.0
试样最小质量/kg	2	2	2	3	4	6	6

②将试样浸水饱和,然后装入广口瓶中。装试样时,广口瓶应倾斜放置,注入饮用水,用玻璃片覆盖瓶口,用上下左右摇晃的方法排除气泡。
③气泡排尽后,向瓶中添加饮用水直至水面凸出瓶口边缘。用玻璃片沿瓶口迅速滑行,使其紧贴瓶口水面。擦干瓶外水分后,称取试样水、瓶和玻璃片的总质量(m_1)。
④将瓶中的试样倒入浅盘,放在(105±5)℃的烘箱中烘干至恒重。取出,放在带盖的容器中冷却至室温后称其质量(m_0)。
⑤将瓶洗净,重新注入饮用水,用玻璃片紧贴瓶口水面,擦干瓶外水分后称其质量(m_2)。

(4)注意事项。
①试验时各项称重应在15~25 ℃的温度范围内进行。
②从试样加水静置的最后2 h起直至试验结果,其温度相差应不超过2 ℃。

(5)计算与结果判定。
碎石或卵石的表观密度按下式计算,精确至10 kg/m³:

$$\rho_0 = \left(\frac{m_0}{m_0 + m_2 - m_1} - a_t\right) \times 1\,000 \tag{4.24}$$

式中 m_0——烘干试样质量,g;
m_1——试样、水、瓶和玻璃片的总质量,g;
m_2——水、瓶和玻璃片的总质量,g;
a_t——考虑水温对密度影响的修正系数,见表4.14。

以两次测试结果的算术平均值作为测定值,两次结果之差应小于20 kg/m³。否则,应重新取样进行试验。对颗粒材质不均匀的试样,如两次试验结果之差值超过20 kg/m³,可取4次测定结果的算术平均值作为测定值。

4.5.6 骨料堆积密度与空隙率试验

骨料的堆积密度是指骨料在堆积状态下单位体积所具有的质量,由于骨料在堆积状态下,骨料颗粒之间存在着空隙,空隙体积占骨料堆积体积的比率称为骨料的空隙率。了解骨料的堆积密度、空隙率及其试验方法,可为计算混凝土中的砂浆用量和砂浆中的水泥净浆用量提供依据。本节主要介绍砂的堆积密度与空隙率试验方法,碎石或卵石粗骨料的堆积密度试验和空隙率计算,可参照砂的堆积密度试验和空隙率计算方法进行。

1. 主要仪器设备

(1)鼓风烘箱。能使温度控制在(105±5)℃。
(2)天平。称量10 kg,感量为1 g。
(3)容量筒。圆柱形金属筒,内径为108 mm,净高为109 mm,壁厚为2 mm,筒底厚约为5 mm,容积为1 L。
(4)方孔筛。孔径为4.75 mm的筛一只。
(5)垫棒。直径10 mm、长500 mm的圆钢。
(6)直尺、漏斗(图4.15)或料勺、搪瓷盘、毛刷等。

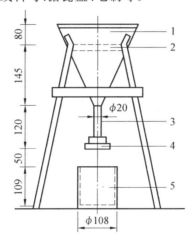

图4.15 标准漏斗构造(单位为mm)
1—漏斗;2—筛;3—管子;4—活动门;5—金属量筒

2. 试样制备

用搪瓷盘装取试样约3 L,放在烘箱中于(105±5)℃下烘干至恒重,待冷却至室温后,筛除大于4.75 mm的颗粒,分成大致相等的两份备用。

3. 试验步骤

(1)松散堆积密度试验步骤。
取试样一份,用漏斗或料勺将试样从容量筒中心上方50 mm处徐徐倒入,让试样以自由落体落下,当容量筒上部试样呈堆体,且容量筒四周溢满时,即停止加料。然后用直尺沿筒口中心线向两边刮平,称出试样和容量筒的总质量(m_2),精确至1 g。

(2)紧密堆积密度试验步骤。
取试样一份,分两次装入容量筒。装完第一层后,在筒底垫放一根直径为10 mm的圆钢,将筒按住,左右交替击打地面各 25 次,然后装入第二层,装满后用同样的方法颠实(但筒底所垫钢筋的方向应与第一层时的方向垂直)后,再加试样直至超过筒口,用直尺沿筒口中心线向两边刮平,称量试样和容量筒的总质量(m_2),精确至 1 g。

4. 注意事项

对首次使用的容量筒应校正其容积的准确度,即将温度为(20±2)℃的饮用水装满容量筒,用玻璃板沿筒口推移,使其紧贴水面,擦干筒外壁水分,然后称出其质量,精确至 1 g。容量筒容积按下式计算,精确至 1 mL:

$$V = G_2 - G_1 \tag{4.25}$$

式中　G_2——容量筒、玻璃板和水的总质量,g;
　　　G_1——容量筒和玻璃板质量,g;
　　　V——容量筒的容积,mL。

5. 计算与结果评定

(1)砂的松散或紧密堆积密度按下式计算,精确至 10 kg/m³:

$$\rho_1 = \frac{m_2 - m_1}{V} \times 1\,000 \tag{4.26}$$

式中　ρ_1——砂的松散或紧密堆积密度,kg/m³;
　　　m_2——容量筒和试样的总质量,g;
　　　m_1——容量筒的质量,g;
　　　V——容量筒的容积,L。

(2)砂的空隙率按下式计算,精确至 1%:

$$V_0 = \left(1 - \frac{\rho_1}{\rho_2}\right) \times 100\% \tag{4.27}$$

式中　V_0——砂样的空隙率,%;
　　　ρ_1——砂样的松散或紧密堆积密度,kg/m³;
　　　ρ_2——砂样的表观密度,kg/m³。

堆积密度取两次测试结果的算术平均值作为测定值,精确至 10 kg/m³;空隙率取两次试验结果的算术平均值,精确至 1%。

4.5.7　粗骨料中针、片状颗粒总含量试验

在碎石粗骨料中,常含有针状和片状的岩石颗粒,当这种针、片状颗粒含量过多时,将使混凝土的强度降低,对于泵送混凝土拌合物,会使混凝土拌合物的泵送性能变差。所以,国家标准对粗骨料中的针、片状颗粒的含量给予明确的规定。

1. 主要仪器设备

(1)针状规准仪和片状规准仪。

针状规准仪和片状规准仪如图 4.16 所示,针状规准仪和片状规准仪尺寸示意图如图 4.17 所示。

(2)天平。称量 10 kg,感量为 1 g。

(3)方孔筛。孔径分别为 4.75 mm、9.50 mm、16.0 mm、26.5 mm、31.5 mm 及

图 4.16　针状规准仪和片状规准仪

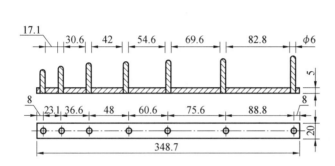
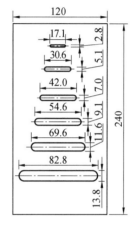

图 4.17　针状规准仪和片状规准仪尺寸示意图

37.5 mm 的筛各一个。

(4)游标卡尺等。

2. 试样制备

试验前,将试样在室内风干至表面干燥,并用四分法缩分至规定的数量,然后筛分成表 4.16 所规定的粒级备用。根据试样的最大粒径,称取按表 4.16 的规定数量试样一份,精确到 1 g。然后按表 4.17 规定的粒级进行筛分。

表 4.16　粗骨料针、片状试验所需试样最小质量

最大粒径/mm	9.5	16.0	19.0	26.5	31.5	37.5	63.0	75.0
试样最小质量/kg	0.3	1.0	2.0	3.0	5.0	10.0	10.0	10.0

表 4.17　粗骨料针、片状试验的粒级划分及相应的规准仪孔宽或间距　　　　mm

粒级/mm	4.75~9.50	9.50~16.0	16.0~19.0	19.0~26.5	26.5~31.5	31.5~37.5
片状规准仪上相对应的孔宽	2.8	5.1	7.0	9.1	11.6	13.8
针状规准仪上相对应的间距	17.1	30.6	42.0	54.6	69.6	82.8

3. 试验步骤

(1)按表 4.17 所规定的粒级,用规准仪逐粒对试样进行鉴定。凡颗粒长度大于针状规准仪上相应间距者,为针状颗粒;厚度小于片状规准仪上相应孔宽者,为片状颗粒。称出其总质量,精确至 1 g。

(2)对公称粒径大于 37.5 mm 的碎石或卵石,可用卡尺鉴定其针、片状颗粒,卡尺卡口的设定宽度应符合表 4.18 的规定。

表 4.18　大于 37.5 mm 粒级颗粒卡尺卡口的设定宽度　　　　　　　　　　mm

粒级	37.5～53.0	53.0～63.0	63.0～75.0	75.0～90
检验片状颗粒的卡尺卡口设定宽度	18.1	23.2	27.6	33.0
检验针状颗粒的卡尺卡口设定宽度	108.6	139.2	165.6	198.0

(3)称量由各粒级挑出的针状和片状颗粒的总质量。

4. 计算与结果判定

碎石或卵石中针、片状颗粒含量 Q_c。按下式计算,精确至 1%:

$$Q_c = \frac{G_2}{G_1} \times 100\% \tag{4.28}$$

式中　Q_c——针、片状颗粒含量,%;

　　　G_1——试样总质量,g;

　　　G_2——试样中所含针、片状颗粒的总质量,g。

根据试验计算所得的针、片状颗粒总含量试验结果,对照规范规定值,判定试样是否合格。

4.5.8　粗骨料含水率试验

骨料在自然环境中都有一定的含水率,并随环境状况的不同而变化,骨料含水率是换算混凝土施工配合比时的重要参数。本节主要介绍粗骨料含水率的试验方法,细骨料砂的含水率试验可参考本方法进行。

1. 主要仪器设备

①烘箱。温度控制在(105±5)℃。

②秤。称量 10 kg,感量为 1 g。

③容器。如浅盘等。

2. 试验步骤

(1)取质量约等于表 4.10 所要求的试样,分成两份备用。

(2)将试样置于干净的容器中,称取试样和容器的共重(m_1),在(105±5)℃的烘箱中烘干至恒重。

(3)取出试样,冷却后称取试样和容器的共重(m_2),并称取容器质量(m_3)。

3. 计算与结果判定

粗骨料含水率按下式计算,精确至 0.1%:

$$w = \frac{m_1 - m_2}{m_2 - m_3} \times 100\% \qquad (4.29)$$

式中 w——含水率，%；

m_1——烘干前试样与容器的总质量，g；

m_2——烘干后试样与容器的总质量，g；

m_3——容器质量，g。

以两次测试结果的算术平均值作为测定值。

第 5 章 石灰与石膏

建筑工程中常常需要将散粒状或块状材料黏结成一个整体,并使其具有一定的强度,具有这种黏结作用的材料称为胶凝材料。

胶凝材料按照化学成分不同,可分为无机胶凝材料和有机胶凝材料两大类。无机胶凝材料按硬化条件不同又分为气硬性和水硬性胶凝材料两大类。气硬性胶凝材料只能在空气中凝结硬化、保持和发展强度,如石灰、石膏。气硬性胶凝材料的耐水性较差,一般只适用于地上或干燥环境,不适宜潮湿环境,更不能用于水中。水硬性胶凝材料既能在空气中硬化,又能在水中继续硬化,保持并发展其强度,如水泥。本章主要介绍气硬性胶凝材料中的石灰和石膏。

5.1 石 灰

1. 石灰的原料及生产

(1)石灰的原料。

生产石灰的主要原料是以碳酸钙为主要成分的天然岩石,常用的有石灰石、白云石等。这些原料中常含有碳酸镁和黏土杂质,一般要求黏土杂质控制在8%以内。生产石灰的原料,除了用天然原料外,另一来源是利用化学工业副产品。

(2)石灰的生产。

石灰石经过煅烧生成生石灰,其化学反应式如下:

$$CaCO_3 \longrightarrow CaO + CO_2 \uparrow$$

正常温度下煅烧得到的石灰具有多孔结构,内部孔隙率大,表观密度小,与水反应快。实际生产中,若煅烧温度过低,煅烧时间不充足,则碳酸钙不能完全分解,将生成欠火石灰,使用时产浆量较低,质量较差,降低了石灰的利用率;若煅烧温度过高,煅烧时间过长,生成颜色较深、表观密度较大的过火石灰。过火石灰与水反应缓慢,其细小颗粒可能在石灰使用之后熟化,体积膨胀,致使硬化的砂浆产生"鼓泡"或"开裂"现象,会严重影响工程质量。

为避免这种现象的出现,在使用前必须使过火石灰熟化或将其除去。常采用的方法是在熟化过程中首先将较大尺寸的过火石灰块利用筛网等去除(同时也可以去除较大的欠火石灰块,以改善石灰质量),之后让石灰浆在储灰池中"陈伏"两周以上,使较小的过火石灰块熟化。"陈伏"期间,石灰浆表面应覆盖一层水,以隔绝空气,防止石灰浆表面碳化。

2. 石灰的特性

(1)良好的保水性和可塑性。

生石灰熟化成的石灰浆具有较强的保水性(即材料保持水分不泌出的能力)和可塑性。利用这一性质,将其掺入水泥砂浆中,配合成混合砂浆,可显著提高其和易性,便于施工。

(2)凝结硬化慢,强度低。

石灰的凝结硬化速率很慢,且硬化后的强度很低。如1:3的石灰砂浆,28 d的抗压强度仅为0.2~0.5 MPa,所以石灰不宜用于承重部位。

(3)耐水性差。

若石灰浆体尚未硬化之前就处于潮湿环境中,由于石灰中水分不能蒸发出去,其硬化停止;若已经硬化的石灰,长期受潮或受水浸泡,则会溶于水,使硬化的石灰溃散。因此,石灰不宜在潮湿或易受水浸泡的部位使用。

(4)硬化时体积收缩大。

石灰浆在硬化过程中要蒸发掉大量水分,引起体积收缩,易出现干缩裂缝,因此除调成石灰乳做薄层粉刷外,不宜单独使用。在建筑工程中应用时,常在石灰中加入适量的砂、麻刀、纸筋等,以抵抗收缩引起的开裂和增加抗拉强度。

(5)吸湿性强。

生石灰是一种传统常用的干燥剂,从空气中吸收水分,具有较强的吸湿性。

3. 石灰的应用与发展趋势

(1)石灰乳涂料和砂浆。

用消石灰粉或熟化好的石灰膏加水稀释成石灰乳涂料,可以用于内墙和顶棚的粉刷;用石灰膏或生石灰粉配制的石灰砂浆或水泥石灰混合砂浆,可以用于墙体的砌筑,也可以用于墙面的抹灰。

(2)配制灰土和三合土。

熟石灰粉可用来配制灰土(熟石灰+黏土)和三合土(熟石灰+黏土+砂、石或炉渣等填料)。常用的是三七灰土和四六灰土,分别表示熟石灰与黏土的体积比为3:7和4:6。灰土和三合土经夯实后强度高、耐水性好,操作简单,价格低廉,广泛用于建筑物、道路的垫层和基础。

(3)制造硅酸盐制品。

将磨细的生石灰或消石灰与硅质材料(如粉煤灰、火山灰、矿渣等)按照一定比例配合经搅拌、成型、蒸压处理等工序制造的人造材料,称为硅酸盐制品。在建筑工程上常用的硅酸盐制品有粉煤灰砖、粉煤灰砌块、蒸压灰砂砖、加气混凝土砌块等墙体材料。

(4)制作碳化石灰板。

将磨细生石灰、纤维状填料(如玻璃纤维)或轻质骨料(如炉渣)和水按照一定比例搅拌成型,然后通入高浓度二氧化碳进行人工碳化,经过12~24 h而制成的轻质板材称为碳化石灰板。这种碳化石灰板热导率较小,保温隔热性能较好,是一种新型节能建筑材料,可以用于非承重内墙板、天花板等。

4. 石灰的分类

建筑石灰按照氧化镁含量的不同,可分为钙质石灰(MgO质量分数不大于5%,代号为CL)和镁质石灰(MgO质量分数大于5%,代号为ML)。镁质石灰熟化速度较慢,但硬化后强度较高。按照成品加工方法不同,在建筑工程中常用的石灰类型有生石灰块、生石灰粉、消石灰粉和石灰膏。

5. 石灰的技术指标

建筑工程所用的石灰分成两个品种：建筑生石灰（块状与粉状）和建筑消石灰粉。根据建材行业标准将其分成各个等级，其相应的代号和技术指标见表5.1和表5.2。产品各项技术值均达到表内相应等级规定的指标时，判定为合格品，否则为不合格品。

表5.1 建筑生石灰的技术要求

项目		钙质生石灰			镁质生石灰	
		CL90	CL85	CL75	ML85	ML80
$CaO+MgO$ 质量分数/% ≥		90	85	75	85	80
CO_2 质量分数/% ≤		4	7	12	7	7
产浆量/(L·kg^{-1}) ≥		2.6	2.6	2.6	—	—
细度	0.2 mm 筛余量/% ≤	2	2	2	2	2
	90 μm 筛余量/% ≤	7	7	7	7	7

注：生石灰块检测产浆量；生石灰粉检测细度。

表5.2 建筑消石灰粉的技术要求

项目		钙质消石灰粉			镁质消石灰粉	
		HCL90	HCL85	HCL75	HML85	HML80
$CaO+MgO$ 质量分数/% ≥		90	85	75	85	80
游离水/% ≤		2	2	2	2	2
安定性		合格	合格	合格	合格	合格
细度	0.2 mm 筛余量/% ≤	2	2	2	2	2
	90 μm 筛余量/% ≤	7	7	7	7	7

6. 石灰的进场检验

（1）石灰的进场检验项目。见表5.3。

表5.3 石灰的进场检验项目

建筑生石灰块	$CaO+MgO$ 质量分数、未消化残渣质量分数
建筑生石灰粉	$CaO+MgO$ 质量分数、细度
建筑消石灰粉	$CaO+MgO$ 质量分数、游离水、体积安定性、细度

（2）石灰的储运。

石灰产品可以散装或袋装，具体包装形式由供需双方协商确定。袋装产品，每个包装袋上应标明产品名称、标记、净重、批号、厂名、地址和生产日期。散装产品应提供相应的标签。每批产品出厂时应向用户提供质量证明书，证明书上应注明厂名、产品名称、标记、检验结果、批号、生产日期。

生石灰会吸收空气中的水分和 CO_2，生成 $CaCO_3$ 粉末，从而失去黏结力。因此在运输和储存时不能受潮和混入杂物，不宜长期储存。另外，建筑生石灰是自热材料，熟化时要放出大量的热,因此生石灰不应与易燃、易爆和液体物品混装,以免引起火灾。不同类生石灰应分别储存或运输,不得混杂。通常在石灰进场后可立即陈伏,将储存期转换为熟化期。

7. 石灰的取样与复试

依据建筑石灰试验方法,常规试验包括以下几个方面。

(1)细度(石灰粉)。

①仪器设备。

a.筛子。筛孔为 0.2 mm 和 90 μm 套筛。

b.天平。量程为 200 g,称量精确到 0.1 g。

c.羊毛刷。4 号。

②试验步骤。将 100 g 样品放入顶筛中,手持筛子往复摇动,不时轻轻拍打,摇动和拍打过程应保持近于水平,保持样品在整个筛子表面连续运动。用羊毛刷在筛面上轻刷,连续筛选直到 1 min 通过的试样量不大于 0.1 g。称量每层筛子的筛余质量,精确到 0.1 g。

③结果计算。按下式计算细度:

$$X_1 = \frac{M_1}{M} \times 100\% \tag{5.1}$$

$$X_2 = \frac{M_1 + M_2}{M} \times 100\% \tag{5.2}$$

式中 X_1——0.2 mm 方孔筛筛余百分数,%;

X_2——90 μm 方孔筛与 0.2 mm 方孔筛两筛上的总筛余百分数,%;

M_1——0.2 mm 方孔筛筛余质量,g;

M_2——90 μm 方孔筛筛余质量,g;

M——样品质量,g。

(2)消石灰安定性。

①仪器设备。

a.天平。量程为 200 g,精度为 0.2 g。

b.耐热板。外径不小于 125 mm,耐热温度不大于 150 ℃。

c.烘箱、牛角勺、蒸发皿。

②试验步骤。称取试样 100 g,倒入 300 mL 蒸发皿内,加入常温水 120 mL,在 3 min 内拌合成稠浆。一次性浇筑于两块耐热板上,其饼块直径为 50~70 mm,中心高为 8~10 mm。将试饼在室温放置 5 min,然后放入烘箱中,100~105 ℃烘干 4 h。

③结果评定。烘干后,目测试饼无溃散、暴突、裂缝现象,则体积安定性合格。

(3)生石灰产浆量、未消化残渣。

①仪器设备。

a.生石灰消化器。生石灰消化器是由耐石灰腐蚀的金属制成的带盖双层容器,两层容器壁之间的空隙由保温材料矿渣棉填充。生石灰消化器每 2 mm 高度产浆量为 1 L/10 kg。

b.天平。量程为 1 000 g,精度为 1 g。

c.量筒、烘箱、搪瓷盘、钢板尺。

②试验步骤。在消化器中加入(320±1)mL 温度为(20±2)℃的水,然后加入(200±1)g 的生石灰。慢慢搅拌混合,然后根据生石灰的消化需要立刻加入适量的水。继续搅拌片刻后,

盖上生石灰消化器的盖子。静置 24 h 后,取下盖子。若此时消化器内石灰膏顶面之上有不超过 40 mL 的水,说明消化过程中加入的水量是合适的,否则调整加水量。测定石灰膏的高度,测 4 次,取其平均值。

提起消化器内筒,用清水冲洗筒内残渣,至水流不浑浊。将残渣移入搪瓷盘内,放入烘箱中,100~105 ℃烘干至恒重。冷却至室温后用 5 mm 圆孔筛筛分,称量筛余残渣质量(M_3)。

③结果计算。

a.以每 2 mm 的浆体高度标识产浆量,按下式计算:

$$X = \frac{H}{2} \quad (5.3)$$

式中　X——产浆量,L/10 kg;

　　　H——4 次测定的浆体高度平均值,mm。

b.按下式计算未消化残渣百分含量:

$$X_3 = \frac{M_3}{M} \times 100\% \quad (5.4)$$

式中　X_3——未消化残渣百分含量,%;

　　　M_3——未消化残渣质量,g;

　　　M——样品质量,g。

(4)消石灰游离水。

①仪器设备。

a.电子分析天平。量程为 200 g,精度为 0.1 mg。

b.称量瓶。30 mm×60 mm。

c.烘箱。

②试验步骤。称取 5 g 消石灰样品,精确到 0.1 mg。放入称量瓶中,在(105±5)℃烘箱内烘干至恒重。立即将其放入干燥器中,冷却至室温,称重。

③结果计算。按下式计算消石灰游离水:

$$W = \frac{M_4 - M_5}{M_4} \times 100\% \quad (5.5)$$

式中　W——消石灰中游离水质量分数,%;

　　　M_4——干燥前样品重,g;

　　　M_5——干燥后样品重,g。

5.2　石　膏

石膏作为一种有着悠久历史的胶凝材料,比石灰具有更为优越的建筑性能。它的资源丰富,具有轻质、高强、隔热、吸声、耐火、容易加工等一系列优点。特别是近年来广泛采用框架轻板结构,作为轻质板材主要品种之一的石膏板受到普遍重视,其生产和应用都得到快速发展,是一种有发展前途的建筑材料。

1.石膏的分类

建筑石膏呈洁白粉末状,根据国家标准《建筑石膏》(GB/T 9776—2008)的规定,建筑石膏按照原材料种类可分为三类:天然建筑石膏(N)、脱硫建筑石膏(S)、磷建筑石膏(P)。按照 2 h 抗折强度分为 3.0、2.0、1.6 三个等级。

2. 石膏的技术指标

建筑石膏技术要求的具体指标见表 5.4,其中抗折与抗压强度为试样与水接触后 2 h 测得。

表 5.4　建筑石膏技术要求的具体指标

等级	细度(0.2 mm 方孔筛筛余)/%	凝结时间/min		2 h 强度/MPa	
		初凝	终凝	抗折	抗压
3.0	≤10	≥3	≤30	≥3.0	≥6.0
2.0				≥2.0	≥4.0
1.6				≥1.6	≥3.0

建筑石膏按照产品名称、代号、等级及标准号的顺序进行标记,如等级为 2.0 的天然建筑石膏标记为:建筑石膏 N2.0 GB/T 9776—2008。

3. 建筑石膏的特性

(1)凝结硬化快。

建筑石膏的初凝和终凝时间很短,加水后 3 min 即开始凝结,终凝不超过 30 min,在室温自然干燥条件下,约 1 周时间可以完全硬化。因此为满足施工操作的要求,常掺入缓凝剂,如硼砂、纸浆废液、骨胶、皮胶等。

(2)硬化时体积微膨胀。

建筑石膏在凝结硬化时体积微膨胀,硬化时不出现干缩裂缝,可单独使用,这种特性可使成型的石膏制品表面光滑、轮廓清晰、线角饱满、尺寸准确,可做装饰制品。

(3)孔隙率大。

建筑石膏硬化后孔隙率可达 50%～60%,因此其具有质轻、保温隔热性能好、吸声性强等优点,但孔隙率大使得石膏制品强度低、吸水率大。

(4)具有一定的"调湿性"。

由于石膏制品的多孔结构,其热容量大、吸湿性强。当室内温度、湿度变化时,由于制品的"呼吸"作用,环境温度、湿度能得到一定的调节。

(5)耐水性、抗冻性差。

石膏制品软化系数小,耐水性差,若吸水后受冻,将因水分结冰膨胀而开裂,所以石膏制品不宜用于室外。

(6)具有一定的防火性。

石膏硬化后的产物二水石膏在遇火后结晶水蒸发吸热,表面形成蒸汽幕,可起到阻止火势蔓延的作用,但建筑石膏不宜长期在 65 ℃以上的高温部位使用,以免二水石膏缓慢脱水分解而使强度降低。

4. 建筑石膏的应用

(1)室内抹灰及粉刷。

将建筑石膏加水调成浆体,可用作室内粉刷材料。石膏浆中还可以掺入部分石灰,或将建筑石膏加水、砂拌合成石膏砂浆,用于室内抹灰或作为油漆打底使用。石膏砂浆具有绝热、阻火、吸声、施工方便、凝结硬化快、黏结牢固、舒适、洁白美观等优点,所以称其为室内高级粉刷和抹灰材料。石膏抹灰的墙面和顶棚可以直接涂刷油漆及粘贴墙纸。

(2)装饰制品。

以石膏为主要原料,掺入少量纤维增强材料和胶料,加水搅拌成石膏浆体,注入各种模具,利用其硬化体积微膨胀的特点,得到各种表面光滑、花样形状不同的石膏装饰制品。石膏装饰品具有色彩鲜艳、品种多样、造型美观、施工方便等优点,是公用建筑物和顶棚常用的装饰制品。

(3)石膏板。

石膏板具有质轻、隔热保温、吸声、阻燃及施工方便等性能。除此之外,原料来源广泛、设备简单、生产周期短等优点使得石膏板的生产和应用迅速发展起来。我国目前生产的石膏板,主要有纸面石膏板、石膏空心条板、石膏装饰板和纤维石膏板等。此外,还有石膏蜂窝板、防潮石膏板、石膏矿棉复合板等。

5. 建筑石膏的标志、储运、保管

建筑石膏一般采用袋装或散装供应。袋装时,应用防潮袋包装。产品出厂时应带有产品检验合格证。袋装时,包装袋上应清楚标明产品标记,以及生产厂名、厂址、商标、批量编号、净重、生产日期和防潮标志。建筑石膏在运输和贮存时,不得受潮和混入杂物。建筑石膏自生产之日起,在正常运输与贮存条件下贮存期为3个月。

第6章 水 泥

水泥是建筑工程中重要的建筑材料之一。随着我国现代化建设的高速发展,水泥的应用越来越广泛,不仅大量应用于工业与民用建筑,而且广泛应用于公路、铁路、水利电力、海港和国防等工程中。

水泥品种很多。按主要水硬性物质进行分类,水泥可分为硅酸盐水泥、铝酸盐水泥、硫铝酸盐水泥、铁铝酸盐水泥、氟铝酸盐水泥等系列,其中以硅酸盐系列水泥的应用最广;按用途和性能进行分类,又可将其划分为通用水泥、专用水泥和特性水泥三大类,通用水泥是指用于一般土木工程的水泥,专用水泥是指具有专门用途的水泥,而特性水泥是指具有某一方面或某几个方面特殊性能的水泥。工程中最为常用的水泥是通用硅酸盐水泥。

6.1 通用硅酸盐水泥

按国家标准《通用硅酸盐水泥》(GB 175—2023)的规定,通用硅酸盐水泥是以硅酸盐水泥熟料和适量的石膏及规定的混合材料制成的水硬性胶凝材料的统称。

6.1.1 通用硅酸盐水泥品种

在国家标准中,通用硅酸盐水泥按照水泥中混合材料的品种和掺量又分为硅酸盐水泥、普通硅酸盐水泥、矿渣硅酸盐水泥、火山灰质硅酸盐水泥、粉煤灰硅酸盐水泥、复合硅酸盐水泥,分别采用不同的代号表示,见表6.1。

表 6.1 通用硅酸盐水泥代号及组分 %

品种	代号	组分				
		熟料+石膏	粒化高炉炉渣	火山灰质混合材料	粉煤灰	石灰石
硅酸盐水泥	P·Ⅰ	100	—	—	—	—
	P·Ⅱ	≥95	≤5	—	—	—
		≥95	—	—	—	≤5
普通硅酸盐水泥	P·O	≥80且<95	>5,≤20			
矿渣硅酸盐水泥	P·S·A	≥50且<80	>20且≤50	—	—	—
	P·S·B	≥30且<50	>50且≤70	—	—	—
火山灰质硅酸盐水泥	P·P	≥60且<80	—	>20且≤40	—	—

续表6.1

品种	代号	组分				
		熟料+石膏	粒化高炉炉渣	火山灰质混合材料	粉煤灰	石灰石
粉煤灰硅酸盐水泥	P·F	≥60,<80	—	—	>20,≤40	—
复合硅酸盐水泥	P·C	≥50,<80	>20,≤50			

6.1.2 原料及生产工艺

硅酸盐水泥的原料主要有石灰质原料和黏土质原料。石灰质原料主要来源于石灰石、白垩、石灰质凝灰岩等。黏土质原料主要来源于黏土、黄土、页岩、泥岩及河泥等。生产水泥时，为了弥补黏土中Fe_2O_3含量的不足，需要加入铁矿粉、黄铁矿渣等原料。

硅酸盐水泥生产工艺可概括为"两磨一烧"，即原材料按比例混合磨细制成生料，生料煅烧成为熟料，熟料与适量石膏以及规定掺量的混合材料磨细制成水泥，硅酸盐水泥生产的主要工艺流程如图6.1所示。

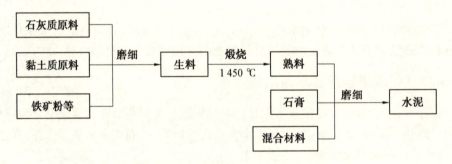

图6.1 硅酸盐水泥生产的主要工艺流程

6.1.3 水泥组成

1. 硅酸盐水泥熟料及其特性

硅酸盐水泥熟料是在高温下形成的，其矿物主要由硅酸三钙（$3CaO·SiO_2$）、硅酸二钙（$2CaO·SiO_2$）、铝酸三钙（$3CaO·Al_2O_3$）和铁铝酸四钙（$4CaO·Al_2O_3·Fe_2O_3$）组成。另外还含有少量的游离氧化钙（$f-CaO$）、游离氧化镁（$f-MgO$）、碱类及其他杂质。游离氧化钙和游离氧化镁是水泥中的有害成分，含量高时会引起水泥安定性不良。

由于硅酸三钙和硅酸二钙占熟料总质量的75%~82%，为决定水泥强度的主要矿物，因此这类熟料也称为硅酸盐水泥熟料。熟料矿物经过磨细之后均能够与水发生化学反应——水化反应，表现为较强的水硬性。水泥熟料矿物组成及其特性见表6.2。

表 6.2 水泥熟料矿物组成及其特性

矿物名称	硅酸三钙	硅酸二钙	铝酸三钙	铁铝酸四钙
化学分子式	$3CaO \cdot SiO_2$	$2CaO \cdot SiO_2$	$3CaO \cdot Al_2O_3$	$4CaO \cdot Al_2O_3 \cdot Fe_2O_3$
简写	C_3S	C_2S	C_3A	C_4AF
矿物组成范围/%	37～67	15～30	7～15	10～18
水化反应速度	快	慢	最快	快
强度	高	早期低,后期高	低	低(含量多时对抗折强度有利)
水化热	较高	低	最高	中

水泥在水化反应过程中会放出热量——水化热。水化放热量和放热速度不仅取决于水泥的矿物组成,而且与水泥细度、水泥中掺混合材料及外加剂的品种、数量等有关。硅酸盐水泥水化放热量大部分在早期放出,以后逐渐减少。

大型基础、水坝、桥墩等大体积混凝土构筑物,由于水化热聚集在内部不易散热,内部温度常上升到 50～60 ℃以上,内外温度差引起的应力可使混凝土产生裂缝,因此水化热对大体积混凝土是有害因素。在大体积混凝土工程中,不宜采用硅酸盐水泥这类水化热较高的水泥品种。

2. 石膏

在生产水泥时,必须掺入适量石膏,以延缓水泥的凝结。在硅酸盐水泥、普通硅酸盐水泥中石膏主要起缓凝作用;而在掺较多混合材料的水泥中,石膏还起激发混合材料活性的作用。掺入的石膏主要为天然石膏和以硫酸钙为主要成分的工业副产物。

3. 混合材料

在生产水泥时,为改善水泥性能,调节强度等级,提高产量,降低生产成本,扩大其应用范围,可添加人工或天然的矿物混合材料。混合材料按其活性的大小可分为活性混合材料和非活性混合材料两大类。混合材料种类及常用品种见表 6.3。

表 6.3 混合材料种类及常用品种

混合材料种类	性能	常用品种
活性混合材料	具有潜在水硬性或火山灰特性,或兼具有火山灰特性和水硬性的矿物质材料	粒化高炉矿渣、粉煤灰、火山灰质混合材料(含水硅酸质、烧黏土质、火山灰等)
非活性混合材料	不具有潜在水硬性或质量活性指标不能达到规定要求的混合材料	慢冷矿渣、磨细石英砂、石灰石粉等

(1)活性混合材料。

活性混合材料是指具有火山灰特性或潜在水硬性的矿物材料。

火山灰特性是指材料与水拌合成浆体后,随时间的延长浆体不发生任何变化,但将其与石灰或石膏混合磨细后再与水拌合成浆体,将逐渐产生凝结硬化的性质。活性混合材料的主要成分是活性 SiO_2、Al_2O_3,在遇到石灰质材料(CaO)时,会与之发生化学反应而生成水硬性凝胶。

在水泥生产中,常用的这类材料主要有粒化高炉矿渣、火山灰质混合材料和粉煤灰。它们与水调和后,本身不会硬化或硬化极为缓慢,强度很低。但在氢氧化钙溶液中,会发生显著的水化反应,而且在饱和氢氧化钙溶液中水化反应速度更快。

①粒化高炉矿渣炼铁高炉的熔融矿渣,经急速冷却而成的松软颗粒即为粒化高炉矿渣。急冷一般采用水淬的方法进行,故又称水淬高炉矿渣。颗粒直径一般为0.5~5 mm。粒化高炉矿渣中的活性成分主要为CaO、Al_2O_3、SiO_2,通常约占总量的90%以上,另外还有少量的MgO、FeO和一些硫化物等,本身具有弱水硬性。

②火山灰质混合材料。火山灰质混合材料主要成分为活性SiO_2、Al_2O_3,一般是以玻璃体形式存在,当遇到石灰质材料(CaO)时,会与之发生化学反应生成水硬性凝胶。具有这种特性的材料除火山灰外,还有其他天然的矿物材料(如凝灰岩、浮石、硅藻土等)和人工的矿物材料(如烧黏土、煤矸石灰渣、粉煤灰及硅灰等)。

③粉煤灰。从主要的化学活性成分来看,粉煤灰属于火山灰质混合材料。粉煤灰是火力发电厂的废料。煤粉燃烧以后形成质量很轻的煤灰,如果煤灰随着尾气被排放到空气中,会造成严重污染,因此尾气在排放之前须经过一个水洗的过程,洗下来的煤灰就称为粉煤灰。粉煤灰经骤然冷却而成,它的颗粒直径一般为0.001~0.05 mm,呈玻璃态实心或空心的球状颗粒。粉煤灰的主要化学成分是活性SiO_2、Al_2O_3。

(2)非活性混合材料。

磨细的石英砂、石灰石、黏土、慢冷矿渣及各种废渣等属于非活性混合材料。它们与水泥成分不起化学作用或化学作用很小,非活性混合材料掺入硅酸盐水泥中仅起提高水泥产量和降低水泥强度、减少水化热等作用。当采用高强度等级水泥拌制强度较低的砂浆或混凝土时,可掺入非活性混合材料以代替部分水泥,起到降低成本及改善砂浆或混凝土和易性的作用。

6.1.4 水泥的凝结硬化

水泥凝结硬化是水泥加水拌合为浆体后,逐渐失去可塑性变为水泥石,且水泥石强度逐渐发展的完整过程。但在研究过程中,将完整的水泥凝结硬化过程人为分为两个过程:水泥加水拌合后,水泥浆逐渐变稠失去可塑性的过程称为凝结;水泥石强度逐渐发展的过程称为硬化。

水泥凝结硬化过程是由于发生了一系列的化学反应(水化反应)和物理变化。其水化反应如下:

$$2(3CaO \cdot SiO_2) + 6H_2O \longrightarrow 3CaO \cdot 2SiO_2 \cdot 3H_2O + 3Ca(OH)_2$$

$$2(2CaO \cdot SiO_2) + 4H_2O \longrightarrow 3CaO \cdot 2SiO_2 \cdot 3H_2O + Ca(OH)_2$$

$$3CaO \cdot Al_2O_3 + 6H_2O \longrightarrow 3CaO \cdot Al_2O_3 \cdot 6H_2O$$

$$4CaO \cdot Al_2O_3 \cdot Fe_2O_3 + 7H_2O \longrightarrow 3CaO \cdot Al_2O_3 \cdot 6H_2O + CaO \cdot Fe_2O_3 \cdot H_2O$$

$$3CaO \cdot Al_2O \cdot 6H_2O + 3(CaSO_4 \cdot 2H_2O) + 19H_2O \longrightarrow 3CaO \cdot Al_2O_3 \cdot 3CaSO_4 \cdot 31H_2$$

硅酸盐水泥加水后,铝酸三钙立即发生反应,硅酸三钙和铁铝酸四钙也很快水化,而硅酸二钙水化较慢。一般认为硅酸盐水泥与水作用后,生成的主要水化物有:水化硅酸钙凝胶(分子式简写为C—S—H)、水化铁酸钙凝胶、氢氧化钙、水化铝酸钙和水化硫铝酸钙晶体。在充分水化的水泥石中,C—S—H凝胶约占70%,$Ca(OH)_2$约占20%。

水泥和水接触后,水泥颗粒表面的水泥熟料先溶解于水,然后与水反应,或水泥熟料在固态直接与水反应,生成相应的水化产物,水化产物先溶解于水。由于各种水化产物的溶解度很小,而其生成的速度大于其向溶液中扩散的速度,一般在几分钟内,水泥颗粒周围的溶液就成为水化产物的过饱和溶液,并析出水化硅酸钙凝胶、水化硫铝酸钙、氢氧化钙和水化铝酸钙晶体等水化产物。在水化初期,水化产物不多,水泥颗粒之间还是分离着的,水泥浆具有可塑性。随着时间的推移,水泥颗粒不断水化,新生水化产物不断增多,使水泥颗粒逐渐接近,颗粒间空隙逐渐变小,颗粒相互黏附,形成凝聚结构,且开始失去塑性,这个过程称为初凝。

随着以上过程的不断进行,固态的水化产物不断增多,颗粒间的接触点数目增加,结晶体和凝胶体互相贯穿形成的凝聚－结晶网状结构不断加强。而固相颗粒之间的空隙(毛细孔)不断减小,结构逐渐紧密,使水泥浆体完全失去可塑性,水泥表现为终凝,之后水泥进入硬化阶段。进入硬化阶段后,水泥的水化速度逐渐减慢,水化产物随时间的延长而逐渐增加,扩展到毛细孔中,使结构更趋致密,强度逐渐提高。

6.1.5 通用硅酸盐水泥的主要技术性能及指标

1. 化学指标

水泥的化学指标主要有不溶物、烧失量、三氧化硫含量、氧化镁含量以及氯离子含量。不溶物是指水泥中不溶解于酸和碱的化学物质占水泥试样质量的百分率。烧失量是指水泥在一定灼烧温度和时间内,烧失的量占水泥试样质量的百分率。

国家标准《通用硅酸盐水泥》(GB 175—2023)中规定,通用硅酸盐水泥的化学指标应符合表 6.4 的规定。

表 6.4 通用硅酸盐水泥化学指标 %

品种	代号	不溶物 (质量分数)	烧失量 (质量分数)	三氧化硫 (质量分数)	氧化镁 (质量分数)	氯离子 (质量分数)
硅酸盐水泥	P·Ⅰ	≤0.75	≤3.0	≤3.5	≤5.0[a]	≤0.06[c]
	P·Ⅱ	≤1.50	≤3.5			
普通硅酸盐水泥	P·O	—	≤5.0			
矿渣硅酸盐水泥	P·S·A	—	—	≤4.0	≤6.0[b]	
	P·S·B	—	—		—	
火山灰质硅酸盐水泥	P·P			≤3.5	≤6.0	
粉煤灰硅酸盐水泥	P·F					
复合硅酸盐水泥	P·C	—				

注:a. 如果水泥压蒸试验合格,则水泥中氧化镁的质量分数允许放宽至 6.0%。
b. 如果水泥中氧化镁的质量分数大于 6.0% 时,需进行水泥压蒸安定性试验并合格。
c. 当有更低要求时,该指标由买卖双方协商确定。

2. 碱含量

水泥中的碱含量过高,在混凝土中遇到活性骨料易产生碱－骨料反应,引起开裂现象,对工程造成危害。

国家标准规定:水泥中碱含量按 $Na_2O+0.658K_2O$ 计算值表示。若使用活性骨料,用户要求提供低碱水泥时,水泥中碱含量不得大于 0.60% 或由供需双方商定。

3. 物理指标

(1)细度。

细度是指水泥颗粒总体的粗细程度。水泥颗粒越细,与水发生反应的表面积越大,因而水化反应速度较快,而且较完全,早期强度也越高,但在空气中硬化收缩性较大,成本也较高。如水泥颗粒过粗则不利于水泥活性的发挥。一般认为水泥颗粒小于 40 μm 时,才具有较高的活性,大于 100 μm 活性很小。

硅酸盐水泥和普通硅酸盐水泥的细度用比表面积表示,水泥比表面积是指单位质量的水泥粉末所具有的总表面积,单位为 m^2/kg,采用勃氏比表面积透气仪来检测。国家标准规定:水泥比表面积应不小于 300 m^2/kg。

矿渣硅酸盐水泥、火山灰质硅酸盐水泥、粉煤灰硅酸盐水泥和复合硅酸盐水泥的细度用筛余表示,80 μm 方孔筛筛余是指水泥粉末中大于 80 μm 颗粒的质量占水泥试样质量的百分率,采用筛析法测定。国家标准规定:80 μm 方孔筛筛余应不大于 10% 或 45 μm 方孔筛筛余应不大于 30%。

(2)凝结时间。

凝结时间分为初凝时间和终凝时间。初凝时间是指从水泥全部加入水中开始至水泥净浆开始失去可塑性的时间;终凝时间是指从水泥全部加入水中开始至水泥净浆完全失去可塑性的时间。为使混凝土和砂浆有充分的时间进行搅拌、运输、浇捣和砌筑,水泥初凝时间不能过短。当施工完毕,则要求尽快硬化,具有强度,故终凝时间不能太长。

水泥凝结时间是以标准稠度的水泥净浆,在规定温度及湿度环境下用水泥净浆凝结时间测定仪测定。

国家标准规定:硅酸盐水泥初凝不小于 45 min,终凝不大于 390 min;普通硅酸盐水泥、矿渣硅酸盐水泥、火山灰质硅酸盐水泥、粉煤灰硅酸盐水泥和复合硅酸盐水泥初凝不小于 45 min,终凝不大于 600 min。

(3)安定性。

水泥安定性是指水泥在凝结硬化过程中体积变化的均匀性。如果水泥硬化后产生不均匀的体积变化,即为安定性不良,安定性不良会使水泥制品或混凝土构件产生膨胀性裂缝,降低建筑物质量,甚至引起严重事故。

引起水泥安定性不良的原因主要有以下三种:水泥中所含的游离氧化钙过多、熟料中所含的游离氧化镁过多或掺入的石膏过多。水泥中所含的游离氧化钙或氧化镁都是过烧的,熟化很慢,在水泥硬化后才进行熟化,这是一个体积膨胀的化学反应,会引起不均匀的体积变化,使水泥石开裂。当石膏掺量过多时,在水泥硬化后,它还会继续与固态的水化铝酸钙反应生成高硫型水化硫铝酸钙,体积约增大 1.5 倍,也会引起水泥石开裂。水泥安定性采用沸煮法检验,可检验出水泥因氧化钙超标所导致的安定性不良,而对于氧化镁和石膏含量超标所导致的水泥安定性不良,此方法是检验不出来的。因此,在国家标准中对氧化镁和石膏(以三氧化硫计)的含量进行明确规定,见表 6.4。

对于水泥安定性,国家标准规定:沸煮法合格,则水泥安定性合格。不合格的水泥为安定性不良的水泥,不能用于工程中。

(4)标准稠度用水量。

测定水泥标准稠度用水量是为了使测定的水泥凝结时间、体积安定性等性质具有准确可比性。在测定这些技术性质时,须首先将水泥拌合为标准稠度水泥净浆。

标准稠度水泥净浆是指采用标准稠度测定仪测得试杆在水泥净浆中下沉至距底板(6 ± 1)mm时的水泥净浆。标准稠度用水量为拌合标准稠度水泥净浆的水量除以水泥质量的百分率。

(5)水泥强度与强度等级。

根据国家标准《通用硅酸盐水泥》(GB 175—2023)和《水泥胶砂强度检验方法(ISO法)》(GB/T 17671—2021)的规定,测定水泥强度时,应首先制作水泥胶砂试件,经标准养护,并测定其在规定龄期的抗折强度和抗压强度,以评定水泥强度等级。

不同品种、强度等级的通用硅酸盐水泥,其各龄期的强度应符合表6.5的规定。

表6.5 通用硅酸盐水泥各龄期强度　　　　　　　　　　MPa

强度等级	抗压强度/MPa		抗折强度/MPa	
	3 d	28 d	3 d	28 d
32.5	≥12.0	≥32.5	≥3.0	≥5.5
32.5R	≥17.0		≥4.0	
42.5	≥17.0	≥42.5	≥4.0	≥6.5
42.5R	≥22.0		≥4.5	
52.5	≥22.0	≥52.5	≥4.5	≥7.0
52.5R	≥27.0		≥5.0	
62.5	≥27.0	≥62.5	≥5.0	≥8.0
62.5R	≥32.0		≥5.5	

注:R表示早强型(表明3 d强度较同强度等级水泥高)。

6.1.6 水泥石

硅酸盐水泥硬化后,在通常使用条件下具有较好的耐久性,但在某些腐蚀性液体或气体介质中,会逐渐受到腐蚀而导致破坏,强度下降以致全部崩溃,这种现象称为水泥石的腐蚀。

1. 水泥石的腐蚀方式

(1)软水侵蚀(溶出性侵蚀)。

当水泥石长期处于软水中,最先溶出的是氢氧化钙。在静水及无水压的情况下,由于周围的水易被溶出的氢氧化钙所饱和,使溶解作用中止,所以溶出仅限于表层,影响不大。但是,在流水及压力水作用下,氢氧化钙会不断溶解流失,而且氢氧化钙浓度的继续降低,还会引起其他水化产物的分解溶蚀,使水泥石结构遭受进一步的破坏。

(2)盐类腐蚀。

①硫酸盐腐蚀。硫酸盐腐蚀为膨胀性化学腐蚀。在海水、湖水、沼泽水、地下水、某些工

业污水中常含钠、钾、铵等硫酸盐,它们与水泥石中的氢氧化钙起化学反应生成硫酸钙,硫酸钙又继续与水泥石中的水化铝酸钙作用,生成比原来体积增加1.5倍的高硫型水化硫铝酸钙(即钙矾石),而产生较大体积膨胀,对水泥石起极大的破坏作用。高硫型水化硫铝酸钙呈针状晶体,通常称为水泥杆菌。

②镁盐腐蚀。在海水及地下水中常含大量的镁盐,主要是硫酸镁和氯化镁,它们与水泥石中的氢氧化钙发生化学反应,生成的氢氧化镁松软而且无胶凝能力,氯化钙易溶于水,二水石膏则会引起硫酸盐破坏作用。

(3)酸类腐蚀。

①碳酸腐蚀。在工业污水、地下水中常溶解有较多的二氧化碳,对水泥石会产生腐蚀作用,二氧化碳与水泥石中的氢氧化钙作用生成碳酸钙;碳酸钙再与含碳酸的水作用转变成重碳酸钙而易溶于水。该化学反应是可逆反应,当水中含有较多的碳酸,并超过平衡浓度时,则反应向生成易溶于水的重碳酸钙进行,从而导致水泥石中的氢氧化钙损失,使得水泥石破坏。

②一般酸性腐蚀。在工业废水、地下水、沼泽水中常含无机酸和有机酸,工业窑炉中的烟气常含有氧化硫,遇水后即生成亚硫酸。各种酸类对水泥石都有不同程度的腐蚀作用。它们与水泥石中的氢氧化钙作用后生成的化合物,或易溶于水,或体积膨胀,导致水泥石破坏。腐蚀作用最快的是无机酸中的盐酸、氢氟酸、硝酸、硫酸和有机酸中的醋酸、蚁酸和乳酸。

(4)强碱腐蚀。

碱类溶液如浓度不大时一般对水泥石是无害的,但铝酸盐含量较高的硅酸盐水泥遇到强碱(如氢氧化钠)作用后也会被破坏。氢氧化钠与水泥熟料中未水化的铝酸盐作用,生成易溶的铝酸钠。当水泥石被氢氧化钠浸透后又在空气中干燥,与空气中的二氧化碳作用而生成碳酸钠,碳酸钠在水泥石毛细孔中结晶沉积,而使水泥石胀裂。

除上述腐蚀类型外,对水泥石有腐蚀作用的还有一些其他物质,如糖、氨盐、动物脂肪、含环烷酸的石油产品等。

综上所述,引起水泥石腐蚀的原因主要有两方面:一是外因,即有腐蚀性介质存在的外界环境因素;二是内因,即水泥石中存在的易腐蚀物质,如氢氧化钙、水化铝酸钙等。水泥石本身不密实,存在毛细孔通道,侵蚀性介质会进入其内部,从而产生破坏。

2. 防止水泥石腐蚀的措施

根据以上对腐蚀原因的分析,在工程中要防止水泥石的腐蚀,可采取下列措施:

(1)根据所处环境的侵蚀性介质的特点,合理选用水泥品种。

对处于软水中的建筑部位,应选用水化产物中氢氧化钙含量较少的水泥,这样可提高其对软水等侵蚀作用的抵抗能力;而对处于有硫酸盐腐蚀的建筑部位,则应选用铝酸三钙质量分数低于5%的抗硫酸盐水泥。水泥中掺入活性混合材料可大大提高其对多种腐蚀性介质的抵抗作用。

(2)提高水泥石的密实程度。

提高水泥石的密实程度,可大大减少侵蚀性介质渗入内部。在实际工程中,提高混凝土或砂浆密实度有各种措施,如合理设计配合比,降低水灰比,选择质量符合要求的骨料或掺入外加剂,以及改善施工方法等。另外在混凝土或砂浆表面进行碳化或氟硅酸处理,生成难溶的碳酸钙外壳,或氟化钙及硅胶薄膜,也可以起到减少腐蚀性介质渗入,提高水泥石抵抗腐蚀的能力。

(3)加做保护层。

当侵蚀作用较强时,可在混凝土及砂浆表面加做耐腐蚀且不透水的保护层。一般可用耐酸石料、耐酸陶瓷、玻璃、塑料、沥青等材料,以避免腐蚀性介质与水泥石直接接触。

6.1.7 通用硅酸盐水泥的特性及应用

1. 硅酸盐水泥

硅酸盐水泥又称波特兰水泥,是最早生产的水泥品种,其主要特点及适用范围如下。

(1)凝结硬化快,早期强度和后期强度均较高。适用于有早强要求的工程(如冬期施工、预制及现浇等工程)、高强度混凝土工程。

(2)抗冻性较好。适用于抗冻性要求高的工程。

(3)水化热高。水泥水化后产生大量的水化热,容易使混凝土构件内外温差较大,从而产生温度裂缝,因此不宜用于大体积混凝土工程,但较高的水化热有利于低温或冬期施工工程。

(4)耐腐蚀性能差。硅酸盐水泥水化后氢氧化钙和水化铝酸钙的含量较多,不宜用于与流水接触以及有水压作用的工程,也不适用于受海水作用的工程。

(5)抗碳化性能好。硅酸盐水泥水化后氢氧化钙含量较多,其水泥石的碱度不易降低,对钢筋的保护作用较强。适用于空气中二氧化碳浓度较高的环境。

(6)耐热性差。不适用于承受高温作用的混凝土工程。

(7)耐磨性好。适用于高速公路、道路和地面工程。

2. 普通硅酸盐水泥

普通硅酸盐水泥中混合材料的掺量较少,因此其特点与硅酸盐水泥差别不大,适用范围与硅酸盐水泥也基本相同。

3. 矿渣硅酸盐水泥

矿渣硅酸盐水泥中由于掺入了大量的粒化高炉矿渣,熟料含量相对较少,因此,其特点及适用范围与硅酸盐水泥相差较大。

(1)早期强度低,后期强度高,且泌水性大。能应用于所有地上工程,但不适用于早强度要求较高的混凝土工程。施工时要严格控制混凝土用水量,尽量排除混凝土表面泌水,加强养护工作,否则,不但强度会过早停止发展,而且能产生较大干缩,导致开裂。

(2)耐腐蚀性能较强。适用于地下或水中工程,以及经常受较高水压的工程。对于要求耐淡水侵蚀和耐硫酸盐侵蚀的水工或海工工程尤其适宜。

(3)水化热较低。适用于大体积混凝土工程。

(4)对温度敏感。最适用于蒸汽养护的预制构件。矿渣硅酸盐水泥构件经蒸汽养护后,不但能获得较好的力学性能,而且浆体结构的微孔变细,能改善制品和构件的抗裂性和抗冻性。

(5)耐热性较好。适用于受热200 ℃以下的混凝土工程,还可掺入耐火砖粉等耐热掺料,配制成耐热混凝土。

(6)抗冻性较差。不适用受冻融或干湿交替环境的混凝土,也不适用于低温或冬期施工工程。

4. 火山灰质硅酸盐水泥

火山灰质硅酸盐水泥的特点与矿渣硅酸盐水泥相近,其适用范围也与矿渣硅酸盐水泥相同,但其干缩值较大,不宜用于干燥环境和高温环境的混凝土。

5. 粉煤灰硅酸盐水泥

粉煤灰硅酸盐水泥与火山灰质硅酸盐水泥相比较有许多相同的特点,但由于掺加的混合材料不同,因此亦有不同。粉煤灰硅酸盐水泥干缩值较小,抗裂性能较好,除使用于地面工程外,还非常适用于大体积混凝土及水中结构工程。但是,因其泌水较快,易引起失水裂缝,因此在混凝土硬化期应加强养护。

6. 复合硅酸盐水泥

复合硅酸盐水泥的特性与矿渣硅酸盐水泥、火山灰质硅酸盐水泥、粉煤灰硅酸盐水泥相似,并取决于所掺混合材料的种类及相对比例。

6.2 专用水泥

专用水泥是指具有专门用途的水泥,如道路硅酸盐水泥、大坝水泥、砌筑水泥等。

6.2.1 道路硅酸盐水泥

1. 定义

由道路硅酸盐水泥熟料、0～10%活性混合材料和适量石膏磨细制成的水硬性胶凝材料,称为道路硅酸盐水泥(简称道路水泥)。道路硅酸盐水泥熟料以硅酸钙为主要成分,含有较多铁铝酸钙的熟料。

2. 技术要求

根据《道路硅酸盐水泥》(GB/T 13693—2017)规定,道路硅酸盐水泥的技术要求见表6.6。

表6.6 道路硅酸盐水泥的技术要求(GB/T 13693—2017)

项目	技术要求
氧化镁	氧化镁的质量分数不得超过5.0%
三氧化硫	三氧化硫质量分数不得超过3.5%
烧失量	烧失量不得大于3.0%
比表面积	比表面积为300～450 m^2/kg
凝结时间	初凝不得早于90 min,终凝时间不大于720 min
沸煮法安定性	用雷氏夹检验必须合格

续表6.6

项目	技术要求
干缩率	28 d 干缩率不得大于0.10%
耐磨性	28 d 磨损量应不大于3.00 kg/m²
碱含量	碱含量由供需双方商定。若使用活性骨料,用户要求提供低碱水泥时,水泥中碱的质量分数应不超过0.60%
氯离子	氯离子的质量分数不大于0.06%

注:表中的百分数均指占水泥质量的百分数。

道路硅酸盐水泥各龄期的强度不得低于表6.7的规定。

表6.7 道路硅酸盐水泥等级及各龄期强度 　　　　　　　　MPa

强度等级	抗折强度		抗压强度	
	3 d	28 d	3 d	28 d
7.5	≥4.0	≥7.5	≥21.0	≥42.5
8.5	≥5.0	≥8.5	≥26.0	≥52.5

3. 特性及应用

道路硅酸盐水泥具有早期强度高、抗折强度高、耐磨性好、干缩率小的特性,适用于道路路面和对耐磨、抗干缩等性能要求较高的工程。

6.2.2 砌筑水泥

1. 定义

凡由一种或一种以上的水泥混合材料,加入适量硅酸盐水泥熟料和石膏,经磨细制成的水硬性胶凝材料,称为砌筑水泥,代号 M。水泥中混合材料掺加量按质量分数计应大于50%,允许掺入适量的石灰石或窑灰。混合材料掺加量不得与矿渣硅酸盐水泥重复。

2. 技术要求

根据《砌筑水泥》(GB/T 3183—2017)规定:三氧化硫质量分数不大于3.5%,氯离子质量分数不大于0.06%;细度通过80 μm 筛筛余不得超过10.0%;初凝时间不小于60 min,终凝时间不大于720 min;安定性用沸煮法检验必须合格;保水率应不低于80%;强度等级及要求见表6.8。

3. 特性及应用

砌筑水泥具有强度较低、和易性好的特性,主要用于工业与民用建筑拌制砌筑砂浆和抹面砂浆。由于强度低,不得用于混凝土结构。做其他用途时,必须通过强度试验。

表 6.8　砌筑水泥的强度要求　　　　　　　　　　　　　　　　MPa

强度等级	抗折强度			抗压强度		
	3 d	7 d	28 d	3 d	7 d	28 d
12.5	—	≥7.0	≥12.5	—	≥1.5	≥3.0
22.5	—	≥10.0	≥22.5	—	≥2.0	≥4.0
32.5	≥10.0	—	≥32.5	≥2.5	—	≥5.5

6.3　特性水泥

6.3.1　快硬高强型水泥

随着建筑业的发展，高强、早强类混凝土的应用量日益增加，快硬高强型水泥的品种与产量也随之增多，这类水泥最大的特点是凝结硬化速度快，早期强度高，有些品种还具有一定的抗渗和抗硫酸盐腐蚀的能力。在工程中主要应用于有快硬、早强、高强、抗渗和抗硫酸盐腐蚀要求的工程部位。目前，我国快硬高强型水泥已有 5 个系列，近 10 个品种，是世界上少有的品种齐全的国家之一。本节介绍几种典型的快硬高强型水泥。

1. 快硬硅酸盐水泥

凡以硅酸钙为主要成分的水泥熟料，加入适量石膏，经磨细制成的具有早期强度增进率较快的水硬性胶凝材料，称为快硬硅酸盐水泥，简称快硬水泥。熟料中硬化最快的矿物成分是铝酸三钙和硅酸三钙。制造快硬水泥时，应适当提高它们的含量，通常硅酸三钙质量分数为 50%～60%，铝酸三钙质量分数为 8%～14%，铝酸三钙和硅酸三钙的总量应不少于 60%～65%。为加快硬化速度，可适当提高水泥的粉磨细度。快硬水泥以 3 d 强度确定其强度等级。快硬水泥主要用于配制早强混凝土，适用于紧急抢修工程和低温施工工程。

2. 快硬高强铝酸盐水泥

凡以铝酸钙为主要成分的熟料，加入适量的硬石膏，磨细制成的具有快硬高强性能的水硬性胶凝材料，称为快硬高强铝酸盐水泥。其强度增进率较快，早期（1 d）强度能达到很高的水平。该水泥适用于早强、高强、抗渗、抗腐蚀及抢修等特殊工程。为了发挥该水泥的快硬高强特性，在配制混凝土时，每 1 m³ 混凝土的水泥用量不小于 300 kg，砂率控制在 30%～34% 之间，坍落度以 20～40 mm 为宜。

3. 快硬硫铝酸盐水泥

以适当成分的生料，烧成以无水硫铝酸钙和硅酸二钙为主要矿物成分的熟料，加入适量石膏和质量分数为 0～10% 的石灰石，磨细制成的早期强度高的水硬性胶凝材料，称为快硬硫铝酸盐水泥，代号为 R·SAC。该水泥具有快凝、早强、不收缩的特点，可用于配制早强、抗渗和抗硫酸盐侵蚀的混凝土，适用于负温施工（冬期施工）、浆锚、喷锚支护、抢修、堵漏工程及一般建筑工程。由于这种水泥的碱度低，适用于玻璃纤维增强水泥制品，但碱度低易使钢筋锈蚀，使用时应予注意。

4. 快硬铁铝酸盐水泥

以适当成分的生料,经煅烧所得以无水硫铝酸钙、铁相和硅酸二钙为主要矿物成分的熟料,加入适量石膏和质量分数为 0~10% 的石灰石,磨细制成的早期强度高的水硬性胶凝材料,称为快硬铁铝酸盐水泥,代号为 R·FAC。该水泥适用于要求快硬、早强、耐腐蚀、负温施工的道路等工程。

6.3.2 膨胀型水泥

一般的水泥品种在凝结硬化后体积都有一定程度的收缩,这种收缩很容易在水泥石中产生收缩裂缝。而膨胀型水泥在凝结硬化后会产生体积膨胀,这种特性可减少和防止混凝土的收缩裂缝,增加密实度,也可用于生产自应力水泥砂浆或混凝土。膨胀型水泥根据所产生的膨胀量(自应力值)和用途可分为两类:收缩补偿型膨胀水泥(简称膨胀水泥)和自应力型膨胀水泥(简称自应力水泥)。膨胀水泥的膨胀量较小,自应力值小于 2.0 MPa,通常为 0.5 MPa;而自应力水泥的膨胀量较大,其自应力值不小于 2.0 MPa。

膨胀型水泥的品种较多,根据其基本组成有硅酸盐膨胀水泥、明矾石膨胀水泥、铝酸盐膨胀水泥、铁铝酸盐膨胀水泥、硫铝酸盐膨胀水泥等。膨胀型水泥适用于补偿收缩混凝土结构工程,防渗抗裂混凝土工程,补强和防渗抹面工程,大口径混凝土管及其接缝、梁柱和管道接头,固接机器底座和地脚螺栓。

6.3.3 白色和彩色硅酸盐水泥

1. 白色硅酸盐水泥

由白色硅酸盐水泥熟料加入适量石膏,经磨细制成的水硬性胶凝材料,称为白色硅酸盐水泥(简称白水泥)。磨细时可加入 5%(质量分数)以内的石灰石或窑灰。

白水泥是采用含极少量着色物质的原料,如纯净的高岭土、纯石英砂、纯石灰石或白垩等,在较高温度(1 500~1 600 ℃)烧成以硅酸盐为主要成分的熟料。为了保持其白度,在煅烧、粉磨和运输时均应防止着色物质混入,常采用天然气、煤气或重油作为燃料,在球磨机中用硅质石材或坚硬的白色陶瓷作为衬板及研磨体。

白水泥的很多技术性质与普通水泥相同,按照国家标准《白色硅酸盐水泥》(GB/T 2015—2017)规定:氧化镁质量分数不得超过 4.5%,白度值不低于 87;而对三氧化硫含量、细度、安定性的要求与普通硅酸盐水泥相同。初凝时间不小于 45 min,终凝时间不大于 600 min。白水泥按规定龄期的抗压强度和抗折强度划分为 32.5 MPa、42.5 MPa、52.5 MPa 三个强度等级,各强度等级白水泥的各龄期强度不得低于表 6.9 的规定。

表 6.9 白水泥的强度要求   MPa

强度等级	抗折强度		抗压强度	
	3 d	28 d	3 d	28 d
32.5	≥3.0	≥6.0	≥12.0	≥42.5
42.5	≥3.5	≥6.5	≥17.0	≥42.5
52.5	≥4.0	≥7.0	≥22.0	≥52.5

白水泥的白度分为一级、二级2个级别。白度是指水泥色白的程度。各等级白度不得低于表6.10所规定的数值。

表6.10　白水泥白度等级　　　　　　　　　　　　　　　　　　　　　　　　%

白度等级	一级(P.W-1)	二级(P.W-2)
白度	≥89	≥87

2. 彩色硅酸盐水泥

彩色硅酸盐水泥,简称彩色水泥。按其生产方法可分为两类:一类是在白水泥的生料中加入少量金属氧化物,直接烧成彩色水泥熟料,然后再加入适量石膏磨细制成;另一类是采用白色硅酸盐水泥熟料、适量石膏和耐碱矿物颜料共同磨细而制成。

耐碱矿物颜料对水泥不起有害作用,常用的有:氧化铁(红、黄、褐、黑色)、氧化锰(褐、黑色)、氧化铬(绿色)、赭石(赭色)、群青(蓝色)及普鲁士红等。

还有一种配制简单的彩色水泥,可将颜料直接与水泥粉混合而成,但这种彩色水泥颜料用量大,且色泽也不易均匀。

白色和彩色硅酸盐水泥主要用于建筑物内外的表面装饰工程中,如地面、楼面、楼梯、墙、柱及台阶等。其可做成水泥拉毛、彩色砂浆、水磨石、水刷石、斩假石等饰面,也可用于雕塑及装饰部件或制品。使用白色或彩色硅酸盐水泥时,应以彩色大理石、石灰石、白云石等彩色石子或石屑和石英砂作粗细骨料。制作方法可以在工地现场浇制,也可在工厂预制。

6.4　通用水泥的质量等级、验收与保管

6.4.1　通用水泥的质量等级

《通用水泥质量等级》(JC/T 452—2009)规定,通用水泥按质量水平划分为优等品、一等品和合格品3个等级。

优等品水泥产品标准必须达到国际先进水平,且水泥实物质量水平与国际同类产品相比达到近5年内的先进水平。一等品水泥产品标准必须达到国际一般水平,且水泥实物质量水平达到国外同类产品的一般水平。合格品按中国现行水泥产品标准(国家标准、行业标准或企业标准)组织生产,水泥实物质量水平必须达到相应产品标准的要求。

通用水泥实物质量在符合相应标准技术要求的基础上,进行实物质量水平的评定。实物质量水平根据3 d、28 d抗压强度和终凝时间进行等级评定。水泥实物质量要求见表6.11。

同品种同温度等级水泥28 d抗压强度上月平均值,至少以20个编号平均,不足20个编号时,可2个月或3个月合并计算,对于62.5(含62.5)以上水泥、28 d抗压强度不大于1.1R的要求不作规定。

表 6.11 水泥实物质量要求

项目		质量等级			
		优等品		一等品	合格品
		硅酸盐水泥、普通硅酸盐水泥	矿渣硅酸盐水泥、火山灰质硅酸盐水泥、粉煤灰硅酸盐水泥、复合硅酸盐水泥	硅酸盐水泥、普通硅酸盐水泥	矿渣硅酸盐水泥、火山灰质硅酸盐水泥、粉煤灰硅酸盐水泥、复合硅酸盐水泥	硅酸盐水泥、普通硅酸盐水泥、矿渣硅酸盐水泥、火山灰质硅酸盐水泥、粉煤灰硅酸盐水泥、复合硅酸盐水泥
抗压强度	3 d ≥	24.0 MPa	22.0 MPa	20.0 MPa	17.0 MPa	符合通用水泥各品种的技术要求
	28 d ≥	48.0 MPa	48.0 MPa	46.0 MPa	38.0 MPa	
	≤	1.1R[a]	1.1R[a]	1.1R[a]	1.1R[a]	
终凝时间/min ≤		300	330	360	420	
氯离子质量分数/% ≤		0.06				

6.4.2 通用水泥的验收

水泥进入施工现场后必须进行验收,以检测水泥是否合格,确定水泥是否能够用于工程中。水泥的验收包括包装标志和数量的验收、检查出厂合格证和试验报告、复验、仲裁检验4个方面。

1. 包装标志和数量的验收

(1)包装标志验收。

水泥的包装方法有袋装和散装两种。

袋装水泥是采用多层纸袋或多层塑料编织袋进行包装。在水泥包装袋上应清楚地标明产品名称、代号、净含量、强度等级、生产许可证编号、生产者名称和地址、出厂编号、执行标准号、包装年月日等主要标志。掺火山灰质混合材料的普通硅酸盐水泥,必须在包装上标明"掺火山灰"字样。包装袋两侧应印有水泥名称和强度等级。硅酸盐水泥和普通硅酸盐水泥的印刷采用红色;矿渣硅酸盐水泥的印刷采用绿色;火山灰质硅酸盐水泥和粉煤灰硅酸盐水泥的印刷采用黑色。

散装水泥一般采用散装水泥输送车运输至施工现场,采用气动输送至散装水泥储仓中储存。散装水泥与袋装水泥相比,免去了包装,可减少纸或塑料的使用,符合绿色环保要求,且能节约包装费用,降低成本。散装水泥直接由水泥厂供货,质量容易保证。散装水泥在供应时必须提交与袋装水泥标志相同内容的卡片。

(2)数量验收。

袋装水泥每袋净含量为 50 kg,且不得少于标志质量的 98%;随机抽取 20 袋总质量不得少于 1 000 kg。

2. 质量的验收

(1)检查出厂合格证和试验报告。

水泥交货时的质量验收可抽取实物试样以其检验结果为依据,也可以水泥厂同编号水泥的试验报告为依据。采用何种方法验收由买卖双方商定,并在合同或协议中注明。

以水泥厂同编号水泥的试验报告为验收依据时,在发货前或交货时,买方在同编号水泥中抽取试样,双方共同签封后保存3个月;或委托卖方在同编号水泥中抽取试样,签封后保存3个月。在3个月内,买方对质量有疑问时,则买卖双方应将签封的试样送交有关监督检验机构进行仲裁检验。

水泥出厂应有水泥生产厂家的出厂合格证书,内容包括厂别、品种、出厂日期、出厂编号和试验报告。试验报告内容应包括相应水泥标准规定的各项技术要求及试验结果,助磨剂、工业副产石膏、混合材料的名称和掺加量属旋窑或立窑生产。当用户需要时,水泥厂应在水泥发出之日起7 d内寄发除28 d强度以外的各项试验结果。28 d强度数值,应在水泥发出日起32 d内补报。

以抽取实物试样的检验结果为验收依据时,买卖双方应在发货前或交货地共同取样和签封。取样方法按《水泥取样方法》(GB/T 12573—2008)进行,取样数量为20 kg,缩分为二等份。一份由卖方保存40 d,一份由买方按相应标准规定的项目和方法进行检验。在40 d以内,买方检验认为产品质量不符合相应标准要求,而卖方又有异议时,则双方应将卖方保存的另一份试样送交有关监督检验机构进行仲裁检验。

(2)复验按照《混凝土结构工程施工质量验收规范》(GB 50204—2015)及工程质量管理的有关规定,用于承重结构及使用部位有强度等级要求的水泥,或水泥出厂超过3个月(或快硬水泥出厂超过1个月),进口水泥在使用前必须进行复验,并提供试验报告。

水泥复验项目包括不溶物、氧化镁、三氧化硫、烧失量、细度、凝结时间、安定性、强度和碱含量9个项目。水泥生产厂家在水泥出厂时已经提供了标准规定的有关技术要求的试验结果。通常复验项目只检测水泥的安定性、凝结时间和强度3项。

(3)仲裁检验。

水泥出厂后3个月内,如购货单位对水泥质量提出疑问或施工过程中出现与水泥质量有关问题需要仲裁检验时,用水泥厂同一编号水泥的封存样进行检验。

若用户对体积安定性、初凝时间有疑问而要求现场取样仲裁时,生产厂应在接到用户要求后,7 d内会同用户共同取样,送水泥质量监督检验机构检验。生产厂在规定时间内不去现场,用户可单独取样送验,结果同等有效。仲裁检验由国家指定的省级以上水泥质量监督检验机构进行。

3. 废品及不合格品的规定

(1)废品。

凡氧化镁、三氧化硫、初凝时间、安定性中的任一项不符合相应标准规定的通用水泥,均为废品。废品水泥严禁用于工程中。

(2)不合格品。

对于通用水泥,凡有下列情况之一者,均为不合格品。

①硅酸盐水泥、普通硅酸盐水泥:凡不溶物、烧失量、细度、终凝时间中任一项不符合标

准规定者；矿渣水泥、火山灰水泥、粉煤灰水泥、复合水泥：凡细度、终凝时间中任一项不符合标准规定者。

②混合材料掺量超过最大限值或强度低于商品强度等级规定指标者。

③水泥出厂的主要包装标志中水泥品种、强度等级、工厂名称和出厂编号不全。

6.4.3 水泥的保管

水泥进入施工现场后必须妥善保管，一方面不使水泥变质，使用后能够确保工程质量；另一方面可以减少水泥浪费，降低工程造价。保管时需注意以下几个方面。

(1)不同品种和不同强度等级的水泥要分别存放，不得混杂。由于水泥品种不同，其性能差异较大，如果混合存放，容易导致混合使用，水泥性能可能会大幅度降低。

(2)防水防潮，做到"上盖下垫"。水泥临时库房应设置在干燥的地方，地面比库房周围的地面要高出一定高度，库房周围要设排水沟。袋装水泥平放时，应垫高200 mm以上，且不得靠墙堆放，离墙面至少200 mm。屋面用可靠性较高的材料盖好，不得漏雨，必要时在水泥堆垛表面用塑料薄膜或毡布覆盖。

(3)堆垛不宜过高，一般不超过10袋，场地狭窄时最多不超过15袋。袋装水泥一般采用水平叠放。堆垛过高，则上部水泥重力全部作用在下面的水泥上，容易造成包装袋破裂而造成水泥浪费。

(4)储存期不能过长，通用水泥不超过3个月。水泥储存期超过3个月，水泥会受潮结块，强度大幅度降低，会影响水泥的使用。

6.5 水泥试验的一般规定

水泥试验取样应按照《水泥取样方法》(GB/T 12573—2008)标准方法进行。水泥出厂前按同品种、同强度等级进行编号和取样，出厂编号根据年产量情况按表6.12规定进行。

表6.12 水泥试验取样规定

Ⅰ	120万t以上，不超过1 200 t为一编号	Ⅳ	10万~30万t，不超过400 t为一编号
Ⅱ	60万~120万t，不超过1 000 t为一编号	Ⅴ	4万~10万t，不超过200 t为一编号
Ⅲ	30万~60万t，不超过600 t为一编号	Ⅵ	4万t以下，不超过200 t和3 d产量为一编号

(1)取样应在有代表性的部位进行，并且不应在污染严重的环境中取样。一般在以下部位取样：①水泥输送管路中；②袋装水泥堆场；③散装水泥卸料处或水泥运输机具上。

(2)对袋装水泥取样时，每一个编号内随机抽取不少于20袋水泥，采用袋装水泥取样。将取样器沿对角线方向插入水泥包装袋中，用大拇指按住取样管气孔，小心抽出取样管。然后将所取样品放入洁净、干燥、不易污染的容器中，每次抽取的单样量尽量一致。

(3)对散装水泥料场取样，当取样深度不超过2 m时，每一个编号内采用散装水泥取样器随机取样。通过转动取样器内管控制开关，在适当位置插入水泥一定深度，关闭后小心抽出。然后把抽取的样品放入洁净、干燥、不易污染的容器中，每次抽取的单样量尽量一致。

(4)取样量。袋装水泥每1~10编号从一袋中至少取6 kg；散装水泥每1~10编号5 min内至少取6 kg。

(5)试验室温度应为17～25 ℃,相对湿度不低于50%;养护箱温度为(20±2)℃,相对湿度不低于90%;养护池水温为(20±1)℃。水泥试样、标准砂、拌合水及仪器用具的温度应与试验室温度相同。试验用水须是洁净的淡水。

6.5.1 样品制备

1. 样品缩分

样品缩分是获得可靠性试验结果的重要环节。样品缩分可采用二分器,一次或多次将样品缩分到标准要求的规定量,每一编号所取水泥单样过0.9 mm方孔筛后充分混匀,均分为试验样和封存样两种类型。存放样品的容器应加盖标有编号、取样时间、取样地点和取样人的密封印,样品不得混入杂物和结块。

2. 样品贮存

样品取得后应存放在密封的金属容器中并加封条。容器应洁净、干燥、防潮、密闭、不易破损、不与水泥发生反应。封存样应密封贮存,贮存期应符合相应水泥标准的规定。

6.5.2 保管水泥时的注意事项

水泥属水硬性胶凝材料,受潮后即产生水化作用,凝结成块状,严重时全部结块将不能使用,所以水泥在贮存、运输等过程中应保持干燥。不同品种、不同强度等级的水泥应分别贮存,不得混杂。施工用的水泥贮存期不能过长,由于空气中的水分和二氧化碳的作用,水泥强度将降低,在一般条件下3个月后的强度降低10%～20%,时间越长,强度降低越多,所以规定大部分水泥的贮存期为3个月。超期使用时必须经过试验,并按重新试验的强度等级使用。

6.6 水泥试验

6.6.1 水泥密度试验

水泥的密度是指水泥单位体积所具有的质量,它是表征水泥基本物理状态和进行混凝土及砂浆配合比设计时的基础性资料之一。水泥密度的大小,主要取决于水泥熟料矿物的组成情况,也与存储时间和存储条件等因素有关。硅酸盐水泥的密度一般在3.05～3.20 g/cm³,在进行混凝土配合比设计时,通常取水泥的密度为3.10 g/cm³。

水泥密度的试验原理是将水泥倒入装有一定量液体介质的李氏瓶内,并使液体介质充分浸透水泥颗粒。根据阿基米德定律,水泥的体积等于它所排开的液体体积,从而计算出水泥单位体积的质量即为密度。为使被测的水泥不发生水化反应,液体介质常采用无水煤油。本方法除适用于硅酸盐水泥的密度测量外,也适用于其他水泥品种的密度测量。

1. 主要仪器设备

(1)李氏瓶。

李氏瓶如图6.2所示,用优质玻璃制作,透明无条纹,应具有较强的抗化学侵蚀性,热滞后性要小,要有足够的厚度以确保良好的耐裂性。横截面形状为圆形,最高刻度标记与磨口玻璃塞最低点之间的间距至少为 10 mm,瓶颈刻度由 0~1 mL 和 18~24 mL 两段刻度组成,且在 0~1 mL、18~24 mL 范围以 0.1 mL 为分度值,容量误差不大于 0.05 mL。

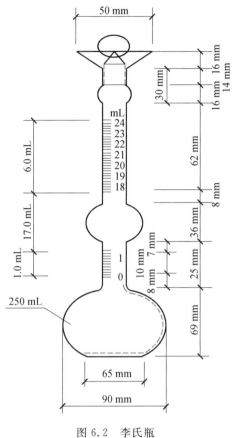

图 6.2 李氏瓶

(2)恒温水槽。

有足够大的容积,水温可稳定控制在(20±1)℃,温度控制精度为±0.5 ℃。

(3)天平。

称量 100~200 g,感量为 0.001 g。

(4)温度计。

量程 0~50 ℃,分度值不大于 0.1 ℃。

(5)烘箱。

温度控制在(110±5)℃。

2. 试验步骤

(1)将水泥试样预先过 0.90 mm 方孔筛,在(110±5)℃温度下干燥 1 h,取出后放在干燥器内冷却至室温,室温应控制在(20±1)℃。

(2)将无水煤油注入李氏瓶中,到 0~1 mL 之间刻度线后(以弯月面下部为准),盖上瓶塞放入恒温水槽内,使刻度部分浸入水中,水温控制在(20±1)℃,恒温 30 min,记下无水煤油的初始(第一次)读数(V_1)。

(3)从恒温水槽中取出李氏瓶,用滤纸将李氏瓶细长颈内没有煤油的部分擦干净。

(4)称取水泥试样 60 g,精确至 0.01 g。用牛角小匙通过漏斗将水泥样品缓慢装入李氏瓶中,切勿急速大量倾倒,以防止堵塞李氏瓶的咽喉部位,必要时可用细铁丝捅捣,但一定要轻捣,避免铁丝捅破李氏瓶。试样装入李氏瓶后应反复摇动,亦可用超声波振动,直至没有气泡排出,因为水泥颗粒之间空气泡的排净程度对试验结果有很大影响。再次将李氏瓶静置于恒温水槽中,恒温 30 min 后,记下第二次读数(V_2)。在读出第一次读数和第二次读数时,恒温水槽的温度差应不大于 0.2 ℃。

3.计算与结果评定

水泥密度按下式计算:

$$\rho = \frac{m}{(V_2 - V_1)} \tag{6.1}$$

式中　ρ——水泥密度,g/cm³;
　　　m——水泥质量,g;
　　　V_1——李氏瓶第二次读数,mL;
　　　V_2——李氏瓶第一次读数,mL。

取两次测定值的算术平均值作为试验结果,结果精确至 0.01 g/cm³,两次测定值之差不得超过 0.02 g/cm³。否则,应重新做试验,直至达到要求为止。

6.6.2　水泥细度检验

水泥的细度是指水泥颗粒的粗细程度,比表面积(即单位质量水泥颗粒的总表面积,mm²/g)也可表征水泥颗粒的粗细程度。水泥细度的大小决定水泥的成本、水化热、化学变形及胶砂强度等经济技术性能指标。要求水泥颗粒具有一定的细度,主要是利于水泥活性的充分发挥。水泥颗粒的粒径一般在 7～200 μm(0.007～0.2 mm),水泥颗粒越细,其比表面积越大,水化速度越快且较为完全,形成水泥石的强度越高。水泥细度的检验方法有负压筛析法、水筛法和手工筛析法,如对检验结果有争议,应以负压筛析法为准。

1.负压筛析法检验水泥细度

(1)主要仪器设备。

①负压筛析仪(图 6.3),主要由筛座(图 6.4)、负压筛、负压源及收尘器等部件组成。筛析仪转速为(30±2)r/min,负压可调范围为 4 000～6 000 Pa,喷气嘴上口平面与筛网之间距离 2～8 mm。

②试验筛。试验筛由圆形筛框和筛网组成,有负压筛和水筛两种。负压筛附带透明筛盖,筛盖与筛上口应有良好的密封性,筛网平整并与筛框结合严密,不留缝隙,水泥颗粒不会嵌留在筛网和缝隙中,保证试验前后水泥试样质量的一致性。

③天平。称量 100 g,感量为 0.01 g。

(2)试验步骤。

①将水泥试验样品充分拌匀,过 0.9 mm 的方孔筛,记录筛余物情况。

图 6.3　水泥负压筛析仪

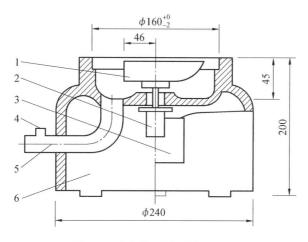

图 6.4 筛座构造图(单位:mm)

1—喷气嘴;2—电机;3—控制板开口;4—负压表接口;
5—负压源及收尘器接口;6—外壳

②检查负压筛析仪控制系统,确保正常运行,调节负压在 4 000～6 000 Pa 范围内。若工作负压小于 4 000 Pa,可能是由吸尘器内存灰(水泥)过多所致,将吸尘器内的灰(水泥)清除干净后即可恢复正常。

③称取水泥试样质量 25 g,精确至 0.01 g。将试样置于负压筛中,盖上筛盖并放在筛座上。

④启动负压筛析仪,连续筛析 2 min,一般情况下不要间断。在筛析过程中若有试样黏附于筛盖上,可轻轻敲击筛盖使试样落下。

⑤筛析完毕,取下筛子,倒出筛余物,用天平称量筛余物的质量,精确至 0.01 g。

(3)计算与结果评定。

①结果计算。以筛余物的质量克数除以水泥试样总质量的百分数作为试验结果。水泥试样筛余百分数按下式计算,精确至 0.1%:

$$F=\frac{m_1}{m_2}\times 100\% \tag{6.2}$$

式中 F——水泥试样的筛余百分数,%;

m_1——水泥筛余物的质量,g;

m_2——水泥试样质量,g。

②结果修正。在试验过程中试验筛的筛网会不断磨损,筛孔尺寸发生变化,因此,对筛析结果应进行修正。将试验结果乘以该试验筛标定后得到的有效修正系数,即为最终结果。如用 A 号试验筛对某水泥样的筛余值为 5.0%,而 A 号试验筛的修正系数为 1.10,则该水泥样的最终结果为 5.0%×1.10=5.5%。合格评定时,每个样品应称取两个试样分别筛析,取筛余平均值为筛析结果。若两次筛余结果的绝对误差大于 0.5%,应再做一次试验,取两次相近结果的算术平均值作为最终结果。

③结果评定。若水泥细度筛余百分数小于 10.0%,则该水泥属合格品;反之,该水泥属不合格品。

(4)注意事项。

①试验筛必须保持洁净,使筛孔通畅。当筛孔被水泥堵塞影响筛余量时,可以用弱酸浸泡,用毛刷轻轻地刷洗,用淡水冲净、晾干后再使用。

②如果筛析机的工作负压小于 4 000 Pa,应查明原因,及时清理吸尘器内的水泥,使筛析机负压恢复正常(4 000～6 000 Pa 范围内)后,方可使用。

2. 水筛法检验水泥细度

(1)主要仪器设备。

①水筛及筛座。由边长为 0.080 mm 的方孔铜丝筛网制成,筛框内径为 125 mm,高为 80 mm,如图 6.5 所示。喷头直径为 55 mm,面上均匀分布 90 个孔,孔径为 0.5～0.7 mm,喷头安装高度离筛网 35～75 mm 为宜,如图 6.6 所示。

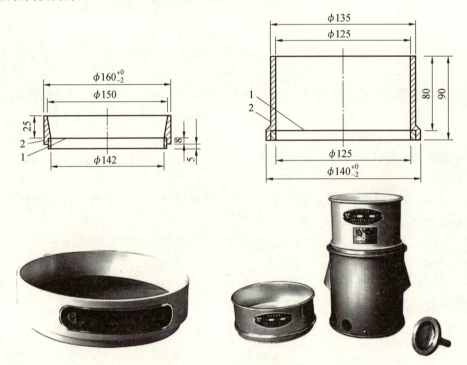

图 6.5 负压筛与水筛构造图(单位:mm)
1—筛网;2—筛框

②天平。称量 100 g,感量为 0.01 g。

③烘箱。温度控制在(110±5)℃。

(2)试验步骤。

①称取水泥试样 50 g,倒入水筛内,立即用洁净的自来水冲至大部分细粉过筛,再将筛子置于筛座上,用水压 0.03～0.07 MPa 的喷头连续冲洗 3 min。

②将筛余物冲到筛的一边,用少量的水将其全部冲至蒸发皿内,沉淀后将水倒出。

③将蒸发皿在烘箱中烘至恒重,称量筛余物的质量,精确至 0.01 g。

(3)结果评定。

以筛余物的质量克数除以水泥试样质量克数的百分数作为结果,以一次试验结果作为

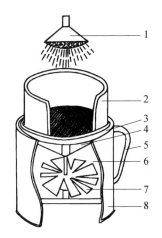

图 6.6 喷头与水筛装置图
1—喷头;2—筛网;3—筛框;4—筛座;5—把手;6—出水口;7—叶轮;8—外筒

检验结果,评定标准同负压筛析法。

3. 手工筛析法检验水泥细度

手工筛析法对设备要求相对简单,但偶然误差较大,在没有负压筛析机和水筛的情况下,可用手工筛析法进行水泥细度检验。

(1)试验步骤。

①称取水泥试样 50 g,精确至 0.01 g,倒入手工筛内。

②一只手持筛往复摇动,另一只手轻轻拍打,往复摇动和拍打过程应尽可能保持水平。拍打速度每分钟约 120 次,每 40 次向同一方向转动 60°,使试样均匀分布在筛网上,直至每分钟通过的试样量不超过 0.05 g 为止。

③用天平称量筛余物质量,精确至 0.01 g。

(2)结果评定。

以筛余物的质量克数除以水泥试样质量克数的百分数作为试验结果,以一次试验结果作为检验结果,评定标准同负压筛析法。

4. 水泥试验筛的标定

水泥试验筛的精准度在很大程度上决定着水泥细度试验结果的准确度,就像用天平称量物质的质量一样,天平与砝码的精确度决定着称量结果的准确度。水泥试验筛经过多次使用以后,筛孔会有一定程度的堵塞和污染,筛孔形状和尺寸也会有不同程度的变形,因此试验筛必须在标定合格时才能确保试验结果的准确性。试验筛标定原理是用标准样品在试验筛上的测定值与标准样品的标准值的比值来反映试验筛筛孔的精确度。

(1)标定方法。

首先对需标定的试验筛进行清洗、去污、干燥(水筛除外)。将标准样装入干燥洁净的密闭广口瓶中,盖上盖子摇动 2 min,消除结块。静置 2 min 后,用一根干燥洁净的搅拌棒搅匀样品。按照负压筛析法称量标准样品,精确至 0.01 g。将标准样品倒进被标定试验筛,然后按负压筛析法、水筛法或手工筛析法进行筛析试验操作。每个试验筛的标定应称取两个标准样品连续进行,中间不得插做其他样品试验。

(2)修正系数计算。

以两个样品结果的算术平均值为最终值,但当两个样品筛余结果的差值大于0.3%时、应称取第三个样品进行试验,并取接近的两个结果进行平均作为最终结果,修正系数按下式计算:

$$C = \frac{F_s}{F_1} \tag{6.3}$$

式中　　C——试验筛修正系数;

　　　　F_s——标准样品的筛余标准值,%;

　　　　F_1——标准样品在试验筛上的筛余值,%。

(3)标定结果判定。

当C值在0.80~1.20范围内时,C值可作为结果修正系数,试验筛合格,可继续使用。当C值超出0.80~1.20范围时,试验筛应予淘汰。

6.6.3　水泥标准稠度用水量和凝结时间试验

水泥净浆标准稠度是在测定水泥的凝结时间和体积安定性等性能时,对水泥净浆以标准法拌制并达到规定可塑性时的稠度。水泥净浆标准稠度用水量是指水泥净浆达到标准稠度时所需的用水量。水泥净浆标准稠度用水量的大小主要由水泥熟料矿物成分、细度、混合料种类及掺加量等因素决定,如水泥熟料中的铝酸三钙($3CaO \cdot Al_2O_3$)水化需水量最大,硅酸二钙($2CaO \cdot SiO_2$)水化需水量最小。水泥细度越大,水化反应需要包裹其表面的用水量就越大。凝结时间可用试针沉入水泥标准稠度净浆至一定深度所需的时间来测定。由于水泥净浆标准稠度用水量的大小与凝结时间的长短在很大程度上影响着水泥制品的技术经济性能,因此,掌握水泥净浆标准稠度用水量和凝结时间的试验方法具有重要意义。本试验适用于硅酸盐水泥、普通硅酸盐水泥、矿渣硅酸盐水泥、粉煤灰硅酸盐水泥、火山灰质硅酸盐水泥、复合硅酸盐水泥以及指定采用本方法的其他品种水泥。试验室温度为(20±2)℃,相对湿度应不低于50%,水泥试样、拌合水、仪器和用具的温度应与试验室一致。

1. 主要仪器设备

(1)水泥净浆搅拌机。

水泥净浆搅拌机如图6.7所示,主要由搅拌叶、搅拌锅和控制系统组成。搅拌叶在搅拌锅内可做旋转方向相反的公转和自转,在竖直方向可以调节。搅拌锅口内径为130 mm,深度为95 mm,可以升降并能通过卡槽灵活地从主机的底座上安上或卸下。控制系统具有自动和手动两种功能。通过减小搅拌翅和搅拌锅之间的间隙可以制备更加均匀的净浆。

(2)标准法维卡仪。

标准法维卡仪主要由试杆、试针或试锥、试模等组成,如图6.8所示,根据测定项目,试杆可连接试针或试锥(图6.9)。

标准稠度试杆由有效长度为(50±1)mm、直径为$\phi(10±0.05)$mm的圆柱形耐腐蚀金属制成。初凝用试针由钢制成,其有效长度初凝针为(50±1)mm、终凝针为(30±1)mm,直径为$\phi(1.13±0.05)$mm。滑动部分的总质量为(300±1)g。与试杆、试针连接的滑动杆表面应光滑,能靠重力自由下落,不得有紧涩和旷动现象。

图 6.7 水泥净浆搅拌机

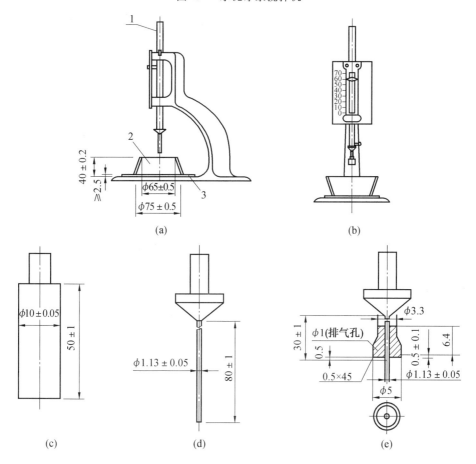

(a)　　　　　　(b)

(c)　　　　(d)　　　　(e)

图 6.8 标准维卡仪主要部件构造图
1—滑动杆;2—试模;3—玻璃板

盛装水泥净浆的试模由耐腐蚀的、有足够硬度的金属制成。试模(图 6.9)为深(40±0.2)mm、顶内径 $\phi(65±0.5)$mm、底内径 $\phi(75±0.5)$mm 的截顶圆锥体。每个试模应配备一个边长或直径约为 100 mm、厚度为 4~5 mm 的平板玻璃底板或金属底板。

(3)天平。称量不小于 1 000 g,感量为 1 g。

(4)量筒或滴定管。精度±0.5 mL。

(5)养护室或标准养护箱(图6.10)。温度控制在(20±1)℃,相对湿度大于90%。
(6)铲子、小刀、平板玻璃底板等。

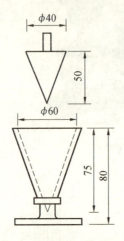

图6.9 锥模与试模构造图

图6.10 标准养护箱

2. 标准稠度用水量试验

(1)标准法。

①检查水泥净浆搅拌机,调整稠度仪,确保水泥净浆搅拌机运行正常,并用湿布将搅拌锅和搅拌叶片擦湿。稠度仪上的金属棒滑动自由,并调整试杆接触玻璃板时的指针对准标尺零点。

②称取水泥试样500 g,把称好的500 g水泥试样倒入搅拌锅内,将搅拌锅放在锅座上,升至搅拌位。启动搅拌机,同时在5~10 s内缓慢加入拌合水(当采用固定用水量方法时,加入拌合水142.5 mL,精确至0.5 mL;当采用调整用水量方法时,按经验加水)。先低速搅拌120 s,停15 s,再快速搅拌120 s,然后停机。

③拌合结束后,立即取适量水泥浆一次性将其装入已置于玻璃底板上的试模中,浆体超过试模上端,用宽约25 mm的直边刀轻轻拍打超出试模部分的浆体5次以排除浆体中的空隙。然后在试模上表面约1/3处,略倾斜于试模分别向外轻轻锯掉多余净浆,再从试模边沿轻抹顶部一次,使净浆表面光滑。在锯掉多余净浆和抹平的操作过程中,注意不要压实净浆,抹平为一刀抹平,最多不超过两刀。抹平后迅速将试模和底板移到稠度仪上,调整试杆使其与水泥净浆表面刚好接触,拧紧螺栓,然后突然放松,试杆垂直自由地沉入水泥净浆中。

④在试杆停止沉入或释放试杆30 s时,记录试杆距底板之间的距离。整个操作应在搅拌后1.5 min内完成。以试杆沉入净浆并距底板(6±1)mm的水泥净浆为标准稠度净浆。其拌合水量为该水泥的标准稠度用水量(P),按水泥质量的百分比计。

(2)代用法。

①试验操作。水泥标准稠度用水量试验有调整水量和不变水量两种试验方法。采用调整水量方法时拌合水量按经验找水,采用不变水量方法时拌合水量为142.5 mL。对试验结果有争议时,应以调整水量方法的试验结果为准。试验前须使稠度仪的金属棒能自由滑动,试锥接触锥模顶面时指针对准标尺零点,搅拌机运行正常。

拌合结束后,立即将拌制好的水泥净浆装入锥模中,用宽约25 mm的直边刀在浆体表面轻轻插捣 5 次,再轻振 5 次,刮去多余的净浆。抹平后迅速放到试锥下固定的位置上,将试锥降至净浆表面,拧紧螺栓 1~2 s 后突然放松,让试锥垂直自由地沉入水泥净浆中。到试锥停止下沉或释放试锥 30 s 时记录试锥下沉深度。整个操作应在搅拌后 1.5 min 内完成。

②结果计算。当采用调整水量方法测定时,以试锥下沉深度为 (30±1)mm 时的净浆为标准稠度净浆,其拌合水量为该水泥的标准稠度用水量(P),按水泥质量的百分比计。如下沉深度超出范围,须另称试样,调整水量,重新试验,直至达到 (30±1)mm 为止。用不变水量方法测定时,根据下式(或仪器上对应标尺)计算得到标准稠度用水量 P。当试锥下沉深度小于 13 mm 时,应改用调整水量法测定,即

$$P = 33.4 - 0.185S \tag{6.4}$$

式中 P——标准稠度用水量,%;

  S——试锥下沉深度,mm。

3. 凝结时间测定

水泥加水以后,水化反应即开始,随着拌合水的减少和水化产物的增多,水泥浆体开始并最终失去塑性,此过程所用的时间称为凝结时间。水泥的凝结时间直接反映了水泥的水化速度,同时根据凝结时间的长短,可间接评价水泥的其他技术性能,对指导工程施工也具有重要意义。显然,水泥的凝结时间并非越长越好,亦非越短越好,而应该有一个阈限。所以,国家标准对不同水泥的凝结时间(包括初凝和终凝)做出了明确规定。

(1)主要仪器设备。

标准稠度仪,将试锥更换为试针,盛装净浆用的锥模换为圆模,其他仪器设备同标准稠度测定。

(2)试验条件。

试验室温度为 (20±2)℃,相对湿度不低于 50%;养护室温度为 (20±1)℃,相对湿度不低于 90%;水泥试样、拌合水、仪器和用具的温度应与试验室温度一致。

(3)试验步骤。

①称取水泥试样 500 g,按标准稠度用水量制备标准稠度水泥净浆,并一次装满试模,振动数次刮平,立即放入标准养护箱中。记录开始加水的时间作为凝结时间的起始时间。

②初凝时间的测定。调整凝结时间测定仪,使试针(图 6.8)接触玻璃板时的指针为零。试模在标准养护箱中养护至加水后 30 min 时进行第一次测定。将试模放在试针下,调整试针与水泥净浆表面接触,拧紧螺栓,然后突然放松,试针垂直自由地沉入水泥净用同一样品立即重做一次试验,以复检结果为准。

(4)在安定性检验沸煮试件过程中,如加热至沸腾的时间及恒沸的时间达不到要求时,检测结果无效;在恒沸的过程中,当缺水而试件露出水面时,检测结果无效;如雷氏夹发生碰撞情况,检测结果也无效。

6.6.4 水泥胶砂强度试验

水泥的胶砂强度是水泥最重要的力学性能指标,抗压强度和抗折强度的大小是确定水泥强度等级的主要依据。水泥的强度主要取决于水泥矿物熟料成分、相对含量和细度,同时还与水灰比、骨料状况、试件制备方法、养护条件、测试方法和龄期等因素有关,所以测定水

泥的强度应按规定制作试件和养护,并测定其规定龄期的抗折强度和抗压强度值。

1. 主要仪器设备

(1)水泥胶砂搅拌机。

行星式搅拌机,搅拌叶片和搅拌锅做相反方向转动。

(2)试模。

由3个水平可装拆的三联槽模组成,试模内腔尺寸为40 mm×40 mm×160 mm,可同时成型3条长方体试件。成型操作时在试模上面加一个壁高20 mm的金属模套,为控制料层厚度和刮平胶砂表面,应配有两个播料器和一个金属刮平直尺。

(3)胶砂振实台。

胶砂振实台主要由可以跳动的台盘和促使台盘跳动的凸轮组成。台盘上有固定试模用的卡具,并连有两根起固定作用的臂。凸轮由电动机带动,通过控制器按照一定的求转动,要保证台盘平稳上升到一定高度后自由下落,其中心恰好与止动器撞击。卡具转动不小于100°。

(4)抗折强度试验机。

一般采用比值为1∶50的专用电动抗折试验机,抗折夹具的加荷圆柱与支撑圆柱用硬质钢材制造,其直径均为(10±0.1)mm,两个支撑圆柱中心距离为(100±0.2)mm。

(5)压力试验机。

压力试验机(图6.11)或万能试验机、天平、量筒、标准养护箱等。

图6.11 压力试验机

2. 试验条件

试验室温度为(20±2)℃,相对湿度不低于50%。水泥试样、标准砂、水及试模等的温度与室温相同。养护室温度为(20±1)℃,相对湿度不低于90%,养护水温度为(20±1)℃。

3. 水泥胶砂的制备

(1)以一份水泥、三份标准砂(质量计)配料,用0.5的水灰比(m(水泥)∶m(标准砂)∶m(水)=1∶3∶0.5)拌制一组塑性胶砂。每锅胶砂材料需要量为水泥(450±2)g,标准砂(1 350±5)g,水(225±1)g。

(2)先把 225 mL 水加入搅拌锅中,再加入 450 g 水泥,把锅放在固定架上,上升到固定位置。然后立即开动机器,低速搅拌 30 s 后,在第二个 30 s 开始的同时均匀地将 1 350 g 砂子加入,再将机器转至高速搅拌 30 s。停拌 90 s,在第 1 个 15 s 内用刮刀将叶片和锅壁上的胶砂刮入锅中间,在高速下继续搅拌 60 s。各个搅拌阶段的时间误差应在±1 s 以内。

4.试件制备

(1)制作尺寸为 40 mm×40 mm×160 mm 的棱柱体三条,胶砂制备后立即进行成型。将空试模和模套固定在振实台上,用勺子直接从搅拌锅中将胶砂分两层装入试模。装第一层时,每个槽中约放 300 g 胶砂,用大播料器垂直架在模套顶部沿每个模槽来回一次将料层播平,接着振实 60 次,再装入第二层胶砂,用小播料器播平,再振实 60 次。移走模套,从振实台上取下试模,用金属直尺以近似 90°的角度架在试模模顶的一端,然后沿试模长度方向以横向锯割动作慢慢向另一端移动,一次将超过试模部分的胶砂刮去,并用同一直尺将试件表面抹平。在试模上作标记或加字条标明试件编号。

(2)对于 24 h 以上龄期的试样,应在成型后 20~24 h 之间脱模。如因脱模对强度造成损害时,可以延迟至 24 h 以后脱模,但应在试验报告中予以说明。

(3)将做好标记的试件立即水平或竖直放在(20±1)℃的水中养护,放置时应将刮平面朝上,并彼此间保持一定间距,让水与试件的 6 个面都能接触。养护期间,试件之间的间隔或试件上表面的水深不得小于 5 mm,并随时加水以保持恒定水位,不允许在养护期间完全换水。

(4)水泥胶砂试件应养护至各规定的龄期,试件龄期是从水泥加水搅拌开始起算,不同龄期的强度在 24 h±15 min、48 h±30 min、72 h±45 min、7 d±2 h 和 28 d±8 h 时间中进行测定。

5.水泥胶砂抗折强度测定

将试件一个侧面放在试验机支撑圆柱上,如图 6.12 所示,受压面为试体成型时的两个侧面,面积为 40 mm×40 mm,试体长轴垂直于支撑圆柱,通过加荷圆柱以(50±10)N/s 的速度均匀地将荷载垂直加在棱柱体相对侧面上,直至折断。保持两个半截棱柱体处于潮湿状态直至进行抗压试验。

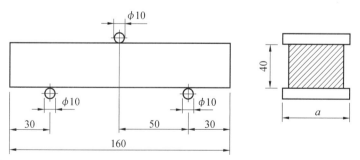

图 6.12 抗折强度测定示意图

试件的抗折强度按下式计算,精确至 0.1 MPa:

$$R_1 = \frac{3FL}{2b^3} = 0.002\ 34F \tag{6.5}$$

式中 F——折断时施加于棱柱体中部的荷载,N;

L——支撑圆柱体之间的距离,$L=100$ mm；

b——棱柱体截面正方形的边长,$b=40$ mm。

以一组 3 个试件抗折强度平均值作为试验结果,当 3 个强度值中有超出平均值±10%时,应剔除后再取平均值作为抗折强度试验结果。

6. 水泥胶砂抗压强度测定

抗折强度试验后的 6 个断块试件保持潮湿状态,并立即进行抗压试验。抗压试验须用抗压夹具进行,试体受压面积为 40 mm×40 mm。将断块试件放入抗压夹具内,并以试件的侧面作为受压面。试件的底面紧靠夹具定位销,使夹具对准压力机压板中心。启动试验机,以(2.4±0.2)kN/s 的速率均匀地加荷,直至试件破坏,记录最大抗压破坏荷载。

试件的抗压强度按下式计算,精确至 0.1 MPa:

$$R_c = \frac{F}{A} = 0.000\ 625F \tag{6.6}$$

式中 F——试件破坏时的最大抗压荷载,N；

A——试件受压部分面积(40 mm×40 mm=1 600 mm²)。

以一组 3 个棱柱体上得到的 6 个抗压强度测定值的算术平均值作为试验结果,精确至 0.1 MPa。如果 6 个测定值中有 1 个值超出平均值的±10%,应剔除这个结果,以剩下 5 个的平均值作为结果。如果 5 个测定值中还有超过平均值±10%的,则此组试验结果作废。

7. 注意事项

(1)当水泥和水已加在一起,发生停电或设备出现故障时,该胶砂拌合料应作废,不能再进行随后的任何操作和试验。

(2)当搅拌好的胶砂拌合料装入试模时,振实台不能正常振动,该胶砂拌合料作废,也不能再进行随后的任何操作和试验。

(3)在进行力学性能测试试验时,发生停电或设备出现故障,所施加的荷载远未达到破坏荷载时,则卸下荷载,记下荷载值,保存样品,待恢复后继续试验,但不能超过规定的龄期。如施加的荷载已接近破坏荷载,则试件作废,检测结果无效。如施加的荷载已达到或超过破坏荷载(试件破裂,度盘已退针),其检测结果有效。

(4)在检测过程中,如温度、湿度等试验条件不能满足要求,检测结果无效。

6.6.5 水泥胶砂流动度试验

水泥胶砂流动度是水泥胶砂可塑性的反映,测定水泥胶砂流动度是检验水泥需水性的一种方法。不同的水泥配制的胶砂要达到相同的流动度,调拌的胶砂所需的用水量不同。水泥胶砂流动度用跳桌法测定,胶砂流动度以胶砂在跳桌上按规定进行跳动试验后,底部扩散直径的毫米数表示。扩散直径越大,表示胶砂流动性越好。胶砂达到规定流动度所需的水量较大时,则认为该水泥需水性较大；反之,需水性较小。

1. 主要仪器设备

(1)水泥胶砂流动度测定仪(简称电动跳桌)。

如图 6.13 所示,电动跳桌主要由铸铁机架和跳动部分组成,跳动部分主要由圆盘桌面和推杆构成。机架孔周围环状精磨,机架孔的轴线与圆盘上表面垂直,当圆盘下落和机架接触时,接触面应保持光滑,并与圆盘上表面成平行状态,同时在360°范围内完全接触。

图 6.13 水泥胶砂流动度测定仪(电动跳桌)

(2)水泥胶砂搅拌机。

技术要求同前。

(3)试模。

用金属材料制成,由截锥圆模和模套组成。内表面应光滑,高度为(60±0.5)mm;上口内径为(70±0.5)mm;下口内径为(100±0.5)mm;下口外径为 120 mm;壁厚大于 5 mm。

(4)捣棒。

由金属材料制成,直径为(20±0.5)mm,长度约为 200 mm。捣棒底面与侧面成直角,下部光滑,上部手柄带滚花。

(5)卡尺。

量程不小于 300 mm,分度值不大于 0.5 mm。

(6)小刀。

刀口平直,长度大于 80 mm。

(7)天平。

量程不小于 1 000 g,分度值不大于 1 g。

2. 流动度的测定

(1)如电动跳桌在 24 h 内未被使用,先空跳一个周期 25 次,以检验各部位是否正常。

(2)试样制备按水泥胶砂强度试验的有关规定进行。在拌合胶砂的同时,用潮湿棉布擦拭跳桌台面、截锥圆模、模套的内壁和圆柱捣棒,并把它们置于电动跳桌台面中心,盖上湿布。

(3)将拌好的水泥胶砂迅速地分两层装入试模内,第一层装至截锥圆模高的 2/3,用小刀在垂直两个方向各划 5 次,再用捣棒自边缘至中心均匀捣压 15 次,如图 6.14 所示。接着装第二层胶砂,装至高出截锥圆模约 20 mm,同样用小刀划 10 次,再用捣棒自边缘至中心均匀捣压 10 次,如图 6.15 所示。

(4)捣压完毕,取下模套,用小刀由中间向边缘分两次将高出截锥圆模的胶砂刮去并抹平,擦去落在桌面上的胶砂。

(5)将截锥圆模垂直向上轻轻提起,立刻开动电动跳桌,即以每秒一次的频率,在(25±1)s 内完成 25 次跳动。

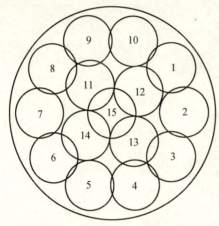
图 6.14 第一层捣压过程示意图

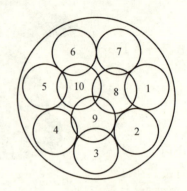
图 6.15 第二层捣压过程示意图

3. 注意事项

(1)捣压后的胶砂应略高于试模。捣压深度,第一层捣至胶砂高度的 1/2,第二层捣至不超过已捣实的底层表面。装胶砂与捣压时用手扶稳截锥圆模,不使其移动。

(2)流动度试验,从胶砂加水开始到测量扩散直径结束,应在 6 min 内完成。

4. 结果评定

跳动完毕用卡尺测量水泥胶砂底部的扩散直径,取相互垂直的两直径的平均值作为该水量条件下的水泥胶砂流动度(mm),取整数。

第7章 沥 青

沥青材料属于有机胶凝材料,是由多种有机化合物构成的复杂混合物。在常温下,沥青材料呈固态、半固态或液态,颜色呈辉亮褐色至黑色。

沥青材料与混凝土、砂浆、金属、木材、石料等材料具有很好的黏结性能;具有良好的不透水性、抗腐蚀性和电绝缘性;能溶解于汽油、苯、二硫化碳、四氯化碳、三氯甲烷等有机溶剂;高温时易于加工处理,常温下又很快地变硬,并且具有一定的抵抗变形的能力。因此被广泛地应用于建筑、铁路、道路、桥梁及水利工程中。

沥青按其在自然界中获得的方式,可分为地沥青和焦油沥青两大类。地沥青按产源可分为:天然沥青(石油在自然条件下,长时间受地球物理因素作用而形成的产物)和石油沥青。焦油沥青是各种有机物(煤、木材、页岩等)干馏加工得到的焦油再经加工而得到的产品。

沥青分类见表7.1。

表7.1 沥青分类

沥青	地沥青	天然沥青	存在于自然界中的沥青
		石油沥青	石油原油经分馏提炼出各种轻质油品后的残留物,再经加工而得到的产物
	焦油沥青	煤沥青	烟煤干馏得到煤焦油,煤焦油经分馏提炼出油品后的残留物,再经加工制得的产物即煤沥青
		木沥青	木材干馏得到木焦油,木焦油经加工后得到的沥青
		页岩沥青	油页岩干馏得到页岩焦油,页岩焦油经加工后得到的沥青

在工程中应用最为广泛的是石油沥青,其次是煤沥青,以及以沥青为原料通过加入表面活性物质而得到的乳化沥青或以沥青为原料通过加入改性材料而得到的改性沥青。

7.1 石油沥青

7.1.1 石油沥青的生产与分类

1. 石油沥青的生产

石油沥青是由石油或石油衍生物经常压或减压蒸馏,提炼出汽油、煤油、柴油、润滑油等轻油分后的残渣,经加工而得到的产品。其生产工艺流程示意图如图7.1所示。

2. 石油沥青的分类

石油沥青的种类很多,从图7.1中可以看出,石油沥青包括:常压渣油、减压渣油、直馏沥青、氧化沥青和溶剂沥青。

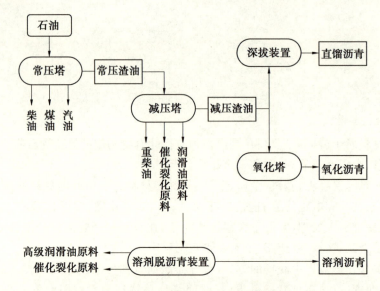

图 7.1 石油沥青生产工艺流程示意图

常压渣油和减压渣油都属于慢凝液体沥青。一般黏性较差,在常温时呈液体或黏稠膏状,低温时有粒状物质,加热时有熔蜡气味,粘在手上容易擦干净,拉之不易成丝而易中断。目前我国产的渣油,一般含蜡量较高(10%~20%),稠度低、塑性差、黏结力较弱、热稳定性不好;但渣油也具有一些优点:闪点较高,一般在 200 ℃ 以上,施工比较安全;抗老化的性能较好;脆点很低,在低温时的塑性与抗裂性也较好。在 20 世纪 60—70 年代,渣油对改善我国一些交通量较大的公路的使用质量发挥了很大的作用。但是,由于上述渣油的缺点,它不能适应当前主要公路干线(如一、二级公路)和主要街道的交通情况,也不适宜修筑高级沥青面层。

直馏沥青、氧化沥青和溶剂沥青均为黏稠沥青。氧化沥青与原渣油相比,其中的油分和树脂减少,地沥青质增多,石蜡含量几乎不变。因此,氧化沥青的稠度和软化点增加,但延伸度没有得到改善。

有时为施工需要,希望在常温下沥青具有较大的施工流动性,且在施工完成后又能快速凝固而具有较高的黏结性能,为此在黏稠沥青中掺入煤油或汽油等挥发速度较快的有机溶剂,从而得到中凝液体沥青和快凝液体沥青。

快凝液体沥青所需有机溶剂成本高,同时要求石料必须是干燥的。为了节约溶剂用量和扩大其使用范围,可以采用将沥青分散在有乳化剂的水中,而制成乳化沥青。

为了更好地发挥石油沥青和煤沥青的优点,也可以将这两种沥青按一定比例混合成一种稳定的胶体,这种胶体称为混合沥青。石油沥青的种类繁多,有多种分类方式,见表 7.2。

表 7.2 石油沥青的分类

分类方式	主要品种	主要特点
按获得的方法	渣油	包括常压渣油、减压渣油
	直馏石油沥青	均为黏稠沥青
	氧化石油沥青	
	溶剂石油沥青	
按用途	建筑石油沥青	稠度大,塑性小,耐热性好
	道路石油沥青	稠度小,塑性好,耐热度低
	普通石油沥青	含蜡量较高(5%～20%),塑性、耐热性均差,且稠度过小,一般不能直接使用
按稠度大小	黏稠石油沥青	在常温下为半固体或固体状态
	液体石油沥青	在常温下呈黏稠液体或液体状态

7.1.2 石油沥青的组分和结构

1. 石油沥青的组分

石油沥青的化学成分非常复杂,且其化学成分与其技术性质之间没有直接联系,有时虽然化学成分相同,但原料或生产工艺及生产设备不同时,其技术性质仍然相差很大。因此,为了便于分析和研究,将石油沥青分离为化学性质相近,而且与其路用性质有一定联系的几个组,这些组就称为"组分"。

石油沥青的组分通常有三组分和四组分两种分析法。三组分分析法将石油沥青分为油分、树脂和沥青质三个组分。四组分分析法将石油沥青分为饱和分、芳香分、胶质和沥青质四个组分。除了上述组分外,石油沥青中还含有其他化学组分:石蜡及少量地沥青酸和地沥青酸酐。石油沥青三组分、四组分分析法的各组分情况见表 7.3 和表 7.4。

表 7.3 石油沥青三组分分析法的各组分情况

组分	平均分子量	外观特征	对沥青性质的影响	在沥青中的含量/%
油分	200～700	淡黄色透明液体	使沥青具有流动性,但其含量较高时,沥青的温度稳定性较差	40～60
树脂	800～3 000	红褐色黏稠半固体	使沥青具有良好的塑性和黏结性能	15～30
沥青质	1 000～5 000	深褐色固体粉末状微粒	决定沥青的温度稳定性和黏结性能	10～30

表 7.4　石油沥青四组分分析法的各组分情况

组分	平均分子量	相对密度/(g·cm^{-3})	外观特征	对沥青性质的影响
饱和分	625	0.89	无色液体	使沥青具有流动性,其含量的增加会使沥青的稠度降低
芳香分	730	0.99	黄色至红色液体	使沥青具有良好的塑性
胶质	970	1.09	棕色黏稠液体	具有胶溶作用,使沥青质胶团能分散在饱和分和芳香分组成的分散介质中,形成稳定的胶体结构
沥青质	3 400	1.15	深棕色至黑色固体	在有饱和分存在的条件下,其含量的增加可使沥青获得较低的感温性

我国富产石蜡基和中间基原油,因此我国产的石油沥青中石蜡的含量相对较高。石蜡是固体有害物质,会降低沥青的黏结性能、塑性、温度稳定性和耐热性能,使得沥青在高温时容易发软,导致沥青路面出现车辙;而在低温时变得脆硬,导致路面出现裂缝。沥青黏结性能的降低,会导致沥青与石子产生剥落,破坏沥青路面;更为严重的是,会导致沥青路面的抗滑性能降低,影响行车安全。生产中常采用氯盐处理、高温吹氧、溶剂脱蜡等方法,使多蜡沥青的技术性质得到改善,满足使用要求。

石油沥青的技术性能与各组分之间的比例密切相关。液体沥青中油分和树脂的含量较高,因此其流动性较好,而黏稠沥青中树脂和沥青质的含量相对较多,所以其热稳定性较高,且黏结性能也较好。当然,沥青中各组分的比例并不是固定不变的,在大气因素的长期作用下,油分会向树脂转变,而树脂会向沥青质转变,因此沥青中的油分、树脂含量逐渐降低,沥青质含量逐渐增高,使得沥青的流动性、塑性逐渐变小,脆性增加,直至断裂,这就是人们所说的老化现象。

2. 石油沥青的结构

沥青为胶体结构。沥青的技术性能不仅取决于其化学组分,而且取决于胶体结构。

在沥青中,分子量很高的沥青质吸附了极性较强的胶质,胶质中极性最强的部分吸附在沥青质的表面,然后逐步向外扩散,极性逐渐减小,直至与芳香分接近,成为分散在饱和分中的胶团,形成稳定的胶体结构。

根据沥青中各组分的相对含量,沥青的胶体结构可分为三种类型:溶胶型结构、凝胶型结构和溶—凝胶型结构。

(1)溶胶型结构。

当沥青中沥青质含量较低,同时有一定数量的胶质使得胶团能够完全胶溶而分散在芳香分和饱和分的介质中。此时,沥青质胶团相距较远,它们之间的吸引力很小,胶团在胶体结构中运动较为自由,这种胶体结构的沥青称为溶胶型结构沥青。

溶胶型结构沥青的特点是:稠度小、流动性大、塑性好,但温度稳定性较差。通常,大部分直馏沥青都属于溶胶型沥青。这类沥青在路用性能上具有较好的自愈性,低温时的变形能力较强,但高温稳定性较差。

(2) 凝胶型结构。

当沥青中沥青质含量较高,并有相当数量的胶质形成胶团,这样,沥青质胶团之间的距离缩短,吸引力增加,胶团移动较为困难,形成空间网格结构,这就是凝胶型结构。

凝胶型结构的沥青弹性和黏结性能较好,高温稳定性较好,但其流动性和塑性较差。在路用性能上表现为,虽然具有良好的高温稳定性,但其低温变形能力较差。

(3) 溶—凝胶型结构。

当沥青中沥青质含量适当,并且有较多数量的胶质,所形成的胶团数量较多,距离相对靠近,胶团之间有一定的吸引力,这种介于溶胶与凝胶之间的结构就称为溶—凝胶型结构。

溶—凝胶型结构沥青的路用性能较好,高温时具有较低的感温性,低温时又具有较好的变形能力。大多数优质的石油沥青都属于这种结构类型。

7.1.3 石油沥青的主要技术性质

1. 物理性质

(1) 密度。

密度是指在规定温度条件下,物质单位体积的质量,单位为克每立方厘米(g/cm^3)或千克每立方米(kg/m^3)。沥青的密度与其化学组成有着密切的关系,通过对沥青密度的测定,可以大概了解沥青的化学组成。通常黏稠沥青的密度在 $0.96 \sim 1.04 \ g/cm^3$ 范围。

(2) 热膨胀系数。

沥青在温度上升1 ℃时,长度或体积的增长量称为线膨胀系数或体膨胀系数,通称为热膨胀系数。沥青路面的开裂与沥青混合料的温缩系数有关,而沥青混合料的温缩系数主要取决于沥青的热膨胀系数。

(3) 介电常数。

沥青介电常数与沥青的耐久性有关。据英国道路研究所的研究认为,沥青的介电常数与沥青路面的抗滑性有很好的相关性。现代高等级沥青路面要求其具有较高的抗滑性能。

(4) 含水量。

沥青几乎不溶于水,具有良好的防水性。但沥青并不是绝对不含水,沥青能否吸收水分取决于其所含能溶解于水的盐的多少,沥青的盐含量越多,水作用时间越长,沥青中的水分含量就越大。

由于沥青中含有一定量的水分,在其加热过程中水分会形成泡沫,泡沫的体积随温度升高而增大,易发生溢锅现象,产生安全隐患。

2. 黏滞性

沥青的黏滞性(又称稠度)是指沥青材料在外力作用下其材料内部阻碍产生相对流动(变形)的能力。它是沥青最重要的技术性质,与沥青路面的力学性能密切相关,且随沥青的化学组分和温度的变化而变化。当沥青质数量增加或油分减少,沥青的稠度就增加。在很大的温度范围内,沥青面层,特别是沥青混凝土和沥青碎石混合料面层的性质取决于沥青的稠度。同时,沥青的稠度对沥青和矿料混合料的工艺性质(如拌合及摊铺过程中的和易性以及压实)也有很大的影响。为了获得耐久的道路面层,要求沥青的稠度在道路面层工作的温度范围内变化程度要小些。沥青的黏滞性通常用黏度表示。测定沥青黏度的方法有两种:

绝对黏度法和相对黏度法（又称条件黏度法）。绝对黏度法比较复杂，工程实践中常采用相对黏度测定法。采用相对黏度测定法测定沥青黏度时，又根据沥青品种不同而不同。测定液体石油沥青、煤沥青和乳化沥青等的相对黏度，采用道路标准黏度计法，指标为黏度；测定黏稠沥青常采用针入度试验法，指标为针入度。

(1)标准黏度计法。

液体沥青在规定温度(25 ℃或60 ℃)条件下，经规定直径(3 mm、4 mm、5 mm和10 mm)的孔，漏下50 mL所需的时间秒数，即为黏度，以符号$C_{T,d}$表示，其中d为孔径，T为试验时沥青的温度。在相同温度和相同孔径条件下，流出定量沥青所需的时间越长，沥青的黏度越大。液体沥青黏度检测示意图如图7.2所示。

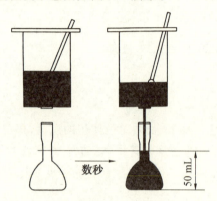

图7.2　液体沥青黏度检测示意图

(2)针入度试验法。

针入度试验是国际上经常用来测定黏稠沥青稠度的一种方法。黏稠沥青在规定温度(5 ℃、15 ℃、25 ℃和30 ℃)条件下，以规定质量的标准针(100 g)经规定时间(5 s)沉入沥青中的深度，即为针入度，沉入深度0.1 mm称为1度，用符号$P_{T,m,t}$表示，其中T为试验温度，m为标准针质量，t为沉入时间。黏稠沥青的针入度值越大，表示越软(稠度越小)。其检测示意图如图7.3所示。

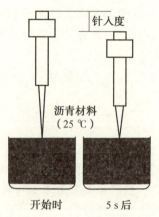

图7.3　黏稠沥青针入度检测示意图

3. 塑性

塑性(又称延性)是指沥青在外力作用下产生塑性变形而不破坏的性质。塑性能反映沥青开裂后自愈的能力以及受机械外力作用产生塑性变形而不破坏的能力。塑性与沥青的化学组分和温度有关。沥青之所以能被加工生产成柔性防水材料,很大程度上取决于它的这种性质。同时,沥青矿料混合料的一个重要性质——低温变形能力与沥青的塑性也紧密相关。

沥青塑性用延度表示。按标准试验方法制作"8"字形标准试件,在规定温度(一般为25 ℃)和速度(5 cm/min)条件下在延伸仪上进行拉伸,直至试件断裂时伸长的长度为延度(cm)。具体测定见试验部分。

4. 温度敏感性

沥青在温度增高时变软,在温度降低时变脆,其黏度和塑性随温度的变化而变化的程度因沥青品种不同而不同,这就是沥青的温度敏感性。对温度变化较敏感的沥青,其黏度和塑性随温度的变化较大。作为屋面柔性防水材料,可能由于日照的作用而产生软化和流淌,从而失去防水作用;而对于沥青路面,则有可能产生车辙,降低路面的使用性能。

沥青的温度敏感性分为高温稳定性和低温脆裂性。高温稳定性用软化点表示,低温脆裂性用脆点表示。

(1)软化点。

软化点是沥青材料由固体状态转变为具有一定流动性的黏塑状态的温度。采用"环球法"测定:将沥青试样装入规定尺寸的铜环中,并将规定尺寸和质量的钢球置于其上,再将两者放入有水或甘油的烧杯中,以 5 ℃/min 的加热速度加热,至沥青软化下垂达到 25.4 mm 时的温度,称为沥青的软化点。具体测定见试验部分。

(2)脆点。

脆点是沥青材料由黏塑状态转变为固体状态,并产生条件脆裂时的温度。试验方法较多,常采用的试验方法是:将一定量的沥青均布在 40 mm×20 mm 的标准金属片上,然后将此片置于脆点仪弯曲器的夹钳上,将其置于温度下降速度为 1 ℃/min 的装置内,启动弯曲器,使得温度每降低 1 ℃时,涂有沥青的金属片就被弯曲一次,直至弯曲时薄片上的沥青出现裂缝时的温度即为脆点。具体测定见试验部分。

5. 耐久性

采用现代技术修筑的高等级沥青路面,要求具有较长的使用年限。沥青在使用过程中,长期受到环境热、阳光、大气、雨水以及交通等因素作用,各组分会不断递变,低分子的化合物会逐渐转变为高分子的物质,即表现为油分和树脂含量逐渐减少,地沥青质含量逐渐增多,从而使得沥青的流动性和塑性逐渐减小,硬度和脆性逐渐增加,直至脆裂,这个过程就称为沥青的老化。采用质量蒸发损失百分率和蒸发后的针入度表示。质量蒸发损失百分率是将沥青试样在 160 ℃下加热蒸发 5 h,沥青所蒸发的质量与试样总质量的百分率。

6. 黏附性

沥青与骨料的黏附性直接影响沥青路面的使用质量和耐久性,不仅与沥青性质有关,而且与骨料的性质有关。常采用水煮法和水浸法检测(沥青混合料的最大粒径大于 13.2 mm 时采用水煮法,小于或等于 13.2 mm 时采用水浸法)。

水煮法时选取粒径为 13.2～19 mm 的形状接近的正立方体规则骨料 5 个,经沥青包裹后,在蒸馏水中沸煮 3 min,按沥青剥落的情况来评定沥青与骨料的黏附性。水浸法时选取 9.5～13.2 mm 的骨料,称量规定质量的骨料与一定质量的沥青在规定温度条件下拌合,冷却后在 80 ℃蒸馏水中保持 30 min,然后按沥青剥落面积的百分率来评定黏附性。

7. 大气稳定性

大气稳定性是指石油沥青在大气因素的长期作用下抵抗老化的性能。沥青在大气因素如温度、阳光、空气和水的长期作用下,其组分是不稳定的,各组分之间会不断演变,油分和树脂含量逐渐降低,沥青质含量逐渐升高,从而使其物理性质也逐渐产生变化,稠度和脆性增加,这就是人们所说的老化现象。

沥青的老化分为两个阶段:第一阶段的老化可强化沥青的结构,使沥青与矿料颗粒表面的黏结得到加强;第二阶段是真正的老化阶段,这时沥青的稠度和脆性进一步增加,沥青结构遭到破坏,最终导致道路沥青面层的破坏。

沥青的大气稳定性除了与沥青本身的性能、大气因素作用的强烈程度有关外,还与其他一些因素有关,如:沥青使用过程中的温度状况、沥青混合料面层的密实程度。沥青在长时间加热或在高温下加热会产生氧化和聚合反应,使得沥青结构发生变化,从而失去黏结的性能,同时也使得沥青在将来的使用过程中更容易老化。此外,沥青混合料面层中存在的孔隙会促使外界的空气和水进入,加速沥青的老化过程。

8. 加热稳定性

沥青加热时间过长或过热,其化学组成会发生变化,从而导致沥青的技术性质产生不良变化,这种性质称为沥青加热稳定性。通常采用测定沥青加热一定温度、一定时间后试样的质量损失,以及加热前后针入度和软化点的改变来表示。

9. 施工安全性

施工时,黏稠沥青需要加热使用。在加热至一定温度时,沥青中的部分物质会挥发成气态,这种气态物质与周围空气混合,遇火焰时会发生闪火现象;若温度继续升高,挥发的有机气体继续增加,在遇火焰时会发生燃烧(持续燃烧达 5 s 以上)。开始出现闪火现象时的温度,称为闪点或闪火点;沥青产生燃烧时的温度,称为燃点。闪点和燃点的高低表明了沥青引起火灾或爆炸的可能性大小,影响使用、运输、储存等方面的安全。

闪点和燃点是保证沥青加热质量和施工安全的一项重要指标。其试验方法是,将沥青试样盛于试验仪器的标准杯内,按规定加热速度进行加热。当加热达到某一温度时,点火器扫拂过沥青试样任何一部分表面,出现一瞬即灭的蓝色火焰状闪光时,此时的温度即为闪点;按规定的加热速度继续加热,至点火器扫拂过沥青试样表面时发生燃烧火焰,并持续 5 s 以上,此时的温度即为燃点。

7.1.4 石油沥青的标号及技术要求

石油沥青的种类很多,按用途可分为道路石油沥青、建筑石油沥青、防水防潮石油沥青。而在《公路沥青路面施工技术规范》(JTGF40—2004)中,公路路面工程常用的沥青品种有道路石油沥青、液体石油沥青、乳化沥青、煤沥青和改性沥青。

建筑石油沥青主要是指以天然原油的减压渣油经氧化或其他生产工艺制得的石油沥

青,适用于建筑屋面和地下防水工程,按针入度不同可分为 10 号、30 号和 40 号 3 个牌号,其质量应符合《建筑石油沥青》(GB/T 494—2010)的要求,见表 7.5。

表 7.5 建筑石油沥青的技术要求

项目		质量指标		
		10 号	30 号	40 号
针入度(25 ℃,100 g,5 s)(0.1 mm^{-1})		10~35	26~35	36~50
针入度(45 ℃,100 g,5 s)(0.1 mm^{-1})		报告	报告	报告
针入度(0 ℃,200 g,5 s)(0.1 mm^{-1})	不小于	3	6	6
强度(25 ℃,5 cm/min)/cm	不小于	1.5	2.5	3.5
软化点(环球法)/℃	不低于	95	75	60
溶解度(三氯乙烯)/%	不小于	99.0		
蒸发后质量变化(163 ℃,5 h)/%	不大于	1		
蒸发后 25 ℃ 针入度比/%	不小于	65		
闪点(开口杯法)/℃	不低于	260		

注:报告应为实测值。

道路石油沥青主要应用于道路工程,道路工程按交通量大小分为重交通量和中轻交通量。在行业标准《道路石油沥青》(NB/SH/T 0522—2010)中,应用于中轻交通量道路沥青路面的道路石油沥青按针入度大小被划分为 200 号、180 号、140 号、100 号、60 号 5 个牌号,其技术要求见表 7.6。重交通道路石油沥青主要适用于修筑高速公路、一级公路和城市快速路、主干路等重交通量道路,按针入度范围分为 AH-130、AH-100、AH-90、AH-70、AH-50、AH30 6 个牌号,其质量应符合《重交通道路石油沥青》(GB/T 15180—2010)的要求,见表 7.7。

表 7.6 道路石油沥青的技术要求

项目		质量指标				
		200 号	180 号	140 号	100 号	60 号
针入度(25 ℃,100 g,5 s)(0.1 mm^{-1})		200~300	150~200	110~150	80~110	50~80
延度(25 ℃)/cm	不小于	20	100	100	90	70
软化点/℃		30~45	35~45	38~48	42~52	45~55
溶解度/%	不小于	99.0				
闪点(开口)/℃	不低于	180	200	230		
蒸发后针入度比/%	不小于	50	60			—
蒸发损失/%	不大于	1				—
薄膜烘箱试验 　质量变化/% 　针入度比/% 　延度(25 ℃)/cm		1				报告 报告 报告

表 7.7 重交通道路石油沥青的技术要求

项目		质量指标					
		AH-130	AH-110	AH-90	AH-70	AH-50	AH-30
针入度(25 ℃,100 g,5 s)(0.1 mm^{-1})		120～140	100～120	80～100	60～80	40～60	20～40
延度(15 ℃)/cm	不小于	100	100	100	100	80	报告
软化点/℃		38～51	40～53	42～55	44～57	45～58	50～65
溶解度/%	不小于	99.0	99.0	99.0	99.0	99.0	99.0
闪点/℃	不小于	230					260
密度(25 ℃)/(kg·m^{-3})		报告					
蜡含量/%	不大于	3.0	3.0	3.0	3.0	3.0	3.0
质量变化/%	不大于	1.3	1.2	1.0	0.8	0.6	0.5
针入度比/%	不小于	45	48	50	55	58	60
延度(15 ℃)/cm	不小于	100	50	40	30	报告	报告

表 7.8 薄膜烘箱试验(163 ℃,5 h)

试验项目		单位	快凝		中凝						慢凝					
			AL(R)-1	AL(R)-2	AL(M)-1	AL(M)-2	AL(M)-3	AL(M)-4	AL(M)-5	AL(M)-6	AL(S)-1	AL(S)-2	AL(S)-3	AL(S)-4	AL(S)-5	AL(S)-6
黏度	C25.5	s	<20		<20						<20					
	C60.5	s		5～15		5～15	16～25	26～40	41～100	101～200		5～15	16～25	26～40	41～100	101～200
蒸馏体积	225 ℃前	%	>25	>15	<10	<7	<3	<2	0	0						
	315 ℃前	%	>35	>30	<35	<25	<17	<14	<8	<5						
	360 ℃前	%	>45	>35	<50	<35	<30	<25	<20	<15	<40	<35	<25	<20	<15	<5
蒸馏后残留物	针入度(25 ℃)	0.1 mm	60～200	60～200	100～300	100～300	100～300	100～300	100～300	100～300						
	延度(25 ℃)	cm	>60	>60	>60	>60	>60	>60	>60	>60						
	浮漂度(5 ℃)	s									<20	<20	<30	<40	<45	<50
闪点(TOC法)		℃	>30	>30	>65	>65	>65	>65	>65	>65	>70	>70	>100	>100	>120	>120
含水量(不大于)		%	0.2	0.2	0.2	0.2	0.2	0.2	0.2	0.2	2.0	2.0	2.0	2.0	2.0	2.0

注:报告应为实测值。

在《公路沥青路面施工技术规范》(JTGF 40—2004)中,道路用的液体石油沥青主要适用于透层、黏层以及拌制冷拌沥青混合料,按照其凝结速度可分为快凝、中凝和慢凝液体石油沥青,每一种液体石油沥青又按黏度分为不同标号,快凝液体石油沥青有 AL(R)-1 和 AL(R)-2 两个标号,中凝液体石油沥青有 AL(M)-1、AL(M)-2、AL(M)-3、AL(M)-

4、AL(M)—5、AL(M)—6 六个标号,慢凝液体石油沥青有 AL(S)—1、AL(S)—2、AL(S)—3、AL(S)—4、AL(S)—5、AL(S)—6 6 个标号。液体石油沥青的技术要求应符合表 7.8 的规定。

防水防潮石油沥青主要用做油毡的涂覆材料及建筑屋面和地下防水的黏结材料,按针入度指数大小可分为 3 号、4 号、5 号、6 号 4 个牌号,质量应符合《防水防潮石油沥青》(SH/T 0002—90)的要求,见表 7.9。

表 7.9 防水防潮石油沥青的技术要求

项目		质量指标			
牌号		3 号	4 号	5 号	6 号
软化点/℃	不低于	85	90	100	95
针入度(0.1 mm^{-1})		25~45	20~40	20~40	30~50
针入度指数	不小于	3	4	5	6
蒸发损失/%	不大于	1	1	1	1
闪点(开口)/℃	不低于	250	270	270	270
溶解度/%	不小于	98	98	95	92
脆点/℃	不高于	−5	−140	−15	−20
垂度/mm	不大于	—	—	8	10
加热安定性/℃	不大于	5	5	5	5

7.1.5 石油沥青在工程中的应用

沥青材料最早的应用与水利工程有关。在 3 000 年前,天然沥青与砂石混合曾应用于底格里斯河石堤的防水中。

建筑石油沥青稠度较大,软化点较高,耐热性能较好,但塑性较差,主要用于生产柔性防水卷材、防水涂料和沥青嵌缝材料,它们绝大部分用于建筑屋面防水、建筑地下防水,以及沟槽防水和管道防腐等工程部位。常用的柔性防水卷材有:纸胎油毡、石油沥青玻璃布油毡、石油沥青玻璃纤维胎油毡、铝箔面油毡、弹性体(SBS)改性沥青防水卷材、塑性体(APP)改性沥青防水卷材以及各种合成高分子防水卷材;常用的防水涂料有:沥青冷底子油、沥青胶、水乳型沥青防水涂料、改性沥青防水涂料以及有机合成高分子防水涂料;常用的建筑密封材料有:沥青嵌缝油膏、聚氨酯密封膏、聚氯乙烯接缝膏、丙烯酸酯密封膏以及硅酮密封膏。在应用沥青过程中,为了避免夏季流淌,一般屋面选用的沥青材料,其软化点应该比该地区屋面最高温度高 20 ℃。若选择过低,则沥青容易产生夏季流淌;若选择过高,则沥青在冬季低温时易产生硬脆,甚至开裂。

在道路工程中选用沥青材料时,应根据工程的性质、当地的气候条件以及工作环境来选用沥青。道路石油沥青主要用于道路路面等工程,一般拌制成沥青混合料或沥青砂浆使用。在应用过程中需控制好加热温度和加热时间。沥青在使用过程中若加热温度过高或加热时间过长,都将使沥青的技术性能发生变化;若加热温度过低,沥青的黏滞度就不能满足施工要求。沥青合适的加热温度和加热时间,应根据达到施工最小黏滞度的要求并保证沥青最低限度地改变原来性能的原则,根据当地实际情况来加以确定。同时,在应用过程中还应进行严格的质量控制。其主要内容应包括:在施工现场随机抽取试样,按沥青材料的标准试验方法进行检验,并判断沥青的质量状况;若沥青中含有水分,则应在使用前脱水,脱水时应将含有水分的沥青徐徐倒入锅中,其数量以不超过油锅容积的一半为度,并保持沥青温度为80~90 ℃。在脱水过程中应经常搅动,以加速脱水,并防止溢锅,待水分脱净后,方可继续加入含水沥青,沥青脱水后方可抽取试样进行试验。

7.2 煤 沥 青

煤沥青是炼焦厂和煤气厂生产的副产物。烟煤在干馏过程中的挥发物质,经冷凝而成的黑色黏稠液体称为煤焦油,煤焦油再经分馏加工提取出轻油、中油、重油、蒽油后所得的残渣即为煤沥青。

煤沥青与石油沥青一样,其化学成分也非常复杂,主要是由芳香族碳氢化合物及其氧、氮和硫的衍生物构成的混合物。由于其化学成分非常复杂,为了便于分析和研究,对煤沥青化学组分的研究与前述石油沥青的方法相同,即按性质相近且与沥青路用性能有一定联系的组分划分为油分、树脂和游离碳三个组分。

油分是液态化合物,与石油沥青中的油分类似,使得煤沥青具有流动性。

树脂使煤沥青具有良好塑性和黏结性能,类似于石油沥青中的树脂。

游离碳又称自由碳,是一种固态的碳质颗粒,其相对含量在煤沥青中增加时可提高煤沥青的黏度和温度稳定性,但游离碳含量超过一定限度时,煤沥青会呈现脆性。煤沥青中的游离碳相当于石油沥青中的沥青质,只是其颗粒比沥青质大得多。

煤沥青与石油沥青相比较,在技术性质上和外观以及气味上都存在较大差异。技术性质上的差异:由于煤沥青中含有较多的不饱和碳氢化合物,因此,其抗老化的性能较差,且温度稳定性较低,表现为受热易流淌,受冷易脆裂;但煤沥青与矿质骨料的黏附性较好;煤沥青中还含有酚、蒽及萘等成分,具有较强的毒性和刺激性臭味,但它同时具有较好的抗微生物腐蚀的作用。石油沥青与煤沥青的主要区别见表7.10。

表7.10 石油沥青与煤沥青的主要区别

	项目	石油沥青	煤沥青
技术性质	密度/(g·cm^{-3})	近于1.0	1.25~1.28
	塑性	较好	低温脆性较大
	温度稳定性	较好	较差
	大气稳定性	较好	较差
	抗腐蚀性	差	强
	与矿料颗粒表面的黏附性能	一般	较好

续表7.10

项目		石油沥青	煤沥青
外观及气味	气味	加热后有松香味	加热后有臭味
	烟色	接近白色	呈黄色
	溶解	能全部溶解于汽油或煤油,溶液呈黑褐色	不能全部溶解,且溶液呈黄绿色
	外观	呈黑褐色	呈灰黑色,剖面看似有一层灰
	毒性	无毒	有刺激性的毒性

煤沥青按其稠度可分为:软煤沥青(液体、半固体的沥青)和硬煤沥青(固体沥青)两大类。按分馏加工的程度不同,煤沥青可分为:低温沥青、中温沥青、高温沥青。

道路用煤沥青的质量应符合《公路沥青路面施工技术规范》(JTG F40—2017)的要求,见表7.11。

表7.11 道路用煤沥青的技术要求

项目		T-1	T-2	T-3	T-4	T-5	T-6	T-7	T-8	T-9
黏度/s	$C_{30.5}$	5~25	26~70							
	$C_{30.10}$			5~25	26~50	51~120	121~200			
	$C_{50.10}$							10~75	76~200	
	$C_{60.10}$									35~65
蒸馏试验馏出量/%	170 ℃前	<3	<3	<3	<2	<1.5	<1.5	<1.0	<1.0	<1.0
	270 ℃前	<20	<20	<20	<15	<15	<15	<10	<10	<10
	300 ℃前	15~35	15~35	<30	<30	<25	<25	<20	<20	<15
300 ℃蒸馏残渣软化点(环球法)/℃		30~35	30~45	35~65	35~65	35~65	35~65	40~70	40~70	40~70
水分/% <		1.0	1.0	1.0	1.0	1.0	0.5	0.5	0.5	0.5
甲苯不溶物/% <		20	20	20	20	20	20	20	20	20
含萘量/% <		5	5	5	4	4	3.5	3	2	2
焦油酸含量[①]/% <		4	4	3	3	2.5	2.5	1.5	1.5	1.5

注:①含量指质量分数。

7.3 乳化沥青

乳化沥青是将黏稠沥青加热至流动状态,经机械作用而形成的细小颗粒(粒径为0.002~0.005 mm)分散在有乳化剂—稳定剂的水中,形成均匀稳定的乳状液。

乳化沥青有许多优点:稠度小,具有良好流动性,可在常温下进行冷施工,操作简便,节约能源；以水为溶剂，无毒、无嗅，施工中不污染环境，且对操作人员的健康无有害影响；可在潮湿的基层表面上使用，能直接与湿骨料拌合，黏结力不降低。但乳化沥青也存在缺点：存储稳定性较差，储存期一般不宜超过 6 个月；且乳化沥青修筑道路的成型期较长，最初要控制车辆的行驶速度。

在乳化沥青中，水是分散介质，沥青是分散相，两者在乳化剂和稳定剂的作用下才能形成稳定的结构。乳化剂是一种表面活性剂，是乳化沥青形成的关键材料。从化学结构上看，它是一种"两亲性"分子，分子的一部分具有亲水性，而另一部分具有亲油性，具有定向排列、吸附的作用。众所周知，有机的油与无机溶剂的水是不相溶的，但如果把表面活性剂加入其中，则油能通过表面活性剂的作用被分散在水中，有机的沥青也是依靠表面活性剂的作用才能被分散在无机溶剂的水中。稳定剂是为了使乳化沥青具有良好的储存稳定性，满足在施工中所需的良好稳定性。

7.4　改性沥青

通常，沥青的性能不一定能完全满足使用的要求，因此需要采用不同措施对沥青的性能进行改善，改善后的沥青称为改性沥青。沥青改性的方法有多种，可采用不同的生产工艺方式进行改性，也可采用掺入某种材料来进行改性。改性沥青的种类很多，主要有橡胶改性沥青、树脂改性沥青、橡胶和树脂改性沥青和矿物改性沥青。

7.4.1　橡胶改性沥青

橡胶改性沥青是在沥青中掺入适量橡胶后使其改性的产品。沥青与橡胶的相溶性较好，混溶后的改性沥青高温变形性能提高，同时低温时仍具有一定的塑性。由于橡胶品种不同，掺入的方法也不同，因而各种橡胶改性沥青的性能也存在差异。

(1) 氯丁橡胶沥青，是在沥青中掺入氯丁橡胶而制成。其气密性、低温抗裂性、耐化学腐蚀性、耐老化性和耐燃性能均有较大的提高。

(2) 丁基橡胶沥青，具有优异的耐分解性和良好的低温抗裂性、耐热性。

(3) 再生橡胶沥青，是将废旧橡胶先加工成 1.5 mm 以下的颗粒，再与石油沥青混合，经加热脱硫而成。其具有一定弹性、塑性，以及良好的黏结力。

7.4.2　树脂改性沥青

树脂掺入石油沥青后，可大大改进沥青的耐寒性、黏结性和不透气性。由于石油沥青中芳香化合物含量较低，因此与树脂的相溶性较差，可以用于改性的树脂品种也较少。常用的有聚乙烯树脂改性沥青、无规聚丙烯树脂改性沥青等。

7.4.3　橡胶和树脂改性沥青

橡胶和树脂同时用于沥青改性，可使沥青获得两者的优点，效果良好。橡胶、树脂和沥青在加热熔融状态下发生相互作用，形成具有网状结构的混合物。

7.4.4 矿物改性沥青

矿物改性沥青是在沥青中掺入适量矿物粉料或纤维,经混合均匀而成。矿物填料掺入沥青后,能被沥青包裹形成稳定的混合物,由于沥青对矿物填料的湿润和吸附作用,沥青能呈单分子状排列在矿物颗粒的表面,形成"结构沥青",从而提高沥青的黏滞性、高温稳定性和柔韧性。常用的矿物填料主要有滑石粉、石灰石粉、硅藻土和石棉等。

7.5 沥青试验

7.5.1 沥青针入度试验

石油沥青的黏滞性用黏度来表示,根据沥青的种类与状态,黏度的测量方法有针入度法和黏度计法两种。对固体和黏稠石油沥青采用针入度法,其原理是将沥青在标准温度(25 ℃)下,以规定质量(100 g)的标准针,在规定的时间(5 s)贯入沥青试样的深度,以0.1 mm计。显然,针入度反映了沥青抗剪切变形的能力。对于液体和较稀的石油沥青采用黏度计法,其原理是用一定量(50 cm³)的沥青试样,在规定的温度(20 ℃、25 ℃、30 ℃或60 ℃)下,流出一定口径(3 mm、5 mm或10 mm)的容器所用的时间。本节主要介绍针入度法测量石油沥青的黏度。目的与适用范围:针入度法适用于测定道路石油沥青、聚合物改性沥青的针入度以及液体石油沥青蒸馏或乳化沥青蒸发后残留物的针入度,以 0.1 mm 计,其标准试验条件为温度 25 ℃,荷重为 100 g,贯入时间为 5 s。

针入度指数 PI 用以描述沥青的温度敏感性,宜在 15 ℃、25 ℃、30 ℃等 3 个或 3 个以上温度条件下测定针入度后按规定的方法计算得到。若 30 ℃时的针入度值过大,可用 5 ℃代替。当量软化点 T_{800} 是相当于沥青针入度为 800 时的温度,用于评价沥青的高温稳定性。当量脆点 $T_{1.2}$ 是相当于沥青针入度为 1.2 时的温度,用于评价沥青的低温抗裂性能。

1. 主要仪器设备与材料

(1)针入度仪。

沥青针入度针如图 7.4 所示。为提高测试精度,针入度试验宜采用能够自动计时的针入度仪进行测定,要求针和针连杆必须在无明显摩擦下垂直运动,针的贯入深度必须准确至 0.1 mm。针和针连杆组合件总质量为(50±0.05)g,另附(50±0.05)g 砝码一只,试验时总质量为(100±0.05)g。仪器应有放置平底玻璃保温皿的平台,并有调节水平的装置,针连杆应与平台垂直,应有针连杆制动按钮,使针连杆可自由下落。针连杆应易于装拆,以便检查其质量。仪器还设有可自由转动与调节距离的悬臂,其端部有一面小镜或聚光灯泡,借以观察针尖与试样表面的接触情况,且应对装置的准确性经常校验。当采用其他试验条件时,应在试验结果中注明。

图 7.4 沥青针入度针

(2)标准针。

标准针由硬化回火的不锈钢制成,洛氏硬度为54～60。表面粗糙度Ra为0.2～0.3 μm,针及针杆总质量为(2.5 ± 0.05)g。针杆上应打印号码标志。针应设有固定用装置盒(筒),以免碰撞针尖,每根针必须附有计量部门的检验单,并定期进行检验,其尺寸及形状如图7.5所示。

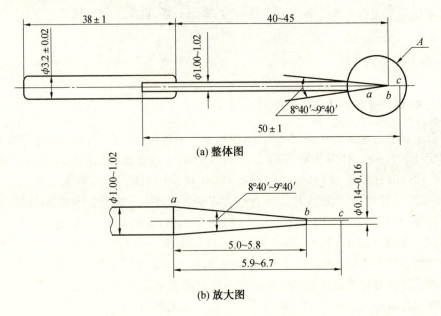

图7.5 针入度标准针(单位为mm)

(3)试样皿。

试样皿为金属圆柱形平底容器,针入度小于200时,内径为55 mm,内部深度为35 mm;针入度为200～350时,内径为70 mm,内部深度为45 mm;对于针入度大于350的试样需使用特殊盛样皿,其深度不小于60 mm,容积不小于125 mL。

(4)恒温水槽。

恒温水槽容量不小于10 L,控温的准确度为0.1 ℃,水中备有一个带孔的支架,位于水面下不少于100 mm,距水槽底不少于50 mm。

(5)平底玻璃皿。

平底玻璃皿容量不小于1 L,深度不小于80 mm,内设有不锈钢三脚支架,能使盛样皿稳定。

(6)温度计或温度传感器。

温度计或温度传感器精度为0.1 ℃。

(7)计时器,精度为0.1 s。

(8)位移计或位移传感器,精度为0.1 mm。

(9)盛样皿盖。

盛样皿盖为平板玻璃制成,直径不小于盛样皿开口尺寸。

(10)溶剂。

三氯乙烯等。

(11)其他。

电炉或沙浴、石棉网、金属锅或瓷把坩埚等。

2. 试样制备

(1)按规定的方法准备试样。

(2)按试验要求将恒温水槽调节到要求的试验温度(25 ℃),保持稳定。

(3)将试样注入盛样皿中,试样高度应超过预计针入度值10 mm,并盖上盛样皿,以防落入灰尘。盛有试样的盛样皿在15～30 ℃室温中冷却不少于1.5 h(小盛样皿)、2 h(大盛样皿)或3 h(特殊盛样皿)后,应移入保持规定试验温度±0.1 ℃的恒温水槽中,并保温不少于1.5 h(小盛样皿)、2 h(大试样皿)或2.5 h(特殊盛样皿)。

(4)调整针入度仪使之水平。

检查针连杆和导轨,以确认无水和其他外来物质,无明显摩擦,用三氯乙烯或其他溶剂清洗标准针,并擦干。将标准针插入针连杆,用螺栓固紧,按试验条件加上附加砝码。

3. 试验步骤及注意事项

(1)取出达到恒温的盛样皿,并移入水温控制在试验温度±0.1 ℃(可用恒温水槽中的水)的平底玻璃皿中的三脚支架上,试样表面以上的水层深度不小于10 mm。

(2)将盛有试样的平底玻璃皿置于针入度仪的平台上。慢慢放下针连杆,用适当位置的反光镜或灯光反射观察,使针尖恰好与试样表面接触,将位移计或刻度盘指针复位为零。

(3)开始试验,按下释放键时开始计时,与标准针落下贯入试样同时开始,至5 s时,自动停止。

(4)读取位移计或刻度盘指针的读数,准确至0.1 mm。

(5)同一试样平行试验至少3次,各测试点之间及与盛样皿边缘的距离不应小于10 mm。每次试验后应将盛有盛样皿的平底玻璃皿放入恒温水槽,使平底玻璃皿中的水温保持试验温度。每次试验应换一根干净的标准针或将标准针取下用蘸有三氯乙烯溶剂的棉花或布擦净,再用干棉花或布擦干。

(6)测定针入度大于200的沥青试样时,至少用3支标准针,每次试验后将针留在试样中,直至3次平行试验完成后,再将标准针取出。

(7)测定针入度指数PI时,按同样的方法在15 ℃、25 ℃、30 ℃ 3个或3个以上(必要时增加10 ℃、20 ℃等)温度条件下分别测定沥青的针入度,但用于仲裁试验的温度条件应为5个。

4. 计算

根据测试结果可按以下方法确定沥青针入度指数、当量软化点及当量脆点。

(1)公式计算法。

①将3个或3个以上不同温度条件下测试的针入度值取对数。令 $y=\lg P, x=T$,按式(7.1)的针入度对数与温度的直线关系,进行直线回归,求取针入度温度指数 $A_{\lg pen}$

$$\lg P = K + A_{\lg pen} \times T \tag{7.1}$$

式中 $\lg P$——不同温度条件下测得的针入度值的对数;

T——试验温度,℃;

K——回归方程的常数项;

A_{lgpen}——回归方程的系数。

按式(7.1)回归时必须进行相关性检验。直线回归相关系数 R 不得小于 0.997(置信度为 95%),否则,试验无效。

②按式(7.2)确定沥青的针入度指数,并记为 PI。

$$\text{PI} = \frac{20 - 500 A_{\text{lgPen}}}{1 + 50 A_{\text{lgPen}}} \tag{7.2}$$

③按式(7.3)确定沥青的当量软化点 T_{800}。

$$T_{800} = \frac{\lg 800 - K}{A_{\text{lgPen}}} = \frac{2.903\ 1 - K}{A_{\text{lgPen}}} \tag{7.3}$$

④按式(7.4)确定沥青的当量脆点 $T_{1.2}$。

$$T_{1.2} = \frac{\lg 1.2 - K}{A_{\text{lgPen}}} = \frac{0.079\ 2 - K}{A_{\text{lgPen}}} \tag{7.4}$$

⑤按式(7.5)计算沥青的塑性温度范围 ΔT。

$$\Delta T = T_{800} - T_{1.2} = \frac{2.823\ 9}{A_{\text{lgPen}}} \tag{7.5}$$

(2)诺模图法。

将 3 个或 3 个以上不同温度条件下测试的针入度值绘于图 7.6 的针入度温度关系诺模图中,按最小二乘法法则绘制回归直线,将直线向两端延长,分别与针入度为 800 及 1.2 的水平线相交,交点的温度即为当量软化点 T_{800} 和当量脆点 $T_{1.2}$。以图中 O 点为原点绘制回归直线的平行线,与 PI 线相交,读取交点处的 PI 值即为该沥青的针入度指数。此法不能检验针入度对数与温度直线回归的相关系数,仅供快速草算时使用。

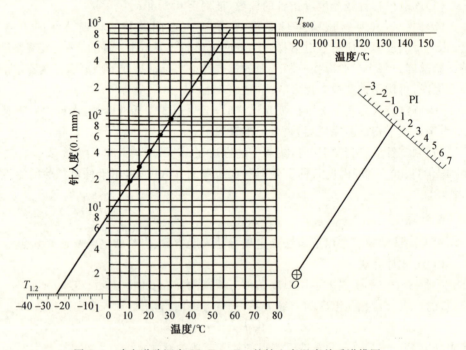

图 7.6 确定道路沥青 PI、T_{800}、$T_{1.2}$ 的针入度温度关系诺模图

应报告标准温度(25 ℃)时的针入度以及其他试验温度所对应的针入度,及由此求取针

入度指数 PI、当量软化点、当量脆点的方法和结果。当采用公式计算法时,应报告按式(7.1)回归的直线相关系数 R。

7.5.2 沥青延度试验

石油沥青的塑性用延度来表示,延度越大,塑性越好。延度的测定工作原理是将沥青制成一定形状的试件(∞字形),在规定的温度(25 ℃)下,用一定的拉伸速度(5 cm/min)张拉试件,将试件拉断后的延伸长度作为评定沥青塑性的评价指标。本方法适用于测定道路石油沥青、聚合物改性沥青、液体石油沥青蒸馏残留物和乳化沥青蒸发残留物等材料的延度。沥青延度的试验温度与拉伸速率可根据要求采用,通常采用的试验温度为 25 ℃、15 ℃、10 ℃ 或 5 ℃,拉伸速度为 (5 ± 0.25) cm/min。当低温采用 (1 ± 0.5) cm/min 拉伸速度时,应在报告中注明。

1. 主要仪器设备

(1)延度仪。

数显沥青延度仪如图 7.7 所示,延度仪的测量长度不宜大于 150 cm,仪器应有自动控温、控速系统,应满足试件浸没于水中,能保持规定的试验温度及规定的拉伸速度拉伸试件,且试验时应无明显振动。该仪器的形状及组成如图 7.8 所示。

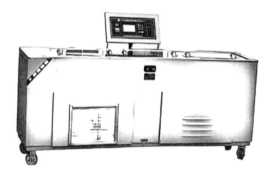

图 7.7 数显沥青延度仪

(2)试件模具。

试件模具由两个端模和两个侧模组成,试模内侧表面粗糙度 Ra 为 0.2 μm,形状及尺寸如图 7.9 所示。

(3)试模底板。

试模底板为玻璃板或磨光的铜板、不锈钢板(表面粗糙度 Ra 为 0.2 μm)。

(4)恒温水浴。

恒温水浴容量不小于 10 L,能保持温度在试验温度 ±0.1 ℃ 的范围内,水中应备有一个带孔的支架,位于水面下不少于 100 mm,支架距水槽底不少于 50 mm。

(5)温度计。

温度计测量范围为 0~50 ℃,分度为 0.1 ℃。

(6)金属皿或瓷皿、筛、砂浴或可控制温度的密闭电炉等。

2. 试样制备

(1)将甘油滑石粉隔离剂(甘油与滑石粉的质量比为 2∶1)拌合均匀,涂于磨光的金属

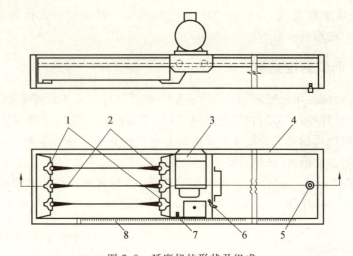

图 7.8 延度仪的形状及组成

1—试模；2—试样；3—电机；4—水槽；5—泄水孔；6—开关柄；7—指针；8—标尺

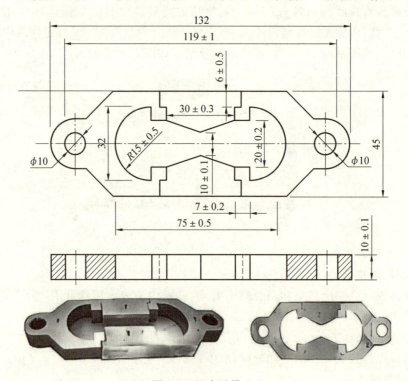

图 7.9 沥青试模

板上。

(2)把除去水分的试样在砂浴上加热,要防止局部过热,加热温度不得超过试样估计软化点 100 ℃。用筛过滤,充分搅拌,避免试样中混入空气。然后将试样呈细流状,自试模的一端至另一端往返倒入,使试样略高于模具。

(3)将试样在 15～30 ℃的空气中冷却 30 min,然后放入(25±0.1)℃的水浴中,保持 30 min 后取出,用热刀将高出模具的沥青刮去,使沥青面和模具面平齐。沥青的刮法为自模的中间向两边,表面应十分光滑。再将试件连同金属板浸入(25±0.1)℃的水浴中恒温1~1.5 h。

3. 试验步骤

(1)检查确定延度仪的拉伸速度,然后移动滑板使其指针正对标尺的零点,保持水槽中水温为(25±0.5)℃。

(2)将试件移至延伸仪的水槽中,模具两端的孔分别套在滑板及槽端的金属柱上,水面距试件表面不小于25 mm,然后去掉侧模。

(3)确认延度仪水槽中水温为(25±0.5)℃时,开动延度仪,此时仪器不得有振动,观察沥青的拉伸情况。如发现沥青细丝浮于水面或沉入槽底时,可在水中加入食盐水来调整水的密度,达到与试样的密度相近后,再进行测定。

(4)试件拉断时指针所指标尺上的读数,即为试样的延度,以"cm"表示。在正常情况下,应将试样拉伸成锥尖状,在断裂时实际横断面为零。如不能得到上述结果,应标明在该条件下无测定结果。

4. 结果评定

取平行测定3个测试值的算术平均值作为测定结果。若3次测定值不在平均值的5%以内,但其中两个较高值在平均值的5%以内,则舍去最低测定值,取两个较大值的平均值作为测定结果。两次测定结果之差不应超过重复性平均值的10%,再现性平均值的20%。

7.5.3 沥青软化点试验

软化点是衡量沥青温度敏感性的指标,测量方法很多,国内外最常用的方法是环球法,其原理是将沥青试样装入规定尺寸的铜环内,然后在试样上放置一个标准大小和质量的钢球,浸入液体(水或甘油),以规定的升温速度加热,使沥青软化下垂,下沉到规定距离时的温度即为沥青的软化点。

1. 主要仪器设备

(1)沥青软化点测定仪。

如图7.10所示,包括钢球、试样环(图7.11)、钢球定位器(图7.12)、支架(图7.13)、温度计等。

(2)电炉及其他加热器、金属板或玻璃板、刀、筛等。

2. 试样制备

(1)将铜环置于涂有甘油与滑石粉(质量比为2∶1)隔离剂的金属板或玻璃板上。

(2)将预先脱水的沥青试样加热熔化,不断搅拌,以防止局部过热,加热温度不得高于试样估计软化点100 ℃,加热时间不超过30 min,用筛过滤。将试样注入黄铜环内至略高出环面为止。若估计软化点在120 ℃以上时,应将黄铜环和金属板预热至80~100 ℃。

(3)试样在15~30 ℃的空气中冷却30 min后,用热刀刮去高出环面的试样,使沥青与环面平齐。

(4)对估计软化点不高于80 ℃的试样,将盛有试样的黄铜环及板置于盛有水的保温槽内,水温保持在(5±0.5)℃,恒温15 min。对估计软化点高于80 ℃的试样,将盛有试样的黄铜环及板置于盛有甘油的保温槽内,甘油温度保持在(32±1)℃,恒温15 min,或将盛试

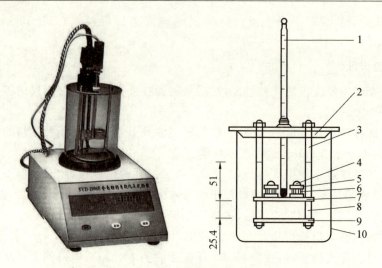

图 7.10 沥青软化点测定仪(单位为 mm,下同)

1—温度计;2—上承板;3—枢轴;4—钢球;5—环套;6—环;7—中承板;
8—支承座;9—下承板;10—烧杯

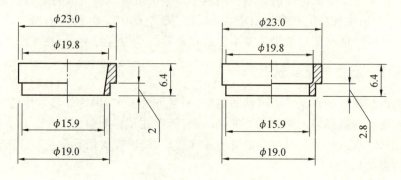

图 7.11 试样环

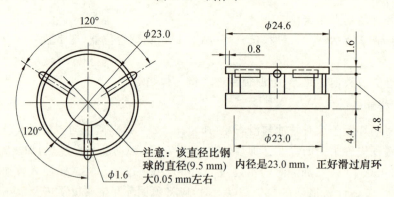

图 7.12 钢球定位器

样的环水平地安放在环架中承板的孔内,然后放在盛有水或甘油的烧杯中,恒温 15 min,温度要求与保温槽一致。

(5)烧杯内新煮沸并冷却至 5 ℃的蒸馏水(估计软化点不高于 80 ℃的试样),或注入预先加热至约 32 ℃的甘油(估计软化点高于 80 ℃的试样),使水平面或甘油面略低于环架连杆上的深度标记。

3. 试验步骤

(1)从水或甘油中取出盛有试样的黄铜环放置在环架中承板的圆孔中,套上钢球定位器,把整个环架放入烧杯内,调整水面或甘油液面至深度标记,环架上任何部分不得有气泡。将温度计由上层板中心孔垂直插入,使水银球底部与铜环下面平齐。

(2)将烧杯移至有石棉网的三脚架上或电炉上,然后将钢球放在试样上(须使各环的平面在全部加热时间内处于水平状态),立即加热,使烧杯内水或甘油温度在 3 min 内保持每分钟上升(5 ± 0.5)℃,在整个测定过程中如温度的上升速度超出此范围,应重做试验。

(3)试验受热软化下坠至与下承板面接触时的温度即为试样的软化点。

4. 结果评定

取平行测定两个测值的算术平均值作为测定结果。重复测定两个结果间的温度差不得超过表 7.12 的规定,同一试样由两个试验室各自提供的试验结果之差不应超过 5.5 ℃。

表 7.12　沥青软化点测定的重复性要求　　　　　　　　　　　　　℃

软化点	<80	80～100	>100～140
允许差数	1	2	3

7.5.4　沥青密度试验

沥青的密度是指沥青试样在规定温度(15 ℃)下单位体积所具有的质量。密度是沥青的基本物理性能指标,可为换算沥青的体积与质量、计算沥青混合料理论密度和配合比设计提供基础性数据。

1. 主要仪器与材料

(1)沥青比重瓶。如图 7.14 所示,玻璃制,容积为 20～30 mL,质量不超过 40 g,瓶塞下部与瓶口须经仔细研磨,瓶塞中间有一个垂直孔,其下部为凹形,以便由孔中排除空气。

(2)恒温水槽。控温的准确度为±0.1 ℃。

(3)烘箱。温度可达到 200 ℃,装有温度自动调节器。

(4)天平。感量不大于 1 mg。

(5)滤筛。0.6 mm、2.36 mm 各一个。

(6)温度计。0～50 ℃,分度为 0.1 ℃。

(7)烧杯。容积为 600～800 mL。

(8)真空干燥器(图 7.15)、软布、滤纸等。

(9)药品。玻璃仪器清洗液、三氯乙烯(分析纯)、蒸馏水、洗衣粉(或洗涤剂)。

2. 试验准备

(1)用洗液、水、蒸馏水先后仔细洗涤比重瓶,然后烘干称其质量(m_1),准确至 1 mg。将盛有新煮沸并冷却的蒸馏水的烧杯浸入恒温水槽中一同保温,在烧杯中插入温度计,水的深度必须超过比重瓶顶部 40 mm 以上,使恒温水槽及烧杯中的蒸馏水达到规定的试验要求温度。

 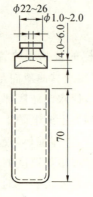 

图 7.14　沥青比重瓶　　　　　　　图 7.15　真空干燥器

(2)比重瓶水值的确定。

①将比重瓶及瓶塞放入恒温水槽中,烧杯底浸没水中的深度不小于 100 mm,烧杯口露出水面,并用夹具将其固牢。

②待烧杯中水温再次达到规定温度并保温 30 min 后,将瓶塞塞入瓶口,使多余的水由瓶塞上的毛细孔中挤出,注意比重瓶内不得有气泡。

③将烧杯从水槽中取出,再从烧杯中取出比重瓶,立即用干净软布将瓶塞顶部擦拭一次,迅速擦干比重瓶外面的水分,称其质量(m_2),准确至 1 mg。注意瓶塞顶部只能擦拭一次,即使由于膨胀瓶塞上有小水滴也不能再擦拭。

④以 $m_2 - m_1$ 作为试验温度时比重瓶的水值。

注:比重瓶的水值应经常校正,一般每年至少进行一次。

3.试验步骤

(1)液体沥青试样密度试验步骤。

①将试样过筛(0.6 mm)后,注入干燥比重瓶中至满,注意不要混入气泡。

②将盛有试样的比重瓶及瓶塞移入恒温水槽(测定温度±0.1 ℃)内盛有水的烧杯中,水面应在瓶口下约 40 mm。注意勿使水浸入瓶内。

③从烧杯内的水温达到要求的温度起,保温 30 min 后,将瓶塞塞上,使多余的试样由瓶塞的毛细孔中挤出。仔细用蘸有三氯乙烯的棉花擦净孔口挤出的试样,并注意保持孔中充满试样。

④从水中取出比重瓶,立即用干净软布仔细地擦去瓶外的水分或黏附的试样(注意不得再擦孔口)后,称其质量(m_3),准确至 1 mg。

(2)黏稠沥青试样密度试验步骤。

①将按规定方法准备好的沥青试样仔细注入比重瓶中,约至 2/3 高度。注意勿使试样黏附瓶口或上方瓶壁,并防止混入气泡。

②取出盛有试样的比重瓶,移入干燥器中,在室温下冷却不少于 1 h,连同瓶塞称其质量(m_4),准确至 1 mg。

③从水槽中取出盛有蒸馏水的烧杯,将蒸馏水注入比重瓶,再放入烧杯中(瓶塞也放入烧杯)。然后把烧杯放回已达到试验温度的恒温水槽中,从烧杯中的水温达到规定温度时算起,保温 30 min 后,使比重瓶中气泡上升到水面,用细针挑除。保温至水的体积不再变化

为止。待确认比重瓶已经恒温且无气泡后,再用保温在规定温度水中的瓶塞塞紧,使多余的水从塞孔中溢出,此时应注意不得带入气泡。

④保温 30 min 后,取出比重瓶,按前述方法迅速擦干瓶外水分后称其质量(m_5),准确至 1 mg。

(3)固体沥青试样密度试验步骤。

①试验前,如试样表面潮湿,可用干燥、清洁的空气吹干,或置于 50 ℃烘箱中烘干。

②将 50~100 g 试样打碎,过 0.6 mm 及 2.36 mm 筛。取 0.6~2.36 mm 的粉碎试样不少于 5 g 放入清洁、干燥的比重瓶中,塞紧瓶塞后称其质量(m_6),准确至 1 mg。

③取下瓶塞,将恒温水槽内烧杯中的蒸馏水注入比重瓶,水面高于试样约 10 mm,同时加入几滴表面活性剂溶液(如1%洗衣粉、洗涤灵),并摇动比重瓶使大部分试样沉入水底,必须使试样颗粒表面上附着气泡逸出。注意摇动时勿使试样摇出瓶外。

④取下瓶塞,将盛有试样和蒸馏水的比重瓶置于真空干燥箱(器)中抽真空,逐渐达到真空度 98 kPa(735 mmHg)不少于 15 min。如比重瓶试样表面仍有气泡,可再加几滴表面活性剂溶液,摇动后再抽真空。必要时,可反复几次操作,直至无气泡为止。

⑤将保温烧杯中的蒸馏水再注入比重瓶中至满,轻轻地塞好瓶塞,再将带塞的比重瓶放入盛有蒸馏水的烧杯中,并塞紧瓶塞。

⑥将装有比重瓶的盛水烧杯再置恒温水槽中保持至少 30 min 后,取出比重瓶,迅速擦干瓶外水分后称其质量(m_7),准确至 1 mg。

4. 计算与结果判定

(1)液体沥青试样的密度、相对密度分别按下式计算:

$$\rho_b = \frac{m_3 - m_1}{m_2 - m_1} \times \rho_T \tag{7.6}$$

$$\gamma_b = \frac{m_3 - m_1}{m_2 - m_1} \tag{7.7}$$

式中 ρ_b——试样在试验温度下的密度,g/cm³;

γ_b——试样在试验温度下的相对密度;

m_1——比重瓶质量,g;

m_2——比重瓶盛满水时的质量,g;

m_3——比重瓶与盛满试样时的合计质量,g;

ρ_T——试验温度下水的密度,g/cm³。

(2)黏稠沥青试样的密度、相对密度分别按下式计算:

$$\rho_b = \frac{m_4 - m_1}{(m_2 - m_1) - (m_5 - m_4)} \times \rho_T \tag{7.8}$$

$$\gamma_b = \frac{m_4 - m_1}{(m_2 - m_1) - (m_5 - m_4)} \tag{7.9}$$

式中 m_4——比重瓶与沥青试样合计质量,g;

m_5——比重瓶、试样与水的合计质量,g。

(3)固体沥青试样的密度、相对密度分别按下式计算:

$$\rho_b = \frac{m_6 - m_1}{(m_2 - m_1) - (m_7 - m_6)} \times \rho_T \tag{7.10}$$

$$\gamma_b = \frac{m_6 - m_1}{(m_2 - m_1) - (m_7 - m_6)} \tag{7.11}$$

式中 m_6——比重瓶与沥青试样合计质量,g;

m_7——比重瓶、试样与水的合计质量,g。

同一试样应平行测试两次,当两次测试结果的差值符合重复性试验的精度要求时,以平均值作为沥青的密度试验结果,并准确至3位小数,试验报告应注明试验温度。

7.5.5 石油沥青闪点及燃点测定

闪点是指加热沥青至挥发出的可燃气体和空气的混合物,在规定条件下与火焰接触,初次闪火(有蓝色闪光)时的沥青温度(℃)。燃点是指加热沥青产生的气体和空气的混合物,与火焰接触能持续燃烧5 s以上时,此时沥青的温度(℃)。燃点温度比闪点温度约高10 ℃。沥青质含量越多,闪点和燃点相差越大。液体沥青由于油分较多,闪点和燃点相差很小。闪点和燃点的高低表明沥青引起火灾或爆炸的可能性大小,它关系到运输、贮存和加热使用等方面的安全。所以必须测定沥青的闪点和燃点。

1. 试验目的

用开口杯测定石油沥青的闪点和燃点,以控制施工现场的温度。

2. 仪器设备与材料

(1)开口闪点和燃点测定器(图7.16)。可采用煤气灯、酒精喷灯或适当的电炉加热。测定闪点高于200 ℃试样时,必须使用电炉。

图7.16 开口闪点和燃点测定器

(2)内坩埚。上口内径为64 mm,底部内径为38 mm,高为47 mm,厚度为1 mm,内壁刻有2道环状标线,各与坩埚上口边缘的距离为12 mm和18 mm。

(3)外坩埚。厚度为1 mm。

(4)点火器。喷孔直径0.8~0.1 mm,应能调整火焰长度,形成3~4 mm近似球形,并能沿坩埚水平面任意移动。

(5)温度计。应符合液体温度计技术要求。

(6)铁支架。高约150 mm,无论用电炉或煤气加热,必须保证温度计能垂直地伸插在内坩埚中央。

(7)防护屏。由镀锌铁皮制成,高550~650 mm,屏身内壁涂成黑色。

(8)材料。溶剂油。

3. 试样制备

(1)试样中的水分大于0.1‰时必须脱水,脱水处理是在试样中加入新煅烧并冷却的食盐、硫酸钠或无水氯化钙进行。闪点低于100 ℃的试样脱水时不必加热,其他试样允许加热至50~80 ℃时用脱水剂脱水。脱水后取试样的上层澄清部分供试验使用。

(2)内坩埚用溶剂油洗涤后,放在点燃的煤气灯上加热,除去遗留的溶剂油。待内坩埚冷却至室温时放入装有细砂(经过煅烧)的外坩埚中,使细砂表面距离内坩埚的口部边缘约12 mm,并使内坩埚底部与外坩埚底部之间保持厚度为5~8 mm的砂层。对闪点在300 ℃以上的试样进行测定时,2只坩埚底部之间的砂层厚度允许酌量减薄,但在试验时必须保持规定的升温速度。

(3)试样注入内坩埚时,对于闪点低于等于210 ℃的试样,液面距离坩埚口部边缘为12 mm(即内坩埚内的上刻线处);对于闪点在210 ℃以上的试样,液面距离口部边缘为18 mm(即内坩埚内的下刻线处)。试样向内坩埚注入时不应溅出,而且液面以上的内坩埚壁不应沾有试样。

(4)将装好试样的坩埚平衡地放置在支架上的铁环(或电炉)中,再将温度计垂直地固定在温度计夹上,并使温度计的水银球位于内坩埚中央,与坩埚底和试样液面的距离大致相等。

(5)测定装置应放在避风和较暗的地方并用防护屏围着,使闪点现象能够看得清楚。

4. 试验步骤

(1)闪点。

①加热坩埚,使试样逐渐升温,当试样温度达到预计闪点前60 ℃时,调整加热速度,当试样温度达到预计闪点前40 ℃时,能控制升温速度为每分钟升高(4±1)℃。

②试样温度达到预计闪点前10 ℃时,将点火器的火焰放到距离试样液面10~14 mm处,并在该处水平面上沿着坩埚内径作直线移动,从坩埚的一边移至另一边所经过的时间为2~3 s。试样温度每升高2 ℃应重复一次点火试验。点火器的火焰长度应预先调整为3~4 mm。

③试样液面上方最初出现蓝色火焰时,立即从温度计读出温度作为闪点的测定结果,同时记录大气压力。试样蒸气的闪火同点火器火焰的闪光不应混淆,如果闪火现象不明显,必须在试样升高2 ℃时继续点火证实。

(2)燃点。

①测得试样闪点后,若还需测定燃点,应继续对外坩埚进行加热,使试样的升温速度为每分钟升高(4±1)℃,然后按上述闪点试验步骤②用点火器进行点火试验。

②试样接触火焰后立即着火并能继续燃烧不少于5 s,此时立即从温度计读出温度作为燃点的测定结果。

5. 结果计算

(1)大气压力低于 99.3 kPa(745 mmHg)时,试验所得的闪点或燃点 t_0(℃)按下式进行修正(精确到 1 ℃):

$$t_0 = t + \Delta t \tag{7.12}$$

式中　t_0——相当于 101.3 kPa(760 mmHg)大气压力的闪点或燃点,℃;
　　　t——在试验条件下测得的闪点或燃点,℃;
　　　Δt——修正数,℃。

(2)大气压力在 72.0～101.3 kPa(540～760 mmHg)范围内,修正数 Δt(℃)可按下面两式计算:

$$\Delta t = (0.00015t + 0.028)(101.3 - P) \times 7.5 \tag{7.13}$$

$$\Delta t = (0.00015t + 0.028)(760 - P_i) \tag{7.14}$$

式中　P——试验条件下的大气压力,kPa;
　　　t——在试验条件下测得的闪点或燃点(300 ℃以上仍按 300 ℃计),℃;
　　　0.00015、0.028——试验常数;
　　　7.5——大气压力单位换算系数;
　　　P_i——试验条件下的大气压力,mmHg。

大气压力在 64.0～71.9 kPa(480～539 mmHg)范围内,测得的闪点或燃点的修正数 Δt(℃)也可按上述式(7.14)计算,还可以从表 7.13 查出。

表 7.13　在下列大气压力[kPa(mmHg)]时的修正数 Δt　　　　℃

闪点	72.0	74.6	77.3	80.0	82.6	85.3	88.0	90.6	93.3	96.0	98.6
燃点	540	560	580	600	620	640	660	680	700	720	740
100	9	9	8	7	6	5	4	3	2	2	1
125	10	9	8	7	7	6	5	4	3	2	1
150	11	10	9	8	7	6	5	4	3	2	1
175	12	11	10	9	8	6	5	4	3	2	1
200	13	12	10	9	8	7	6	5	4	2	1
225	14	12	11	10	9	7	6	5	4	2	1
250	14	13	12	11	9	8	7	5	4	3	1
275	15	14	12	11	10	8	7	6	4	3	1
300	16	15	13	12	10	9	7	6	4	3	1

6. 结果评定

(1)重复性,同一操作者重复测定的 2 个闪点结果之差不应大于下列数值:当闪点不大于 150 ℃时,重复性为 4;当闪点大于 150 ℃时,重复性为 6。

(2)同一操作者重复测定的 2 个燃点结果之差不应大于 6 ℃。

(3)取重复测定 2 个闪点结果的算术平均值作为试样的闪点,取重复测定 2 个燃点结果的算术平均值作为试样的燃点。

7.5.6 石油沥青蜡含量测定法

用裂解蒸馏法测定石油沥青中的蜡含量,即将试样裂解蒸馏所得的馏出油用无水乙醚—无水乙醇混合溶剂溶解,在－20 ℃下冷却、过滤、冷洗。将过滤得到的蜡用石油醚溶解,从溶液中蒸出溶剂,干燥、称重求出蜡含量,适用于以天然原油的减压渣油生产的石油沥青。

1. 试剂和仪器

(1)试剂。

无水乙醚、无水乙醇、石油醚(60~90 ℃),均为化学纯。

(2)仪器。

石油沥青蜡含量测定仪。如图 7.17 所示。

①自动制冷装置。其冷浴槽可容纳由吸滤瓶、玻璃过滤漏斗、试样冷却筒和柱杆塞组成的冷冻过滤组件三套以上,或将冷冻过滤组件按图 7.18 组装成冷冻过滤装置。该两种装置的冷浴温度能够降至－22 ℃,并且能够控制在±0.1 ℃。

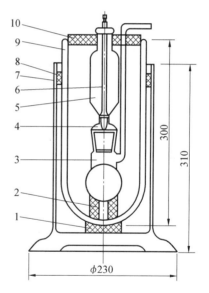

图 7.17 石油沥青蜡含量测定仪

图 7.18 冷冻过滤装置
1—橡胶托垫;2—托垫;3—吸滤瓶;4—玻璃过滤漏斗;5—冷却筒;6—柱杆塞;7—玻璃罩;8—固定圈;9—冷浴槽;10—塞子

②蜡冷冻过滤装置。由吸滤瓶、玻璃过滤漏斗、试样冷却筒和柱杆塞等组成。玻璃过滤漏斗中滤板的孔径为 20~30 μm。

③玻璃裂解蒸馏烧瓶,烧瓶支管即为冷凝管。

④锥形瓶。150 mL。

⑤真空泵。抽气速率不小于 1 L/s。
⑥温度计。应符合《石油产品试验用玻璃液体温度计技术条件》(GB/T 514—2005)。
⑦真空干燥箱。满足控制温度为 100～110 ℃，残压为 21～23 kPa。
⑧干燥器、热水浴或电热套(板)、燃气灯或花盆式电炉。

2. 试验步骤

(1)向裂解蒸馏瓶中装入试样约 50 g，称准至 0.1 g。用软木塞盖严蒸馏瓶。用已知质量的 150 mL 锥形瓶作为接收器，浸在装有碎冰的烧杯中。在接收器的软木塞侧开一小槽以使不凝气体逸出。用燃气灯火焰或具有同样加热效果的花盆电炉加热蒸馏瓶中的试样，但仲裁试验时用火焰加热。加热时必须让火焰或电炉加热面将烧瓶周围包住。

(2)调节火焰强度或电路的加热强度，使从加热开始起在 5～8 min 内达到初馏(支管头上流下第 1 滴)，以每秒 2 滴(4～5 mL/min)的速度连续蒸馏至馏出终止，然后在 1 min 内将烧瓶底烧红，必须使蒸馏从加热开始至结束在 25 min 内完成。蒸馏结束后，在支管中残留的馏出油不应流入接收器中，馏出油称准至 0.05 g。

(3)为避免蒸发损失，加热馏出油至微温并小心摇动接受瓶，可使馏出液充分混合。从混合油中称取适量的试样，加入已知质量的 100 mL 锥形瓶中，准确至 1 mg，使其经冷却过滤后所得的蜡量在 50～100 mg 之间，但馏出油的采样量不得超过 10 g。

(4)准备好符合控温精度的自动制冷装置，但仲裁试验时用自动制冷装置。设定制冷温度，使其冷浴温度保持在 −20～21 ℃，或在冷冻过滤装置中加入乙醇，用干冰降温，温度保持在 −20～21 ℃，把温度计浸没在 150 mm 深处。冷浴中液态冷媒的量应能使冷冻过滤组件浸在冷浴中时，其液面高度较试样冷却筒中的无水乙醚−无水乙醇液面高出约 100 mm 以上。

(5)将吸滤瓶、玻璃过滤漏斗、试样冷却筒和柱杆塞组成冷冻过滤组件。

(6)在盛有馏出油的 100 mL 锥形瓶中，加入 10 mL 无水乙醚充分溶解后移入试样冷却筒。用 15 mL 无水乙醚分两次冲洗锥形瓶后倒入试样冷却筒，再向试样冷却筒加入 25 mL 无水乙醇进行混合。

(7)将冷冻过滤组件放入已经预冷的冷浴中，冷却 1 h，使蜡充分结晶。在带有磨口塞的试管中装入 30 mL 无水乙醚−无水乙醇混合液(作洗液用)，并放入冷浴中冷却至 −20～21 ℃。

(8)拔下柱杆塞，过滤被析出的蜡。用适当方法将柱杆塞在试样冷却筒中吊置起来，保持自然过滤 30 min。

(9)启动抽滤装置，保持滤液的过滤速度为每秒 1 滴左右。当蜡层上的滤液将滤尽时，一次加入 30 mL 预冷至 −20 ℃的无水乙醚−无水乙醇(体积比为 1∶1)混合溶剂，洗涤蜡层、柱杆塞和试样冷却筒内壁，继续过滤，然后用真空泵抽滤。当冷洗剂在蜡层上看不见时，继续抽滤 5 min，将蜡中的溶剂抽干。

(10)从冷浴槽中取出冷冻过滤组件，取下吸滤瓶，换装在已知质量的蜡回收瓶上，待达到室温后，用 100 mL 加热至 30～40 ℃的石油醚将玻璃过滤漏斗、试样冷却筒和柱杆塞上的蜡溶解。

(11)将蜡回收瓶放在适宜的热源上蒸馏，除去石油醚后放入真空干燥箱中干燥 1 h。真空干燥箱中的温度为 (105±5)℃，残压为 21～35 kPa。然后将蜡回收瓶放入干燥器中冷却 1 h,称准至 0.1 mg。

3. 计算结果

按上述试验步骤(1)、(2)的裂解蒸馏操作 1 次,按上述试验步骤(3)～(11)的脱蜡操作进行 3 次,沥青中的蜡含量 X 按下式计算:

$$X(\%)=100\% \times (D \times P)/(S \times d) \tag{7.15}$$

式中　S——试样采样量,g;

D——馏出油量,g;

d——馏出油中试样采取量,g;

P——所得蜡质量,g。

相互间的差别不超过表 7.14 数值时认为正确。

表 7.14　石油沥青蜡含量测量要求

蜡含量/%	重复性	再现性
0.0～1.0	0.1	0.3
>1.0～3.0	0.3	0.5
>3.0	0.5	1.0

在方格纸上将所得蜡质量(g)作为横坐标,蜡含量(%)作为纵坐标,求出关系直线,用内插法求出蜡质量为 0.075 g 时的蜡含量作为报告的蜡含量(%)。

注:关系直线的方向系数只取正值,有两条直线时,取内插值。

7.5.7　沥青防水嵌缝密封材料试验

1. 概述

试验有关规范见表 7.15。

表 7.15　试验有关规范

规范名称	规范代号
《建筑窗用弹性密封胶》	JC/T 485—2007
《硅酮和硅酮建筑密封胶》	GB/T 14683—2017
《建筑防水沥青嵌缝油膏》	JC/T 207—2011
《建筑密封材料术语》	GB/T 14682—2006

(1)水泥砂浆基材及制备。

水泥砂浆基材的制备直接受基材几何形状的影响,规定基材尺寸为 75 mm×25 mm×12 mm,原材料选用 P·O42.5 级水泥、标准砂和蒸馏水。

①对水泥砂浆基材的一般规定和要求。水泥砂浆基材表面应具有足够的内聚强度,以承受密封材料试验过程中产生的应力,与密封材料黏结的表面应无浮浆、无松动砂粒和脱模剂。用规定的搅拌机按标准方法混合砂浆,砂浆的质量配合比为 $m(水泥):m(砂):m(水)=1:2:0.4$。

②制备表面光滑的基材。将砂浆在 2 min 内分两层填入模具,每层以约 3 kHz 的频率

振实,然后用刮刀修平表面。在(20±1)℃、90%±5%的环境中养护基材,24 h 后拆模。将基材在(20±1)℃的水中放置28 d,然后湿磨砂浆基材的表面,或用金刚石锅片注水锅切,取出干燥至恒重后备用。用此方法制备的水泥砂浆基材的表面应光滑平整,允许有少量小孔。

③制备表面粗糙的基材。将砂浆一次填满模具,并使砂浆少许富余,按规定用跳桌振动砂浆30次,在(20±1)℃温度和90%±5%相对湿度下放置。装模2~3 h后修饰砂浆,除去浮沫并用刮刀修平,在(20±1)℃温度和90%±5%相对湿度下养护。成型约20 h后,用金属丝沿长度方向反复用力刷基材表面,直至砂粒暴露,然后拆模并将基材放入(20±1)℃水中养护28 d,取出干燥至恒重后备用。用此方法制备的水泥砂浆基材的表面应是粗糙的,不允许有任何孔洞。

(2)玻璃基材与制备。

从公称厚度(6.0±0.1)mm、折射率0.85的清洁浮法玻璃板上制取基材。如果在试验中光的照射不作为影响因素,其公称厚度可较大,如8 mm。

2. 密度的测定

本方法适用于非定形密封材料密度的测定,其原理是在已知容积的金属环内填充等体积的试样,测量试样的质量,以试样的质量和体积计算试样的密度。标准试验条件为温度(23±2)℃、相对湿度50%±5%。试验前,待测样品及所用器具应在标准条件下放置至少24 h。

(1)主要仪器设备。

①金属环。由黄铜或不锈钢制成,高为12 mm、内径为65 mm、厚为2 mm,环的上表面和下表面要平整光滑,与上板和下板密封良好。

②上板和下板。使用玻璃板,表面要平整,与金属环密封良好,上板有V形缺口,上板厚度为2 mm,下板厚度为3 mm,尺寸均为85 mm×85 mm。

③滴定管。容量为50 mL。

④天平。感量为0.1 g。

(2)试验步骤。

①标定金属环容积。将金属环置于下板中部,与下板密切接合,为防止滴定时漏水,可用密封材料等密封下板与金属环的接缝处,用滴定管向金属环中滴注约23 ℃的水,即将满盈时盖上上板,继续滴注水,直至环内气泡消除。从滴定管的读数差求取金属环的容积。

②质量的测定。将金属环置于下板中部,测定其质量。在金属环内填充试样,将试样在金属环和下板上填嵌密实,不得有空隙,一直填充到金属环的上部,然后用刮刀沿环上部刮平,测定质量。

③试样体积的校正。对试样表面出现凹陷的试样应进行体积校正,将上板小心盖在填有试样的环上,上板的缺口对准试样凹陷处,用滴定管向试样表面的凹陷处滴注水,直至金属环内气泡全部消除,从滴定管的读数差求取试样表面凹陷处的容积。

(3)结果计算。

材料密度按下式计算,取3个试件的平均值:

$$\rho = \frac{m_1 - m_0}{V - V_c} \tag{7.16}$$

式中 ρ——材料密度,g/cm³;

V——金属环的容积,cm^3 或 mL;

m_0——下板和金属环的质量,g;

m_1——下板、金属环及试样的质量,g;

V_c——试样凹陷处的容积,g/cm^3 或 mL。

3. 表干时间测定

本方法适用于测定用挤枪或刮刀施工的嵌缝密封材料的表面干燥性能,其原理是在规定条件下将密封材料试样填充到规定形状的模框中,用在试样表面放置薄膜或接触的方法测量其干燥程度,反映薄膜或手指上无黏附试样所需的时间。标准试验条件为温度(23 ± 2)℃,相对湿度50%±5%。

(1)试验器具。

①黄铜板。平面尺寸为 19 mm×38 mm,厚度约为 6.4 mm。

②模框。矩形,用钢或铜制成,内部尺寸为 25 mm×95 mm,外形尺寸为 50 mm×120 mm,厚度为 3 mm。

③玻璃板。平面尺寸为 80 mm×130 mm,厚度为 5 mm。

④聚乙烯薄膜。2 张,平面尺寸为 25 mm×130 mm,厚度约为 0.1 mm。

⑤刮刀、无水乙醇等。

(2)试件制备。

用丙酮等溶剂清洗模框和玻璃板,将模框居中放置在玻璃板上,用在(23 ± 2)℃下至少放置 24 h 的试样填满模框,勿混入空气。多组分试样在填充前应按生产厂家的要求将各组分混合均匀,用刮刀刮平试样,使之厚度均匀,同时制备两个试件。

(3)试验与结果。

将制备好的试件在标准条件下静置一定时间,然后在试样表面纵向 1/2 处放置聚乙烯薄膜,薄膜上中心位置加放黄铜板。30 s 后移去黄铜板,将薄膜以 90°角从试样表面在 15 s 内匀速揭下。相隔适当时间在另外部位重复上述操作,直至无试样黏附在聚乙烯条上为止。记录试件成型后至试样不再黏附在聚乙烯条上所经历的时间。

用下列简便方法也可进行试验,即将制备好的试件在标准条件下静置一定的时间,然后用无水乙醇擦净手指端部,轻轻接触试件上 3 个不同部位的试样。相隔适当时间重复上述操作,直至无试样黏附在手指上为止。记录试件成型后至试样不黏附在手指上所经历的时间。

4. 流动性测定

本方法适用于非下垂型密封材料的下垂度和自流平型密封材料的流平性测定,其原理是在规定条件下,将非下垂型密封材料填充到规定尺寸的模具中,在不同温度下以垂直或水平位置保持规定时间,报告试样流出模具端部的长度。

(1)主要仪器设备。

①下垂度模具。如图 7.19 所示,无气孔且光滑的槽形模具,宜用阳极氧化或非阳极氧化铝合金制成,长度为(150 ± 0.2)mm,两端开口,其中一端底面延伸(50 ± 0.5)mm。槽的横截面内部尺寸为宽(20 ± 0.2)mm,深(10 ± 0.2)mm。其他尺寸的模具也可使用,如宽(10 ± 0.2)mm、深(10 ± 0.2)mm。

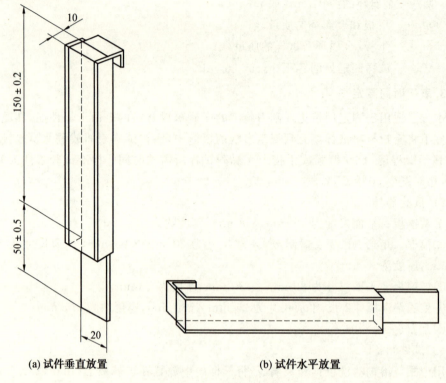

(a) 试件垂直放置　　　　(b) 试件水平放置

图 7.19　下垂度模具

②流平性模具。如图 7.20 所示,两端封闭的槽形模具,用 1 mm 厚耐蚀金属制成,槽的内部尺寸为 150 mm×20 mm×15 mm。

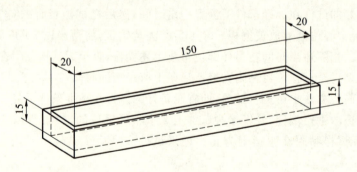

图 7.20　流平性模具

③鼓风干燥箱。温度控制在(50±2)℃、(70±2)℃。

④低温恒温箱。如图 7.21 所示,温度控制在(5±2)℃。

⑤钢板尺。刻度单位为 0.5 mm。

⑥聚乙烯条。厚度不大于 0.5 mm,宽度能遮盖下垂度模具槽内侧底面的边缘,在试验条件下,长度变化不大于 1 mm。

(2)试件制备。

按规定试验要求确定所用模具的数量,将下垂度模具用丙酮等溶剂清洗干净并干燥。把聚乙烯条衬在模具底部。使其盖住模具上部边缘,并固定在外侧,然后将已在(23±2)℃

图 7.21 低温恒温箱

下放置 24 h 的密封材料用刮刀填入模具内。制备试件时要避免形成气泡,在模具内表面上将密封材料压实,修整密封材料的表面,使其与模具的表面和末端齐平,放松模具背面的聚乙烯条。

(3)试验步骤。

对不同试验温度(70 ℃、50 ℃、5 ℃)及试验步骤 A 或 B,各测试一个试件。工程实际中可根据协商选择试验步骤 A 或 B 进行测试。

①试验步骤 A。将制备好的试件立即垂直放置在已调节至(70±2)℃或(50±2)℃的干燥箱和(5±2)℃的低温箱内,模具的延伸端向下,放置 24 h。然后从干燥箱或低温箱中取出试件,用钢板尺在垂直方向上测量每一试件中试样从底面往延伸端向下移动的距离(mm)。

②试验步骤 B。将制备好的试件立即水平放置在已调节至(70±2)℃或(50±2)℃的干燥箱和(5±2)℃的低温箱内,使试样的外露面与水平面垂直,放置 24 h。然后从干燥箱或低温箱中取出试件,用钢板尺测量在水平方向上每一试件中试样超出槽形模具前端的最大距离(mm)。

如果试验失败,允许重复一次试验,但只能重复一次。当试样从槽形模具中滑脱时,模具内表面可按生产方的建议进行处理,然后重复进行试验。

(4)流平性的测定。

①将流平性模具用丙酮溶剂清洗干净并干燥,然后将试样和模具在(23±2)℃下放置至少 24 h。每组制备一个试件。

②将试样和模具在(5±2)℃的低温箱中处理 16～24 h,然后沿水平放置的模具的一端到另一端注入约 100 g 试样,在此温度下放置 4 h,观察试样表面是否光滑平整。

多组分试样在低温处理后取出,按规定配比将各组分混合 5 min,然后放入低温箱内静置 30 min,再按上述方法试验。

5. 拉伸黏结性测定

本方法适用于测定建筑密封材料的拉伸强度、断裂伸长率以及与基材的黏结状况,其原理是将待测密封材料黏结在两个平行基材的表面之间,制成试件。将试件拉伸至破坏,以计算拉伸强度、断裂伸长率及绘制应力—应变曲线的方法表示密封材料的拉伸性能。标准试验条件为温度(23±2)℃,相对湿度为50%±5%。

(1)主要仪器设备。

①黏结基材。水泥砂浆板、玻璃板或铝板(用于制备试件,每个试件用两个基材),也可选用其他材质和尺寸的基材,但密封材料试样黏结尺寸及面积应与前面相同。

②隔离垫块。表面应防黏,用于制备密封材料截面为12 mm×12 mm的试件。如隔离垫块的材质与密封材料相黏结,其表面应进行防黏处理,如薄涂蜡层。

③防黏材料。防黏薄膜或防黏纸,如聚乙烯薄膜等。

④拉力试验机。如图7.22所示,配有记录装置,拉伸速度可调范围为5~6 mm/min。

⑤冷箱。容积能容纳拉力试验机拉伸装置,温度可调至(-20±2)℃。

⑥鼓风干燥箱。温度可调至(70±2)℃。

⑦容器。用于浸泡处理试件。

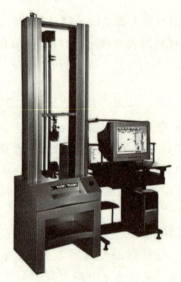

图7.22 拉力试验机

(2)试件制备。

①用脱脂纱布清除水泥砂浆板表面浮灰,用丙酮等溶剂清洗铝板或玻璃板并干燥。按密封材料生产方的要求制备试件,每种基材同时制备3个试件。

②在防黏材料上将两块黏结基材与两块隔离垫块组装成空腔,然后将在(23±2)℃下预先处理24 h的密封材料样品嵌填在空腔内,制成试件。嵌填试样时须注意避免形成气泡,将试样挤压在基材的黏结面上,黏结密实,修整试样表面,使之与基材与垫块的上表面齐平。

③将试件侧放,尽早去除防黏材料,以使试样充分固化。在固化期内,应使隔离垫块保持原位。

(3)试件处理。

试件可选择下列方法处理,处理后的试件在测试之前,应于标准试验条件下放置至少24 h。将制备好的试件于标准试验条件下放置28 d,接着再将试件按下述程序处理3个循环:在(70±2)℃干燥箱内存放3 d;在(23±2)℃蒸馏水中存放1 d;在(70±2)℃干燥箱内存放 2 d;在(23±2)℃蒸馏水中存放 1 d。

(4)试验步骤。

①试验在(23±2)℃和(−20±2)℃两个温度下进行,每个测试温度测 3 个试件。

②当试件在−20 ℃温度下进行测试时,需预先将试件在(−20±2)℃温度下至少放置 4 h。

③除去试件上的隔离垫块,将试件装入拉力试验机,以 5~6 mm/min 的速度将试件拉伸至破坏,记录应力−应变曲线。

(5)结果计算。

①拉伸强度按下式计算,取 3 个试件的算术平均值:

$$T_s = \frac{P}{S} \tag{7.17}$$

式中 T_s——拉伸强度,MPa;

P——最大拉力值,N;

S——试件截面面积,mm^2。

②断裂伸长率按下式计算,取 3 个试件的算术平均值:

$$E = \frac{B_1 - B_0}{B_0} \times 100\% \tag{7.18}$$

式中 E——断裂伸长率,%;

B_0——试件的原始宽度,mm;

B_1——试件破坏时的拉伸宽度,mm。

6. 浸水后拉伸黏结性测定

本方法适用于测定浸水对建筑密封材料拉伸强度、断裂伸长率以及与基材黏结状况的影响,其原理是将密封材料试样黏结在两个平行基材的表面之间,制成试验试件和参比试件。将试验试件在规定条件下浸水,然后将试验试件和参比试件拉伸至破坏,报告试验试件和参比试件的拉伸强度、断裂伸长率以及应力−应变曲线。试验室标准试验条件为:温度(23±2)℃、相对湿度 50%±5%。

(1)主要仪器设备及材料。

①黏结基材。水泥砂浆板、玻璃板或铝板(用于制备试件每个试件用两个基材),也可选用其他材质和尺寸的基材,但密封材料试样黏结尺寸及面积应与前面相同。

②隔离垫块。表面应防黏,用于制备密封材料截面为 12 mm×12 mm 的试件,如果隔离垫块的材质与密封材料相黏结,其表面应进行防黏处理,如薄涂蜡层。

③防黏材料。防黏薄膜或防黏纸,如聚乙烯薄膜等,宜按密封材料生产厂的建议使用,用于制备试件。

④拉力试验机。配有记录装置,能以 5~6 mm/min 的速度拉伸试件。

⑤鼓风干燥箱。温度可调至(70±2)℃。

⑥容器。用于浸泡试件。

(2)试件制备。

①用脱脂纱布清除水泥砂浆板表面浮灰,用丙酮等溶剂清洗铝板或玻璃板并干燥。

②按密封材料生产方的要求制备试件,每种基材应同时制备 3 个试验试件和 3 个参比试件。

③在防黏材料上将两块黏结基材与两块隔离垫块组装成空腔,然后将在(23±2)℃下预先处理 24 h 的密封材料样品嵌填在空腔内,制成试件。嵌填试样时注意事项同前。

④将试件侧放,尽早去除防黏材料,以使试样充分固化。在固化期内应使隔离垫块保持原位。

(3)试验步骤。

①将处理后的试件放入(23±2)℃蒸馏水中浸泡 4 d,接着将试验试件于标准试验条件下放置 1 d。

②除去试件上的隔离垫块,将试验试件和参比试件装入试验机,以 5~6 mm/min 的速度拉伸至试件破坏,记录应力—应变曲线。拉伸试验在(23±2)℃的温度下进行。

(4)结果计算。

①拉伸强度按下式计算,取 3 个试件的算术平均值:

$$T_s = \frac{P}{S} \tag{7.19}$$

式中 T_s——拉伸强度,MPa;
P——最大拉力值,N;
S——试件截面面积,mm^2。

②断裂伸长率按下式计算,取 3 个试件的算术平均值:

$$E = \frac{B_1 - B_0}{B_0} \times 100\% \tag{7.20}$$

式中 E——断裂伸长率,%;
B_0——试件的原始宽度,mm;
B_1——试件破坏时的拉伸宽度,mm。

第 8 章 稳定土

在土(包括各种粗、中、细粒土)中掺入适量的石灰、水泥、工业废渣、沥青及其他材料后,按照一定技术要求经拌合,在最佳含水量下压实成型,经一定龄期养护硬化后,其抗压强度符合规定要求的混合材料称为稳定土。

稳定土的刚度介于柔性路面材料和刚性路面材料之间,通常称稳定土为半刚性材料。稳定土具有稳定性好、抗冻性好、整体性好、后期强度较高、结构本身自成板体、耐磨性差等特点。其广泛用于修筑路面结构基层和底基层。

8.1 稳定土的组成

1. 土

各种成因的土都可用石灰来稳定,但生产实践证明,黏性土较好,其稳定效果显著,强度也高。采用高液限黏土时施工中不易粉碎;采用粉性土的石灰土早期强度较低,但后期强度可满足使用要求;采用低液限土时易拌合,但难以碾压成型,稳定的效果不显著。所以,在选取土时,既要考虑其强度,还要考虑到施工时易于粉碎、便于碾压成型。一般采用塑性指数为 15~20 的黏性土比较好。塑性指数偏大的黏土,要加强粉碎,粉碎后,土中的土块不宜超过 15 mm。经验证明,塑性指数小于 15 的土不宜用石灰稳定。对于硫酸盐类含量(质量分数,下同)超过 0.8% 或腐殖质含量超过 10% 的土,对强度有显著影响,不宜直接采用。

2. 稳定材料(稳定剂)

(1)石灰。

用于稳定土的石灰应是消石灰或生石灰粉,对高速公路或一级公路宜用磨细生石灰粉。所用石灰质量应为合格品以上,应尽量缩短石灰的存放时间。石灰剂量对石灰土的强度有显著影响,生产实践中常用的最佳剂量范围为:黏性土及粉性土为 8%~14%,砂性土为 9%~16%。

(2)水泥。

各种类型的水泥都可用于稳定土,相比较而言,硅酸盐水泥的稳定效果较好。所掺水泥量以能保证水泥稳定土技术性能指标为前提。

(3)粉煤灰。

粉煤灰是火力发电厂排出的废渣,属硅质或硅铝质材料,本身很少有或没有黏结性,当它以分散状态与水和消石灰或水泥混合,可以发生反应形成具有黏结性的化合物。粉煤灰加入土可以用来稳定各种粒料和土。

3. 水

水可以促使稳定土发生一系列物理、化学变化,形成强度。水有利于土的粉碎、拌合、压实,并且有利于养护。此外所用水必须是清洁的,通常要求使用饮用水。

8.2 稳定土的技术性质

1. 强度

(1)强度形成原理。

在土中掺入适量的石灰,并在最佳含水量下拌匀压实,使石灰与土发生一系列物理、化学作用,从而使土的性质得到根本改善。这种强度形成的过程一般经历了以下几种作用过程:离子交换作用、结晶硬化作用、火山灰作用、碳化作用、硬凝作用和吸附作用。

①离子交换作用。土的微小颗粒有一定的胶体性质,它们一般都带有电荷,表面吸附一定数量的钠、氢、钾等低价阳离子,石灰是一种电解质,在土中加入石灰和水后,石灰在溶液中电离出来的钙离子就与土中的钠、氢、钾离子产生离子交换作用,原来的钠(钾)土变成了钙土,土颗粒表面所吸附的离子由一价变成二价,减少了土颗粒表面吸附水膜的厚度,使土粒相互之间更为接近,分子引力随之增加,许多单个土粒聚成小团粒,进而组成一个稳定结构。

②结晶硬化作用。在石灰中只有一部分熟石灰 $Ca(OH)_2$ 进行离子交换作用,绝大部分饱和的 $Ca(OH)_2$ 自结晶。熟石灰与水作用生成熟石灰结晶网格,其化学反应式为

$$Ca(OH)_2 + nH_2O \longrightarrow Ca(OH)_2 \cdot nH_2O$$

③火山灰作用。熟石灰中的游离钙离子(Ca^{2+})与土中的活性氧化硅(SiO_2)和氧化铝(Al_2O_3)作用生成含水的硅酸钙和铝酸钙的化学反应实质上就是火山灰作用。生成物在土的团粒外围形成一层稳定的保护膜,具有很强的黏结能力;同时阻止水分进入,使土的水稳定性提高。其化学反应式为

$$xCa(OH)_2 + SiO_2 + nH_2O \longrightarrow xCaO \cdot SiO_2(n+1)H_2O$$
$$2Ca(OH)_2 + Al_2O_3 + nH_2O \longrightarrow xCaO \cdot Al_2O_3(n+1)H_2O$$

④碳化作用。土中的 $Ca(OH)_2$ 与空气中的 CO_2 作用,生成碳酸钙的过程。其化学反应式为

$$Ca(OH)_2 + CO_2 + nH_2O \longrightarrow CaCO_3 + (n+1)H_2O$$

碳酸钙($CaCO_3$)是坚硬的结晶体,它和其生成的复盐把土粒胶结起来,从而大大提高了土的强度和整体性。

⑤硬凝作用。此作用主要是水泥水化生成胶结性很强的各种物质,如水化硅酸钙、水化铝酸钙等,这种物质能将松散的颗粒胶结成整体材料。这种作用对于水泥稳定粗粒土和中粒土的作用显著。

⑥吸附作用。某些稳定剂加入土中后能吸附于颗粒表面,使土颗粒表面具有憎水性或使颗粒表面黏结性增加,如沥青稳定剂。

(2)影响强度的因素。

稳定土的强度一般通过无侧限强度试验检测。以石灰稳定土为例,其强度可以分为未养护强度和养护强度。未养护强度是土中掺入石灰后,立刻发生一些有益于强度增加的反应(如阳离子反应、絮凝团聚作用)所带来石灰土强度的提高。养护强度是火山灰长期作用

的结果。

在最佳含水量下形成的石灰稳定细粒土的无侧限抗压强度范围为 0.17~2.07 MPa。石灰土的强度受到土质、石灰品质、密实度等内因和养护温度与湿度、养护龄期等外因的影响。

①土质的影响。一般而言，黏土颗粒活性强、比表面积大，与石灰之间的强度形成作用比较强。故石灰土强度随土的塑性指数增加以及土中黏粒含量增加而增加。经试验，粉质土的稳定效果最佳。

②石灰品质。钙质石灰比镁质石灰稳定土的初期强度高，特别是在剂量不大的情况下；但镁质石灰土后期强度并不比钙质石灰土差。石灰的质量等级越高，细度越大，稳定效果越好。

③密实度。随着石灰土密实度的提高，其无侧限抗压强度也显著增大，而且其抗冻性、水稳定性均得以提高，缩裂现象也减少。

④养护温度与湿度。潮湿环境中养护石灰土的强度要高于空气中养护的强度。在正常条件下，随着养护温度的提高，石灰土的强度增大，发展速度加快。在负温条件下，石灰土强度基本停止发展，冰冻作用可以使石灰土的强度受损失。

⑤养护龄期。石灰土早期强度低，增长速度快，后期强度增长速率趋缓，并在较长时间内随时间增长而发展。石灰土强度发展可持续达 10 年之久。稳定土的强度随龄期的增长而不断增加，逐渐具有一定的刚性。一般规定，水泥稳定土的设计龄期为 3 个月，石灰或石灰粉煤灰稳定土的设计龄期为 6 个月。

2. 稳定土的疲劳特性

稳定土的疲劳寿命主要取决于重复应力与极限应力之比 σ_f/σ_s，原则上当 $\sigma_f/\sigma_s < 50\%$ 时，稳定土可接受无限次重复加荷次数而无疲劳破裂，但是由于材料的变异性，实际试验时其疲劳寿命要小得多。在一定应力条件下，稳定土的寿命取决于其强度和刚度。强度越大刚度越小，其疲劳寿命就越长。由于稳定土材料的不均匀性，其疲劳寿命还与本身试验的变异性有关。

3. 稳定土的变形性能

(1)干缩特性。

稳定土经拌合压实后，由于水分挥发和本身内部的水化作用，稳定土的水分会不断减少。由此发生的毛细管作用、吸附作用、分子间力的作用、材料矿物晶体或凝胶体间水的作用和碳化收缩作用等会引起稳定土的体积收缩。稳定土的干缩性与结合料的种类、剂量、土的类别、含水量和龄期等有关。

(2)温度收缩特性。

由于稳定土是由固相、液相和气相三相组成，因此稳定土的胀缩性能是三相在不同温度条件下胀缩性能综合效应的结果。稳定土中的气相大都与大气贯通，在综合效应中影响很小，可忽略不计。稳定土砂粒以上颗粒的温度收缩性较小，粉粒以下的颗粒温度收缩性较大。稳定土的温度收缩特性与结合料类别、粒料含量、龄期等有关。稳定土施工时应非常关注养护环节。

4. 稳定土的水稳定性和冰冻稳定性

稳定土处于道路路面面层之下，当面层开裂产生渗水时，会使得稳定土的含水量增加，强度降低，从而导致路面提前破坏。在寒冷地区，冰冻将加剧这种破坏。

稳定土的水稳定性和冰冻稳定性主要与土的水稳定性、稳定材料种类、稳定土的密实程度以及养护龄期有关。一般采用浸水强度试验和冻融循环试验检测。

8.3 稳定土的配合比设计

稳定土的配合比又称组成，是指构成稳定土各种组成材料的用量之比，而配合比设计称为组成设计。

按照《公路路面基层施工技术细则》(JTG/TF 20—2015)规定进行组成设计时，应按设计要求，选择技术经济合理的混合料类型和配合比；应根据公路等级、交通荷载等级、结构形式、材料类型等因素确定材料技术要求。设计过程包括原材料检验、目标配合比设计、生产配合比设计和施工配合比设计四部分。

(1)原材料检验。

原材料检验是指对所有构成稳定土的组成材料的技术性能指标进行检验，以确保用于构成稳定土的组成材料质量是合格的。

(2)目标配合比设计。

选择级配范围，确定结合料类型及掺配比例，验证目标配合比的设计及施工技术指标。

(3)生产配合比设计。

生产配合比设计包括确定料仓供料比例，水泥稳定材料的容许延迟时间，结合料计量的标定曲线，混合料的最佳含水率和最大干密度。

(4)施工配合比设计。

施工配合比设计包括确定施工中结合料的计量，施工合理含水率及最大干密度，验证混合料强度技术指标。

采用不同结合料的稳定土，其强度要求应分别满足表 8.1～8.4 的规定。

表 8.1　水泥稳定土 7 d 抗压强度　　　　　　　　　MPa

结构层	公路等级	极重、特重交通	重交通	中、轻交通
基层	高速公路和一级公路	5.0～7.0	4.0～6.0	3.0～5.0
	二级及二级以下公路	4.0～6.0	3.0～5.0	2.0～4.0
底基层	高速公路和一级公路	3.0～5.0	2.5～4.5	2.0～4.0
	二级及二级以下公路	2.5～4.5	2.0～4.0	1.0～3.0

注：①公路等级高或交通荷载等级高或结构安全性要求高时，推荐取上限强度标准；
　　②表中强度标准指的是 7 d 龄期无侧限抗压强度的代表值，本节以下各表同。

表 8.2　石灰粉煤灰稳定土 7 d 抗压强度　　　　　　　　　　　　　　　　MPa

结构层	公路等级	极重、特重交通	重交通	中、轻交通
基层	高速公路和一级公路	≥1.1	≥1.0	≥0.9
基层	二级及二级以下公路	≥0.9	≥0.8	≥0.7
底基层	高速公路和一级公路	≥0.8	≥0.7	≥0.6
底基层	二级及二级以下公路	≥0.7	≥0.6	≥0.5

注：石灰粉煤灰稳定材料强度不满足要求时，可外加混合料质量 1%～2% 的水泥。

表 8.3　水泥粉煤灰稳定土 7 d 抗压强度　　　　　　　　　　　　　　　　MPa

结构层	公路等级	极重、特重交通	重交通	中、轻交通
基层	高速公路和一级公路	4.0～5.0	3.5～4.5	3.0～4.0
基层	二级及二级以下公路	3.5～4.5	3.0～4.0	2.5～3.5
底基层	高速公路和一级公路	2.5～3.5	2.0～3.0	1.5～2.5
底基层	二级及二级以下公路	2.0～3.0	1.5～2.5	1.0～2.0

表 8.4　石灰稳定土 7 d 抗压强度　　　　　　　　　　　　　　　　MPa

结构层	高速公路和一级公路	二级及二级以下公路
基层	—	≥0.8[a]
底基层	≥0.8	0.5～0.7[b]

注：石灰土强度达不到规定的抗压强度标准时，可添加部分水泥，或改用另一种土。塑性指数过小的土，不宜用石灰稳定，宜改用水泥稳定。

a：在低塑性材料（塑性指数小于 7）地区，石灰稳定砾石土和碎石土的 7 d 龄期无侧限抗压强度应大于 0.5 MPa（100 g 平衡锥测液限）。

b：低限用于塑性指数小于 7 的黏性土，且低限值宜仅用于二级以下公路。高限用于塑性指数大于 7 的黏性土。

8.4　石灰试验

8.4.1　石灰有效氧化钙含量测定

1. 目的和适用范围

本方法适用于测定各种石灰的有效氧化钙含量。本试验采用《公路工程无机结合料稳定材料试验规程》(JTG E51—2019)中的 T0811—2009 石灰有效氧化钙测定方法。

2. 仪器设备及试剂

(1) 仪器设备。

①筛子。筛孔尺寸为 0.15 mm，1 个。

②烘箱。50～250 ℃,1台。

③干燥器。ϕ25 mm,1个。

④称量瓶。ϕ30 mm×50 mm,10个。

⑤瓷研钵。ϕ12～13 cm,1个。

⑥分析天平。万分之一,1台。

⑦架盘天平。感量0.1 g,1台。

⑧电炉。1 500 W,1个。

⑨大肚移液管。25 mL、50 mL各1支。

⑩滴定台及滴定管夹各一套。

⑪其他。石棉网(20 cm×20 cm)、玻璃珠(ϕ3 mm,一袋)、具塞三角瓶(250 mL,20个)、漏斗、塑料洗瓶、塑料桶(20 L)、下口蒸馏水瓶(5 000 mL)、三角瓶(300 mL,10个)、容量瓶(250 mL、1 000 mL各1个)、量筒(200 mL、100 mL、50 mL、5mL各1个)、试剂瓶(250 mL、1 000 mL各5个)、塑料试剂瓶(1 L)、烧杯(50 mL,5个;250 mL或300 mL,10个)、棕色广口瓶(60 mL,4个;250 mL,5个)、滴瓶(60 mL,3个)、酸滴定管(50 mL,2支)、表面皿(7 cm,10块)、玻璃棒、试剂勺、吸水管、洗耳球等。

(2)试剂。

①蔗糖(分析纯)。

②酚酞指示剂。称取0.5 g酚酞溶于50 mL95％乙醇中。

③0.1％甲基橙水溶液。称取0.05 g甲基橙溶于50 mL蒸馏水中。

④盐酸标准溶液(相当于0.5 mol/L)。将42 mL浓盐酸(相对密度为1.19)稀释至1 L。

3. 准备试样

(1)生石灰试样。

将生石灰样品打碎,使颗粒不大于2 mm。拌合均匀后用四分法缩减至200 g左右,放入瓷研钵中研细。再经四分法缩减几次至剩下20 g左右。研磨所得石灰样品,使其通过0.10 mm的筛。从此细样中均匀挑取约10 g,置于称量瓶中在100 ℃烘干1 h,贮存于干燥器中,供试验用。

(2)消石灰试样。

将消石灰样品用四分法缩减至约10 g。如有大颗粒存在须在瓷研钵中磨细至无不均匀颗粒存在为止。置于称量瓶中在105～110 ℃烘1 h,贮存于干燥器中,供试验用。

4. 试验步骤

(1)称取约0.5 g试样,记录为m_1,放入干燥的250 mL具塞三角瓶中,取5 g蔗糖覆盖在试样表面,投入干玻璃珠15粒,迅速加入新煮沸并已冷却的蒸馏水50 mL,立即加塞振荡15 min(如有试样结块或黏于瓶壁现象,则应重新取样)。

(2)打开瓶塞,用水冲洗瓶塞及瓶壁,加入2～3滴酚酞指示剂,用盐酸标准溶液滴定(滴定速度以每秒2～3滴为宜),至溶液的粉红色显著消失并在30 s内不再复现即为终点。

5. 试验结果

按下式计算有效氧化钙的含量(X)。

$$X = \frac{V \times M \times 0.028}{m_1} \times 100\% \qquad (8.1)$$

式中 V——滴定时消耗盐酸标准溶液的体积，mL；

0.028——氧化钙毫克当量；

m_1——试样质量，g；

M——盐酸标准溶液的浓度，mol/L。

对同一石灰样品至少应做两个试样和进行两次测定，并取两次结果的平均值代表最终结果。

8.4.2 石灰氧化镁含量测定

1. 目的与适用范围

本试验方法适用于测定各种石灰的总氧化镁含量。本试验采用《公路工程无机结合料稳定材料试验规程》(JTGE 51—2009)中的 T0812—1994 石灰氧化镁测定方法。

2. 仪器设备及试剂

(1)仪器设备。

同有效氧化钙含量测定的仪器设备。

(2)试剂。

①1∶10 盐酸。将 1 体积盐酸(相对密度为 1.19)以 10 体积蒸馏水稀释。

②氢氧化铵-氯化铵缓冲溶液。将 67.5 g 氯化铵溶于 300 mL 无二氧化碳蒸馏水中，加入浓氢氧化铵(相对密度为 0.90)570 mL，然后用水稀释至 1 000 mL。

③酸性铬兰 K-萘酚绿 B(1∶2.5)混合指示剂。称取 0.3 g 酸性铬兰 K 和 0.75 g 萘酚绿 B 与 50 g 已在 105 ℃烘干的硝酸钾混合研细，保存于棕色广口瓶中。

④EDTA 二钠标准溶液。将 10 g EDTA 二钠溶于温热蒸馏水中，待全部溶解并冷至室温后，用水稀释至 1 000 mL。

⑤氧化钙标准溶液。精确称取 1.784 8 g 在 105 ℃烘干(2 h)的碳酸钙，置于 250 mL 烧杯中，盖上表面皿，从杯嘴缓慢滴加 1∶10 盐酸 100 mL，加热溶解，待溶液冷却后，移入 1 000 mL 的容量瓶中，用新煮沸冷却后的蒸馏水稀释至刻度摇匀。此溶液每毫升的 Ca^{2+} 含量相当于 1 mg 氧化钙的 Ca^{2+} 含量。

⑥20%的氢氧化钠溶液。将 20 g 氢氧化钠溶于 80 mL 蒸馏水中。

⑦钙指示剂。将 0.2 g 钙试剂羟酸钠和 20 g 已在 105 ℃烘干的硫酸钾混合研细，保存于棕色广口瓶中。

⑧10%酒石酸钾钠溶液。将 10 g 酒石酸钾钠溶于 90 mL 蒸馏水中。

⑨三乙醇胺(1∶2)溶液。将 1 体积三乙醇胺与 2 体积蒸馏水稀释摇匀。

3. EDTA 标准溶液与氧化钙和氧化镁关系的标定

精确吸取 50 mL 氧化钙标准溶液放于 300 mL 三角瓶中，用水稀释至 100 mL 左右，然后加入钙指示剂约 0.2 g，以 20%氢氧化钠溶液调整液碱到出现酒红色，再过量加入 3~4 mL，然后以 EDTA 二钠标准液滴定，至溶液由酒红色变成纯蓝色时为止。

EDTA 二钠标准溶液对氧化钙滴定度按式(8.2)计算。

$$T_{CaO} = CV_1/V_2 \tag{8.2}$$

式中 T_{CaO}——EDTA 标准溶液对氧化钙的滴定度,即 1 mL 的 EDTA 标准溶液相当于氧化钙的毫克数;

C——1 mL 氧化钙标准溶液含有氧化钙的毫克数,等于 1;

V_1——吸取氧化钙标准溶液体积,mL;

V_2——消耗 EDTA 标准溶液体积,mL。

EDTA 二钠标准溶液对氧化镁的滴定度(T_{MgO}),即 1 mL 的 EDTA 二钠标准溶液相当于氧化镁的毫克数按式(8.3)计算。

$$T_{MgO} = T_{CaO} \times \frac{40.31}{56.08} = 0.72 T_{CaO} \tag{8.3}$$

4. 试验步骤

(1)称取约 0.5 g(准确至 0.000 1 g)试样,放入 250 mL 烧杯中,用水湿润,加 30 mL 1∶10 盐酸,用表面皿盖住烧杯,加热并保持微沸 8~10 min。

(2)用水把表面皿洗净,冷却后把烧杯内的沉淀及溶液移入 250 mL 容量瓶中,加水至刻度摇匀。

(3)待溶液沉淀后,用移液管吸取 25 mL 溶液,放入 250 mL 三角瓶中。加入 50 mL 水稀释后,加酒石酸钾钠溶液 1 mL、三乙醇胺溶液 5 mL,再加入铵-铵缓冲溶液 10 mL、酸性铬兰 K-萘酚绿 B 指示剂约 0.1 g。

(4)用 EDTA 二钠标准溶液滴定至溶液由酒红色变为纯蓝色时为终点,记下耗用 EDTA 标准溶液体积 V_1。

(5)再从同一容量瓶中,用移液管吸取 25 mL 溶液,置于 300 mL 三角瓶中,加入水 150 mL 稀释后,加入三乙醇胺溶液 5 mL 及 20% 氢氧化钠溶液 5 mL,放入约 0.1 g 钙指示剂。用 EDTA 二钠标准溶液滴定,至溶液由酒红色变为纯蓝色即为终点,记下耗用 EDTA 二钠标准溶液体积 V_2。

5. 试验结果

按式(8.4)计算氧化镁的含量(X)。

$$X = \frac{T_{MgO}(V_1 - V_2) \times 10}{m \times 1\,000} \times 100\% \tag{8.4}$$

式中 T_{MgO}——EDTA 二钠标准溶液对氧化镁的滴定度;

V_1——滴定钙、镁含量消耗 EDTA 二钠标准溶液体积,mL;

V_2——滴定钙消耗 EDTA 二钠标准溶液体积,mL;

10——总溶液对分取溶液的体积倍数;

m——试样质量,g。

对同一石灰样品至少应进行两次测定,取两次测定结果的平均值作为最终试验结果。

8.5 无机结合料稳定材料无侧限抗压强度试验

1. 目的与适用范围

本方法适用于测定无机结合料稳定材料(包括稳定细粒土、中粒土和粗粒土)试件的无侧限抗压强度。本试验采用《公路工程无机结合料稳定材料试验规程》(JTGE 51—2009)中的 T0805—1994 无机结合料稳定材料无侧限抗压强度试验方法。

2. 仪器设备

(1)标准养护室。

(2)水槽。深度应大于试件高度 50 mm。

(3)压力机或万能试验机(也可用路面强度试验仪和测力计)。

(4)电子天平。量程为 15 kg,感量为 0.1 g;量程为 4 000 g,感量为 0.18 g。

(5)量筒、拌合工具、大小铝盒、烘箱等。

(6)球形支座。

3. 试验准备

(1)制作试件。

按照《公路工程无机结合料稳定材料试验规程》中 T0843—2009 无机结合料稳定材料试件制作方法(圆柱形)、T0844—2009 无机结合料稳定材料试件制作方法(梁式)成型径高比为 1∶1 的圆柱形试件。

不同的土采用不同的试模制作试件:

细粒土(最大粒径不超过 10 mm):试模的直径×高=50 mm×50 mm;

中粒土(最大粒径不超过 25 mm):试模的直径×高=100 mm×100 mm;

粗粒土(最大粒径不超过 40 mm):试模的直径×高=150 mm×150 mm。

(2)养护试件。

按照《公路工程无机结合料稳定材料试验规程》中 T0845—2009 无机结合料稳定材料养生试验方法的标准养生方法对试件进行 7 d 的标准养护。

(3)试件两顶面用刮刀刮平,必要时可采用快凝水泥砂浆抹平试件顶面。

(4)每组试件的数目应为:小试件不少于 6 个,中试件不少于 9 个,大试件不少于 13 个。

4. 试验步骤

(1)将已浸水一昼夜的试件从水中取出,用软布吸去试件表面水分,并称量试件质量 m_4。

(2)用游标卡尺测量试件的高 h,精确至 0.1 mm。

(3)将试件放在压力机上,进行抗压试验。加荷速率保持在 1 mm/min。记录试件破坏时的最大压力 p(N)。

(4)从试件内部取有代表性的样品(经过打破),测定其含水量 w。

5. 试验结果

按式(8.5)计算试件的无侧限抗压强度(R_c)。

$$R_c = \frac{p}{A} \tag{8.5}$$

式中 p——试件破坏时的最大压力,N;

A——试件的截面积,mm²。

第 9 章 水泥混凝土

9.1 概 述

1. 混凝土及水泥混凝土

(1)混凝土。

由胶凝材料、粗细骨料、水以及必要时掺入的化学外加剂组成,经胶凝材料凝结硬化后,形成具有一定强度和耐久性的人造石材,称为混凝土。由于胶凝材料、粗细骨料的品种很多,因此混凝土的种类也很多。该意义上的混凝土即广义的混凝土。

(2)水泥混凝土。

由水泥、砂、石子、水以及必要时掺入的化学外加剂组成,经水泥凝结硬化后形成的,干体积密度为 $2\ 000 \sim 2\ 800\ kg/m^3$,具有一定强度和耐久性的人造石材,称为水泥混凝土,又称普通混凝土,简称为混凝土。这类混凝土在工程中应用极为广泛,因此本章主要讲述水泥混凝土。

(3)特种混凝土。

除水泥混凝土外,其他混凝土均称为特种混凝土。主要品种如下。

①轻混凝土。轻混凝土是指体积密度小于 $2\ 000\ kg/m^3$ 的混凝土,可分为轻骨料混凝土、多孔混凝土和无砂混凝土三类。轻混凝土具有体积密度小、孔隙率大、保温隔热性能好等优点,适用于建筑物的隔墙及有保温隔热性能要求的工程部位。

②耐热混凝土。耐热混凝土是指能长期在高温($200 \sim 900\ ℃$)作用下保持所要求的物理力学性能的特种混凝土。按胶凝材料不同可分为硅酸盐水泥耐热混凝土、铝酸盐水泥耐热混凝土、水玻璃耐热混凝土等。耐热混凝土多用于高炉、焦炉、热工设备基础及围护结构、炉衬、烟囱等。

③耐酸混凝土。耐酸混凝土是指能抵抗多种酸及大部分腐蚀性气体侵蚀作用的混凝土。一般以水玻璃为胶凝材料、氟硅酸钠为促硬剂,用耐酸粉料和耐酸粗细骨料,按一定比例配制而成,强度为 $10.0 \sim 40.0\ MPa$。主要用于有耐酸要求的工程部位。

④防辐射混凝土。防辐射混凝土是指能屏蔽 X 射线、γ 射线及中子射线的混凝土。常用水泥、水及重骨料配制而成的体积密度在 $3\ 500\ kg/m^3$ 以上的重混凝土作为防辐射混凝土。防辐射混凝土主要用于核电站及肿瘤医院等科技、国防工程中。

⑤纤维混凝土。纤维混凝土是以混凝土为基体,外掺各种纤维材料配制而成。掺入纤维材料后,混凝土的抗拉强度、抗弯强度、冲击韧性得到提高,脆性也得到改善。目前主要用于非承重结构,以及对抗裂、抗冲击性要求高的工程,如机场跑道、高速公路、桥面面层、管道等。

2. 混凝土的分类

(1)按胶凝材料分。

按混凝土中胶凝材料品种不同,将混凝土分为水泥混凝土、石膏混凝土、水玻璃混凝土、菱镁混凝土、硅酸盐混凝土、沥青混凝土、聚合物水泥混凝土、聚合物浸渍混凝土等品种。这类混凝土的名称中一般有胶凝材料的名称。

(2)按体积密度分。

按体积密度大小,将混凝土分为重混凝土、普通混凝土和轻混凝土。

重混凝土的体积密度大于 2 800 kg/m³。一般采用密度很大的重质骨料,如重晶石、铁矿石、钢屑等配制而成,具有防射线功能,又称为防辐射混凝土。

普通混凝土一般都是水泥混凝土,其体积密度为 2 000~2 800 kg/m³,一般在 2 400 kg/m³ 左右。采用水泥和天然砂石配制,是工程中应用最广的混凝土,主要用作建筑工程的承重结构材料。

轻混凝土的体积密度小于 2 000 kg/m³,主要用作轻质结构材料和保温隔热材料。

(3)按用途分。

混凝土按用途可分为结构混凝土、防水混凝土、耐热混凝土、道路混凝土、耐酸混凝土、装饰混凝土、大体积混凝土、膨胀混凝土、防辐射混凝土等。

(4)按施工方法分。

混凝土按施工方法可分为预拌混凝土(商品混凝土)、泵送混凝土、喷射混凝土、碾压混凝土、离心混凝土、挤压混凝土、压力灌浆混凝土、热拌混凝土等。

(5)按强度分。

按强度可将混凝土分为普通混凝土、高强混凝土和超高强混凝土。

普通混凝土的强度等级一般在 C60 以下;高强混凝土的强度等级大于或等于 C60;超高强混凝土的抗压强度在 100 MPa 以上。

(6)按配筋情况分。

混凝土按配筋情况可分为素混凝土、钢筋混凝土、预应力混凝土、钢纤维混凝土等。

3. 混凝土的特点

混凝土具有抗压强度高、耐久、耐火、维修费用低等优点,混凝土硬化后的强度可达 100 MPa 以上,是一种较好的结构材料。水泥混凝土中 70%(体积比)以上为天然砂石,采用就地取材原则,可大大降低混凝土的成本。混凝土拌合物具有良好的可塑性,可以根据需要浇筑成任意形状的构件,即混凝土具有良好的可加工性。混凝土与钢筋具有良好黏结性能,且能较好地保护钢筋不锈蚀。基于以上优点,混凝土广泛应用于钢筋混凝土结构中。但混凝土也具有抗拉强度低(抗压强度的 1/20~1/10)、变形性能差、导热系数大[约为 1.8 W/(m·K)]、体积密度大(约为 2 400 kg/m³)、硬化较缓慢等缺点。在工程中尽量利用混凝土的优点,采取相应的措施防止混凝土缺点对使用造成影响。

9.2 水泥混凝土的组成材料

水泥混凝土由水泥、砂、石子、水以及必要时掺入的化学外加剂组成,其中水泥为胶凝材料,砂为细骨料,石子为粗骨料。

水泥和水形成水泥浆,填充砂子之间的空隙并包裹砂子表面形成水泥砂浆;水泥砂浆再填充石子之间的空隙并略有富余,即形成混凝土拌合物(又称新拌混凝土);水泥凝结硬化后即形成硬化混凝土。

硬化后的水泥混凝土结构断面示意图如图9.1所示。

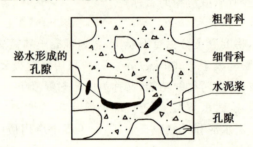

图9.1 硬化后的水泥混凝土结构断面示意图

在硬化混凝土的体积中,水泥石大约占25%,砂石占70%以上,孔隙占1%～5%。各组成材料在混凝土硬化前后的作用见表9.1。

表9.1 各组成材料在混凝土硬化前后的作用

组成材料	硬化前的作用	硬化后的作用
水泥+水	润滑作用	胶结作用
砂+石子	填充作用	骨架作用和抑制水泥石收缩的作用
外加剂	改善混凝土拌合物性能	改善硬化混凝土性能

砂在混凝土中可以使混凝土结构均匀,同时可以抑制和减小水泥石硬化过程中产生的体积收缩,避免或减少混凝土硬化后产生收缩裂纹。

水泥混凝土的质量和性能主要与组成材料的性能、组成材料的相对含量,以及混凝土的施工工艺(配料、搅拌、运输、浇筑、成型、养护等)等因素有关。为了保证混凝土的质量,提高混凝土的技术性能和降低成本,必须合理地选择各组成材料。

1. 水泥

水泥是混凝土中重要的组成材料,应正确选择水泥品种和强度等级。

配制水泥混凝土的水泥品种,应根据混凝土的工程特点和所处的环境条件,结合水泥的特性,且考虑当地生产的水泥品种情况等,进行合理地选择,这样不仅可以保证工程质量,而且可以降低成本。

水泥强度等级应根据混凝土设计强度等级进行选择。原则上,高强度等级水泥用于配制高强度等级混凝土,低强度等级水泥用于配制低强度等级混凝土。一般情况下,水泥强度等级为混凝土强度等级的1.5～2.0倍。配制高强混凝土时,可选择水泥强度等级为混凝土强度等级的1倍左右。

当用低强度等级水泥配制较高强度等级混凝土时,水泥用量会过大,一方面混凝土硬化后的收缩和水化热增大;另一方面也不经济。当用高强度等级的水泥配制较低强度等级混凝土时,水泥用量偏小,水灰比偏大,混凝土拌合物的和易性与耐久性较差,此时可掺入一定数量的外掺料(如粉煤灰),但掺量必须经过试验确定。

2. 砂

砂是混凝土中的细骨料,为粒径在 4.75 mm 以下的岩石颗粒。

按照砂的产源可分为天然砂和人工砂两大类。天然砂是由自然风化、水流搬运和分选、堆积形成的粒径小于 4.75 mm 的岩石颗粒,但不包括软质岩、风化岩石的颗粒。天然砂包括河砂、湖砂、山砂和淡化海砂,山砂和海砂含杂质较多,拌制的混凝土质量较差;河砂颗粒坚硬、含杂质较少,拌制的混凝土质量较好。工程中常用河砂拌制混凝土。人工砂是经除土处理的机制砂和混合砂的统称。机制砂是由机械破碎、筛分制成的,粒径小于 4.75 mm 的岩石颗粒,但不包括软质岩、风化岩石的颗粒。混合砂是由机制砂和天然砂混合制成的砂。

按照砂的技术要求,将其分为Ⅰ类、Ⅱ类、Ⅲ类。Ⅰ类砂宜用于强度等级大于 C60 的混凝土;Ⅱ类砂宜用于强度等级为 C30~C60 及有抗冻、抗渗或其他要求的混凝土;Ⅲ类砂宜用于强度等级小于 C30 的混凝土和建筑砂浆。

水泥混凝土用砂的技术要求如下。

(1)颗粒级配和粗细程度。

砂的颗粒级配是指各粒级的砂按比例搭配的情况;粗细程度是指各粒级的砂搭配在一起总体的粗细情况。砂的公称粒径用砂筛分时筛余颗粒所在筛的筛孔尺寸表示,相邻两公称粒径的尺寸范围称为砂的公称粒级。

颗粒级配较好的砂,颗粒之间搭配适当,大颗粒之间的空隙由小一级颗粒填充,这样颗粒之间逐级填充,能使砂的空隙率达到最小,从而可减少水泥用量,达到节约水泥的目的,或者在水泥用量一定的情况下可提高混凝土拌合物的和易性。总的来说,砂颗粒越粗,其总表面积越小,包裹砂颗粒表面的水泥浆数量可减少,也可减少水泥用量,达到节约水泥的目的,或者在水泥用量一定的情况下可提高混凝土拌合物的和易性。因此,在选择和使用砂时,应尽量选择在空隙率较小的条件下尽可能粗的砂,即选择级配适宜、颗粒尽可能粗的砂配制混凝土。

砂的颗粒级配和粗细程度采用筛分法测定。筛分试验采用标准砂筛,其筛孔尺寸为 9.50 mm、4.75 mm、2.36 mm、1.18 mm、600 μm、300 μm 和 150 μm。

称取烘干至恒量的砂样 500 g,倒入按筛孔尺寸从大到小排列的标准砂筛中,按规定方法进行筛分后,测定 4.75 mm~150 μm 各筛的筛余量 m_1、m_2、m_3…m_4。计算各号筛的分计筛余率和累计筛余率。试验方法详见试验部分。

水泥混凝土用砂,按 600 μm 筛的累计筛余率(A_4)大小划分为 1 区、2 区和 3 区 3 个级配区,各号筛累计筛余率见表 9.2。砂的颗粒级配应符合表 9.2 的规定。配制混凝土时,宜优先选择级配在 2 区的砂,使混凝土拌合物获得良好的和易性。1 区砂颗粒偏粗,配制的混凝土流动性大,但黏聚性和保水性较差,应适当提高砂率,以保证混凝土拌合物的和易性;3 区砂颗粒偏细,配制的混凝土黏聚性和保水性较好,但流动性较差,应适当减小砂率,以保证混凝土硬化后的强度。

表 9.2　砂的颗粒级配区累计筛余率　　　　　　　　　　　　　　　　　%

方筛孔	累计筛余率		
	1 区	2 区	3 区
9.50 mm	0	0	0
4.75 mm	0~10	0~10	0~10
2.36 mm	5~35	0~25	0~15
1.18 mm	35~65	10~50	0~25
600 μm	71~85	41~70	16~40
300 μm	80~95	70~92	55~85
150 μm	90~100	90~100	90~100

注：①砂的实际颗粒级配与表中所列数字相比,除 4.75 mm 和 600 μm 筛外,可以略有超出,但超出总量应小于 5%；

②1 区人工砂中 150 μm 筛孔的累计筛余可以放宽到 85~100,2 区人工砂中 150 μm 筛孔的累计筛余可以放宽到 80~100,3 区人工砂中 150 μm 筛孔的累计筛余可以放宽到 75~100。

砂的粗细程度用细度模数表示。细度模数的计算如下：

$$M_x = \frac{(A_2 + A_3 + A_4 + A_5 + A_6) - 5A_1}{100 - A_1} \quad (9.1)$$

式中　M_x——细度模数；

　　　A_1、A_2、A_3、A_4、A_5、A_6——4.75 mm、2.36 mm、1.18 mm、600 μm、300 μm、150 μm 筛的累计筛余百分率,%。

混凝土用砂按细度模数的大小分为粗砂、中砂和细砂三种。

粗砂：$M_x = 3.1 \sim 3.7$；中砂：$M_x = 2.3 \sim 3.0$；细砂：$M_x = 1.6 \sim 2.2$。

(2)含泥量、泥块含量和石粉含量。

含泥量是指天然砂中粒径小于 75 μm 的颗粒含量；泥块含量是指砂中原粒径大于 1.18 mm,经水浸洗、手捏后小于 600 μm 的颗粒含量；石粉含量是指人工砂中粒径小于 75 μm 的颗粒含量。

人工砂在生产时会产生一定的石粉,虽然石粉与天然砂中的泥均是指粒径小于 75 μm 的颗粒,但石粉的成分、粒径分布和在砂中所起的作用不同。

天然砂中所含的泥会影响砂与水泥石的黏结,增加混凝土拌合用水量,降低混凝土的强度和耐久性,同时使得混凝土硬化后的干缩性变大。人工砂中适量的石粉对混凝土有一定益处。人工砂颗粒坚硬、多棱角,拌制的混凝土在同样条件下比天然砂的和易性差,而人工砂中适量的石粉可弥补人工砂形状和表面特征引起的不足,起到完善砂配的作用。

按《建设用砂》(GB/T 14684—2011)的规定,天然砂中含泥量和泥块含量应符合表 9.3 的规定；人工砂中石粉含量和泥块含量应符合表 9.4 的规定。

表 9.3　天然砂中含泥量和泥块含量　　　　　　　　　　　　　　　　%

项目	指标		
	Ⅰ类	Ⅱ类	Ⅲ类
含泥量(按质量计)	≤1.0	≤3.0	≤5.0
泥块含量(按质量计)	0	≤1.0	≤2.0

表 9.4　人工砂中石粉含量和泥块含量

项目			指标		
			Ⅰ类	Ⅱ类	Ⅲ类
亚甲蓝(MB)试验	MB≤1.40 或快速法试验合格	MB 值	≤0.5	≤1.0	≤1.4 或合格
		石粉含量(按质量计)/%		≤10.0	
		泥块含量(按质量计)/%	0	≤1.0	≤2.0
	MB>1.40 或快速法试验不合格	石粉含量(按质量计)/%	≤1.0	≤3.0	≤5.0
		泥块含量(按质量计)/%	0	≤1.0	≤2.0

根据使用地区和用途不同,在试验验证的基础上可由供需双方商定。

注:亚甲蓝(MB)值,是指用于判定人工砂中粒径小于 75 μm 颗粒的含量,主要是泥土,是与被加工母岩化学成分相同的石粉的指标。

(3)有害物质含量。

混凝土用砂中不应有草根、树叶、树枝、塑料、煤块、炉渣等杂物。砂中如含有云母、轻物质、有机物、硫化物及硫酸盐、氯盐等有害物质,其含量应符合表 9.5 的规定。

表 9.5　砂中有害物质含量

项目	指标		
	Ⅰ类	Ⅱ类	Ⅲ类
云母(按质量计)/%	≤1.0	≤2.0	≤2.0
轻物质(按质量计)/%	≤1.0	≤1.0	≤1.0
有机物(比色法)	合格	合格	合格
硫化物及硫酸盐(按 SO_3 质量计)/%	≤0.5	≤0.5	≤0.5
氯化物(以氯离子质量计)/%	≤0.01	≤0.02	≤0.06

注:轻物质是指表观密度小于 2 000 kg/m³ 的物质。

(4)坚固性。

砂的坚固性是指砂在自然风化和其他外界物理化学因素作用下抵抗破坏的能力。天然砂采用硫酸钠溶液法进行试验,砂样经 5 次循环后其质量损失应符合相关规定。

(5)表观密度、堆积密度、空隙率。

砂表观密度、堆积密度、空隙率应符合如下规定:表观密度大于 2 500 kg/m³;松散堆积密度大于 1 350 kg/m³;空隙率小于 47%。

(6)碱—骨料反应。

碱—骨料反应是指水泥、外加剂及环境中的碱与骨料中碱活性矿物在潮湿环境下缓慢发生膨胀反应,并导致混凝土开裂破坏。国家标准规定,经碱—骨料反应试验后,由砂制备的试件无裂缝、酥裂、胶体外溢等现象,且在规定试验龄期的膨胀率应小于 0.10%。

3. 卵石和碎石

水泥混凝土用粗骨料有卵石和碎石两种,为粒径大于或等于 4.75 mm 的岩石颗粒。卵石是由自然风化、水流搬运和分选、堆积形成的岩石颗粒,按产源不同分为山卵石、河卵石和海卵石等,其中河卵石应用较多。碎石是采用天然岩石经机械破碎、筛分制成的岩石颗粒。

卵石和碎石的规格按粒径尺寸分为单粒粒级和连续粒级,也可以根据需要采用不同单粒级卵石、碎石混合成特殊粒级的卵石、碎石。

卵石、碎石按技术要求分为Ⅰ类、Ⅱ类、Ⅲ类。Ⅰ类用于强度等级大于C60的混凝土;Ⅱ类用于强度等级为C30~C60及有抗冻、抗渗或其他要求的混凝土;Ⅲ类用于强度等级小于C30的混凝土。

水泥混凝土用卵石、碎石的技术要求如下。

(1)颗粒级配。

粗骨料的颗粒级配也是通过筛分试验确定的。采用方孔筛的尺寸为2.36 mm、4.75 mm、9.50 mm、16.0 mm、19.0 mm、26.5 mm、31.5 mm、37.5 mm、53.0 mm、63.0 mm、75.0 mm和90 mm,共12个筛进行筛分。按规定方法进行筛分试验,计算各号筛的分计筛余百分率和累计筛余百分率,判定卵石、碎石的颗粒级配。具体的试验方法见后面试验部分。按照国家标准《建设用卵石、碎石》(GB/T 14685—2011)的规定,卵石、碎石的颗粒级配应符合表9.6的规定。

表9.6 卵石、碎石的颗粒级配

公称粒级/mm		累计筛余/% 方孔筛/mm										
		2.36	4.75	9.50	16.0	19.0	26.5	31.5	37.5	53.0	63.0	75.0	90.0
连续粒级	5~16	95~100	85~100	30~60	0~10	0							
	5~20	95~100	90~100	40~80	—	0~10	0						
	5~25	95~100	90~100	—	30~70	—	0~5	0					
	5~31.5	95~100	90~100	70~90	—	15~45	—	0~5	0				
	5~40	—	95~100	70~90	—	30~65	—	—	0~5	0			
单粒粒级	5~10	95~100	80~100	0~15	0								
	10~16		95~100	80~100	0~15	0							
	10~20		95~100	85~100	—	0~15	0						
	16~25			95~100	55~70	25~40	0~10						
	16~31.5		95~100		85~100			0~10	0				
	20~40			95~100		80~100			0~10	0			
	40~80					95~100			70~100		30~60	0~10	0

粗骨料的级配分为连续级配和间断级配两种。连续级配是指颗粒从大到小连续分级,每一粒级的累计筛余百分率均不为零的级配,如天然卵石。连续级配具有颗粒尺寸级差小,上下级粒径之比接近2,颗粒之间的尺寸相差不大等特点,因此采用连续级配拌制的混凝土具有和易性较好,不易产生离析等优点,在工程中的应用较广泛。

间断级配是指为了减小空隙率,人为地筛除某些中间粒级的颗粒,大颗粒之间的空隙直接由粒径小很多的小颗粒填充的级配。间断级配的颗粒相差大,上下粒径之比接近6,空隙率大幅度降低,拌制混凝土时可节约水泥。但混凝土拌合物易产生离析现象,造成施工较困难。间断级配适用于配制采用机械拌合、振捣的低塑性及干硬性混凝土。

单粒粒级主要适用于配制所要求的连续粒级,或与连续粒级配合使用以改善级配或粒度。工程中不宜采用单粒粒级的粗骨料配制混凝土。

(2) 最大粒径。

粗骨料的最大粒径是指公称粒级的上限值。粗骨料的粒径越大,其比表面积越小,达到一定流动性时包裹其表面的水泥砂浆数量减小,可节约水泥;或者在和易性一定、水泥用量一定时,可以减少混凝土的单位用水量,提高混凝土的强度。

粗骨料的最大粒径不宜过大,实践证明当粗骨料的最大粒径超过40 mm时,会造成混凝土施工操作较困难,混凝土不易密实,引起强度降低和耐久性变差。

按照《混凝土结构工程施工质量验收规范》(GB 50204—2015)的规定,混凝土用粗骨料的最大粒径须同时满足:不得超过构件截面最小边长的1/4;不得超过钢筋间最小净距的3/4;对于混凝土实心板,可允许采用最大粒径达板厚1/2的粗骨料,但最大粒径不得超过50 mm;对于泵送混凝土,最大粒径与输送管内径之比,碎石宜小于或等于1:3;卵石宜小于或等于1:2.5。

(3) 含泥量和泥块含量。

卵石、碎石的含泥量是指粒径小于75 μm的颗粒含量;泥块含量是指卵石、碎石中原粒径大于4.75 mm,经水洗、手捏后小于2.36 mm的颗粒含量。含泥量和泥块含量过大,会影响粗骨料与水泥石之间的黏结,降低混凝土的强度和耐久性。卵石、碎石中的含泥量和泥块含量应符合表9.7的规定。

表 9.7　卵石、碎石中的含泥量和泥块含量　　　　　　　　　　　　%

项目	指标		
	Ⅰ类	Ⅱ类	Ⅲ类
含泥量(按质量计)	≤0.5	≤1.0	≤1.5
泥块含量(按质量计)	0	≤0.2	≤0.5

(4) 针、片状颗粒含量。

粗骨料中针状颗粒是指卵石和碎石颗粒的长度大于该颗粒所属相应粒级的平均粒径2.4倍;片状颗粒是指厚度是平均粒径的2/5者。平均粒径是指该粒级上下限粒径的平均值。

针、片状颗粒本身的强度不高,在承受外力时容易产生折断,因此不仅会影响混凝土的强度,而且会增大石子的空隙率,使混凝土的和易性变差。

针、片状颗粒含量分别采用针状规准仪和片状规准仪测定。卵石、碎石中针片状颗粒含量应符合表9.8的规定。

表 9.8 卵石、碎石中针片状颗粒含量 %

项目	指标		
	Ⅰ类	Ⅱ类	Ⅲ类
针片状颗粒含量(按质量计)	≤5	≤10	≤15

(5)有害物质含量。

卵石、碎石中不应混有草根、树叶、树枝、塑料、煤块和炉渣等杂物。其他有害物质含量应符合表 9.9 的规定。

表 9.9 卵石、碎石中有害物质含量

项目	指标		
	Ⅰ类	Ⅱ类	Ⅲ类
有机物	合格	合格	合格
硫化物和硫酸盐(按 SO_3 质量计)/%	≤0.5	≤1.0	≤1.0

(6)坚固性。

坚固性是指卵石、碎石在自然风化和其他外界物理化学因素作用下抵抗破裂的能力。某些页岩、砂岩等,配制混凝土时容易遭受冰冻、内部盐类结晶等作用而导致破坏。骨料越密实、强度越高、吸水率越小时,其坚固性越好;而结构疏松、矿物成分复杂、构造不均匀的骨料,其坚固性差。

粗骨料的坚固性采用硫酸钠溶液法进行试验,卵石和碎石经 5 次循环后,其质量损失应符合表 9.10 的规定。

表 9.10 卵石、碎石的坚固性指标(质量损失) %

项目	指标		
	Ⅰ类	Ⅱ类	Ⅲ类
质量损失	≤5	≤8	≤12

(7)强度。

粗骨料的强度可采用抗压强度和压碎指标来表示。抗压强度适用于碎石,而压碎标准既适用于卵石,又适用于碎石。

测定粗骨料的抗压强度,首先应利用碎石母岩,制成 50 mm×50 mm×50 mm 的立方体试件或 ϕ50 mm×50 mm 的圆柱体试件,浸没于水中浸泡 48 h,再测定其抗压极限强度。在水饱和状态下,其抗压强度:火成岩应不小于 80 MPa,变质岩应不小于 60 MPa,沉积岩应不小于 30 MPa。

测定压碎指标时,先将一定质量气干状态下粒径为 9.5~19.0 mm 的石子装入标准圆模内,放在压力机上均匀加荷至 200 kN,卸载后称取试样质量 G_1,然后用孔径为 2.36 mm 的筛筛除被压碎的颗粒,称出剩余在筛上的试样质量 G_2,按下式计算压碎指标值 Q_c。

$$Q_c = \frac{G_1 - G_2}{G_1} \times 100\% \tag{9.2}$$

卵石、碎石的压碎指标值越小,表示石子抵抗压碎的能力越强。按国家标准《建设用卵石、碎石》(GB/T 14685—2011)规定,卵石、碎石的压碎指标应符合表 9.11 的规定。

表 9.11 卵石、碎石的压碎指标   %

项目	指标		
	Ⅰ类	Ⅱ类	Ⅲ类
碎石压碎指标	≤10	≤20	≤30
卵石压碎指标	≤12	≤14	≤15

(8)表观密度、堆积密度、空隙率。

卵石、碎石的表观密度、堆积密度、空隙率应符合如下规定:表观密度大于 2 500 kg/m³;松散堆积密度大于 1 350 kg/m³;空隙率小于 47%。

(9)碱—骨料反应。

碱—骨料反应是指水泥、外加剂及环境中的碱与骨料中碱活性矿物在潮湿环境下缓慢发生膨胀反应,并导致混凝土开裂破坏。标准规定,经碱—骨料反应试验后,由卵石、碎石制备的试件无裂缝、酥裂、胶体外溢等现象,在规定的试验龄期,其膨胀率应小于 0.10%。

4. 拌合用水

混凝土拌合用水,不得影响混凝土的凝结硬化;不得降低混凝土的耐久性;不加快钢筋锈蚀和预应力钢丝脆断。混凝土拌合用水,按水源分为饮用水、地表水、地下水、海水,以及经适当处理的工业废水。混凝土拌合用水宜选择洁净的饮用水。根据《混凝土用水标准》(JGJ 63—2006)规定,混凝土拌合用水中各种物质含量限值应符合表 9.12 的规定。

表 9.12 混凝土拌合用水中各种物质含量限值

项目	预应力混凝土	钢筋混凝土	素混凝土
pH	≥5.0	≥4.5	≥4.5
不溶物/(mg·L^{-1})	≤2 000	≤2 000	≤5 000
可溶物/(mg·L^{-1})	≤2 000	≤5 000	≤10 000
氯化物(以 Cl$^-$ 计)/(mg·L^{-1})	≤500	≤1 200	≤3 500
硫酸盐(以 SO$_4^{2-}$ 计)/(mg·L^{-1})	<600	≤2 700	≤2 700
碱含量/(mg·L^{-1})	≤1 500	≤1 500	≤1 500

注:碱含量以 Na$_2$O+0.658K$_2$O 计算值表示。

当采用饮用水以外的水时,在不影响混凝土的和易性和凝结,不损害混凝土的强度,不污染混凝土表面,不降低混凝土耐久性,不腐蚀钢筋的原则下,需注意以下几个方面。

①地表水和地下水中溶解了较多的有机质和矿物盐,必须按标准规定的方法检验合格后方可使用。

②海水中含有较多的硫酸盐和氯盐,会影响混凝土的耐久性和加速混凝土中钢筋的锈蚀,因此对于钢筋混凝土结构和预应力混凝土结构,不得采用海水拌制;对有饰面要求的混凝土,也不得采用海水拌制,以免因表面盐析产生白斑而影响装饰效果。但是,在无法获得水源的情况下,海水可用于素混凝土。

③工业废水在环保处理后,经检验合格达到用水标准方可用于拌制混凝土。

5. 外加剂

混凝土外加剂是在混凝土拌合过程中掺入的,能够改善混凝土性能的化学药剂,掺量一般不超过水泥用量的5%。

混凝土外加剂在掺量较少的情况下,可以明显改善混凝土的性能,包括改善混凝土拌合物和易性、调节凝结时间、提高混凝土强度及耐久性等。混凝土外加剂在工程中的应用越来越广泛,被誉为混凝土的第五种组成材料。

根据国家标准《混凝土外加剂》(GB 8076—2008)的规定,混凝土外加剂按照其主要功能分为四类:改善混凝土拌合物流变性能的外加剂,如减水剂、引气剂和泵送剂等,调节混凝土凝结时间、硬化性能的外加剂,如缓凝剂、早强剂和速凝剂等,改善混凝土耐久性的外加剂,如引气剂、防水剂和阻锈剂等,改善混凝土其他性能的外加剂,如加气剂、膨胀剂、防冻剂、着色剂、防水剂和泵送剂等。在建筑工程中,最常用的外加剂是减水剂、早强剂等,因此本节主要介绍混凝土减水剂和早强剂,对其他外加剂只作简单介绍。

(1)减水剂。

混凝土减水剂是指在保持混凝土拌合物和易性一定的条件下,具有减水和增强作用的外加剂,又称为"塑化剂"。根据减水剂的作用效果及功能不同,减水剂可分为普通减水剂、高效减水剂、早强减水剂、缓凝减水剂、引气减水剂、缓凝高效减水剂等。

在水泥混凝土中掺入减水剂后,具有以下效果。

①减少混凝土拌合物的用水量,提高混凝土的强度。在混凝土中掺入减水剂后,可在混凝土拌合物坍落度基本一定的情况下,减少混凝土的单位用水量5%~25%(普通型为5%~15%,高效型为10%~30%),从而降低混凝土水灰比,使混凝土强度提高。

②提高混凝土拌合物的流动性。在混凝土各组成材料用量一定的条件下,加入减水剂能明显提高混凝土拌合物的流动性,一般坍落度可提高100~200 mm。

③节约水泥。在混凝土拌合物坍落度、强度一定的情况下,拌合物用水量减少的同时,水泥用量也可以减少,可节约水泥5%~20%。

④改善混凝土的其他性能。掺入减水剂后,可以减少混凝土拌合物的泌水、离析现象;延缓拌合物的凝结时间;减缓水泥水化放热速度;显著提高混凝土硬化后的抗渗性和抗冻性,提高混凝土的耐久性。

减水剂是目前应用最广泛的外加剂,按化学成分分为木质素系减水剂、萘系减水剂、树脂系减水剂、糖蜜系减水剂及腐殖酸系减水剂等。常用减水剂的品种及性能见表9.13。

表9.13 常用减水剂的品种及性能

种类	木质素系	萘系	树脂系	糖蜜系	腐殖酸系
类别	普通减水剂	高效减水剂	早强减水剂 (高效减水剂)	缓凝减水剂	普通减水剂
适宜掺量/%	0.2~0.3	0.2~1	0.5~2	0.2~0.3	0.3
减水率/%	10左右	15以上	20~30	6~10	8~10
早强效果	—	显著	显著(7 d可达28 d强度)	—	有早强型、缓凝型两种

续表9.13

种类	木质素系	萘系	树脂系	糖蜜系	腐殖酸系
缓凝效果/h	1~3	—	—	3以上	—
引气效果/%	1~2	部分品种小于2	—	—	—
适用范围	一般混凝土工程及大模板、滑模、泵送、大体积及夏期施工的混凝土工程	适用于所有混凝土工程,特别适用于配制高强混凝土及大流动性混凝土	因价格较高,宜用于有特殊要求的混凝土工程	大体积混凝土工程及滑模、夏期施工的混凝土工程作为缓凝剂	一般混凝土工程

（2）早强剂。

早强剂是指掺入混凝土中能够提高混凝土早期强度,对后期强度无明显影响的外加剂。早强剂可在不同温度下加速混凝土强度发展,多用于要求早拆模、抢修工程及冬季施工的工程。

工程中常用早强剂的品种主要有无机盐类、有机物类和复合早强剂。常用早强剂的品种、掺量及作用效果见表9.14。

表 9.14 常用早强剂的品种、掺量及作用效果

种类	无机盐类早强剂	有机物类早强剂	复合早强剂
主要品种	氯化钙、硫酸钠	三乙醇胺、三异丙醇胺、尿素等	二水石膏＋亚硝酸钠＋三乙醇胺
适宜掺量	氯化钙 1%~2%；硫酸钠0.5%~2%	0.02%~0.05%	2%二水石膏＋1%亚硝酸钠＋0.05%三乙醇胺
作用效果	氯化钙:可使2~3 d强度提高40%~100%,7 d强度提高25%	—	能使3 d强度提高50%

注:氯盐会锈蚀钢筋,掺量必须符合有关规定,复合早强剂的早强效果显著,适用于严格禁止使用氯盐的钢筋混凝土。

9.3 水泥混凝土的主要技术性能

1.和易性

（1）和易性的概念。

和易性是指混凝土拌合物便于施工操作（主要包括搅拌、运输、浇筑、成型、养护等）,能够获得结构均匀、成型密实的混凝土的性能。和易性是一项综合性能,主要包括流动性、黏聚性和保水性三个方面的内容。

流动性是指混凝土拌合物在本身自重或施工机械振捣作用下,能产生流动并且均匀密实地填满模板的性能。流动性好的混凝土拌合物,施工操作方便,易于使混凝土成型密实。

黏聚性是指混凝土拌合物各组成材料之间具有一定的内聚力,在运输和浇筑过程中不致产生离析和分层现象的性质。

保水性是指混凝土拌合物具有一定的保持内部水分的能力,在施工过程中不致发生泌水现象的性质。保水性差的混凝土拌合物,其内部固体颗粒下沉、水分上浮,在拌合物表面析出一部分水分,内部水分向表面移动过程中产生毛细管通道,使混凝土的密实度下降、强度降低、耐久性下降,且混凝土硬化后表面容易起砂。

混凝土拌合物的流动性、黏聚性和保水性,三者之间是对立统一的关系。流动性好的拌合物,黏聚性和保水性往往较差;而黏聚性、保水性好的拌合物,一般流动性可能较差。在实际工程中,应尽可能达到三者统一,既满足混凝土施工时要求的流动性,也具有良好的黏聚性和保水性。

(2)和易性的评定。

混凝土拌合物和易性的评定,通常采用测定混凝土拌合物的流动性,辅以直观经验评定黏聚性和保水性的方法。定量测定流动性的常用方法主要有坍落度法和维勃稠度法两种。

①坍落度法。塑性混凝土和流动性混凝土拌合物的流动性采用坍落度表示(mm),是指混凝土拌合物在自重作用下产生的变形值。

将混凝土拌合物按规定的试验方法装入坍落度筒内,提起坍落度筒后,混凝土拌合物因自重而向下坍落,坍落的尺寸即为拌合物的坍落度值(mm),如图 9.2 所示。在测定坍落度时观察黏聚性和保水性,具体方法见试验部分。坍落度法适用于骨料最大粒径不大于 40 mm、坍落度值不小于 10 mm 的混凝土的流动性测定。

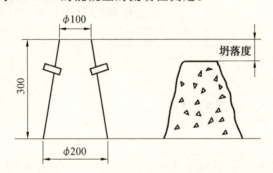

图 9.2 坍落度的测定

②维勃稠度法。干硬性混凝土的流动性采用维勃稠度表示(s)。维勃稠度法的原理是测定使混凝土拌合物密实所需要的时间(s)。适用于骨料最大粒径不大于 40 mm、维勃稠度在 5~30 s 之间的干硬性混凝土拌合物的流动性测定。

按照《混凝土质量控制标准》(GB 50164—2011)规定,混凝土拌合物按坍落度和维勃稠度的大小划分为不同等级,见表 9.15 和表 9.16。

表 9.15 混凝土拌合物的坍落度等级划分　　　　mm

等级	坍落度	等级	坍落度
S1	10~40	S4	160~210
S2	50~90	S5	≥220
S3	100~150		

表 9.16　混凝土拌合物的维勃稠度等级划分　　　　　　　　　　　　　s

等级	维勃稠度	等级	维勃稠度
V0	≥31	V3	6～10
V1	21～30	V4	3～5
V2	11～20		

(3)混凝土施工时坍落度的选择。

混凝土拌合物坍落度的选择应根据施工条件、构件截面尺寸、配筋情况、施工方法等因素来确定。一般情况,构件截面尺寸较小、钢筋较密,或采用工拌合与插捣时,坍落度应选择大些。按照《混凝土结构工程施工质量验收规范》(GB 50204—2015)规定,混凝土浇筑时的坍落度宜按表 9.17 选用。

表 9.17　混凝土浇筑时的坍落度　　　　　　　　　　　　　mm

结构种类	坍落度
基础或地面等的垫层,无配筋的大体积结构(挡土墙、基础等)或配筋稀疏的结构	10～30
板、梁和大型及中型截面的柱子等	30～50
配筋密列的结构(如薄壁、斗仓、筒仓、细柱等)	50～70
配筋特密的结构	70～90

(4)影响混凝土拌合物和易性的因素。

混凝土拌合物的和易性主要取决于组成材料的品种、规格以及组成材料之间的数量比例、外加剂、外部环境条件等因素。

①水泥浆数量和单位用水量。在混凝土骨料用量、水灰比一定的条件下,填充在骨料之间的水泥浆数量越多,水泥浆对骨料的润滑作用越充分,混凝土拌合物的流动性越大。但水泥浆数量过多不仅浪费水泥,而且会使拌合物的黏聚性、保水性变差,产生分层、泌水现象。

②骨料的品种、级配和粗细程度。采用级配合格、2 区的中砂拌制混凝土时,因其空隙率较小且比表面积小,填充颗粒之间的空隙及包裹颗粒表面的水泥浆数量可减少;在水泥浆数量一定的条件下,可提高拌合物的流动性,且黏聚性和保水性也相应提高。

天然卵石呈圆形或卵圆形,表面较光滑,颗粒之间的摩擦阻力较小;碎石形状不规则,表面粗糙、多棱角,颗粒之间的摩擦阻力较大。在其他条件完全相同的情况下,采用卵石拌制的混凝土比用碎石拌制的混凝土的流动性好。另外在允许的情况下,应尽可能选择最大粒径较大的石子,可降低粗骨料的总表面积,使水泥浆的富余量加大,提高拌合物的流动性。但是,砂、石子过粗会使混凝土拌合物的黏聚性和保水性下降,同时也不易拌合均匀。

③砂率。砂率是指混凝土中砂的质量占砂、石子总质量的百分数。用公式表示为

$$\beta_s = \frac{m_s}{m_s + m_g} \times 100\% \tag{9.3}$$

式中　β_s——混凝土砂率,%;

m_s——混凝土中的砂用量,kg;

m_g——混凝土中的石子用量,kg。

在混凝土骨料中,砂的比表面积大,砂率的改变会使混凝土骨料的总表面积发生较大变化。合适的砂率既能保证拌合物具有良好的流动性,又能使拌合物的黏聚性、保水性良好,这一砂率称为合理砂率。合理砂率是指在水泥浆数量一定的条件下,能使拌合物的流动性(坍落度)达到最大,且黏聚性和保水性良好时的砂率;或者是在流动性(坍落度)、强度一定,黏聚性良好时,水泥用量(m_c)最小时的砂率。合理砂率通过试验确定,如图9.3所示。

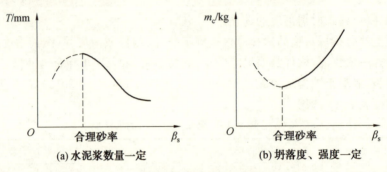

图 9.3　合理砂率的确定

④外加剂。在混凝土中掺入一定数量的外加剂,如减水剂、引气剂等,在组成材料用量一定的条件下,可以提高拌合物的流动性,同时也可提高黏聚性和保水性。

影响混凝土拌合物和易性的因素还有很多,如施工环境的温度、搅拌制度(如投料顺序、搅拌时间)等。在此不作详细描述。

2. 强度

混凝土的强度包括抗压、抗拉、抗剪和抗折强度等,其中抗压强度最高,因此在使用中主要利用混凝土抗压强度高的特点,用于承受压力的工程部位。混凝土的抗压强度与其他强度之间有一定的相关性,可根据抗压强度值的大小估计其他强度值。

(1)抗压强度和强度等级。

根据检测强度指标所用试件不同,混凝土的抗压强度又分为立方体抗压强度和轴心抗压强度两种。立方体抗压强度是评定混凝土质量的主要指标。轴心抗压强度是钢筋混凝土结构设计的主要依据。

①立方体抗压强度。按照《混凝土强度检验评定标准》(GB/T 50107—2010),以及《混凝土结构工程施工质量验收规范》(GB 50204—2015)的规定,混凝土立方体抗压强度是指制作边长为150 mm的标准立方体试件,在温度为(20±2)℃,相对湿度为95%以上的潮湿环境或$Ca(OH)_3$饱和溶液中,经28 d养护,采用标准试验方法测得的混凝土极限抗压强度,用f_{cu}表示。

立方体抗压强度测定采用的标准试件尺寸为150 mm×150 mm×150 mm,也可根据粗骨料的最大粒径选择尺寸为100 mm×100 mm×100 mm和200 mm×200 mm×200 mm的非标准试件,但强度测定结果必须乘以换算系数,具体见表9.18。

表 9.18 试件的尺寸选择及换算系数

试件种类	试件尺寸	粗骨料最大粒径/mm	换算系数
标准试件	150 mm×150 mm×150 mm	40	1.00
非标准试件	100 mm×100 mm×100 mm	30	0.95
	200 mm×200 mm×200 mm	60	1.05

②轴心抗压强度。轴心抗压强度又称棱柱体抗压强度,是以尺寸为 150 mm×150 mm×300 mm 的标准试件,在标准养护条件下养护 28 d,测得的极限抗压强度,以 f_{cp} 表示。

如确有必要,可采用非标准尺寸的棱柱体试件,但其高宽比应控制在 2~3 范围内。非标准尺寸的棱柱体试件的截面尺寸为 100 mm×100 mm 和 200 mm×200 mm,测得的抗压强度值应分别乘以换算系数 0.95 和 1.05。

混凝土的棱柱体抗压强度是钢筋混凝土结构设计的依据。在钢筋混凝土结构计算中,计算轴心受压构件时以棱柱体抗压强度作为依据,因为其接近于混凝土构件的实际受力状态。由于棱柱体抗压强度受压时受到的摩擦力作用范围比立方体试件小,因此棱柱体抗压强度值比立方体抗压强度值低,实际 $f_{cp}=(0.70\sim0.80)f_{cu}$,在结构设计计算时,一般取 $f_{cp}=0.67f_{cu}$。

③强度等级。混凝土强度等级是根据混凝土立方体抗压强度标准值划分的级别,以"C"和"混凝土立方体抗压强度标准值($f_{cu,k}$)"表示。有 C15、C20、C25、C30、C35、C40、C45、C50、C55、C60、C65、C70、C75、C80、C85、C90、C95 和 C100 18 个强度等级。

混凝土立方体抗压强度标准值($f_{cu,k}$)是指对按标准方法制作和养护的边长为 150 mm 的立方体试件,在 28 d 龄期,用标准试验方法测得的抗压强度总体分布中的一个值,强度低于该值的百分率不超过 5%。

在工程设计时,应根据建筑物不同部位承受荷载情况,选取不同强度等级的混凝土。混凝土强度等级的选择见表 9.19。

表 9.19 混凝土强度等级的选择

强度等级	一般应用范围
C15	用于基础垫层、地坪及受力不大的结构
C20~C30	用于梁、板、柱、楼梯、屋架等水泥混凝土结构
≥C30	用于大跨度构件、预应力构件、吊车梁及特种结构

(2)抗拉强度。

混凝土的抗拉强度采用劈裂抗拉试验法测得,其值较低,一般为抗压强度的 1/20~1/10。在工程设计时,一般没有考虑混凝土的抗拉强度,但混凝土的抗拉强度对抵抗裂缝的产生具有重要意义,在结构设计中,混凝土抗拉强度是确定混凝土抗裂度的重要指标。

(3)抗折强度。

道路路面用混凝土以抗折强度(又称抗弯拉强度)为主要强度指标,而以立方体抗压强度作为参考指标。

抗弯拉强度是以标准方法制作的 150 mm×150 mm×550 mm 的标准试件,在标准养护条件下养护 28 d,按三分点加荷,如图 9.4 所示,测定其极限抗折强度,用 f_{cf} 表示。

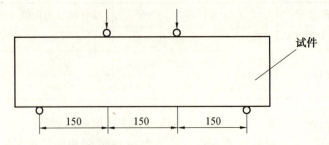

图 9.4 混凝土抗折强度试验示意图(单位:mm)

抗折强度按下式计算,精确至 0.01 MPa:

$$f_{cf}=\frac{FL}{bh^2} \tag{9.4}$$

式中 f_{cr}——试件的抗折强度,MPa;
F——试件破坏的最大荷载,N;
L——两个支座之间的距离,mm;
b——试件的宽度,mm;
h——试件的高度,mm。

根据我国《公路水泥混凝土路面设计规范》(JTGD 40—2011)规定,不同交通量分级的水泥混凝土路面的计算抗折强度应符合表 9.20 的规定。

表 9.20 水泥混凝土抗折强度标准值　　　　　　　　　　　　　MPa

交通荷载等级	极重、特种、重	中等	轻
水泥混凝土的抗折强度标准值	≥5.0	≥4.5	≥4.0
钢纤维混凝土的抗折强度标准值	≥6.0	≥5.5	≥5.0

(4)影响混凝土强度的主要因素。

由于混凝土是由多种材料组成,由人工经配制和施工操作后形成的,因此影响混凝土抗压强度的因素较多。概括起来主要有五个方面的因素,即人、机械、材料、施工工艺及环境条件。本书主要从材料方面的影响进行阐述。

①水泥的强度和水灰比。在混凝土中,水泥石与骨料黏结,使混凝土成为有一定强度的人造石材,因此水泥强度直接影响混凝土的强度。在配合比相同的情况下,所用水泥强度越高,水泥石与骨料的黏结强度越大,混凝土的强度越高。

水灰比是混凝土中拌合用水量与水泥用量的比值。在拌制混凝土时,为了使拌合物具有较好的和易性,通常加入较多的水,占水泥质量的 40%～70%。而水泥水化需要的水分约占水泥质量的 23%,剩余的水分或泌出,或积聚在水泥石与骨料黏结的表面,会增大混凝土内部孔隙和降低水泥石与骨料之间的黏结力。水灰比越小,混凝土的强度越高。但水灰比过小,拌合物和易性不易保证,硬化后的强度反而降低。

水灰比、灰水比与混凝土强度的关系分别如图 9.5 和图 9.6 所示。

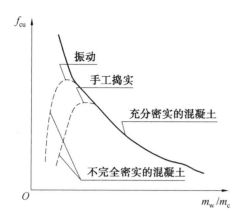
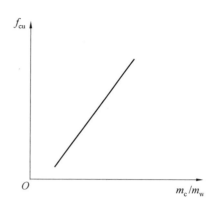

图 9.5 水灰比与混凝土强度的关系　　图 9.6 灰水比与混凝土强度的关系

根据大量试验结果及工程实践,水泥强度及水灰比与混凝土强度有如下关系：

$$f_{cu}=\alpha_a \cdot f_{ce}(m_c/m_w-\alpha_b) \tag{9.5}$$

式中　f_{cu}——混凝土 28 d 龄期的抗压强度值,MPa；

f_{ce}——水泥 28 d 抗压强度的实测值,MPa；

m_c/m_w——混凝土水灰比,即水灰比的倒数；

α_a、α_b——回归系数,与水泥、骨料的品种有关。

利用上述经验公式,可以根据水泥强度和水灰比值的大小估计混凝土的强度；也可以根据水泥强度和要求的混凝土强度计算混凝土的水灰比。

②粗骨料的品种。粗骨料在混凝土硬化后主要起骨架作用。由于水泥石的强度、粗骨料的强度均高于混凝土的抗压强度,因此在混凝土抗压破坏时,一般不会出现水泥石和骨料先破坏的情况,最薄弱的环节是水泥石与骨料黏结的表面。水泥石与骨料的黏结强度不仅取决于水泥石的强度,而且与粗骨料的品种有关。碎石形状不规则,表面粗糙、多棱角,与水泥石的黏结强度较高；卵石呈圆形或卵圆形,表面光滑,与水泥石的黏结强度较低。因此,在水泥石强度及其他条件相同时,碎石混凝土的强度高于卵石混凝土的强度。

③养护条件。为混凝土创造适当的温度、湿度条件以利于其水化和硬化的工序称为养护。养护的基本条件是温度和湿度。只有在适当的温度和湿度条件下,水泥的水化反应才能顺利进行,混凝土的强度才能顺利发展。

混凝土所处的温度环境对水泥的水化反应影响较大：温度越高,水化反应速度越快,混凝土的强度发展越快。为了加快混凝土强度发展,在工程中采用自然养护时,可以采取一定的措施,如覆盖、利用太阳能养护。另外,采用热养护,如蒸汽养护、蒸压养护,可以加速混凝土的硬化,提高混凝土的早期强度。当环境温度低于 0 ℃时,混凝土中的大部分或全部水分结成冰,水泥不能与固态的冰发生化学反应,混凝土的强度将停止发展。

环境湿度是保证混凝土中水泥正常水化的重要条件。在适当的湿度条件下,水泥能正常水化,有利于混凝土强度的发展。湿度过低,混凝土表面会产生失水,迫使内部水分向表面迁移,在混凝土中形成毛细管通道,使混凝土的密实度、抗冻性、抗渗性下降,强度较低；或者混凝土表面产生干缩裂缝,不仅强度较低,而且影响表面质量和耐久性。

为了使混凝土正常硬化,必须保证混凝土成型后在一定时间内保持一定的温度和湿度。在自然环境中,利用自然气温进行的养护称为自然养护。《混凝土结构工程施工质量验收规范》(GB 50204—2015)规定,对已浇筑完毕的混凝土应在 12 h 内加以覆盖和浇水。覆盖可采用锯末、塑料薄膜、麻袋片等;浇水养护时间,对于硅酸盐水泥、普通硅酸盐水泥或矿渣硅酸盐水泥拌制的混凝土,浇水养护时间不得少于 7 昼夜,对掺缓凝型外加剂或有抗渗要求的混凝土不得少于 14 昼夜,浇水次数应能保持混凝土表面长期处于潮湿状态。当环境温度低于 5 ℃时,不得浇水养护。

④龄期。龄期是指混凝土在正常养护条件下所经历的时间。在正常的养护条件下,混凝土的抗压强度随龄期的增加而不断发展,在 7~14 d 内强度发展较快,以后逐渐减慢,28 d 后强度发展更慢。由于水泥水化的原因,混凝土的强度发展可持续数十年。

试验证明,采用普通水泥拌制的中等强度等级混凝土,在标准养护条件下,混凝土的抗压强度与其龄期的对数成正比,即

$$\frac{f_n}{\lg n}=\frac{f_{28}}{\lg 28} \tag{9.6}$$

式中　f_n、f_{28}——混凝土在第 n、28 天龄期的抗压强度(MPa),其中 $n>3$。

根据上述经验公式,可以根据测定出的混凝土第 n 天抗压强度,推算出混凝土某一天(包括第 28 天)的强度。

⑤外加剂。在混凝土拌合过程中掺入适量减水剂,可在保持混凝土拌合物和易性不变的情况下减少混凝土的单位用水量,提高混凝土的强度。掺入早强剂可以提高混凝土的早期强度,而对后期强度无影响。

(5)提高混凝土抗压强度的主要措施。

根据影响混凝土抗压强度的主要因素,在工程实践中,可采取以下一些措施:

①采用高强度等级水泥。

②采用单位用水量较小、水灰比较小的干硬性混凝土。

③采用合理砂率,以及级配合格、强度较高、质量良好的碎石。

④改进施工工艺,加强搅拌和振捣。

⑤采用加速硬化措施,提高混凝土的早期强度。

⑥在混凝土拌合时掺入减水剂或早强剂。

3. 耐久性

(1)混凝土耐久性的概念及主要内容。

混凝土的耐久性是指混凝土在长期使用过程中,能抵抗各种外界因素的作用,而保持其强度和外观完整性的能力。混凝土的耐久性主要包括抗冻性、抗渗性、抗侵蚀性、抗碳化性及碱-骨料反应等。

①抗渗性。混凝土的抗渗性是指混凝土抵抗压力水渗透的能力。混凝土渗水的主要原因是由于混凝土内部存在连通的毛细孔和裂缝,形成了渗水通道。渗水通道主要来源于水泥石内的孔隙、水泥浆泌水形成的泌水通道、收缩引起的微小裂缝等。因此,提高混凝土的密实度可以提高抗渗性。

混凝土的抗渗性用抗渗等级表示。抗渗等级以 28 d 龄期的标准试件按规定方法进行试验时所能承受的最大静水压力来确定,可分为 P4、P6、P8、P10 和 P12 5 个等级,分别表示混凝土能抵抗 0.4 MPa、0.6 MPa、0.8 MPa、1.0 MPa 和 1.2 MPa 的静水压力而不发生渗透。

②抗冻性。混凝土的抗冻性是指混凝土在饱和水状态下能抵抗冻融循环作用而不发生破坏,强度也不显著降低的性质。在寒冷地区,特别是在严寒地区处于潮湿环境或干湿交替环境的混凝土,抗冻性是评定混凝土耐久性的重要指标。

混凝土的耐久性用抗冻等级表示。抗冻等级是以 28 d 龄期的混凝土标准试件在饱和水状态下强度损失不超过 25%,且质量损失不超过 5% 时,混凝土所能承受的最大冻融循环次数,有 F10、F15、F25、F50、F100、F200、F250 和 F300 8 个抗冻等级。

混凝土的抗冻性主要取决于混凝土的孔隙率及孔隙特征、含水程度等因素。孔隙率较小且具有封闭孔隙的混凝土的抗冻性较好。

③抗侵蚀性。混凝土的抗侵蚀性主要取决于水泥石的抗侵蚀性。合理选择水泥品种、提高混凝土制品的密实度可以提高抗侵蚀性。

④抗碳化性。混凝土的碳化主要指水泥石的碳化。水泥石的碳化是指水泥石中的 $Ca(OH)_2$ 与空气中的 CO_2 在潮湿条件下发生化学反应。混凝土碳化,一方面会使其碱度降低,从而使混凝土对钢筋的保护作用降低,钢筋易锈蚀;另一方面,会引起混凝土表面产生收缩而开裂。

⑤碱－骨料反应。碱－骨料反应是指水泥、外加剂及环境中的碱与骨料中碱活性矿物在潮湿环境下缓慢发生膨胀反应,并导致混凝土开裂破坏。常见的碱－骨料反应为碱－氧化硅反应、碱－骨料反应后,在骨料表面形成复杂的碱硅酸凝胶,吸水后凝胶不断膨胀而使混凝土产生膨胀性裂纹,严重时会导致结构破坏。为了防止碱－骨料反应发生,应严格控制水泥中碱的含量和骨料中碱活性物质的含量。

(2)提高混凝土耐久性的措施。

混凝土所处的环境条件不同,其耐久性的含义也有所不同,应根据混凝土所处环境条件采取相应的措施来提高耐久性。提高混凝土耐久性的主要措施有以下几种。

①合理选择混凝土的组成材料。应根据混凝土的工程特点或所处的环境条件,选择合理水泥品种;选择质量良好、技术要求合格的骨料。

②提高混凝土制品的密实度。严格控制混凝土的水灰比和水泥用量。混凝土的最大水灰比和最小水泥用量必须符合表 9.21 的规定。

③选择级配良好的骨料及合理砂率值,保证混凝土的密实度。

④掺入适量减水剂,可减少混凝土的单位用水量,提高混凝土的密实度。

⑤严格按操作规程进行施工操作,加强搅拌、合理浇筑、振捣密实、加强养护,确保施工质量,提高混凝土制品的密实度。

⑥改善混凝土的孔隙结构。在混凝土中掺入适量引气剂,可改善混凝土内部的孔隙结构。封闭孔隙的存在可以提高混凝土的抗渗性、抗冻性及抗侵蚀性。

表 9.21 混凝土的最大水灰比和最小水泥用量

环境条件	结构物类别	最大水灰比			最小水泥用量/kg		
		素混凝土	钢筋混凝土	预应力混凝土	素混凝土	钢筋混凝土	预应力混凝土
干燥环境	正常的居住或办公用房屋	不作规定	0.65	0.60	200	260	300
潮湿环境 无冻害	高湿度的室内部件 室外部件 在非侵蚀性土和(或)水中的部件	0.70	0.60	0.60	225	280	300
潮湿环境 有冻害	经受冻害的室外部件 在非侵蚀性土和(或)水中且经受冻害的部件 高湿度且经受冻害的室内部件	0.55	0.55	0.55	250	280	300
有冻害和除冰剂的潮湿环境	经受冻害和除冰剂作用的室内和室外部件	0.50	0.50	0.50	300	300	300

9.4　水泥混凝土配合比

1. 配合比及其表示方法

混凝土的配合比是指混凝土各组成材料用量之比。混凝土的配合比有质量比和体积比两种表示方法。工程中常用质量比表示。

混凝土的质量比在工程中有两种表示方法：

(1)以 1 m³ 混凝土中各组成材料的实际用量表示。例如水泥 $m_c=295$ kg，砂 $m_n=648$ kg，石子 $m_g=1330$ kg，水 $m_w=165$ kg。

(2)以各组成材料用量之比表示。例如可表示为 $m_c:m_s:m_g=1:2.20:4.51$，$m_w/m_c=0.56$。

2. 配合比设计及要求

配合比设计是指确定混凝土配合比的过程。混凝土配合比设计的要求包括质量要求和经济要求两方面。质量要求包括良好的和易性、强度满足所设计的强度等级要求、良好的耐久性。在满足质量要求的基础上，要尽量节约原材料，降低成本，保证经济合理。

3. 配合比设计进程

(1)确定混凝土的施工配制强度 $f_{cu,0}$。

为了使混凝土强度达到所设计的强度等级要求，在施工配制混凝土时应在强度等级要求的基础上提高混凝土的强度，该强度称为混凝土的施工配制强度。根据混凝土强度分布规律，施工配制强度按下式计算：

$$f_{cu,0} \geqslant f_{cu,k} + 1.645\sigma$$

式中　$f_{cu,0}$——混凝土施工配制强度,MPa;
　　　$f_{cu,k}$——混凝土立方体抗压强度标准值,即混凝土强度等级值,MPa;
　　　σ——混凝土强度标准差,MPa。

①混凝土强度标准差可根据同类混凝土统计资料确定,计算公式如下:

$$\sigma = \sqrt{\frac{\sum_{i=1}^{n} f_{cu,i}^2 - n\overline{f}_{cu}}{n-1}} \tag{9.7}$$

式中　$f_{cu,i}$——统计周期内同类混凝土第 i 组试件的强度值,MPa;
　　　$\overline{f}_{cu}$——统计周期内同类混凝土 n 组试件强度平均值,MPa;
　　　n——统计周期内同类混凝土试件组数,$n \geq 25$ 组。

混凝土试件组数应不少于 25 组;当混凝土强度等级为 C20 和 C25,其强度标准差计算值 $\sigma < 2.5$ MPa 时,应取 $\sigma = 2.5$ MPa;当混凝土强度等级等于或大于 C30,其强度标准差计算值 $\sigma < 3.0$ MPa 时,应取 $\sigma = 3.0$ MPa。

②当无统计资料计算混凝土强度标准差时,其值按现行《混凝土结构工程施工质量验收规范》(GB 50204—2015)的规定取用,见表 9.22。

表 9.22　混凝土强度标准差

强度等级	≤C20	C25~C45	C50~C55
标准差 σ/MPa	4.0	5.0	6.0

在工程实践中,遇有下列情况时,应提高混凝土的配制强度:
①现场条件与试验室条件有显著差异时。
②C30 及以上强度等级的混凝土,采用非统计方法评定时。

(2)确定混凝土水灰比 m_w/m_c。
①按混凝土强度要求计算水灰比 m_w/m_c。
当混凝土强度等级小于 C60 时,混凝土水灰比宜按下式计算:

$$\frac{m_w}{m_c} = \frac{\alpha_a \cdot f_{ce}}{f_{cu,0} + \alpha_a \cdot \alpha_b \cdot f_{ce}} \tag{9.8}$$

式中　α_a、α_b——回归系数;
　　　f_{ce}——水泥 28 d 抗压强度实测值,MPa。

当无水泥 28 d 抗压强度实测值时,f_{ce} 值可按下式确定:

$$f_{ce} = \gamma_c \cdot f_{ce,g}$$

式中　γ_c——水泥强度等级值的富余系数,可按实际统计资料确定;
　　　$f_{ce,g}$——水泥强度等级值,MPa。

回归系数 α_a 和 α_b 应根据工程所用的水泥、骨料,通过试验由建立的水灰比与混凝土强度关系式确定;当不具备上述试验统计资料时,其回归系数可按表 9.23 规定。

表 9.23　回归系数 α_a 和 α_b

回归系数	碎石	卵石
α_a	0.46	0.48
α_b	0.07	0.33

②按耐久性要求复核水灰比。为了使混凝土耐久性符合要求，按强度要求计算的水灰比值不得超过表 9.20 规定的最大水灰比值，否则混凝土耐久性不合格，此时取规定的最大水灰比值作为混凝土的水灰比值。

（3）确定单位用水量 m_w。

①水灰比在 0.40～0.80 范围内时，塑性混凝土和干硬性混凝土单位用水量应根据粗骨料的品种、最大粒径及施工要求的混凝土拌合物流动性，其单位用水量分别按表 9.24 和表 9.25 选取。

表 9.24　塑性混凝土的单位用水量　　　　　　　　　　　　　　　kg

拌合物流动性		卵石最大粒径				碎石最大粒径			
项目	指标	10 mm	20 mm	31.5 mm	40 mm	16 mm	20 mm	31.5 mm	40 mm
坍落度	10～30 mm	190	170	160	150	200	185	175	165
	35～50 mm	200	180	170	160	210	195	185	175
	55～70 mm	210	190	180	170	220	205	195	185
	75～90 mm	215	195	185	175	230	215	205	195

注：①本表用水量为采用中砂时的平均取值。采用细砂时，每立方米混凝土用水量可增加 5～10 kg；采用粗砂时，则可减少 5～10 kg；

②掺用各种外加剂或掺合料时，用水量应相应调整。

表 9.25　干硬性混凝土的单位用水量　　　　　　　　　　　　　　　kg

拌合物流动性		卵石最大粒径			碎石最大粒径		
项目	指标	10 mm	20 mm	40 mm	16 mm	20 mm	40 mm
维勃稠度	16～20 s	175	160	145	180	170	155
	11～15 s	180	165	150	185	175	160
	5～10 s	185	170	155	190	180	165

①水灰比小于 0.40 的混凝土以及采用特殊成型工艺的混凝土单位用水量应通过试验确定。

②流动性和大流动性混凝土的单位用水量宜按下列步骤计算：

以表 9.25 中坍落度 90 mm 的单位用水量为基础，按坍落度每增大 20 mm 单位用水量增加 5 kg。

③掺外加剂时，混凝土的单位用水量可按下式计算：

$$m_{wa} = m_{w0}(1-\beta) \tag{9.9}$$

式中　m_{wa}——掺外加剂时混凝土的单位用水量，kg；

　　　m_{w0}——未掺外加剂时混凝土的单位用水量，kg；

　　　β——外加剂的减水率。

外加剂的减水率应经试验确定。

（4）计算单位水泥用量 m_{c0}。

①按下式计算每立方米混凝土中的水泥用量 m_{c0}。

$$m_{c0} = \frac{m_{w0}}{m_{w0}\; m_c} \tag{9.10}$$

②复核耐久性。将计算出的单位水泥用量与表 9.22 规定的最小水泥用量比较:如计算水泥用量不低于最小水泥用量,则混凝土耐久性合格;如计算水泥用量低于最小水泥用量,则混凝土耐久性不合格,此时应取表 9.22 规定的最小水泥用量。

(5)确定砂率 β_s。

当无历史资料可参考时,混凝土砂率应符合下列规定:

①坍落度为 10~60 mm 的混凝土砂率,可根据粗骨料品种、粒径及水灰比按表 9.26 选取。

②坍落度大于 60 mm 的混凝土砂率,可经试验确定,也可在表 9.26 的基础上按坍落度每增大 20 mm 砂率增大 1% 的幅度予以调整。

③坍落度小于 10 mm 的混凝土,其砂率应经试验确定。

表 9.26　混凝土砂率　　　　　　　　　　　　　　%

水灰比 m_w/m_c	卵石最大粒径			碎石最大粒径		
	10 mm	20 mm	40 mm	16 mm	20 mm	40 mm
0.40	26~32	25~31	24~30	30~35	29~34	27~32
0.50	30~35	29~34	28~33	33~38	32~37	30~35
0.60	33~38	32~37	31~36	36~41	35~40	33~38
0.70	36~41	35~40	34~39	39~44	38~43	36~41

注:①本表数值系中砂的选用砂率,对细砂或粗砂,可相应减少或增大砂率;
②只用一个单粒级粗骨料配制混凝土时,砂率应适当增大;
③对薄壁构件,砂率取偏大值。

(6)计算单位砂、石子用量 m_{s0}、m_{g0}。

①体积法。体积法的原理为:1 m³ 混凝土中的各组成材料——水泥、砂、石子、水经过拌合均匀、成型密实后,混凝土拌合物的体积为 1 m³,用公式表示为

$$V_c + V_s + V_g + V_w + V_a = 1 \tag{9.11}$$

式中　V_c、V_s、V_g、V_w、V_a——1 m³ 混凝土中水泥、砂、石子、水、空气(孔隙)的体积,m³。

用材料的质量和密度表示体积后,可建立下式。

$$\begin{cases} \dfrac{m_{c0}+m_{s0}+m_{g0}+m_{w0}}{\rho_c+\rho_s+\rho_g+\rho_w} + \alpha = 1 \\ \beta_s = \dfrac{m_{s0}}{m_{s0}+m_{g0}} \times 100\% \end{cases} \tag{9.12}$$

式中　ρ_c、ρ_s、ρ_g、ρ_w——分别为水泥的密度、砂的表观密度、石子的表观密度、水的密度,kg/m³,水泥的密度可取 2 900~3 100 kg/m³;

　　　　α——混凝土的含气量,以百分率计。在不使用引气型外加剂时,可取 $\alpha=1\%$。

联解方程组可解得 m_{s0}、m_{g0}。

②质量法。质量法又称为假定体积密度法。假定混凝土拌合物的体积密度为 ρ_{cu}(kg/m³)。则 1 m³ 混凝土的总质量为 $\rho_{cu} \times 1$(kg),可建立下式。

$$\begin{cases} m_{c0}+m_{s0}+m_{g0}+m_{w0}=\rho_{cu}\times 1 \\ \beta_s=\dfrac{m_{s0}}{m_{s0}+m_{g0}}\times 100\% \end{cases} \quad (9.13)$$

式中 m_{c0}、m_{s0}、m_{g0}、m_{w0}——1 m³ 混凝土中水泥、砂、石子、水的用量,kg;

ρ_{cu}——混凝土拌合物的假定体积密度(kg/m³),可取 2 350～2 450 kg/m³。

联解方程组可解得 m_{s0}、m_{g0}。

(7)确定初步配合比。

上述按经验公式和经验数据计算出的配合比,称为初步配合比,可采用配合比的两种表示方法表示。

(8)试配、调整、确定试验室配合比。

①采用工程中实际使用的原材料,按初步配合比试配少量混凝土。

混凝土试配时,混凝土的最小搅拌量应符合表 9.27 的规定。混凝土的搅拌方法宜与生产时使用的方法相同。当采用机械搅拌时,其搅拌量不应小于搅拌机额定搅拌量的 1/4。

表 9.27 混凝土试配时的最小搅拌量

骨料最大粒径/mm	搅拌量/L
31.5 及以下	15
40	25

②检验和易性。当试配的混凝土拌合物坍落度或维勃稠度不能满足要求,或黏聚性和保水性不好时,应在保证水灰比不变的条件下相应调整用水量或砂率,直到符合要求时为止。然后测定达到和易性要求的混凝土拌合物的体积密度 ρ_c(kg/m³),提出混凝土强度试验用的配合比。

③检验强度。混凝土强度试验时至少应采用 3 个不同的配合比,其中 1 个应为计算出的基准配合比,另外 2 个配合比的水灰比,较初步配合比分别增加和减少 0.05;用水量与初步配合比相同,砂率可分别增加或减少 1%。

制作混凝土强度试验试件时,应检验混凝土拌合物的坍落度或维勃稠度、黏聚性、保水性及拌合物的体积密度,并以此结果代表相应配合比的混凝土拌合物性能。每种配合比至少应制作一组试件(3 块),标准养护至 28 d 时,上机检测试件的立方体抗压强度。

④确定试验室配合比。根据试验得出的混凝土强度与其相应水灰比(m_c/m_w)关系,用作图法或计算法求出与混凝土施工配制强度($f_{cu,0}$)相对应的水灰比,并按下列原则确定 1 m³ 混凝土中的组成材料用量:单位用水量(m_w)应在初步配合比用水量的基础上,根据制作强度试件时测得的坍落度或维勃稠度进行调整确定。

单位水泥用量(m_c)应以用水量乘以选定出来的水灰比计算确定;

单位砂石用量(m_s、m_g)应在初步配合比的用量基础上,按选定的水灰比进行调整后确定。

⑤经试配确定配合比后,还应按下列步骤进行校正:

将按上述方法确定的各组成材料用量代入下式,计算混凝土的体积密度计算值 $\rho_{c,c}$:

$$\rho_{c,c}=m_c+m_s+m_g+m_w \quad (9.14)$$

按下式计算混凝土配合比校正系数 δ:

$$\delta = \frac{\rho_{c,t}}{\rho_{c,c}} \tag{9.15}$$

式中 $\rho_{c,c}$——混凝土体积密度实测值，kg/m^3；

$\rho_{c,t}$——混凝土体积密度计算值，kg/m^3。

当混凝土体积密度实测值与计算值之差的绝对值不超过计算值的2%时，无须调整，即得试验室配合比；当两者之差超过2%时，应将配合比中各组成材料用量均乘以校正系数δ，即为试验室配合比。

(9)计算施工配合比。

试验室配合比中的砂、石子均以干燥状态下的用量为准。施工现场的骨料一般采用露天堆放，其含水率随气候的变化而变化，因此必须在试验室配合比的基础上进行调整。

假定现场砂、石子的含水率分别为$a\%$和$b\%$，则施工配合比中$1\ m^3$混凝土的各组成材料用量分别为

$$m'_c = m_c$$
$$m'_s = m_s(1+a\%)$$
$$m'_g = m_g(1+b\%)$$
$$m'_w = m_w - m_s \times a\% - m_g \times b\% \tag{9.16}$$

4. 配合比设计应用实例

【**例 9.1**】 某工程现浇室内钢筋混凝土梁，混凝土设计强度等级为C30。施工采用机械拌合和振捣，选择的混凝土拌合物坍落度为35~50 mm。施工单位无混凝土强度统计资料。所用原材料如下：

水泥：普通水泥，强度等级为42.5，实测28 d抗压强度为48.0 MPa，密度$\rho_c = 3.1\ g/cm^3$；

砂：中砂，级配2区合格，表观密度$\rho_g = 2.65\ g/cm^3$；

石子：卵石，最大粒径为40 mm，表观密度$\rho_g = 2.60\ g/cm^3$；

水：自来水，密度$\rho_w = 1.00\ g/cm^3$。

试用体积法和质量法确定该混凝土的初步配合比。

【**解**】 (1)计算混凝土的施工配制强度$f_{cu,0}$。

根据题意可得：$f_{cu,k} = 30.0$ MPa，查表9.22取$\sigma = 5.0$ MPa，则

$$f_{cu,0} = f_{cu,k} + 1.645\sigma = 30.0 + 1.645 \times 5.0 = 38.2(\text{MPa})$$

(2)确定混凝土水灰比m_w/m_c。

按强度要求计算混凝土水灰比m_w/m_c。

根据题意可得：$f_{ce} = 48.0$ MPa，$\alpha_a = 0.48$，$\alpha_b = 0.33$，则混凝土水灰比为

$$\frac{m_w}{m_c} = \frac{\alpha_a \cdot f_{ce}}{f_{cu,0} + \alpha_a \cdot \alpha_b \cdot f_{ce}} = \frac{0.48 \times 48.0}{38.2 + 0.48 \times 0.33 \times 48.0} = 0.50$$

按耐久性要求复核：室内钢筋混凝土梁，属于正常的居住或办公用房屋，查表9.21可知混凝土的最大水灰比值为0.65，计算出的水灰比0.50未超过规定的最大水灰比值，因此0.50能够满足混凝土耐久性要求。

(3)确定单位用水量m_{w0}。

根据题意，骨料为中砂、卵石，最大粒径为40 mm，查表9.24取$m_{w0} = 160$ kg。

(4)计算单位水泥用量 m_{c0}。

计算：$m_{c0}=\dfrac{m_{w0}}{m_w/m_c}=\dfrac{160}{0.50}=320$ kg

复核耐久性：室内钢筋混凝土梁，属于正常的居住或办公用房屋，查表9.21知每立方米混凝土的水泥最小用量为260 kg，计算出的水泥用量320 kg不低于最小水泥用量，因此混凝土耐久性合格。

(5)确定砂率 β_s。

根据题意，混凝土采用中砂、卵石（最大粒径为40 mm）、水灰比为0.50，查表9.26可得 $\beta_s=28$，取 $\beta_s=30$。

(6)计算单位砂、石子用量 m_{s0}、m_{g0}。

①体积法。将已知数据和已确定的数据代入体积法的计算公式，取 $\alpha=1\%$，可得

$$\begin{cases} \dfrac{m_{s0}}{2\,650}+\dfrac{m_{g0}}{2\,600}=1-\dfrac{320}{3\,100}-\dfrac{160}{1\,000}-0.01 \\ \dfrac{m_{s0}}{m_{s0}+m_{g0}}\times 100\%=30\% \end{cases}$$

解方程组，可得 $m_{s0}=570$ kg、$m_{g0}=1\,330$ kg。

②质量法。假定混凝土拌合物的体积密度为 $\rho_{cu}=2\,400$ kg/m³，则 1 m³ 混凝土拌合物的总质量为

$$m_{cp}=\rho_{cu}\times 1=2\,400\,(\text{kg})$$

将已知数据和已确定的数据代入质量法计算公式，可得

$$\begin{cases} m_{s0}+m_{g0}=2\,400-320-160 \\ \dfrac{m_{s0}}{m_{s0}+m_{g0}}\times 100\%=30\% \end{cases}$$

解方程组，可得 $m_{s0}=576$ kg、$m_{g0}=1\,344$ kg。

(7)确定初步配合比。

(体积法) $m_{c0}:m_{s0}:m_{g0}=320:570:1\,330=1:1.78:4.16$，$m_w/m_c=0.50$；

(质量法) $m_{c0}:m_{s0}:m_{g0}=320:576:1\,344=1:1.80:4.20$，$m_w/m_c=0.50$。

9.5 其他品种混凝土简介

1. 高强混凝土

高强混凝土是指强度等级为C60及以上的混凝土。高强混凝土的组成材料及配合比应符合以下规定。

(1)组成材料。

①应选用质量稳定、强度等级不低于42.5的硅酸盐水泥或普通硅酸盐水泥。

②对强度等级为C60的混凝土，其粗骨料最大粒径不应大于31.5 mm；对强度等级高于C60级的混凝土，其粗骨料最大粒径不应大于25 mm；粗骨料的针片状颗粒含量（质量分数，下同）不宜大于5.0%，含泥量不应大于0.5%，泥块含量不宜大于0.2%；其他质量指标应符合现行国家标准《建设用卵石、碎石》(GB/T 14685—2011)的规定。

③细骨料细度模数宜大于2.6,含泥量不应大于2.0%,泥块含量不应大于0.5%。其他质量指标应符合现行国家标准《建设用砂》(GB/T 14684—2011)的规定。

④配制高强混凝土时应掺用高效型减水剂或缓凝高效减水剂。

⑤配制高强混凝土时应掺用活性较好的矿物掺合料,且宜复合使用矿物掺合料。

(2)配合比及试配要求。

高强混凝土的配合比计算方法和试配步骤除与水泥混凝土配合比一致外,还应符合以下规定:

①基准配合比中的水灰比,可根据现有试验资料选取。

②配制高强混凝土所用砂率及所采用的外加剂和矿物掺合料的品种、掺量,应通过试验确定。

③计算高强混凝土配合比时,其用水量按水泥混凝土配合比设计的规定确定。

④1 m^3 高强混凝土中的水泥用量不应大于550 kg,水泥和矿物掺合料的总量不应大于600 kg。

⑤高强混凝土配合比的试配按水泥混凝土配合比试配步骤进行。当采用3个不同配合比进行混凝土强度试验时,其中1个应为基准配合比,另外2个配合比的水灰比,应较基准配合比分别增加和减少0.02~0.03。设计配合比确定后,还应使用该配合比进行不少于6次的重复试验进行验证,其平均值不应低于施工配制强度。

2. 泵送混凝土

泵送混凝土是指混凝土拌合物的坍落度不低于100 mm,并用泵送法施工的混凝土。泵送混凝土的组成材料及配合比应符合以下规定。

(1)组成材料。

①泵送混凝土应选用硅酸盐水泥、普通硅酸盐水泥、矿渣硅酸盐水泥和粉煤灰硅酸盐水泥,不宜采用火山灰质硅酸盐水泥。

②粗骨料宜采用连续级配,其针片状颗粒含量不宜大于10%;粗骨料的最大粒径与输送管内径之比宜符合表9.28的规定。

③泵送混凝土宜采用中砂,其通过300 μm 筛孔的颗粒含量不应少于15%。

④泵送混凝土应掺用泵送剂或减水剂,并宜掺用粉煤灰或其他活性矿物掺合料,其质量应符合国家现行有关标准的规定。

表9.28 粗骨料的最大粒径与输送管径之比

品种	泵送高度/m	粗骨料最大粒径与输送管径比
碎石	<50	≤1∶3.0
	50~100	≤1∶4.0
	>100	≤1∶5.0
卵石	<50	≤1∶2.5
	50~100	≤1∶3.0
	>100	≤1∶4.0

(2)配合比及试配要求。

泵送混凝土配合比的计算和试配步骤除与水泥混凝土配合比一致外,还应符合以下规定:

①泵送混凝土的用水量与水泥和矿物掺合料的总量之比不宜大于 0.60。
②1 m³ 泵送混凝土中的水泥和矿物掺合料总量不宜小于 300 kg。
③泵送混凝土的砂率宜为 35%～45%。
④掺用引气型外加剂时,其混凝土含气量不宜大于 4%。
⑤泵送混凝土试配时的坍落度应按下式计算:

$$T_t = T_p + \Delta T \tag{9.17}$$

式中　T_t——试配时要求的坍落度,mm;
　　　T_p——入泵时要求的坍落度,mm;
　　　ΔT——试验测得在预计时间内的坍落度损失值,mm。

9.6 混凝土拌合物试验

9.6.1 混凝土拌合物制备

混凝土拌合物的拌合制备可采用人工拌合法与机械拌合法两种方法的任意一种。

1. 人工拌合法

①按照事先确定的混凝土配合比,计算各组成材料的用量,称量后备用。
②将面积为 1.5 m×2 m 的拌板和拌铲润湿,先把砂倒在拌板上,后加入水泥,用拌铲将其从拌板的一端翻拌到另一端。如此重复,直至砂和水泥充分混合(从表观上看颜色均匀)。然后再加入粗骨料,同样翻拌到均匀为止。
③将以上混合均匀的干料堆成中间留有凹槽的锅形状,把称量好的拌合水先倒入凹槽中一半,然后仔细翻拌,再缓慢加入另一半拌合水,继续翻拌,直至拌合均匀。根据拌合量的大小,从加水开始计算,拌合时间应符合表 9.29 的规定。

表 9.29　混凝土不同拌合量所需的拌合时间

混凝土拌合物体积/L	拌合时间/mm	备注
≤30	4～5	混凝土拌合完成后,根据试验项目要求,应立即进行测试或成型试个把,如从水开始计算,全部时间须在 30 mm 内完成
30～50	5～9	
31～75	9～12	

2. 机械拌合法

①按照事先确定的混凝土配合比,计算各组成材料的用量,称量后备用。
②为了保证试验结果的准确性,在正式拌合开始前,一般要预拌一次(刷膛)。预拌选用的配合比与正式拌合的配合比相同,刷膛后的混凝土拌合物要全部倒出,刮净多余的砂浆。
③正式拌合。启动混凝土搅拌机,向搅拌机料槽内依次加入粗骨料、细骨料和水泥,进行干拌,使其均匀后再缓慢加入拌合水,全部加水时间不超过 2 min,加水结束后,再继续拌合 2 min。

④关闭搅拌机并切断电源，将混凝土拌合物从搅拌机中倒出，堆放在拌板上，再人工拌合 2 min 即可进行项目测试或成型试件。从加水开始计算，所有操作时间须在 30 min 内完成。

3. 试验取样

①混凝土拌合物试验用料应根据不同要求，从同一混凝土拌合物的取样，应在同一盘混凝土或同一车混凝土中取样。取样量应多于试验所需量的 1.5 倍，且不宜小于 20 L。混凝土拌合物的取样要具有代表性，宜采用多次采样的方法，在同一盘混凝土或同一车混凝土的约 1/4 处、1/2 处和 3/4 处分别取样，然后人工搅拌均匀。从第一次取样到最后一次取样不宜超过 15 min。

②在试验室拌制混凝土拌合物进行试验时，所用骨料应提前运入室内，拌合时试验室的温度应保持在 (20 ± 5)℃，所用材料的温度应与试验室的温度保持一致。当需要模拟施工条件下所用混凝土时，原材料的温度宜与施工现场保持一致。

③拌制混凝土拌合物的材料用量以质量计，骨料的称量精度为 $\pm0.5\%$，水泥、水和外加剂的称量精度均为 $\pm0.2\%$。

④从试样制备完毕到开始做各项性能试验的时间不宜超过 5 min。同一组混凝土拌合物的取样应从同一盘或同一车混凝土中取样，取样量应多于试验所需量的 1.5 倍，且不宜小于 20 L。

9.6.2 混凝土拌合物稠度试验

不同工程条件下的混凝土拌合物稠稀程度有不同的要求，且相差较大。测定混凝土拌合物稠度的方法有坍落度法和维勃稠度法。两种测试方法的使用条件、测试原理和表征方法都各不相同，不能并行使用。坍落度法所用设备简单，主要用于骨料最大公称粒径不大于 40 mm、坍落度不小于 10 mm 的塑性混凝土拌合物的稠度测定；维勃稠度法则使用专用的维勃稠度测定仪，主要用于干硬性混凝土拌合物的稠度测定。

1. 坍落度法测定混凝土拌合物稠度

混凝土拌合物坍落度是和易性技术性能的定量化指标，其大小反映了混凝土拌合物的稠稀程度，据此，可直接表明混凝土拌合物流动性的好坏及工程施工的难易程度。工程中对混凝土坍落度值的选择依据是建筑结构的种类、构件截面尺寸大小、配筋的疏密、拌合物输送方式以及施工振实方法等，混凝土浇筑时的坍落度值按表 9.30 选用。本试验适用于骨料最大粒径不大于 40 mm，混凝土拌合物坍落度值不小于 10 mm 的混凝土拌合物稠度测定，因为当混凝土拌合物坍落度值较小（小于 10 mm）时，此方法的测量相对误差较大，试验结果的可靠性较低。

表 9.30 混凝土类型及浇筑时的坍落度选择

结构种类	坍落度值/mm
基础或地面垫层，无配筋的挡土墙、基础等大体积结构或配筋稀疏的结构	10～30
梁、板和大中型截面的柱子等	30～50
配筋密列的结构，如薄壁、斗仓、细柱等	50～70
配筋特密的结构	70～90

(1)主要仪器设备。

①坍落度筒。如图9.7所示,由薄钢板或其他金属制成的圆台形筒,底面和顶面互相平行并与锥体的轴线垂直,底部直径为(200±2)mm,顶部直径为(100±2)mm,高度为(300±2)mm,筒壁厚度不小于1.5 mm,在筒外2/3高度处安装两个手把,筒外下端安装两个脚踏板。

②振捣棒。如图9.7所示,直径为16 mm,长为600 mm,端部磨圆。

③小铲、直尺、拌板、馒刀等。

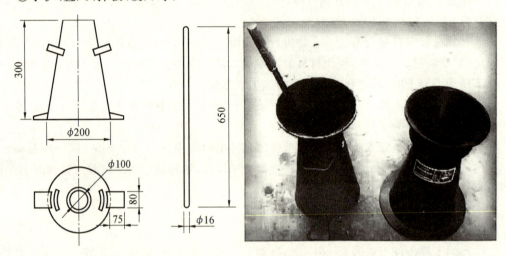

图9.7 坍落度筒及捣棒

(2)试验步骤与结果判定。

①首先润湿坍落度筒及其用具,并把筒放在不吸水的刚性水平底板上,然后用脚踩住两边的脚踏板,使其在装料时保持固定位置。

②把混凝土拌合物试样用小铲分三层均匀装入坍落度筒内,使捣实后每层高度为筒高的1/3左右。用捣棒对每层试样沿螺旋方向由外向中心插捣25次,且在截面上均匀分布。插捣底层时,捣棒应贯穿整个深度,插捣第二层和顶层时,应插透本层至下一层的表面,清除筒边底板上的混凝土拌合物。顶层捣实后,刮去多余的混凝土拌合物,并用抹刀抹平。浇灌顶层时,应使混凝土拌合物高出筒口,在插捣过程中,当混凝土拌合物沉落到低于筒口时,应随时添加混凝土拌合物。

③清除筒边和底板上的混凝土拌合物后,垂直平稳地提起坍落度筒,提离过程应在3~7 s内完成。从开始装料到提筒的整个过程应不间断进行并在150 s内完成。提起筒后,量测筒高与坍落后混凝土拌合物试体最高点之间的差值,即为坍落度值,如图9.8所示。混凝土拌合物坍落度值测量应精确至1 mm;结果应修约至5 mm。

坍落度筒提离后,如果发现混凝土拌合物试体崩塌或一边出现剪切破坏现象,应重新取样进行测试。若第二次仍出现上述现象,应予记录说明。当混凝土拌合物的坍落度大于220 mm时,用钢尺测量混凝土扩展后最终的最大直径和最小直径,在这两个直径之差小于50 mm条件下,用算术平均值作为坍落扩展度值,否则此次试验无效。对坍落度值不大于50 mm或干硬性混凝土,应采用维勃稠度法进行试验。

(4)观察并评价混凝土拌合物试体的黏聚性和保水性。

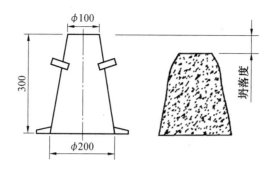

图 9.8 坍落度测量示意图

①用捣棒轻轻敲打已坍落的混凝土拌合物,如果锥体逐渐整体性下沉,则表示混凝土拌合物黏聚性良好;如果锥体倒坍、部分崩裂或出现离析等现象,则表示混凝土拌合物黏聚性不好。

②保水性用混凝土拌合物中稀浆的析出程度来评定,坍落度筒提起后如有较多的浆液从底部析出,锥体也因浆液流失而局部骨料外露,则表明此混凝土拌合物的保水性能不好。如坍落度筒提起后无稀浆或仅有少量稀浆自底部析出,则表示此混凝土拌合物保水性良好。

2. 维勃稠度法测定混凝土拌合物稠度

当混凝土拌合物的坍落度值较小时,由于测量工具和测量方法的局限性,用坍落度法测量混凝土拌合物的稠度会有较大的测量误差,因此需要用维勃稠度法进行测量。本方法适用于骨料最大粒径不大于 40 mm,维勃稠度在 5～30 s 之间的混凝土拌合物稠度测定。坍落度值小于 50 mm 的混凝土拌合物、干硬性混凝土拌合物和维勃稠度大于 30 s 的特干硬性混凝土拌合物的稠度可采用增实因数法来测定其稠度。

(1)主要仪器设备。

①维勃稠度仪。由容器、坍落度筒、圆盘、旋转架和振动台等部件组成,其构造图如图 9.9 所示,实物图如图 9.10 所示。

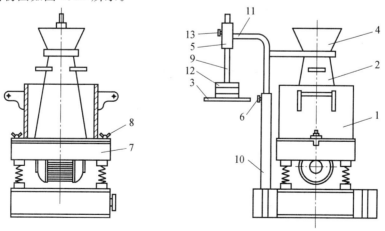

图 9.9 维勃稠度仪构造图
1—容器;2—坍落度筒;3—圆盘;4—漏斗;5—套筒;6—定位器;7—振动台;
8—固定螺栓;9—测杆;10—支柱;11—旋转架;12—荷重块;13—测杆螺栓

图 9.10 维勃稠度仪实物图

②容器。由钢板材料制成,内径为(240±3)mm,高为(200±2)mm,壁厚为 3 mm,底厚为 7.5 mm,两侧设有手柄,底部可固定在振动台上,固定时应牢固可靠,容器的内壁与底面应垂直,其垂直度误差不大于 1.0 mm,容器的内表面应光滑、平整、无凹凸、无刻痕。

③坍落度筒。除两侧无脚踏板外,其余的要求均与坍落度试验中的坍落度筒相同。

④圆盘。直径为(230±2)mm,厚度为(10±2)mm,圆盘要求平整透明,可视性良好,平面度误差不大于 0.30 mm。

⑤旋转架。旋转架安装在支柱上,用十字凹槽或其他可靠方法固定方向,旋转架的一侧安装套筒、测杆、荷重块和圆盘等,另一侧安设漏斗,测杆穿过套筒垂直滑动,并用螺栓固定位置。

⑥滑动部分由测杆、圆盘及荷重块组成,总质量为(2 750±50)g。

⑦当旋转架转动到漏斗就位后,漏斗的轴线与容器的轴线应重合,同轴度误差不应大于 3.0 mm;当转动到圆盘就位后,测杆的轴线与容器的轴线应重合,其同轴度误差不应大于 2.0 mm。

⑧测杆与圆盘工作面应垂直,垂直度误差不大于 1.0 mm。测杆表面应光滑、平直,在套筒内滑动灵活,并具有最小分度为 1.0 mm 的刻度标尺,可测读混凝土拌合物的坍落度。当圆盘置于坍落度筒上端时,刻度标尺应在零刻度线上。

⑨振动台。台面长为(380±5)mm、宽为(260±5)mm,支承在 4 个减振弹簧上。振动台应定向垂直振动,频率为(50±3)Hz,在装有空容器时,台面各点的振幅为(0.5±0.5)mm,水平振幅应小于 0.15 mm。

(2)秒表、小铲、拌板、馒刀等。

3.试验步骤与结果

①将维勃稠度仪放置在坚实的水平面上,用湿布将容器、坍落度筒、喂料斗内壁及其他用具润湿无明水。

②将喂料斗提到坍落度筒上方扣紧,校正容器位置,使其中心与喂料中心重合,然后拧紧固定螺栓。

③将混凝土拌合物试样用小铲分三层均匀装入筒内,使捣实后每层高度为筒高的 1/3

左右。每层用捣棒插捣 25 次,插捣应沿螺旋方向由外向中心进行,各次插捣应在截面上均匀分布。插捣筒边混凝土拌合物时,捣棒可以稍稍倾斜。插捣底层时,捣棒应贯穿整个深度,插捣第二层和顶层时,捣棒应插透本层并至下一层表面。浇灌顶层时,混凝土拌合物应灌至高出筒口。在插捣过程中,如混凝土拌合物沉落到低于筒口时,应随时添加试样。顶层插捣完成后,刮去多余的混凝土拌合物,并用抹刀抹平。

④转离喂料斗,垂直提起坍落度筒。此时应注意不能使混凝土拌合物试体产生横向扭动。

⑤把透明圆盘转到混凝土拌合物圆台体顶面,放松测杆螺钉,降下圆盘,使其轻轻接触到混凝土拌合物顶面。

⑥拧紧定位螺栓,检查测杆螺栓是否已经完全放松。

⑦在开启振动台的同时用秒表计时,当振动到透明圆盘的底面被水泥浆布满的瞬间停止计时,并关闭振动台。由秒表读出的时间即为该混凝土拌合物的维勃稠度值,精确至 1 s。

混凝土拌合物流动性按维勃稠度大小可分为超干硬性(≥31 s)、特干硬性(30~21 s)、干硬性(20~11 s)和半干硬性(10~5 s)四级。

9.6.3 混凝土拌合物表观密度试验

本方法适用于混凝土拌合物捣实后的表观密度测定。

1. 主要仪器设备

(1)容量筒。

对骨料最大粒径不大于 40 mm 的混凝土拌合物采用容积为 5 L 的容量筒;对骨料最大粒径大于 40 mm 的混凝土拌合物,容量筒的内径与筒高均应大于骨料最大粒径的 4 倍。

(2)台秤。

称量 100 kg,感量 50 g。

(3)振动台。

如图 9.11 所示,频率为(50±3)Hz。

图 9.11 混凝土振动台

(4)捣棒。

直径为 16 mm,长为 600 mm,端部磨圆。

2. 试验步骤

(1)测试前,用湿布把容量筒擦净,称出筒重 m_1,精确至 10 g。

(2)根据混凝土拌合物的稠度确定混凝土拌合物的装料及捣实方法。坍落度不大于 90 mm 的混凝土拌合物用振动台振实;坍落度大于 90 mm 的混凝土拌合物用捣棒捣实。

①当使用 5 L 容量筒并采用捣棒捣实时,混凝土拌合物应分两次装入,每层插捣次数 25 次。当使用大于 5 L 容量筒时,每层拌合物的高度应不大于 100 mm,每次插捣次数按每 100 cm² 截面上不少于 12 次计算。每一层捣完后,用橡皮锤轻轻沿容器外壁敲打 5~10 次,进行振实,直至混凝土拌合物表面插孔消失并不见大气泡为止。

②当采用振动台振实时,应一次将混凝土拌合物装到高出容量筒口,在振动过程中随时添加混凝土拌合物,振至表面出浆为止。

(3)用刮尺刮去多余的混凝土拌合物并将容量筒外壁擦净,称出混凝土拌合物与筒的质量 m_2,精确至 10 g。

3. 结果计算

混凝土拌合物的表观密度按下式计算,精确至 10 kg/m³:

$$\rho_{0c} = \frac{m_2 - m_1}{V} \times 1\,000 \tag{9.18}$$

式中 ρ_{0c}——混凝土拌合物表观密度,kg/m³;

m_1——容量筒质量,kg;

m_2——容量筒及试样总重,kg;

V——容量筒容积,L。

9.6.4 混凝土拌合物凝结时间试验

本方法适用于从混凝土拌合物中筛出的砂浆用贯入阻力法来确定坍落度值不为零的混凝土拌合物凝结时间的测定。

1. 主要仪器设备

(1)贯入阻力仪。

如图 9.12 所示,由加荷装置(最大测量值不小于 1 000 N,精度为 ±10 N)、测针(长为 100 mm,承压面积分别为 100 mm²、50 mm² 和 20 mm² 的三种测针,在距贯入端 25 mm 处刻有一圈标记)、砂浆试样筒(刚性不透水的金属圆筒并配有盖子,上口径为 160 mm,下口径为 150 mm,净高为 150 mm)、标准筛(筛孔为 5 mm 的金属圆孔筛)等组成。

(2)振动台。

频率为 (50±3) Hz,空载时振幅为 (0.5±0.1) mm。

(3)捣棒。

直径为 16 mm、长为 600 mm 的钢棒,端部应磨平。

2. 试验步骤

(1)从混凝土拌合物试样中,用试验筛筛出砂浆,将其一次性装入 3 个试样筒中,做 3 个平行试验。坍落度不大于 90 mm 混凝土拌合物,用振动台振实;坍落度大于 90 mm 的混凝土拌合物,宜用捣棒人工捣实。用振动台振实砂浆时,振动应持续到表面出浆为止,不得过振;用捣棒人工捣实时,应沿螺旋方向由外向中心均匀插捣 25 次,然后用橡皮锤轻轻敲打筒壁,直至插捣孔消失为止。振实或插捣后,砂浆表面应低于砂浆试样筒口约 10 mm,然后

图 9.12 混凝土拌合物贯入阻力仪

加盖。

(2)砂浆试样制备完成并编号后,将其置于(20±2)℃的环境中待试,并在以后的整个测试过程中,环境温度应始终保持(20±2)℃。现场同条件测试时,应与现场条件保持一致。在整个测试过程中,除在吸取泌水或进行贯入试验外,试样筒应始终加盖。

(3)凝结时间测定从水泥与水接触瞬间开始计时,每隔 0.5 h 测试一次,在临近初、终凝时可增加测试次数。

(4)在每次测试前 2 min,将一片(20±5)mm 厚的垫块垫入筒底一侧使其倾斜,用吸管吸去表面的泌水,吸水后平稳地复原。

(5)测试时将砂浆试样筒置于贯入阻力仪上,使测钉端部与砂浆表面接触,然后在(10±2)s 内均匀地使测针贯入砂浆(25±2)mm 深度,记录贯入压力,精确至 10 N,记录测试时间,精确至 1 min,记录环境温度,精确至 0.5 ℃。

(6)各测点的间距应大于测针直径的两倍且不小于 15 mm,测点与试样筒壁的距离不应小于 25 mm。

(7)贯入阻力测试在 0.2~28 MPa 之间至少应进行 6 次测试,直至贯入阻力大于 28 MPa。

(8)在测试过程中应根据砂浆凝结状况,适时更换测针,更换测针宜按表 9.31 选用。

表 9.31 测针选用规定

贯入阻力/MPa	0.2~3.5	3.5~20	20~28
测针面积/mm²	100	50	20

3. 贯入阻力计算与初凝、终凝时间的确定

(1)贯入阻力。

按下式计算:

$$f_{PR}=\frac{p}{A} \qquad (9.19)$$

式中 f_{PR}——贯入阻力(MPa),精确至 0.1 MPa;

p——贯入压力,N;

A——测针面积,mm^2。

(2)凝结时间。

通过线性回归方法确定。

将贯入阻力 f_{PR} 和时间取自然对数 $\ln(f_{PR})$、$\ln(t)$,然后把 $\ln(f_{PR})$ 当作自变量,$\ln(t)$ 当作因变量进行线性回归得回归方程式:

$$\ln(t)=A+B\ln(f_{PR}) \tag{9.20}$$

式中 t——时间,min;

f_{PR}——贯入阻力,MPa;

A、B——线性回归系数。

根据上式,得到贯入阻力 3.5 MPa 时为初凝时间 t_s;贯入阻力为 28 MPa 时为终凝时间 t_0:

$$t_s = e^{[A+B\ln(3.5)]} \tag{9.21}$$

$$t_c = e^{[A+B\ln(28)]} \tag{9.22}$$

式中 t_s——初凝时间,min;

t_c——终凝时间,min;

A、B——线性回归系数。

取 3 次初凝、终凝时间的算术平均值作为此次试验的初凝和终凝时间。如果 3 个测值的最大值或最小值中有一个与中间值之差超过中间值的 10%,则以中间值为试验结果;如两个都超出 10% 时,则此次试验无效。

凝结时间也可用绘图拟合方法确定,即以贯入阻力为纵坐标,经过的时间为横坐标(精确至 1 min),绘制出贯入阻力与时间之间的关系曲线,以 3.5 MPa 和 28 MPa 画两条平行于横坐标的直线,分别与曲线相交的两个交点的横坐标即为混凝土拌合物的初凝和终凝时间。

9.6.5 混凝土拌合物泌水试验

本方法适用于粗骨料最大公称粒径不大于 40 mm 的混凝土拌合物的泌水测定。

1. 主要仪器设备

(1)试样筒。

容积为 5 L 的容量筒并配有盖子。

(2)台秤。

称量为 50 kg,感量为 50g。电子天平的最大量程应为 20 kg,感量不应大于 1 g。

(3)量筒。

容量为 10 mL、50 mL、100 mL 的量筒及吸管。量筒容量为 100 mL,分度值为 1 mL,并应带塞。

(4)振动台。

台面尺寸为 1 m^2、0.8 m^2 或 0.5 m^2,振动频率为 2 860 次/min,振幅为 0.3~0.6 mm。

(5)捣棒等。

2. 试验步骤

(1)用湿布湿润试样筒内壁后立即称重,记录试样筒的质量,再将混凝土拌合物试样装入试样筒。混凝土拌合物的装料及捣实方法有两种：

①振动台振实法。将试样一次装入试样筒内，开启振动台，振动持续到表面出浆为止，且避免过振，并使混凝土拌合物表面低于试样筒的筒口(30±3)mm，用抹刀抹平。抹平后立即计时并称量，记录试样筒与试样的总质量。

②捣棒捣实法。采用捣棒捣实时，混凝土拌合物应分两层装入，每层的插捣次数为25次，捣棒由边缘向中心均匀地插捣，插捣底层时捣棒应贯穿整个深度，插捣第二层时，捣棒应插透本层至下一层的表面。每一层捣完后用橡皮锤轻轻沿容量筒外壁敲打5~10次，进行振实，直至拌合物表面插捣孔消失并不见大气泡为止，并使混凝土拌合物表面低于试样筒筒口(30±3)mm，用抹刀抹平。抹平后立即计时并称量，记录试样筒与试样的总质量。

(2)在吸取混凝土拌合物表面泌水的整个过程中，应使试样筒保持水平，不受振动。除了吸水操作外，应始终盖好盖子，室温保持在(20±2)℃。

(3)从计时开始后60 min内，每隔10 min吸取1次试样表面渗出的水。60 min后，每隔30 min吸1次水，直至不再泌水为止。为了便于吸水，每次吸水前2 min，将一片(35±5)mm厚的垫块垫入筒底一侧使其倾斜，吸水后平稳地复原。吸出的水放入量筒中，记录每次吸水的水量并计算累计吸水量，精确至1 mL。

3. 计算与结果评定

泌水量和泌水率的计算及结果判定按下列方法进行。

(1)泌水量。

按下式计算，精确至0.01 mL/mm²：

$$B_w = \frac{V}{A} \tag{9.23}$$

式中　B_w——泌水量，mL/mm²；

　　　V——最后一次吸水后的泌水累计，mL；

　　　A——试样外露的表面面积，mm²。

泌水量取三个试样测值的平均值作为试验结果。三个测值中的最大值或最小值，如果有一个与中间值之差超过中间值的15%，则以中间值为试验结果；如果最大值和最小值与中间值之差均超过中间值的15%时，则此次试验无效。

(2)泌水率。

按下式计算，精确至1%：

$$B = \frac{V_w}{(V_0/m_0)m} \times 100 = \frac{V_w m_0}{V_0(m_1 - m')} \times 100\% \tag{9.24}$$

式中　B——泌水率，%；

　　　V_w——泌水总量，mL；

　　　m——试样质量，g；

　　　V_0——混凝土拌合物总用水量，mL；

　　　m_0——混凝土拌合物总质量，g；

　　　m_1——试样筒及试样总质量，g；

　　　m'——试样筒质量，g。

泌水率取3个试样测值的平均值作为试验结果。3个测值中的最大值或最小值,如果有一个与中间值之差超过中间值的15%,则以中间值为试验结果;如果最大值和最小值与中间值之差均超过中间值的15%时,则此次试验无效。

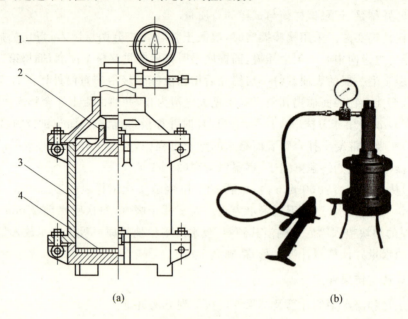

图 9.13　压力泌水仪
1—压力表;2—工作活塞;3—缸体;4—筛网

4. 压力泌水试验

(1)主要仪器设备。

压力泌水仪,如图9.7所示,主要部件包括压力表(最大量程为6 MPa,最小分度值不大于0.1 MPa)、缸体(内径为(125±0.02)mm,内高为(200±0.2)mm)、工作活塞(压强为3.2 MPa)、筛网(孔径为0.315 mm)等。

(2)试验步骤。

①将混凝土拌合物分两层装入压力泌水仪的缸体容器内,每层的插捣次数为25次。捣棒由边缘向中心均匀地插捣,插捣底层时捣棒应贯穿整个深度,插捣第二层时,捣棒应插透本层至下一层的表面。每一层捣完后用橡皮锤轻轻沿容器外壁敲打5~10次,进行振实,直至拌合物表面插捣孔消失并不见大气泡为止,并使拌合物表面低于容器口以下(30±3)mm处,用抹刀将表面抹平。

②将容器外表擦干净,压力泌水仪安装完毕后,应立即给混凝土拌合物试样施加压力至3.2 MPa,并打开泌水阀门同时开始计时,保持恒压,泌出的水接入150 mL量筒里。加压至10 s时读取泌水量V_{10},加压至140 s时读取泌水量V_{140}。

(3)结果计算。

压力泌水率按下式计算,精确至1%:

$$B_v = \frac{V_{10}}{V_{140}} \times 100\% \quad (9.25)$$

式中 B_v——压力泌水率,%;
V_{10}——加压至 10 s 时的泌水量,mL;
V_{140}——加压至 140 s 的泌水量,mL。

9.6.6 混凝土拌合物含气量试验

1. 主要仪器设备

(1)含气量测定仪。

由容器及盖体两部分组成,如图 9.14 所示。容器及盖体之间设置密封垫圈,用螺栓连接,连接处不得有空气存留,保证密闭。容器由硬质、不易被水泥浆腐蚀的金属制成,其内表面粗糙度应不大于 3.21 μm,内径与深度相等,容积为 7 L。盖体由与容器相同的材料制成,盖体部分应包括有气室、水找平室、加水阀、排水阀、操作阀、进气阀、排气阀及压力表,压力表的量程为 0~0.25 MPa,精度为 0.01 MPa。

图 9.14 混凝土拌合物含气量测定仪

(2)振动台。

应符合《混凝土试验用振动台》(JG/T 245—2009)。

(3)电子天平。

称量 50 kg,感量小于 10 g。

(4)橡皮锤。

带有质量约为 250 g 的橡皮锤头。

2. 含气量测定仪的容积标定与率定

(1)容器容积的标定。

①擦净容器,安装含气量仪,测定含气量仪的总质量,精确至 10 g。

②向容器内注水至上缘,然后将盖体安装好,关闭操作阀和排气阀,打开排水阀和加水阀,通过加水阀,向容器内注入水。当排水阀流出的水流不含气泡时,在注水的状态下,同时关闭加水阀和排水阀,再测定其总质量,精确至 50 g。

③容器的容积按下式计算,精确至 0.01 L:

$$V=\frac{m_2-m_1}{\rho_w}\times 1\ 000 \tag{9.26}$$

式中 V——含气量仪的容积,L;

m_1——干燥含气量仪的总质量,kg;

m_2——水、含气量仪的总质量,kg;

ρ_w——容器内水的密度,kg/m³。

(2)含气量测定仪的率定。

①按混凝土拌合物含气量试验步骤,测得含气量为零时的压力值。

②开启排气阀,压力示值器示值回零,关闭操作阀和排气阀,打开排水阀,在排水阀口用量筒接水。用气泵缓缓地向气室内打气,当排出的水恰好是含气量仪体积的 1% 时,再测得含气量为 1% 时的压力值。

③如此继续,测取含气量分别为 2%、3%、4%、5%、6%、7%、8%、9%、10% 时的压力值。

④以上试验均应进行两次,各次所测压力值均应精确至 0.01 MPa。

⑤对以上的各次试验均应进行检验,其相对误差均应小于 0.2%,否则应重新率定。

⑥据此,检验以上含气量为 0、1%、…、10%(共 11 次)的测量结果,绘制含气量与气体压力之间的关系曲线。

3. 测试前准备

在进行拌合物含气量测定之前,应先按下列步骤测定拌合物所用骨料的含气量。

(1)按下式计算每个试样中粗、细骨料的质量。

$$m_g=\frac{V}{1\ 000}\times m'_g$$

$$m_s=\frac{V}{1\ 000}\times m'_s \tag{9.27}$$

式中 m_g、m_s——每个试样中的粗、细骨料质量,kg;

m'_g、m'_s——每立方米混凝土拌合物中粗、细骨料质量,kg;

V——含气量测定仪容器的容积,L。

(2)在容器中先注入 1/3 高度的水,然后称量质量为 m_g、m_s 的粗、细骨料,拌匀,慢慢倒入容器。水面每升高 25 mm,轻轻插捣 10 次,并略予搅动,以排除夹杂进去的空气。加料过程中应始终保持水面高出骨料的顶面,骨料全部加入后,浸泡约 5 min,再用橡皮锤轻敲容器外壁,排净气泡,除去水面泡沫,加水至满,擦净容器上口边缘,装好密封圈,加盖拧紧螺栓。

(3)关闭操作阀和排气阀,打开排水阀和加水阀,通过加水阀向容器内注水。当排水阀流出的水流不含气泡时,在注水的状态下同时关闭加水阀和排水阀。

(4)关闭排气阀,用气泵向气室内注入空气,使气室内的压力略大于 0.1 MPa,待压力表显示值稳定,微开排气阀,调整压力至 0.1 MPa,然后关紧排气阀。

(5)开启操作阀,使气室里的压缩空气进入容器,待压力表显示值稳定后记录示值 p_{g1},然后开启排气阀,压力仪表的示值应回零。

(6)重复以上第4步和第5步的试验步骤,对容器内的试样再检测一次记录表值 p_{g2}。

(7)若 p_{g1} 和 p_{g2} 的相对误差小于 0.2%,则取 p_{g1} 和 p_{g2} 的算术平均值,按压力与含气量关系曲线查得骨料的含气量(精确 0.1%);若不满足,则应进行第三次试验,测得压力值 p_{g3}(MPa)。当 p_{g3} 与 p_{g1}、p_{g2} 中较接近一个值的相对误差不大于 0.2% 时,则取此二值的算术平均值;当仍大于 0.2% 时,则此次试验无效,应重做试验。

4. 试验步骤

(1)用湿布擦净容器和盖的内表面,装入混凝土拌合物试样。

(2)采用手工或机械方法捣实。当拌合物坍落度大于 90 mm 时,宜采用手工插捣;当拌合物坍落度不大于 90 mm 时,宜采用机械振捣。用捣棒捣实时,应将混凝土拌合物分三层装入,每层捣实后高度约为 1/3 容器高度。每层装料后由边缘向中心均匀插捣 25 次,捣棒应插透本层高度,再用木锤沿容器外壁重击 5~10 次,使插捣留下的插孔填满。最后一层装料时应避免过满,表面出浆即止,不得过度振捣。若使用插入式振动器捣实,应避免振动器触及容器内壁和底面。在施工现场测定混凝土拌合物含气量时,应采用与施工振动频率相同的机械方法捣实。

(3)捣实完毕后立即用刮尺刮平,表面如有凹陷应予填平抹光。如需同时测定拌合物表观密度,可在此时称量和计算,然后在正对操作阀孔的混凝土拌合物表面贴一小片塑料薄膜,擦净容器上口边缘,装好密封垫圈,加盖并拧紧螺栓。

(4)关闭操作阀和排气阀,打开排水阀和加水阀,通过加水阀向容器内注水。当排水阀流出的水流不含气泡时,在注水的状态下同时关闭加水阀和排水阀。

(5)开启进气阀,用气泵注入空气至气室内压力略大于 0.1 MPa,待压力示值仪表示值稳定后,微微开启排气阀,调整压力至 0.1 MPa,关闭排气阀。

(6)开启操作阀,待压力示值稳定后,测得压力值 p_{01}。

(7)开启排气阀,压力仪示值回零。重复上述(5)、(6)的步骤,对容器内试样再测一次压力值 p_{02}。

(8)若 p_{01} 和 p_{02} 的相对误差小于 0.2%,则取 p_{01} 和 p_{02} 的算术平均值,按压力与含气量关系曲线查得含气量 A。(精确至 0.1%);若不满足,则应进行第三次试验,测得压力值 p_{03}(MPa)。

当 p_{03} 与 p_{01}、p_{02} 中较接近一个值的相对误差不大于 0.2% 时,则取此二值的算术平均值查得 A_0;当仍大于 0.2%,此次试验无效。

5. 结果计算

混凝土拌合物含气量按下式计算,精确至 0.1%:

$$A = \overline{A} - A_g \tag{9.28}$$

式中 A——混凝土拌合物含气量,%;

$\overline{A}$——两次含气量测定的平均值,%;

A_g——骨料含气量,%。

9.6.7 混凝土拌合物配合比分析试验

本方法适用于水洗分析法测定普通混凝土拌合物中的四大组分(水泥、水、砂、石)含量,不适用于骨料含泥量波动较大以及用特细砂、山砂和机制砂配制的混凝土拌合物。

1. 主要仪器设备

(1)广口瓶。

容积为 2 000 mL 的玻璃瓶,并配有玻璃盖板。

(2)台秤。

称量 50 kg、感量 50 g 和称量 10 kg、感量 5 g 的台秤各一台。

(3)托盘天平。

称量 5 kg,感量 5 g。

(4)试样筒。

容积为 5 L 和 10 L 的容量筒并配有玻璃盖板。金属制成的圆筒,两旁装有提手。对骨料最大粒径不大于 40 mm 的拌合物采用容积为 5 L 的容量筒,其内径与内高均为(186±2) mm,筒壁厚为 3 mm。骨料最大粒径大于 40 mm 时,容量筒的内径与内高均应大于骨料最大粒径的 4 倍。容量筒上缘及内壁应光滑平整,顶面与底面应平行并与圆柱体的轴垂直。

容量筒容积应予以标定,标定方法可采用一块能覆盖住容量筒顶面的玻璃板,先称出玻璃板和空筒的质量,然后向容量筒中灌入清水,当水接近上口时,一边不断加水,一边把玻璃板沿筒口徐徐推入盖严,应注意使玻璃板下不带入任何气泡。然后擦净玻璃板面及筒壁外的水分,将容量筒连同玻璃板放在台秤上称其质量,两次质量之差(kg)即为容量筒的容积(L)。

(5)标准筛。

孔径为 5 mm、0.16 mm 的标准筛各一个。

2. 混凝土拌合物原材料表观密度的测定

水泥、粗骨料、细骨料的表观密度,按前述有关方法进行测定。其中,对细骨料需进行系数修正,方法为:向广口瓶中注水至筒口,再一边加水一边徐徐推进玻璃板,玻璃板下不要带有任何气泡,如玻璃板下有气泡,必须排除。盖严后擦净板面和广口瓶壁的余水。测定广口瓶、玻璃板和水的总质量,取具有代表性的两个细骨料试样(每个试样的质量为 2 kg,精确至 5 g),分别倒入盛水的广口瓶中,充分搅拌、排气后浸泡约半小时。然后向广口瓶中注水至筒口,再一边加水一边徐徐推进玻璃板,盖严后擦净板面和瓶壁的余水,称广口瓶、玻璃板、水和细骨料的总质量,细骨料在水中的质量则为

$$m_{ys}=m_{ks}-m_p \tag{9.29}$$

式中　m_{ys}——细骨料在水中的质量,g;

　　　m_{ks}——细骨料和广口瓶、水及玻璃板的总质量,g;

　　　m_p——广口瓶、玻璃板和水的总质量,g。

然后用 0.16 mm 的标准筛将细骨料过筛,用以上同样的方法测得大于 0.16 mm 细骨料在水中的质量:

$$m_{ysl}=m_{ksl}-m_{p} \tag{9.30}$$

式中　m_{ysl}——大于 0.16 mm 的细骨料在水中的质量,g;

　　　m_{ksl}——大于 0.16 mm 的细骨料和广口瓶、水及玻璃板的总质量,g;

　　　m_{p}——广口瓶、玻璃板和水的总质量,g。

因此,细骨料的修正系数为

$$C_{s}=\frac{m_{ys}}{m_{ysl}} \tag{9.31}$$

式中　C_{s}——细骨料修正系数,精确至 0.01;

　　　m_{ys}——细骨料在水中的质量,g;

　　　m_{ysl}——大于 0.16 mm 的细骨料在的水中的质量,g。

3. 混凝土拌合物的取样规定

当混凝土中粗骨料的最大粒径不大于 40 mm 时,混凝土拌合物的取样量不小于 20 L;当混凝土中粗骨料最大粒径大于 40 mm 时,混凝土拌合物的取样量不小于 40 L。

进行混凝土配合比分析,当混凝土中粗骨料最大粒径不大于 40 mm 时,每份取 12 kg 试样;当混凝土中粗骨料的最大粒径大于 40 mm 时,每份取 15 kg 试样。

4. 混凝土配合比试验步骤

(1)整个试验过程的环境温度应在 15～25 ℃之间,从最后加水至试验结束,温差不应超过 2 ℃。

(2)称取质量为 m_0 的混凝土拌合物试样,精确至 50 g,按下式计算混凝土拌合物试样的体积:

$$V=\frac{m_0}{\rho_s} \tag{9.32}$$

式中　V——试样的体积,L;

　　　m_0——试样的质量,g;

　　　ρ_s——混凝土拌合物的表观密度(g/cm³),计算应精确至 1 g/cm³。

(3)把试样全部移到 5 mm 筛上,水洗过筛。水洗时,要用水将筛上粗骨料仔细冲洗干净,粗骨料上不得粘有砂浆,筛下面应备有不透水的底盘,以收集全部冲洗过筛的砂浆与水的混合物。

(4)将全部冲洗过筛的砂浆与水的混合物全部移到试样筒中,加水至试样筒 2/3 高度,用棒搅拌,以排除其中的空气。如水面上有不能破裂的气泡,可以加入少量的异丙醇试剂以消除气泡,让试样静止 10 min,以使固体物质沉积于容器底部。加水至满,再一边加水一边徐徐推进玻璃板,注意玻璃板下不得带有任何气泡,盖严后应擦净板面和筒壁的余水,称出砂浆与水的混合物和试样筒、水及玻璃板的总质量。按下式计算砂浆在水中的质量,精确至 1 g:

$$m'_{m}=m_{k}-m_{D} \tag{9.33}$$

式中　m'_{m}——砂浆在水中的质量,g;

m_k——砂浆与水的混合物和试样筒、水及玻璃板的总质量,g;

m_D——试样筒、玻璃板和水的总质量,g。

(5)将试样筒中的砂浆与水的混合物在 0.16 mm 筛上冲洗,然后在 0.16 mm 筛上洗净的细骨料全部移至广口瓶中,加水至满。再一边加水一边徐徐推进玻璃板,注意玻璃板下不得带有任何气泡,盖严后应擦净板面和瓶壁的余水,称出细骨料试样、试样筒、水及玻璃板总质量。按下式计算细骨料在水中的质量,精确至 1 g:

$$m'_s = C_s(m_{cs} - m_p) \tag{9.34}$$

式中　m'_s——细骨料在水中的质量,g;

C_s——细骨料修正系数;

m_{cs}——细骨料试样、广口瓶、水及玻璃板总质量,g;

m_p——广口瓶、玻璃板和水的总质量,g。

5. 混凝土拌合物中四种组分的结果计算

(1)混凝土拌合物试样中四种组分的质量按下式计算,精确至 1 g:

①水泥的质量 m_c。

$$m_c = (m'_m - m'_s) \times \frac{\rho_c}{\rho_c - 1} \tag{9.35}$$

式中　m_c——试样中的水泥质量,g;

m'_m——砂浆在水中的质量,g;

m'_s——细骨料在水中的质量,g;

ρ_c——水泥的表观密度,g/cm³。

②细骨料的质量 m_s。

$$m_s = m'_s \times \frac{\rho_s}{\rho_s - 1} \tag{9.36}$$

式中　m_s——试样中细骨料的质量,g;

m'_s——细骨料在水中的质量,g;

ρ_s——饱和面干状态下细骨料的表观密度,g/cm³。

③粗骨料的质量 m_g。把试样全部移到 5 mm 筛上,水洗过筛。水洗时,用水将筛上粗骨料仔细冲洗干净,不得粘有砂浆,筛下备有不透水的底盘,以收集全部冲洗过筛的砂浆与水的混合物,称量洗净的粗骨料试样在饱和面干状态下的质量 m_w。

④水的质量 m_w。

$$m_w = m_0 - (m_g + m_s + m_c) \tag{9.37}$$

式中　m_w——试样中水的质量,g;

m_0——拌合物试样质量,g;

m_g、m_s、m_c——试样中粗骨料、细骨料和水泥的质量,g。

(2)混凝土拌合物中四种组分(水泥、水、粗骨料、细骨料)的单位用量,分别按下式计算:

$$C = \frac{m_c}{V} \times 1\,000 \tag{9.38}$$

$$W = \frac{m_w}{V} \times 1\,000 \tag{9.39}$$

$$G = \frac{m_g}{V} \times 1\,000 \tag{9.40}$$

$$S = \frac{m_s}{V} \times 1\,000 \tag{9.41}$$

式中 C、W、G、S——水泥、水、粗骨料、细骨料的单位用量，kg/m^3；

m_c、m_w、m_g、m_s——试样中水泥、水、粗骨料、细骨料的质量，g；

V——混凝土拌合物试样体积，L。

(3)以两个试样试验结果的算术平均值作为测定值，两次试验结果差值的绝对值应符合下列规定：水泥不大于 6 kg/m^3；水不大于 4 kg/m^3；砂不大于 20 kg/m^3；石不大于 30 kg/m^3，否则，此次试验无效。

第 10 章 混凝土力学性能试验

10.1 概 述

混凝土的强度虽然可以通过理论分析和公式计算进行评价,但是由于混凝土材料是按一定方法和工艺通过多种材料配制而成的,其中有很多不确定因素。因此,对混凝土进行强度试验仍是客观评价混凝土力学性能的重要方法。混凝土凝结硬化后产生的力学强度是混凝土最主要的性能指标,本章主要介绍普通混凝土抗压强度、抗折强度、劈裂抗拉强度、弹性模量等力学性能的试验原理与试验方法。

10.1.1 试验项目与试件形状尺寸

由混凝土强度理论分析可知,混凝土的强度虽然主要取决于水泥强度等级、水灰比和骨料的性质等因素。但在试验时,试件的形状与尺寸因素对试验测试结果也有一定影响,例如进行抗压强度测定时,由于试验机承压板的环箍效应,对不同尺寸混凝土受压试件的影响程度不同,试验测量值也不同。因此,混凝土强度试验规定了试件的标准尺寸,若采用非标准尺寸试件,其测量结果应进行尺寸系数换算。混凝土强度试验项目与试件尺寸见表 10.1。

表 10.1 混凝土强度试验项目与试件尺寸

试验项目	试件的形状与尺寸	
	标准试件	非标准试件
抗压强度 劈裂抗拉强度	边长为 150 mm 的立方体,特殊情况下可采用 ϕ150 mm×300 mm 的圆柱体标准试件	边长为 100 mm 或 200 mm 的立方体,特殊情况下可采用 100 mm×200 mm 和 200 mm×400 mm 的圆柱体非标准试件
轴心抗压强度 静力受压弹性模量	150 mm×150 mm×300 mm 的棱柱体,特殊情况下可采用 ϕ150 mm×300 mm 的圆柱体标准试件	100 mm×100 mm×300 mm 或 200 mm×200 mm×400 mm 的棱柱体、特殊情况下可采用 ϕ100 mm×200 mm 和 ϕ200 mm×400 mm 的圆柱体非标准试件
抗折强度	150 mm×150 mm×600 m(或 550 mm)的棱柱体	边长为 100 mm×100 mm×400 mm 的棱柱体

注:试件承压面的平面度公差不得超过 0.000 5d(d 为边长);试件相邻面间的夹角应为 90°,其公差不得超过 0.5°;试件的各边长、直径和高的尺寸公差不得超过 1 mm。

10.1.2 混凝土的取样

混凝土强度试样应在混凝土的浇筑地点随机抽取。试件的取样频率和数量应符合下列规定：

(1)每 100 盘但不超过 100 m³ 的同配合比混凝土，取样次数不应少于一次。

(2)每个工作班(一个工作班指 8 h)拌制的同配合比混凝土，不足 100 盘(一盘指搅拌混凝土的搅拌机一次搅拌的混凝土)和 100 m³ 时其取样次数不应少于一次。

(3)当一次连续浇筑的同配合比混凝土超过 1 000 m³ 时，每 200 m³ 取样不应少于一次。

(4)对于房屋建筑，每一楼层、同一配合比的混凝土，取样不应少于一次。

每批混凝土试样应制作的试件总组数，除满足混凝土强度评定所必需的组数外，还应留置为检验结构或构件施工阶段混凝土强度所必需的试件。

10.1.3 试件制作及养护

(1)每次取样应至少制作一组标准养护试件。混凝土力学性能试验以 3 个试件为一组，每组试件所用的混凝土拌合物应根据不同要求从同一盘搅拌或同一车运送的混凝土中取出，或在试验室用机械单独拌制。拌合方法与混凝土拌合物试验方法相同。

(2)制作试件用的试模由铸铁或钢制成，应有足够的刚度并拆装方便。试模的内表面应机械加工，其不平度为每 100 mm 不超过 0.05 mm。组装后各相邻面的不垂直度误差为±0.5°。制作试件前，将试模清擦干净，并在其内壁涂上一层矿物油脂或其他脱模剂。

(3)采用振动台振动成型时，应将混凝土拌合物一次装入试模，装料时用抹刀沿试模内壁略加插捣并使混凝土拌合物高出试模上口。振动时要防止试模在振动台上自由跳动，振动持续到混凝土表面出浆为止，刮除多余的混凝土并用抹刀抹平。试验室振动台的振动频率应为(50 ± 2)Hz，空载时振幅为(0.5 ± 0.02)mm。

(4)采用人工插捣时，混凝土拌合物应分两层装入试模，每层的装料厚度大致相等。插捣用的钢制棒长度为(600 ± 5)mm，直径为(16 ± 0.2)mm，端部应磨圆。插捣按螺旋方向从边缘向中心均匀进行。插捣底层时，捣棒应达到试模表面，插捣上层时，捣棒应穿入下层深度为 20～30 mm。插捣时捣棒应保持垂直，不得倾斜，同时还得用抹刀沿试模内壁插入数次。每层插捣次数应根据试件的截面而定，一般 100 cm² 截面积不应少于 12 次，插捣完毕后刮除多余的混凝土，并用抹刀抹平。

(5)根据试验项目的不同，试件可采用标准养护或构件同条件养护。当确定混凝土特征值、强度等级或进行材料性能试验研究时，试件应采用标准养护。检验现浇混凝土工程或预制构件中混凝土强度时，试件应采用同条件养护。试件一般养护到 28 d 龄期(从搅拌加水开始计时)进行试验，但也可以按要求(如需确定拆模、起吊、施加预应力或承受施工荷载等时的力学性能)养护所需的龄期。采用蒸汽养护的构件，其试件应先随构件同条件养护，然后应置入标准养护条件下继续养护，两段养护时间的总和应为设计规定龄期。

(6)采用标准养护的试件成型后应覆盖其表面，防止水分蒸发，并在温度为(20 ± 5)℃、相对湿度大于 50% 的室内情况下静置 1～2 昼夜，然后编号拆模。

(7)拆模后的试件应立即放在温度(20 ± 2)℃、湿度 95% 以上的标准养护室中养护。在标准养护室内试件应放在笸板上,彼此间隔 10~20 mm,并避免用水直接冲淋试件。当无标准养护室时,混凝土试件可在温度为(20±2)℃的不流动 $Ca(OH)_2$ 饱和溶液中养护。同条件养护的试件成型后应覆盖表面。试件的拆模时间可与实际构件的拆模时间相同。拆模后,试件仍需保持同条件养护。

10.1.4 混凝土试件的试验

混凝土试件的立方体抗压强度试验应根据现行国家标准《混凝土物理力学性能试验方法标准》(GB/T 50081—2019)的规定执行。每组混凝土试件强度代表值的确定,应符合下列规定:取 3 个试件强度的算术平均值作为每组试件的强度代表值;当一组试件中强度的最大值或最小值与中间值之差超过中间值的 15% 时,取中间值作为该组试件的强度代表值;当一组试件中强度的最大值和最小值与中间值之差均超过中间值的 15% 时,该组试件的强度不应作为评定的依据。对掺矿物掺合料的混凝土进行强度评定时,可根据设计规定,可采用大于 28 d 龄期的混凝土强度。

当采用非标准尺寸试件时,应将其抗压强度乘以尺寸折算系数,折算成边长为 150 mm 的标准尺寸试件抗压强度。尺寸折算系数按下列规定采用:当混凝土强度等级低于 C60 时,对边长为 100 mm 的立方体试件取 0.95,对边长为 200 mm 的立方体试件取 1.05;当混凝土强度等级不低于 C60 时,宜采用标准尺寸试件;使用非标准尺寸试件时,尺寸折算系数应由试验确定,其试件数量不应少于 30 组。

10.1.5 混凝土强度的检验评定

1. 统计方法评定

(1)采用统计方法评定时,应按下列规定进行:当连续生产的混凝土,生产条件在较长时间内保持一致,且同一品种、同一强度等级混凝土的强度变异性保持稳定时,应按以下第(2)条的规定进行评定;其他情况应按以下第(3)条的规定进行评定。

(2)一个检验批的样本容量应为连续的 3 组试件,其强度应同时符合下列规定:

$$m_{f_{cu}} \geqslant f_{cu,k} + 0.7\sigma_0 \tag{10.1}$$

$$f_{cu,min} \geqslant f_{cu,k} - 0.7\sigma_0 \tag{10.2}$$

检验批混凝土立方体抗压强度的标准差应按下式计算:

$$\sigma_0 = \sqrt{\frac{\sum_{i=1}^{n} f_{cu,i}^2 - nm^2 f_{cu}}{n-1}} \tag{10.3}$$

当混凝土强度等级不高于 C20 时,其强度的最小值尚应满足下式要求:

$$f_{cu,min} \geqslant 0.85 f_{cu,k} \tag{10.4}$$

当混凝土强度等级高于 C20 时,其强度的最小值尚应满足下列要求:

$$f_{cu,min} \geqslant 0.90 f_{cu,k} \tag{10.5}$$

式中 $f_{cu,min}$——同一检验批混凝土立方体抗压强度的平均值(N/mm^2),精确到 $0.1\ N/mm^2$;

$f_{cu,k}$——混凝土立方体抗压强度标准值(N/mm^2),精确到 $0.1\ N/mm^2$;

σ——检验批混凝土立方体抗压强度的标准差(N/mm^2),精确到 $0.01\ N/mm^2$;当检验批混凝土强度标准差 σ。计算值小于 2.5 N/mm² 时，应取 2.5 N/mm²；

$f_{cu,si}$——前一个检验期内同一品种、同一强度等级的第 i 组混凝土试件的立方体抗压强度代表值(N/mm²)，精确到 0.1 N/mm²；该检验期不应少于 60 d，也不得大于 90 d；

n——前一检验期内的样本容量，在该期间内样本容量不应少于 45 组；

$f_{cu,min}$——同一检验批混凝土立方体抗压强度的最小值（N/mm²），精确到 0.1 N/mm²。

(3) 当样本容量不少于 10 组时，其强度应同时满足下列要求：

$$m_{f_{cu}} \geqslant f_{cu,k} + \lambda_1 S_{f_{cu}} \tag{10.6}$$

$$f_{cu,min} \geqslant \lambda_2 f_{cu,k} \tag{10.7}$$

同一检验批混凝土立方体抗压强度的标准差应按下式计算：

$$S_{f_{cu}} = \sqrt{\frac{\sum_{i=1}^{n} f_{cu,k}^2 - n m_{f_{cu}}^2}{n-1}}$$

式中 $S_{f_{cu}}$——同一检验批混凝土立方体抗压强度的标准差（N/mm²），精确到 0.01 N/mm²；当检验批混凝土强度标准差 $S_{f_{cu}}$ 计算值小于 2.5 N/mm² 时，应取 2.5 N/mm²；

λ_1、λ_2——合格评定系数，按表 10.2 取用；

n——本检验期内的样本容量。

表 10.2　混凝土强度的合格评定系数

试件组数	10～14	15～19	≥20
λ_1	1.15	1.05	0.95
λ_2	0.90	0.85	

2. 非统计方法评定

当用于评定的样本容量小于 10 组时，应采用非统计方法评定混凝土强度。按非统计方法评定混凝土强度时，其强度应同时符合下列规定：

$$m_{f_{cu}} \geqslant \lambda_3 S_{f_{cu}} \tag{10.8}$$

$$f_{cu,min} \geqslant \lambda_4 f_{cu,k} \tag{10.9}$$

式中 λ_3、λ_4——合格评定系数，应按表 10.3 取用。

表 10.3　混凝土强度的非统计法合格评定系数

混凝土强度等级	<C60	≥C60
λ_3	1.15	1.10
λ_4	0.95	

3. 混凝土强度的合格性评定

当检验结果满足统计方法评定中的第(2)条、第(3)条或非统计方法评定的规定时，则该批混凝土强度应评定为合格；当不能满足上述规定时，该批混凝土强度应评定为不合格。对评定不合格的混凝土,可按国家现行的有关标准进行处理。

10.2 混凝土抗压强度试验

混凝土抗压强度测定是最基本也是最主要的混凝土力学性能试验项目,工程中大量使用混凝土作为结构材料,也正是利用了混凝土具有较大抗压强度的性能特点。

10.2.1 混凝土立方体抗压强度测定

混凝土立方体抗压强度试验是混凝土最基本的强度试验项目,其试验结果是确定混凝土强度等级的主要依据,本试验以尺寸为 150 mm×150 mm×150 mm 的立方体试件为标准试件。

1. 主要仪器设备

压力试验机(图 10.1),测力范围为 0~2 000 kN,精度为±1%。试件破坏荷载应大于压力机全量程的 20%,且小于压力机全量程的 80%。压力试验机应有加荷速度指示和控制装置,并能均匀连续地加荷。为保证测量数据的准确性,试验机应定期检测,具有在有效期内的计量检定证书。

图 10.1 压力试验机

2. 试验步骤

(1)先将试件擦拭干净,测量其尺寸并检查外观。试件尺寸测量精确至 1 mm,并据此计算试件的承压面积。如果实测尺寸与试件的公称尺寸之差不超过 1 mm,可按公称尺寸进行计算。试件承压面的不平度应为 100 mm 不超过 0.05 mm,承压面与相邻面的不垂直度误差为±1°。

(2)将试件安放在试验机的下压板上,试件的承压面与成型时的顶面垂直,试件的中心应与试验机下压板中心对准。

(3)选定、调整压力机的加荷速度。当混凝土强度等级低于 C30 时,加荷速度取每秒 0.3~0.5 MPa;当混凝土强度等级高于或等于 C30 且小于 C60 时,加荷速度取每秒 0.5~0.8 MPa。

(4)开动压力试验机施荷。当上压板与试件接近时,调整球座使接触均衡,连续而均匀地加荷。当试件接近破坏而开始迅速变形时,停止调整试验机油门,直至试件破坏,记录破坏荷载。

注意:试件从养护地点取出后,应尽快进行试验,以避免试件内部的温湿度发生显著变化而影响试验结果的准确性。

3. 计算与结果判定

混凝土立方体抗压强度 f_{cu} 按下式计算,精确至 0.01 MPa:

$$f_{cu}=\frac{p}{A} \tag{10.10}$$

式中　f_{cu}——混凝土立方体试件抗压强度,MPa;

　　　p——破坏荷载,N;

　　　A——试件受压面积,mm^2。

本结果是基于试验时采用了标准尺寸试件的计算值。试验中,如果采用其他尺寸的非标准试件,测得的强度值均应乘以尺寸换算系数,见表 10.4。

表 10.4　强度换算系数

试件尺寸	骨料最大粒径/mm	抗压强度换算系数
150 mm×150 mm×150 mm	40	1
100 mm×100 mm×100 mm	30	0.95
200 mm×200 mm×200 mm	60	1.05

以 3 个试件测值的算术平均值作为该组试件的抗压强度值。3 个测值中的最大或最小值,如有一个与中间值的差超过中间值的 15%,则把最大及最小值一并舍除,取中间值作为该组试件的抗压强度值;如有两个测值与中间值的差超过中间值的 15%,则该组试件的试验无效。

4. 试验过程中发生异常情况的处理方法

试件在抗压强度试验的加荷过程中,当发生停电和试验机出现意外故障,而所施加的荷载远未达到破坏荷载时,则卸下荷载,记下荷载值,保存样品,待恢复正常后继续试验(但不能超过规定的龄期)。如果施加的荷载未达到破坏荷载,则试件作废,检测结果无效;如果施加荷载已达到或超过破坏荷载,则检测结果有效;其他强度试验项目出现类同情况时,参照本方法处理。

10.2.2　混凝土轴心抗压强度测定

混凝土立方体抗压强度试验为确定混凝土的强度等级提供了依据,但在实际工程中,混凝土结构构件很少是立方体的,大多是棱柱体形或圆柱体形。为了使测得的混凝土强度接近于混凝土结构构件的实际情况,需对混凝土轴心抗压强度进行测定。本试验以尺寸为 150 mm×150 mm×300 mm 的棱柱体试件为标准试件。

1. 主要仪器设备

压力试验机,技术指标同混凝土立方体抗压强度试验。当混凝土强度等级不小于 C60 时,试件周围应设防崩裂网罩。钢垫板的平面尺寸应不小于试件的承压面积,厚度不小于 25 mm。钢垫板应机械加工,承压面的平面度公差为 0.04 mm,表面硬度不小于 55 HRC,

硬化层厚度约为 5 mm。当压力试验机上、下压板不符合承压面的平面度公差规定时,压力试验机上、下压板与试件之间应各垫符合上述要求的钢垫板。

2. 试验步骤

(1)从养护地点取出试件后应及时进行试验,用干毛巾将试件表面与上下承压板面擦干净。

(2)将试件直立放置在试验机的下压板或钢垫板上,并使试件轴心与下压板中心对准。

(3)开动试验机,当上压板与试件或钢垫板接近时,调整球座,使接触均衡。

(4)连续均匀地加荷,不得有冲击。试验机的加荷速度应符合下列规定:当混凝土强度等级小于 C30 时,加荷速度取每秒 0.3~0.5 MPa;当混凝土强度等级不小于 C30 且小于 C60 时,加荷速度取每秒 0.5~0.8 MPa;当混凝土强度等级不小于 C60 时,加荷速度取每秒 0.8~1.0 MPa。

(5)试件接近破坏而开始急剧变形时,应停止调整试验机油门,直至破坏,记录破坏荷载。

3. 计算与结果判定

混凝土试件轴心抗压强度按下式计算,精确至 0.1 MPa:

$$f_{cp} = \frac{F}{A} \tag{10.11}$$

式中 f_{cp}——混凝土轴心抗压强度,MPa;

F——试件破坏荷载,N;

A——试件承压面积,mm^2。

如果在试验中采用了非标准试件,在结果评定时,测得的强度值均应乘以尺寸换算系数。混凝土强度等级小于 C60 时,对于 200 mm×200 mm×400 mm 试件,换算系数为 1.05;对于 100 mm×100 mm×300 mm 试件,换算系数为 0.95。当混凝土强度等级不小于 C60 时,宜采用标准试件。对于其他非标准试件,尺寸换算系数由试验确定。

混凝土轴心抗压强度以 3 个试件测值的算术平均值作为该组试件的强度值,3 个测值中的最大值或最小值中,如果有一个与中间值的差值超过中间值的 15%,则把最大及最小值一并舍除,取中间值作为该组试件的抗压强度值;如果最大值和最小值与中间值的差均超过中间值的 15%,则该组试件的试验结果无效。

10.2.3 混凝土圆柱体抗压强度测定

混凝土圆柱体抗压试件的直径(d)尺寸有 100 mm、150 mm、200 mm 3 种,其高度(h)是直径的 2 倍,粗骨料的最大粒径应小于试件直径的 1/4 倍。本试验以 150 mm(d)×300 mm(h)的圆柱体为标准试件。试模由刚性金属制成的圆筒形和底板构成,试模组装后不能有变形和漏水现象。试模的直径误差应小于 1/200d,高度误差应小于 1/100h,试模底板的平面度公差不应超过 0.02 mm。组装试模时,圆筒形模纵轴与底板应成直角,其允许公差为 0.5°。

1. 主要仪器设备

(1)压力试验机。要求同立方体抗压强度试验机。

(2)卡尺。量程为 300 mm,分度值为 0.02 mm。

2. 试验步骤

(1)试件从养护地点取出后应及时进行试验,将试件表面与上下承压板面擦干净,然后测量试件的两个直径,分别记为 d_1、d_2,精确至 0.02 mm。再分别测量相互垂直的两个直径端部的 4 个高度,试件的承压面的平面度公差不得超过 0.000 5d(d 为边长),试件的相邻面间的夹角应为 90°,其公差不得超过 0.5°。试件各边长、直径和高的尺寸公差不得超过 1 mm。

(2)将试件置于试验机上下压板之间,使试件的纵轴与加压板的中心一致。开动压力试验机,当上压板与试件或钢垫板接近时,调整球座,使接触均衡。试验机的加压板与试件的端面之间要紧密接触,中间不得夹入有缓冲作用的其他物质。

(3)连续均匀地加荷,加荷速度应符合如下规定:混凝土强度等级小于 C30 时,加荷速度取每秒钟 0.3~0.5 MPa;混凝土强度等级不小于 C30 且小于 C60 时,加荷速度取每秒钟 0.5~0.8 MPa;混凝土强度等级不小于 C60 时,加荷速度取每秒钟 0.8~1.0 MPa。当试件接近破坏,开始迅速变形时,停止调整试验机油门直至试件破坏,记录破坏荷载。

3. 计算与结果判定

(1)试件直径按下式计算,精确至 0.1 mm:

$$d = \frac{d_1 + d_2}{2} \tag{10.12}$$

式中 d——试件计算直径,mm;
  d_1、d_2——试件两个垂直方向的直径,mm。

(2)混凝土圆柱体抗压强度按下式计算,精确至 0.1 MPa:

$$f_{cc} = \frac{4F}{\pi d^2} \tag{10.13}$$

式中 f_{cc}——混凝土的抗压强度,MPa;
  F——试件破坏荷载,N;
  d——试件计算直径,mm。

当试验采用非标准尺寸试件时,测得的强度值均应乘以尺寸换算系数。对 200 mm(d)×400 mm(h)试件,换算系数为 1.05;对 100 mm(d)×200 mm(h)试件,换算系数为 0.95。

以 3 个试件测值的算术平均值作为该组试件的强度值,精确至 0.1 MPa。当 3 个测值中的最大值或最小值中,如有一个与中间值的差值超过中间值的 15% 时,则把最大及最小值一并舍除,取中间值作为该组试件的抗压强度值。如果最大值和最小值与中间值的差均超过中间值的 15%,则该组试件的试验结果无效。

10.3　混凝土静力受压弹性模量试验

混凝土静力受压弹性模量(以下简称弹性模量)是混凝土重要的力学和工程性能指标,掌握混凝土的弹性模量对深刻了解混凝土的强度、变形和结构安全稳定性能具有重要意义。

10.3.1　混凝土棱柱体静力受压弹性模量测定

混凝土弹性模量测定以 150 mm×150 mm×300 mm 的棱柱体作为标准试件,每次试验制备 6 个试件。在试验过程中应连续均匀加荷,当混凝土强度等级小于 C30 时,加荷速度取每秒 0.3～0.5 MPa;当混凝土强度等级不小于 C30 且小于 C60 时,加荷速度取每秒 0.5～0.8 MPa;当混凝土强度等级不小于 C60 时,加荷速度取每秒 0.8～1.0 MPa。

1. 主要仪器设备

(1)压力试验机。测力范围为 0～2 000 kN,精度为 1 级,其他要求同立方体抗压强度试验用机。

(2)微变形测量仪。测量精度不低于 0.001 mm,微变形测量固定架的标距为 150 mm。

2. 试验步骤

(1)从养护地点取出试件后,把试件表面及试验机上下承压板的板面擦干净。取 3 个试件测定混凝土的轴心抗压强度,另 3 个试件用于测定混凝土的弹性模量。

(2)把变形测量仪安装在试件两侧的中线上,并对称于试件的两端。

(3)调整试件在压力试验机上的位置,使其轴心与下压板的中心线对准。开动压力试验机,当上压板与试件接近时,调整球座,使其接触均衡。

(4)加荷至基准应力为 0.5 MPa 的初始荷载,恒载 60 s。在以后的 30 s 内,记录每一测点的变形 ε_0。立即连续均匀加荷至应力为轴心抗压强度的 1/3 荷载值,恒载 60 s,并在以后的 30 s 内,记录每一测点的变形 ε_a。

(5)当以上变形值之差与其平均值之比大于 20% 时,应使试件对中,重复上述第(4)步操作。如果无法使其减少到低于 20% 时,则此次试验无效。

(6)在确认试件对中后,以加荷时相同的速度卸荷至基准应力为 0.5 MPa,恒载 60 s。然后用同样的加荷与卸荷速度及保持 60 s 恒载,至少进行两次反复预压。最后一次预压完成后,在基准应力为 0.5 MPa 持荷 60 s,并在以后的 30 s 内记录每一测点的变形读数 ε_0。再用同样的加荷速度加荷至应力为 1/3 轴心抗压强度时的荷载,持荷 60 s,并在以后 30 s 内记录每一测点的变形读数 ε_a,如图 10.2 所示。

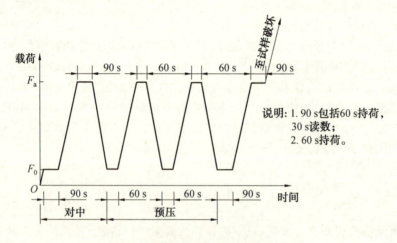

图 10.2　弹性模量加荷方法示意图

(7)卸除变形测量仪,以同样的速度加荷至破坏,记录破坏荷载。如果试件的抗压强度与轴心抗压强度之差超过轴心抗压强度的 20%,应在报告中注明。

3. 计算与结果判定

混凝土弹性模量值按下式计算：

$$E_c = \frac{F_a - F_0}{A} \times \frac{L}{\Delta n} \tag{10.14}$$

式中　E_c——混凝土弹性模量(MPa)，精确至 100 MPa；

　　　F_a——应力为 1/3 轴心抗压强度时的荷载，N；

　　　F_0——应力为 0.5 MPa 时的初始荷载，N；

　　　A——试件承压面积，mm^2；

　　　L——测量标距，mm；

　　　Δn——最后一次从加荷至破坏时试件两侧变形的平均值，mm。

$$\Delta n = \varepsilon_a - \varepsilon_0 \tag{10.15}$$

其中　ε_a——F_a 时试件两侧变形的平均值，mm；

　　　ε_0——F_0 时试件两侧变形的平均值，mm。

弹性模量以 3 个试件测值的算术平均值进行计算。如果其中有一个试件的轴心抗压强度值与用以确定检验控制荷载的轴心抗压强度值相差超过后者的 20%，则弹性模量值按另两个试件测值的算术平均值计算；如有两个试件超过上述规定时，则此次试验无效。

10.3.2　混凝土圆柱体静力受压弹性模量测定

混凝土圆柱体试件弹性模量的测定，每次试验应制备 6 个试件。

1. 主要仪器设备

(1)压力试验机。

要求同立方体抗压强度试验机。

(2)微变形测量仪。

微变形测量仪的测量精度不得低于 0.001 mm，微变形测量固定架的标距应为 150 mm。

2. 试验步骤

(1)试件从养护地点取出后应及时进行试验，将试件表面与上下承压板面擦干净，然后测量试件的两个相互垂直的直径，分别记为 d_1、d_2，精确至 0.02 mm，再分别测量相互垂直的两个直径端部的 4 个高度。试件的承压面的平面度公差不得超过 0.000 5d（d 为边长）；试件的相邻面间的夹角应为 90°，其公差不得超过 0.5°；试件各边长、直径和高的尺寸公差不得超过 1 mm。

(2)取 3 个试件测定圆柱体试件抗压强度，另 3 个试件用于测定圆柱体试件弹性模量。

(3)微变形测量仪应安装在圆柱体试件直径的延长线上，并对称于试件的两端。

(4)仔细调整试件在压力试验机上的位置，使其轴心与下压板的中心线对准。开动压力试验机，当上压板与试件接近时调整球座，使其接触均衡。

(5)加荷至基准应力为 0.5 MPa 的初始荷载值 F_0，保持恒载 60 s，并在以后的 30 s 内记录每测点的变形读数 ε_0。立即连续均匀地加荷至应力为轴心抗压强度 1/3 的荷载值 F_a，保持恒载 60 s，并在以后的 30 s 内记录每一测点的变形读数 ε_a。在试验过程中应连续均匀地加荷,当混凝土强度等级小于 C30 时,加荷速度取每秒钟 0.3~0.5 MPa;混凝土强度等级不小于 C30 且小于 C60 时,加荷速度取每秒钟 0.5~0.8 MPa;混凝土强度等级不小于 C60 时,加荷速度取每秒钟 0.8~1.0 MPa。

(6)当以上变形值之差与它们平均值之比大于 20% 时,应重新试验。如果无法使其减少到低于 20%,则此次试验无效。

(7)在确认试件对中后,以与加荷时相同的速度卸荷至基准应力为 0.5 MPa,恒载 60 s,然后用同样的加荷和卸荷速度以及 60 s 的保持恒载(F_0 及 F_a),至少进行两次反复预压。最后一次预压完成后,在基准应力为 0.5 MPa 持荷 60 s,并在以后的 30 s 内记录每一测点的变形读数 ε_0。再用同样的加荷速度加荷至应力为 1/3 轴心抗压强度时荷载,持荷 60 s,并在以后的 30 s 内记录每一测点的变形读数 ε_a。

(8)卸除变形测量仪,以同样的速度加荷至破坏,记录破坏荷载 f_{cp}。

3. 计算与结果判定

(1)试件直径。

按下式计算,精确至 0.1 mm:

$$d=\frac{d_1+d_2}{2} \tag{10.16}$$

式中　d——试件计算直径,mm;

　　　d_1、d_2——试件两个垂直方向的直径,mm。

(2)圆柱体试件混凝土受压弹性模量值.

按下式计算,精确至 100 MPa:

$$E_c=\frac{4(F_a-F_0)}{\pi d^2}\times\frac{L}{n}=1.273\times\frac{(F_a-F_0)L}{d^2\Delta n} \tag{10.17}$$

式中　E_c——圆柱体试件混凝土静力受压弹性模量,MPa;

　　　F_a——应力为 1/3 轴心抗压强度时的荷载,N;

　　　F_0——应力为 0.5 MPa 时的初始荷载,N;

　　　d——圆柱体试件的计算直径,mm;

　　　L——测量标距,mm;

　　　Δn——最后一次从加荷至破坏时试件两侧变形的平均值,mm。

$$\Delta n=\varepsilon_a-\varepsilon_0$$

其中　ε_a——F_a 时试件两侧变形的平均值,mm;

　　　ε_0——F_0 时试件两侧变形的平均值,mm。

圆柱体试件弹性模量按 3 个试件的算术平均值计算确定。如果其中有一个试件的轴心抗压强度值与用以确定检验控制荷载的轴心抗压强度值相差超过后者的 20% 时,则弹性模量值按另两个试件测值的算术平均值计算;如有两个试件超过上述规定时,则此次试验无效。

10.4　混凝土抗折强度试验

在确定混凝土抗压强度的同时,有时还需要了解混凝土的抗折强度,如进行路面结构设计时需要以混凝土的抗折强度作为主要强度指标。混凝土抗折强度试验一般采用

150 mm×150 mm×600 mm 棱柱体小梁作为标准试件,制作标准试件所用骨料的最大粒径不大于 40 mm。必要时可采用 100 mm×100 mm×400 mm 试件,但混凝土中骨料的最大粒径应不大于 31.5 mm。试件从养护地点取出后应及时进行试验,试验前试件应保持与原养护地点相似的干湿状态。

10.4.1 主要仪器设备

压力试验机,除应符合《液压式万能试验机》(GB/T 3159—2008)及《试验机通用技术要求》(GB/T 2611—2007)中技术要求外,还应满足测量精度为±1%,并带有能使两个相等荷载同时作用在试件跨度 3 分点处的抗折试验装置,如图 10.3 所示。试验机与试件接触的 2 个支座和 2 个加压头应具有直径为 20~40 mm,长度不小于(b+10)mm 的硬钢圈柱,其中的 3 个(1 个支座及 2 个加压头)应尽量做到能滚动并前后倾斜。夹具及试模如图 10.4、图 10.5 所示。

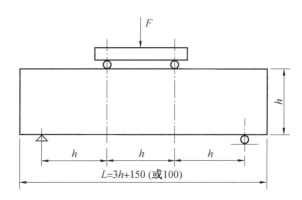

图 10.3 抗折试验装置

图 10.4 混凝土抗折夹具

图 10.5 混凝土抗折试模

10.4.2 试验步骤

(1)将试件擦拭干净,测量其尺寸并检查外观,试件尺寸测量精确至 1 mm,并据此进行强度计算。试件不得有明显缺损,在跨 1/3 梁的受拉区内不得有直径超过 5 mm、深度超过 2 mm 的表面孔洞。试件承压区及支承区接触线的不平度应为每 100 mm 不超过 0.05 mm。

(2)调整支承架及压头的位置,所有间距的尺寸偏差为±1 mm。

(3)将试件在试验机的支座上放稳对中,承压面应为试件成型的侧面。

(4)开动试验机,当加压头与试件接近时,调整加压头及支座,使其接触均衡。如果加压头及支座均不能前后倾斜,应在接触不良处予以垫平。施加荷载应保持连续均匀,当混凝土强度等级小于 C30 时,加荷速度取每秒 0.02~0.05 MPa;当混凝土强度等级不小于 C30 且小于 C60 时,加荷速度取每秒 0.05~0.08 MPa;当混凝土强度等级不小于 C60 时,加荷速度取每秒 0.08~0.10 MPa。至试件接近破坏时,停止调整试验机油门,直至试件破坏,记录破坏荷载。

10.4.3 结果计算

试件破坏时,如果折断面位于两个集中荷载之间,抗折强度按下式计算:

$$f_f = \frac{Fl}{bh^2} \tag{10.18}$$

式中　f_f——混凝土抗折强度(MPa),计算结果应精确至 0.1 MPa;
　　　F——破坏荷载,N;
　　　l——支座间距即跨度,mm;
　　　b——试件截面宽度,mm;
　　　h——试件截面高度,mm。

当采用 100 mm×100 mm×400 mm 非标准试件时,取得的抗折强度值应乘以尺寸换算系数 0.85;当混凝土强度等级不小于 C60 时,宜采用标准试件。使用其他非标准试件时,尺寸换算系数由试验确定。

10.4.4 结果判定

以 3 个试件测值的算术平均值作为该组试件的抗折强度值。3 个测值中的最大或最小值,如有 1 个与中间值的差值超过中间值的 15%,则把最大及最小值一并舍除,取中间值作为该组试件的抗折强度值;如果有 2 个试件与中间值的差均超过中间值的 15%,则该组试件的试验无效。3 个试件中如有 1 个试件的折断面位于 2 个集中荷载之外(以受拉区为准),则该试件的试验结果应予舍弃,混凝土抗折强度按另外 2 个试件抗折试验结果计算;如果有 2 个试件的折断面均超出 2 个集中荷载之外,则该组试验无效。

10.5　混凝土劈裂抗拉强度试验

混凝土的抗拉强度虽然很小,但是混凝土的抗拉强度性能却对混凝土的开裂现象具有重要意义,抗拉强度是确定混凝土开裂度的重要指标,也是间接衡量钢筋混凝土中混凝土与钢筋黏结度的重要依据。

10.5.1 混凝土立方体劈裂抗拉强度测定

混凝土立方体劈裂抗拉强度试验以尺寸为 150 mm×150 mm×150 mm 的立方体试件为标准试件。

1. 主要仪器设备

(1)压力试验机。要求同立方体抗压强度试验机。
(2)垫块、垫条及支架。应采用半径为 75 mm 的钢制弧形垫块,其横截面尺寸如图10.6 所示,垫块的长度与试件相同。垫条为三层胶合板制成,宽度为 20 mm,厚度为 3~4 mm,

长度不小于试件长度,垫条不得重复使用。支架为钢支架,如图 10.7 所示。

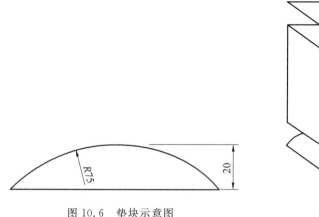

图 10.6　垫块示意图

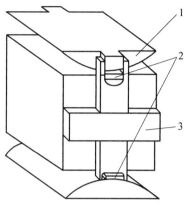

图 10.7　支架示意图
1—垫块;2—垫条;3—支架

2. 试验步骤

(1)试件从养护地点取出后应及时进行试验,将试件表面与上下承压板面擦干净。

(2)将试件放在试验机下压板的中心位置,劈裂承压面和劈裂面应与试件成型时的顶面垂直。在上、下压板与试件之间垫以圆弧形垫块及垫条,垫块与垫条应与试件上、下面的中心线对准并与成型时的顶面垂直。最好把垫条及试件安装在定位架上使用,如图 10.7 所示。

(3)开动试验机,当上压板与圆弧形垫块接近时,调整球座,使接触均衡。加荷应连续均匀,当混凝土强度等级小于 C30 时,加荷速度取每秒 0.02~0.05 MPa;当混凝土强度等级不小于 C30 且小于 C60 时,加荷速度取每秒 0.05~0.08 MPa;当混凝土强度等级不小于 C60 时,加荷速度取每秒 0.08~0.10 MPa。至试件接近破坏时,停止调整试验机油门,直至试件破坏,记录破坏荷载。

3. 计算与结果判定

混凝土劈裂抗拉强度按下式计算,精确至 0.01 MPa:

$$f_{ts} = \frac{2F}{\pi A} = 0.637 \frac{F}{A} \tag{10.19}$$

式中　f_{ts}——混凝土劈裂抗拉强度,MPa;
　　　F——试件破坏荷载,N;
　　　A——试件劈裂面面积,mm^2。

当混凝土强度等级不小于 C60 时,宜采用标准试件。当采用 1 100 mm×100 mm×100 mm 非标准试件时,测得的劈裂抗拉强度值应乘以尺寸换算系数 0.85。使用其他非标准试件时,尺寸换算系数应由试验确定。

以 3 个试件测值的算术平均值作为该组试件的劈裂抗拉强度值,精确至 0.01 MPa。在 3 个测值中的最大值或最小值中,如果有 1 个与中间值的差值超过中间值 15%,则把最大及最小值一并舍除,取中间值作为该组试件的强度值;如果最大值和最小值与中间值的差均超过中间值的 15%,则该组试件的试验结果无效。

10.5.2 混凝土圆柱体劈裂抗拉强度测定

1. 主要仪器设备

(1)试验机。应符合混凝土立方体试件的劈裂抗拉强度试验中的有关规定。

(2)垫条。应符合混凝土立方体试件的劈裂抗拉强度试验中的规定。

2. 试验步骤

(1)试件从养护地点取出后应及时进行试验,先将试件擦拭干净,与垫层接触的试件表面应清除掉一切浮渣和其他附着物。测量尺寸,并检查其外观,圆柱体的母线公差应为0.15 mm。

(2)标出两条承压线,应位于同一轴向平面,并彼此相对,两线的末端在试件的端面上相连,以便能明确地表示出承压面。

(3)擦净试验机上下压板的加压面,将圆柱体试件置于试验机中心,在上下压板与试件承压线之间各垫一条垫条,圆柱体轴线应在上下垫条之间保持水平,垫条的位置应上下对准,如图10.8所示,宜把垫条安放在定位架上使用,如图10.9所示。

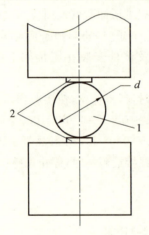
图10.8 劈裂抗拉试验
1—试件;2—垫条

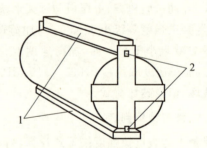
图10.9 定位架
1—定位架;2—垫条

(4)连续均匀地加荷,当混凝土强度等级小于C30时,加荷速度取每秒0.3~0.5 MPa;混凝土强度等级不小于C30且小于C60时,加荷速度取每秒0.5~0.8 MPa;混凝土强度等级不小于C60时,加荷速度取每秒0.8~1.0 MPa。

3. 计算与结果判定

圆柱体劈裂抗拉强度按下式计算,精确至0.01 MPa:

$$f_{ct}=\frac{2F}{\pi dl}=0.637\frac{F}{A} \tag{10.20}$$

式中 f_{ct}——圆柱体劈裂抗拉强度,MPa;
F——试件破坏荷载,N;
d——劈裂面的试件直径,mm;

l——试件的高度,mm;
A——试件劈裂面面积,mm^2。

以 3 个试件测值的算术平均值作为该组试件的强度值,精确至 0.1 MPa。当 3 个测值中的最大值或最小值中如有 1 个与中间值的差值超过中间值的 15%时,则把最大值及最小值一并舍除,取中间值作为该组试件的抗压强度值;如果最大值和最小值与中间值的差均超过中间值的 15%,则该组试件的试验结果无效。

10.6　回弹法检测混凝土强度

在混凝土强度的测定方法中,前述的试验方法都是对混凝土试件施加各种荷载直至破坏,测得最大破坏荷载后,依据一定的计算公式而求得混凝土强度的试验方法,这类试验方法称为破坏性试验。破坏性试验方法的优点是结果准确、对试验方向的控制性较强,但也存在明显不足,如试验周期较长、成本较高等。非破坏性试验则在一定程度上弥补了破坏性试验的不足,目前可应用于混凝土无损检测的方法有回弹法、超声波法、谐振法、电测法等,在实际测试工作中,应根据试验目的、试验要求、试验条件、设备状况等进行综合考虑,选择确定试验方法。有条件时,可采用两类试验方法进行对比试验。本章主要介绍采用回弹仪测量混凝土强度的非破坏试验方法。

回弹法测量强度的原理是基于混凝土的强度与其表面硬度具有特定关系,通过测量混凝土表层的硬度,换算推定混凝土的强度。回弹法使用的回弹仪是利用一定质量的钢锤,在一定大小冲击力作用下根据混凝土表面冲击后的回弹值,从而确定混凝土的强度。由于测试方向、养护条件与龄期、混凝土表面的碳化深度等因素都会影响回弹值的大小,因此,所测的回弹值应予以修正。准确性低也是回弹测强法的不足之处,但是其快速、简便、可重复的试验特点,与破坏性试验方法相比,则表现出独特的技术和方法优势。

10.6.1　回弹仪的技术要求

(1)回弹仪(图 10.10)必须具有制造厂商的产品合格证及检定单位的检定合格证。

(2)水平弹击时弹击锤脱钩的瞬间,回弹仪的标准能量应为 2.207 J。在洛氏硬度 HRC 为 60±2 的钢砧上,回弹仪的率定值应为 80±2,使用环境温度应在-4~+40 ℃之间。弹击锤与弹击杆碰撞的瞬间,弹击拉簧处于自由状态,此时弹击锤起跳点应于指针指示刻度尺上"0"处。

(3)回弹仪在工程检测前后,应在钢砧上做率定试验。

(4)回弹仪有下列情况之一时,应送检定单位检定:①新回弹仪启用前;②超过检定有效期限(有效期为半年);③累计弹击次数超过 6 000 次;④经常规保养后,钢砧率定值不合格;⑤遭受严重撞击或其他伤害。

(5)回弹仪率定应在室温 5~35 ℃的条件下进行。率定时,钢砧应稳固地平放在刚度大的混凝土实体上。回弹仪向下弹击时,取连续弹击 3 次的稳定回弹值进行平均,弹击杆分 4 次旋转,每次旋转约 90°。弹击杆每旋转一次的率定平均值均应符合 80±2 的要求。

(6)当回弹仪弹击超过 2 000 次、对检测值有怀疑或在钢砧上的率定值不合格时,应按下列要求进行常规性保养:①使弹击锤脱钩后取出机芯,然后卸下弹击杆,取出里面的缓冲

图 10.10　回弹仪及钢砧

压簧,并取出弹击锤、弹击拉簧和拉簧座;②机芯各零部件应进行清洗,重点清洗中心导杆、弹击锤和弹击杆的内孔和冲击面,清洗后应在中心导杆上涂抹一层薄薄的钟表油,其他零部件均不得抹油;③清理机壳内壁,卸下刻度尺并检查指针,其摩擦力应为 0.5～0.8 N;④对数字式回弹仪,还应按产品要求的维护程序进行维护;⑤不得旋转尾盖上已定位紧固的调零螺栓;⑥不得自制或更换零部件;⑦保养后应进行率定。

(7)回弹仪使用完毕后应使弹击杆伸出机壳,清除弹击杆、杆前端球面、刻度尺表面以及外壳上的污垢和尘土。回弹仪不用时,应将弹击杆压入仪器内,经弹击后方可按下按钮锁住机芯,将回弹仪装入仪器箱,平放在干燥阴凉处。数字式回弹仪长期不使用时,应取出电池。

10.6.2　检测结构或构件强度时应具备的资料

(1)工程名称、检测部位、设计与施工单位、监理单位和建设单位名称。

(2)结构或构件名称、外形尺寸、数量及混凝土强度等级。

(3)水泥的品种、强度等级、安定性,砂石种类、粒径,外加剂或掺合料品种、掺量,混凝土配合比。

(4)施工时材料计量情况,模板、浇筑、养护情况及成型日期等。

(5)必要的设计图纸和施工记录以及检测原因等。

10.6.3　抽样方法及样本的技术规定

(1)检测混凝土强度有单个检测和批量检测两种方式,其强度方式与适用范围见表 10.5。

表 10.5　回弹仪检测混凝土强度方式与适用范围

检测方式	适用范围
单个检测	用于单独的结构或构件检测
批量检测	对于混凝土生产工艺、强度等级相同,原材料、配合比、养护条件基本一致且龄期相近的一批同类构件的检测应采用批量检测。按批量进行检测时,应随机抽取构件,抽检数量不宜少于同批构件总数的 30% 且不宜少于 10 件。当检验批构件数量大于 30 个时,抽样构件数量可适当调整,并不得少于国家现行有关标准规定的最少抽样数量

(2) 对每一构件的测区来讲,应符合下列要求。

①对于一般构件,测区数量不宜少于 10 个。当受检构件数量大于 30 个且不需提供单个构件推定强度或受检构件一方向尺寸不大于 4.5 m 且另一方向尺寸不大于 0.3 m 时,每个构件的测区数量可适当减少,但不应少于 5 个。

②相邻两测区的间距应控制在 2 m 以内,测区离构件边缘或施工缝边缘的距离不大于 0.5 m,且不小于 0.2 m。

③测区应选在使回弹仪处于水平方向的混凝土浇筑侧面。当不能满足这一要求时,方可选在使回弹仪处于非水平方向的混凝土浇筑表面或底面。

④测区宜选在构件的两个对称可测面上,也可选在一个可测面上,且应均匀分布。在构件的受力部位及薄弱部位必须布置测区,并应避开预埋件。

⑤测区的面积不大于 $0.04 \ m^2$。

⑥检测面应为原状混凝土表面,并应清洁、平整,不应有疏松层、浮浆、油垢以及蜂窝、麻面,必要时可用砂轮清除疏松层和杂物,且保留残留的粉末或碎屑。

⑦对于弹击时会产生颤动的薄壁、小型构件应进行固定。

(3) 结构或构件的测区应有布置方案,各测区应标有清晰的编号,必要时可在记录纸上描述测区布置示意图和外观质量情况。

(4) 当检测条件与测强曲线的适用条件有较大差异时,可采用同条件试件或钻取混凝土芯样进行修正,对同一强度等级混凝土修正时,芯样数量不应少于 6 个,公称直径宜为 100 mm,高径比应为 1。芯样应在测区内钻取,每个芯样应只加工一个试件。同条件试块修正时,试块数量不应少于 6 个,试块边长应为 150 mm。计算时,测区混凝土强度修正量及测区混凝土强度换算值的修正应符合下列规定:

①修正量应按下列公式计算:

$$\Delta_{tot} = f_{cor,m} - f_{cu,mO}^c \tag{10.21}$$

$$\Delta_{tot} = f_{cu,m} - f_{cu,mO}^c \tag{10.22}$$

$$f_{cor,m} = \frac{1}{n} \sum_{i=1}^{n} f_{cor,i} \tag{10.23}$$

$$f_{cu,m} = \frac{1}{n} \sum_{i=1}^{n} f_{cu,i} \tag{10.24}$$

$$f_{cu,mO}^c = \frac{1}{n} \sum_{i=1}^{n} f_{cu,i}^c \tag{10.25}$$

式中 Δ_{tot}——测区混凝土强度修正量(MPa),精确到 0.1 MPa;

$f_{cor,m}$——芯样试件混凝土强度平均值(MPa),精确到 0.1 MPa;

$f_{cu,m}$——150 mm 同条件立方体试块混凝土强度平均值(MPa),精确到 0.1 MPa;

$f_{cu,mO}^c$——对应于钻芯部位或同条件立方体试块回弹测区混凝土强度换算值的平均值(MPa),精确到 0.1 MPa;

$f_{cor,i}$——第 i 个混凝土芯样试件的抗压强度,MPa;

$f_{cu,i}$——第 i 个混凝土立方体试块的抗压强度,MPa;

$f_{cu,i}^c$——对应于第 i 个芯样部位或同条件立方体试块测区回弹值和碳化深度值的混凝土强度换算值,可按《回弹法检测混凝土抗压强度技术规程》(JGJ/T 23—

2011);

n——芯样或试块数量。

②测区混凝土强度换算值的修正应按下式计算：

$$f_{cu,i1}^c = f_{cu,i0}^c + \Delta_{tot} \tag{10.26}$$

式中 $f_{cu,i0}^c$——第 i 个测区修正前的混凝土强度换算值(MPa)，精确到 0.1 MPa；

$f_{cu,i1}^c$——第 i 个测区修正后的混凝土强度换算值(MPa)，精确到 0.1 MPa。

(5)当碳化深度值不大于 2.0 mm 时，每一测区混凝土强度换算值应按《回弹法检测混凝土抗压强度技术规程》(JGJ/T 23—2011)进行修正。

(6)检测时，回弹仪的轴线应始终垂直于结构或构件的混凝土检测面，缓慢施压，准确读数，快速复位。检测泵送混凝土强度时，测区应选在混凝土浇筑侧面。

(7)测点宜在测区范围内均匀分布，相邻两测点的净距一般不小于 20 mm，测点距构件边缘或外露钢筋、预埋件的距离一般不小于 30 mm。测点不应在气孔或外露石子上，同一测点只允许弹击一次。每一测区应记取 16 个回弹值，每一测点的回弹值读数估读至 1。

(8)回弹值测量完毕后，应选择不少于构件的 30% 测区数在有代表性的位置上测量碳化深度值，取其平均值作为该构件每测区的碳化深度值。当碳化深度值极差大于 2.0 mm 时，应在每一测区测量碳化深度值。

(9)测量碳化深度值时，可用合适的工具在测区表面形成直径约 15 mm 的孔洞，其深度大于混凝土的碳化深度。然后除净孔洞中的粉末和碎屑，不得用水冲洗，立即用质量分数为 1%～2% 酚酞酒精溶液滴在孔洞内壁的边缘处，当已碳化与未碳化界线清晰时，再用深度测量工具测量已碳化与未碳化混凝土交界面到混凝土表面的垂直距离，测量不应小于 3 次，每次读数应精确至 0.25 mm，应取 3 次测量的平均值作为检测结果，并应精确至 0.5 mm。

10.6.4 回弹值的计算

(1)计算测区平均回弹值时，应从该测区的 10 个回弹值中剔除 1 个最大值和 1 个最小值，余下的 8 个回弹值按下列公式计算：

$$R_m = \frac{\sum_{i=1}^{10} R_i}{8} \tag{10.27}$$

式中 R_m——测区平均回弹值，精确至 0.1；

R_i——第 i 个测点的回弹值。

(2)回弹仪非水平方向检测混凝土浇筑侧面时，应按下列公式修正：

$$R_m = R_{ma} + R_{aa} \tag{10.28}$$

式中 R_{ma}——非水平方向检测时测区的平均回弹值，精确至 0.1；

R_{aa}——非水平方向检测时回弹值的修正值，按(JGJ/T 23—2011)取值。

(3)回弹仪水平方向检测混凝土浇筑表面或底面时，应按下列公式修正：

$$R_m = R_m^t + R_a^t \tag{10.29}$$

$$R_m = R_m^b + R_a^b \tag{10.30}$$

式中 R_m^t、R_a^t——水平方向检测混凝土浇筑表面、底面时，测区的平均回弹值，精确至 0.1；

R_m^b、R_n^b——混凝土浇筑表面、底面回弹值的修正值，按(JGJ/T 23—2011)取值。

(4)当检测时仪器为非水平方向且测试面为非混凝土浇筑侧面时,则应先按(JGJ/T 23—2011)对回弹值进行角度修正,然后再对修正后的值进行浇筑面修正。

10.6.5 测强曲线

混凝土强度换算值可采用统一测强曲线、地区测强曲线或专用测强曲线三类测强曲线进行计算。统一测强曲线是由全国具有代表性的材料、成型养护工艺配制的混凝土试件通过试验所建立的曲线;地区测强曲线是由本地区常用的材料、成型养护工艺配制的混凝土试件通过试验所建立的曲线;专用测强曲线是由与结构或构件混凝土相同的材料、成型养护工艺配制的混凝土试件通过试验所建立的曲线。

对有条件的地区和部门,应制订本地区的测强曲线或专用测强曲线,经上级主管部门组织审定和批准后实施。各检测单位应按专用测强曲线、地区测强曲线、统一测强曲线的次序选用测强曲线。

1. 统一测强曲线

符合下列条件的非泵送混凝土,测区强度应按(JGJ/T 23—2011)进行强度换算。测区混凝土强度换算表所依据的统一测强曲线,其强度平均相对误差应不大于 15.0%,相对标准差不大于 18.0%。

(1)混凝土采用的水泥、砂石、外加剂、掺合料、拌合用水符合国家现行有关标准。
(2)采用普通成型工艺,不掺外加剂或仅掺非引气型外加剂。
(3)采用符合国家标准的模板。
(4)自然养护或蒸汽养护出池经自然养护 7 d 以上,且混凝土表层为干燥状态。
(5)龄期为 7~1 000 d。
(6)抗压强度为 10.0~60.0 MPa。

符合上述要求的泵送混凝土,测区强度可按(JGJ/T 23—2011)的曲线方程计算或规定进行强度换算。

当混凝土粗骨料最大粒径大于 60 mm,泵送混凝土粗骨料最大公称粒径大于 31.5 mm;混凝土属于特种成型工艺制作;检测部位曲率半径小于 250 mm;潮湿或浸水混凝土,测区混凝土强度值不能按(JGJ/T 23—2011)换算;可制定专用测强曲线或通过试验进行修正。

2. 地区和专用测强曲线

当构件混凝土抗压强度大于 60 MPa 时,可采用标准能量大于 2.207 J 的混凝土回弹仪,并应另行制订检测方法及专用测强曲线进行检测。地区和专用测强曲线的强度误差值应符合下列规定。

地区测强曲线平均相对误差应不大于 11%,相对标准差不大于 14%。
专用测强曲线平均相对误差应不大于 10%,相对标准差不大于 12%。

地区和专用测强曲线应与制订该类测强曲线条件相同的混凝土相适应,不得超出该类测强曲线的适用范围,应经常抽取一定数量的同条件试件进行校核,当发现有显著差异时应及时查找原因并不得继续使用。

3. 地区和专用测强曲线的制订方法

制订地区和专用测强曲线的试块应与欲测构件在原材料(含品种、规格)、成型工艺、养护方法等方面条件相同。试块的制作、养护应符合下列规定：应按最佳配合比设计 5 个强度等级，且每一强度等级不同龄期应分别制作不少于 6 个 150 mm 立方体试块；在成型 24 h 后，应将试块移至与被测构件相同条件下养护，试块拆模日期宜与构件的拆模日期相同。

试块的测试应按下列步骤进行：擦净试块表面，以浇筑侧面的两个相对面置于压力机的上下承压板之间，加压 60~100 kN(低强度试件取低值)；在试块保持压力下，采用符合《回弹法检测混凝土抗压强度技术规程》(JGJ/T 23—2011)规定的标准状态的回弹仪和规定的操作方法，在试块的两个侧面上分别弹击 8 个点；从每一试块的 16 个回弹值中分别剔除 3 个最大值和 3 个最小值，以余下的 10 个回弹值的平均值(计算精确至 0.1)作为该试块的平均回弹值 R_m；将试块加荷直至破坏，计算试块的抗压强度值 f_{cu}(MPa)，精确至 0.1 MPa；在破坏后的试块边缘测量该试块的平均碳化深度值。

地区和专用测强曲线的计算应符合下列规定：地区和专用测强曲线的回归方程式，应按每一试件求得的 R_m、d_m 和 f_{cu}，采用最小二乘法原理计算；回归方程宜采用以下函数关系式：

$$f_{cu}^c = a R_m^b \cdot 10^{cd_m} \tag{10.31}$$

用下式计算回归方程式的强度平均相对误差 δ 和强度相对标准差 e_r，且当 δ 和 e_r 均符合规定时，可报请上级主管部门审批：

$$\delta = \pm \frac{1}{n} \sum_{i=1}^{n} \left| \frac{f_{cu,i}}{f_{cu,i}^c} - 1 \right| \times 100\% \tag{10.32}$$

$$e_r = \sqrt{\frac{1}{n-1} \sum_{i=1}^{n} \left(\frac{f_{cu,i}}{f_{cu,i}^c} - 1 \right)^2} \times 100\% \tag{10.33}$$

式中　δ——回归方程式的强度平均相对误差(%)，精确至 0.1；
　　　e_r——回归方程式的强度相对标准差(%)，精确至 0.1；
　　　$f_{cu,i}$——由第 i 个试块抗压试验得出的混凝土抗压强度值(MPa)，精确至 0.1 MPa；
　　　$f_{cu,i}^c$——由同一试块的平均回弹值 R_m 及平均碳化深度值 d_m 按回归方程式算出的混凝土的强度换算值(MPa)，精确至 0.1 MPa；
　　　n——制订回归方程式的试件数。

10.6.6　混凝土强度的计算

(1)结构或构件的第 i 个测区混凝土强度换算值，可根据求得的平均回弹值 R_m 和平均碳化深度值 d_m，按统一测强曲线换算表得出。

(2)构件的测区混凝土强度平均值应根据各测区的混凝土强度换算值计算。当测区数量为 10 个及以上时，还应计算强度标准差。平均值及标准差应按下列公式计算：

$$m_{f_{cu}^c} = \frac{\sum_{i=1}^{n} f_{cu,i}^c}{n} \tag{10.34}$$

$$S_{f_{cu}^c} = \sqrt{\frac{\sum_{i=1}^{n} (f_{cu,i}^c)^2 - n(m_{f_{cu}^c})^2}{n-1}} \tag{10.35}$$

式中 $m_{f_{cu}^c}$ ——构件混凝土强度平均值(MPa),精确至 0.1 MPa;

n——单个检测的构件,取一个构件的测区数量;批量检测的构件,取被抽取构件测区数量之和;

$S_{f_{cu}^c}$ ——结构或构件测区混凝土的强度标准差(MPa),精确至 0.01 MPa。

注:测区混凝土强度换算值是指按《回弹法检测混凝土抗压强度技术规程》(JGJ/T 23—2011)检测的回弹值和碳化深度值,换算成相当于被测结构或构件的测区在该龄期下的混凝土抗压强度值。

(3)构件混凝土强度推定值指相应于强度换算值总体分布中保证率不低于 95%的结构或构件中的混凝土抗压强度值。结构或构件混凝土强度推定值 f_{cu} 应按下列公式确定:

①当按单个构件检测时,且构件测区数量少于 10 个,以最小值作为该构件的混凝土强度推定值:

$$f_{cu,e} = f_{cu,min}^c \tag{10.36}$$

式中 $f_{cu,min}$ ——构件中最小的测区混凝土强度换算值(MPa),精确至 0.1 MPa。

②当该结构或构件的测区强度值中出现小于 10.0 MPa 时,$f_{cu,e}$<10.0 MPa。

③当构件测区数不小于 10 个时或当按批量检测时,应按下列公式计算:

$$f_{cu,e} = m_{f_{cu}^c} - 1.645 S_{f_{cu}^c} \tag{10.37}$$

④当批量检测时,应按下式计算:

$$f_{cu,e} = m_{f_{cu}^c} - k S_{f_{cu}^c} \tag{10.38}$$

式中 k——推定系数,宜取 1.645;当需要进行推定强度区间时,可按国家现行有关标准的规定取值。

注:构件的混凝土强度推定值是指相应于强度换算值总体分布中保证率不低于 95%的构件中混凝土抗压强度值。

(4)对于按批量检测的构件,当该批构件混凝土强度标准差出现下列情况之一时,则该批构件应全部按单个构件检测:

①当该批构件混凝土强度平均值小于 25 MPa、$S_{f_{cu}^c}$>4.5 MPa 时;

②当该批构件混凝土强度平均值不小于 25 MPa 且不大于 50 MPa、$S_{f_{cu}^c}$>5.5 MPa 时。

10.6.7 注意事项

(1)确保回弹仪处于标准状态,测区布置力求均匀并有代表性。当回弹仪检测后进行率定发现其不在标准状态时,应另用处于标准状态的回弹仪对已测构件进行复检对比。

(2)操作回弹仪时要用力均匀缓慢,扶正垂直对准测面,不晃动,严格按"四步法"(指针复零,能量操作,弹击操作,回弹值读取)程序进行。

(3)当发现构件混凝土的匀质性较差,构件表面硬度与混凝土强度不相符时,应用钻芯法加以验证和修正。

第 11 章 混凝土耐久性试验

11.1 概　　述

混凝土的耐久性是指其在规定的使用年限内,抵抗环境介质作用并长期保持良好的使用性能和外观完整性,从而维持混凝土结构的安全、正常使用的能力。混凝土的耐久性是一项综合的技术性质,其评价指标一般包括抗渗性、抗冻性、抗侵蚀性、混凝土的碳化(中性化)和碱—骨料反应等。混凝土耐久性不良会造成严重的结构破坏和巨大的经济损失。因此,掌握混凝土耐久性各项指标的检测方法具有重要的意义。本章主要介绍普通混凝土抗渗性、抗冻性、抗侵蚀性、混凝土的碳化(中性化)和碱—骨料反应等耐久性能的试验原理与试验方法。

混凝土耐久性试验应符合以下一般规定。

(1)每组试件所用的拌合物应从同一盘混凝土或同一车混凝土中取样。

(2)试件的最小横截面尺寸宜按表 11.1 的规定选用。

表 11.1　试件的最小横截面尺寸

骨料最大公称粒径/mm	试件的最小横截面尺寸
31.5	100 mm×100 mm 或 ϕ100 mm
40.0	150 mm×150 mm 或 ϕ150 mm
63.0	200 mm×200 mm 或 ϕ200 mm

(3)试件的公差。

①所有试件的承压面的平整度公差不得超过试件的边长或直径的 0.000 5;②除抗水渗透试件外,其他所有试件的相邻面间的夹角应为 90°,公差不得超过 0.5°;③除特别指明试件的尺寸公差以外,所有试件各边长、直径或高度的公差不得超过 1 mm。

(4)试件的制作和养护。

①试件不应采用憎水性脱模剂;②宜同时制作与耐久性试验龄期相对应的混凝土立方体抗压强度试验用试件。

11.2 混凝土抗渗性能试验

混凝土的抗渗性是指混凝土抵抗水、油等液体在压力作用下渗透的性能,凡是受液体压力作用的混凝土工程,都有抗渗性的要求。本试验适用于硬化后混凝土抗渗性能的测定,据此试验结果以确定混凝土的抗渗等级。具体试验方法有渗水高度法和逐级加压法,前者适用于以测定硬化混凝土在恒定水压力下的平均渗水高度来表示的混凝土抗水渗透性能,后者适用于通过逐级施加水压力来测定以抗渗等级来表示的混凝土抗水渗透性能。两者所用主要仪器设备、试样制备及密封安装方法相同。

11.2.1 主要仪器设备

(1)混凝土抗渗仪。如图 11.1 所示,能使水压按规定的要求稳定地作用在试件上,抗渗仪施加水压力范围应为 0.1~2.0 MPa。

(2)安装试件的加压设备可为螺旋加压或其他加压形式,其压力应能保证将试件压入试件套内。

(3)试模应采用上口内部直径为 175 mm、下口内部直径为 185 mm 和高度为 150 mm 的圆台体。

(4)密封材料宜用石蜡加松香或水泥加黄油等材料,也可采用橡胶套等其他有效密封材料。

(5)梯形板(图 11.2)应采用尺寸为 200 mm×200 mm 透明材料制成,并应画有 10 条等间距、垂直于梯形底线的直线。

(6)钢尺的分度值应为 1 mm,钟表的分度值应为 1 min。辅助设备应包括螺旋加压器、烘箱、电炉、浅盘、铁锅和钢丝刷等。

图 11.1 混凝土抗渗仪

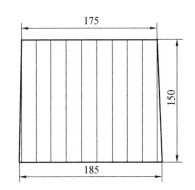

图 11.2 梯形板示意图(mm)

11.2.2 试件制作与养护

试验前要特别注意试件的制作与养护环节,否则,试验结果的准确性会受到影响。抗渗性能试验采用顶面直径为 175 mm、底面直径为 185 mm、高度为 150 mm 的圆台体试件,抗渗试件以 6 个为一组。试件成型后 24 h 拆模,用钢丝刷刷去两端面水泥浆膜,然后送入标准养护室养护,试件一般养护至 28 d 龄期进行试验,如有特殊要求可在其他龄期进行试验。在实际工程中,当连续浇筑混凝土 500 m³ 以下时,应留置两组(12 个)抗渗试件,每增加 250~500 m³ 混凝土就要增加两组试件。

11.2.3 渗水高度法试验步骤

(1)应先按规定的方法进行试件的制作和养护。抗水渗透试验应以 6 个试件为一组。

(2)试件拆模后,应用钢丝刷刷去两端面的水泥浆膜,并应立即将试件送入标准养护室进行养护。

(3)抗水渗透试验的龄期宜为 28 d。应在到达试验龄期的前一天从养护室取出试件,并擦拭干净。待试件表面晾干后,应按下列方法进行试件密封,用石蜡密封时,应在试件侧面裹涂一层熔化的内加少量松香的石蜡。然后用螺旋加压器将试件压入经过烘箱或电炉预热过的试模中,使试件与试模底平齐,并应在试模变冷后解除压力。试模的预热温度,应以石蜡接触试模,即缓慢熔化,但不流淌为准。用水泥加黄油密封时,其质量比应为(2.5~3):1,用三角刀将密封材料均匀地刮涂在试件侧面上,厚度应为 1~2 mm。套上试模并将试件压入,使试件与试模底齐平。试件密封也可以采用其他更可靠的密封方式。

(4)试件准备好之后,启动抗渗仪,并开通 6 个试位下的阀门,使水从 6 个孔中渗出,水应充满试位坑,在关闭 6 个试位下的阀门后应将密封好的试件安装在抗渗仪上。

(5)试件安装好以后,应立即开通 6 个试位下的阀门,使水压在 24 h 内恒定控制在 (1.2 ± 0.05) MPa,且加压过程不应大于 5 min,应以达到稳定压力的时间作为试验记录起始时间(精确至 1 min)。在稳压过程中随时观察试件端面的渗水情况,当有某一个试件端面出现渗水时,应停止该试件的试验并应记录时间,并以试件的高度作为该试件的渗水高度。对于试件端面未出现渗水的情况,应在试验 24 h 后停止试验,并及时取出试件。在试验过程中,当发现水从试件周边渗出时,应重新按上述第 3 条的规定进行密封。

(6)将从抗渗仪上取出来的试件放在压力机上,并在试件上下两端面中心处沿直径方向各放一根直径为 6 mm 的钢垫条,确保它们在同一竖直平面内。然后开动压力机,将试件沿纵断面劈裂为两半。试件劈开后,应用防水笔描出水痕。

(7)将梯形板放在试件劈裂面上,并用钢尺沿水痕等间距测量 10 个测点的渗水高度值,读数应精确至 1 mm。当读数时若遇到某测点被骨料阻挡,可以以靠近骨料两端的渗水高度算术平均值作为该测点的渗水高度。

11.2.4 渗水高度法试验结果计算及处理

(1)试件渗水高度应按下式进行计算:

$$\bar{h}_i = \frac{1}{10}\sum_{j=1}^{10} h_j \tag{11.1}$$

式中 h_j——第 i 个试件第 j 个测点处的渗水高度,mm;

$\bar{h}_i$——第 i 个试件的平均渗水高度(mm),应以 10 个测点渗水高度的平均值作为该试件渗水高度的测定值。

(2)一组试件的平均渗水高度应按下式进行计算:

$$\bar{h} = \frac{1}{6}\sum_{i=1}^{6} h_i \tag{11.2}$$

式中 $\bar{h}$——一组 6 个试件的平均渗水高度(mm),应以一组 6 个试件渗水高度的算术平均值作为该组试件渗水高度的测定值。

11.2.5 逐级加压法试验步骤与数据处理

1.试验步骤

(1)首先应按渗水高度法的规定进行试件的密封和安装。

(2)试验时,水压应从 0.1 MPa 开始,以后应每隔 8 h 增加 0.1 MPa 水压,并随时观察试件端面渗水情况。当 6 个试件中有 3 个试件表面出现渗水时,或加至规定压力(设计抗渗等级)在 8 h 内 6 个试件中表面渗水试件少于 3 个时,可停止试验,并记下此时的水压力。在试验过程中,当发现水从试件周边渗出时,应按规定重新进行密封。

2. 数据处理

混凝土的抗渗等级应以每组 6 个试件中有 4 个试件未出现渗水时的最大水压力乘以 10 来确定。混凝土的抗渗等级应按下式计算:

$$P = 10H - 1 \tag{11.3}$$

式中　P——抗渗等级;

　　　H——6 个试件中有 3 个试件渗水时的水压力,MPa。

抗渗等级对应的是两个试件渗水或者是 4 个试件未出现渗水时的水压力值(MPa)的 10 倍。有关抗渗等级的确定可能会有以下三种情况:

(1)当某一次加压后,在 8 h 内 6 个试件中有 2 个试件出现渗水时(此时的水压力为 H),则此组混凝土抗渗等级为

$$P = 10H \tag{11.4}$$

(2)当某一次加压后,在 8 h 内 6 个试件中有 3 个试件出现渗水时(此时的水压力为 H),则此组混凝土抗渗等级为

$$P = 10H - 1 \tag{11.5}$$

(3)当加压至规定数字或者设计指标后,在 8 h 内 6 个试件中表面渗水的试件少于 2 个(此时的水压力为 H),则此组混凝土抗渗等级为

$$P > 10H \tag{11.6}$$

11.2.6　注意事项

(1)试验过程中,应及时观察、记录试件的渗水情况,注意水箱变化,及时加水。试验结束后,应及时卸模,清理余物,密封材料的残料,用抹布擦净抗渗仪的台面,关闭各阀门。

(2)试件在烘箱中预热时,控制温度为 80~90 ℃,恒温 1 h。

(3)在试验过程中,如发现水从试件周边渗出,应停止试验,重新密封,然后再上机进行试验。

(4)试件在加压时,发生了停电或仪器发生故障,保管好试件,待恢复正常后继续试验。

(5)在压力机上进行劈裂试件时,应保证上下放置的钢垫条相互平行,并处于同一竖直面内,而且应放置在试件两端面的直径处,以保证劈裂面与端面垂直以及便于准确测量渗水高度。

11.3　混凝土动弹性模量试验

混凝土在弹性变形阶段,其应力和应变呈正比例关系(即符合胡克定律),其比例系数称为弹性模量。弹性模量可视为衡量材料产生弹性变形难易程度的指标,其值越大,材料发生一定弹性变形的应力越大,即材料刚度越大,即在一定应力作用下,发生弹性变形越小。材料在荷载作用下的力学响应,除了与在静力作用下的影响因素有关,还与荷载作用时间、大

小、频率及重复效应等有关,具有一定的应力依赖性。弹性模量是表征材料力学强度的一个重要参数。在动荷载作用下,材料内部产生的应力、应变响应均为时间的函数,相应地,弹性模量在外载作用过程中也不是一成不变的,材料动态模量定义为应力幅值的比值,以表征材料在不同的外载作用下不同的响应特性。混凝土的动弹性模量指在动负荷作用下混凝土应力与应变的比值。混凝土动弹性模量是冻融试验中的一个基本指标,适用于检验混凝土在各种因素作用下内部结构的变化情况。

混凝土动弹性模量一般以共振法进行测定,其原理是使试件在一个可调频率的周期性外力作用下产生受迫振动,如果外力的频率等于试件的基频振动频率,就会产生共振,试件的振幅达到最大。这样测得试件的基频频率后再由质量及几何尺寸等因素计算得出动弹性模量值。动弹性模量试验应采用尺寸为 100 mm×100 mm×400 mm 的棱柱体试件。

11.3.1 试验设备

(1)共振法混凝土动弹性模量测定仪的输出频率可调范围应为 100~20 000 Hz,输出功率应能使试件产生受迫振动。

(2)试件支承体应采用厚度约为 20 mm 的泡沫塑料垫,宜采用表观密度为 15~18 kg/m³ 的聚苯板。

(3)称量设备的最大量程应为 20 kg,感量不应超过 5 g。

11.3.2 试验步骤

(1)首先应测定试件的质量和尺寸。试件质量应精确至 0.01 g,尺寸的测量应精确至 1 mm。

(2)测定完试件的质量和尺寸后,应将试件放置在支撑体中心位置,成型面向上,并将激振换能器的测杆轻轻地压在试件长边侧面中线的 1/2 处,接收换能器的测杆轻轻地压在试件长边侧面中线距端面 5 mm 处。在测杆接触试件前,宜在测杆与试件接触面涂一薄层黄油或凡士林作为耦合介质,测杆压力的大小应以不出现噪声为准。采用的动弹性模量测定仪各部件连接和相对位置应符合图 11.3 的规定。

(3)放置好测杆后,应先调整共振仪的激振功率和接收增益旋钮至适当位置,然后变换激振频率,并注意观察指示电表的指针偏转。当指针偏转为最大时,表示试件达到共振状态,应以这时所显示的共振频率作为试件的基频振动频率。每一测量应重复测量两次以上,当两次连续测值之差不超过两个测值的算术平均值的 0.5% 时,应取这两个测值的算术平均值作为该试件的基频振动频率。

(4)当用示波器作显示的仪器时,示波器的图形调成一个正圆时的频率应为共振频率。在测试过程中,当发现两个以上峰值时,应将接收换能器移至距试件端部 0.224 倍试件长处,当指示电表示值为零时,应将其作为真实的共振峰值。

11.3.3 结果计算

(1)动弹性模量应按下式计算:

$$E_d = 13.244 \times 10^{-4} \times WL^3 f^2 / a^4 \tag{11.7}$$

式中 E_d——混凝土动弹性模量,MPa;

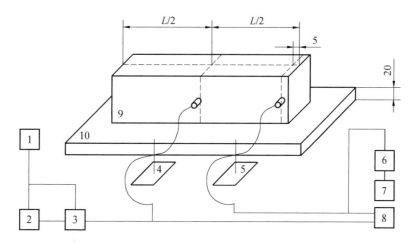

图 11.3 各部件连接和相对位置示意图

1—振荡器;2—频率计;3—放大器;4—激振换能器;5—接收换能器;6—放大器;7—电表;8—示波器;9—试件;10—支承体

a——正方形截面试件的边长,mm;

L——试件的长度,mm;

W——试件的质量(kg),精确到 0.01 kg;

f——试件横向振动时的基频振动频率,Hz。

(2)每组应以 3 个试件动弹性模量的试验结果的算术平均值作为测定值,计算应精确至 100 MPa。

11.4 混凝土抗冻性能试验

混凝土的抗冻性是指混凝土在吸水饱和状态下能经受多次冻融循环不破坏,其强度也不明显降低的能力。冻融破坏是寒冷地区水电站、大坝、港口和码头等水工混凝土的主要病害之一。目前评定混凝土抗冻性的试验方法主要有:快冻法、慢冻法、单面冻融法(盐冻法)。快冻法适用于测定混凝土在水冻水融条件下,以经受的快速冻融循环次数来表示的混凝土抗冻性能;慢冻法适用于测定混凝土在气冻水融条件下,以经受的冻融循环次数来表示的混凝土抗冻性能;单面冻融法(盐冻法)适用于测定混凝土试件在大气环境中且与盐接触的条件下,以能够经受的冻融循环次数或表面剥落质量或超声波相对动弹性模量来表示的混凝土抗冻性能。本节主要介绍快冻法的试验方法。

11.4.1 主要仪器设备

(1)试件盒(图 11.4)。宜采用具有弹性的橡胶材料制作,其内表面底部应有半径为 3 mm 橡胶凸起部分。盒内加水后水面应至少高出试件顶面 5 mm。试件盒横截面尺寸宜为 115 mm×115 mm,试件盒长度宜为 500 mm。

(2)快速冻融装置。应符合现行行业标准的规定,除应在测温试件中埋设温度传感器外,尚应在冻融箱内防冻液中心与任何一个对角线的两端分别设有温度传感器。运转时冻融箱内防冻液各点温度的极差不得超过 2 ℃。

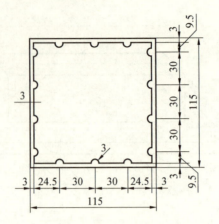

图 11.4　橡胶试件盒横截面示意图(mm)

(3)称量设备的最大量程应为 20 kg,感量不应超过 5 g。

(4)混凝土动弹性模量测定仪应符合 11.3 节的规定。

(5)温度传感器(包括热电偶、电位差计等)应在 −20～20 ℃范围内测定试件中心温度,且测量精度应为±0.5 ℃。

11.4.2　试件要求

快冻法抗冻试验所采用的试件应符合如下规定:

(1)应采用尺寸为 100 mm×100 mm×400 mm 的棱柱体试件,每组试件应为 3 块。

(2)成型试件时,不得使用憎水性脱模剂。

(3)除制作冻融试验的试件外,尚应制作同样形状、尺寸,且中心埋有温度传感器的测温试件,测温试件应采用防冻液作为冻融介质。测温试件所用混凝土的抗冻性能应高于冻融试件,测温试件的温度传感器应埋设在试件中心,温度传感器不应采用钻孔后插入的方式埋设。

11.4.3　试验步骤

(1)在标准养护室内或同条件养护的试件应在养护龄期为 24 d 时提前将冻融试验的试件从养护地点取出,随后应将冻融试件放在(20±2)℃水中浸泡,浸泡时水面应高出试件顶面 20～30 mm。在水中浸泡时间应为 4 d,试件应在 28 d 龄期时开始进行冻融试验。始终在水中养护的试件,当试件养护龄期达到 28 d 时,可直接进行后续试验,对于此种情况,应在试验报告中予以说明。

(2)当试件养护龄期达到 28 d 时应及时取出试件。用湿布擦除表面水分后应对外观尺寸进行测量,试件的外观尺寸应满足要求,并应编号,称量试件初始质量 W_{Di},然后按 11.3 节的规定测定其横向基频的初始值 f_{Di}。

(3)将试件放入试件盒内,并位于试件盒中心,然后将试件盒放入冻融箱内的试件架中,并向试件盒中注入清水。在整个试验过程中,盒内水位高度应始终保持至少高出试件顶面 5 mm。

(4)测温试件盒应放在冻融箱的中心位置。

(5)冻融循环过程应符合下列规定：

①每次冻融循环应在 2～4 h 内完成，且用于融化的时间不得少于整个冻融循环时间的 1/4。

②在冷冻和融化过程中，试件中心最低和最高温度应分别控制在(−18±2)℃和(5±2)℃内。在任意时刻，试件中心温度不得高于 7 ℃且不得低于−20 ℃。

③每块试件从 3 ℃降至−16 ℃所用的时间不得少于冷冻时间的 1/2，每块试件从−16 ℃升至 3 ℃所用时间不得少于整个融化时间的 1/2，试件内外的温差不宜超过 28 ℃。

④冷冻和融化之间的转换时间不宜超过 10 min。

(6)每隔 25 次冻融循环宜测量试件的横向基频 f_n。测量前应先将试件表面浮渣清洗干净并擦干表面水分，然后应检查其外部损伤并称量试件的质量 W_{ni}。随后应按 11.3 节规定的方法测量横向基频。测完后，应迅速将试件调头重新装入试件盒内并加入清水，继续试验。试件的测量、称量及外观检查应迅速，待测试件应用湿布覆盖。

(7)当有试件停止试验被取出时，应另用其他试件填充空位。当试件在冷冻状态下因故中断时，试件应保持在冷冻状态直至恢复冻融试验为止，并应将故障原因及暂停时间在试验结果中注明。试件在非冷冻状态下发生故障的时间不宜超过两个冻融循环的时间。在整个试验过程中，超过两个冻融时间的中断故障次数不得超过两次。

(8)当冻融循环出现下列情况之一时，可停止试验：

①达到规定的冻融循环次数。

②试件的相对动弹性模量下降到 60%。

③试件的质量损失率达 5%。

11.4.4 试验结果计算及处理

(1)相对动弹性模量应按下式计算：

$$P_i = \frac{f_{Di}^2}{f_{ni}^2} \times 100\% \tag{11.8}$$

式中 P_i——n 次冻融循环后第 i 个混凝土试件的相对动弹性模量(%)，精确至 0.1；

f_{ni}——n 次冻融循环后第 i 个混凝土试件的横向基频，Hz；

f_{Di}——冻融循环试验前第 i 个混凝土试件的横向基频初始值，Hz。

$$P = \frac{1}{3}\sum_{i=1}^{3} P_i \tag{11.9}$$

式中 P——n 次冻融循环后一组混凝土试件的相对动弹性模量(%)，精确至 0.1。

相对动弹性模量 P 应以 3 个试件试验结果的算术平均值作为测定值。当最大值或最小值与中间值之差超过中间值的 15% 时，应剔除此值，并应取其余两值的算术平均值作为测定值；当最大值和最小值与中间值之差均超过中间值的 15% 时，应取中间值作为测定值。

(2)单个试件的质量损失率应按下式计算：

$$\Delta W_{ni} = \frac{W_{0i} - W_{ni}}{W_{0i}} \times 100\% \tag{11.10}$$

式中 ΔW_{0i}——n 次冻融循环后第 i 个混凝土试件的质量损失率(%)，精确至 0.01；

W_{0i}——冻融循环试验前第 i 个混凝土试件的质量，g；

W_{ni}——n 次冻融循环后第 i 个混凝土试件的质量,g。

（3）一组试件的平均质量损失率应按下式计算：

$$\Delta W_n = \frac{\sum_{i=1}^{3} W_{ni}}{3} \times 100\% \tag{11.11}$$

式中　ΔW_n——n 次冻融循环后一组混凝土试件的平均质量损失率(%),精确至 0.1。

（4）每组试件的平均质量损失率应以 3 个试件的质量损失率试验结果的算术平均值作为测定值。当某个试验结果出现负值,应取 0,再取 3 个试件的平均值；当 3 个值中的最大值或最小值与中间值之差超过 1% 时,应剔除此值,并应取其余两值的算术平均值作为测定值；当最大值和最小值与中间值之差均超过 1% 时,应取中间值作为测定值。

（5）混凝土抗冻等级应以相对动弹性模量下降至不低于 60% 或质量损失率不超过 5% 时的最大冻融循环次数来确定,并用符号 F 表示。

11.5　混凝土碳化试验

混凝土的碳化是混凝土所受到的一种化学腐蚀。空气中的气体（CO_2）渗透到混凝土内与其碱性物质发生化学反应后生成碳酸盐和水,使混凝土碱度降低的过程称为混凝土碳化,又称为中性化。对于素混凝土,碳化有提高混凝土耐久性的效果。但对于钢筋混凝土来说,碳化会使混凝土的碱度降低,当碳化超过混凝土的保护层时,在水与空气存在的条件下,会使混凝土失去对钢筋的保护作用,钢筋开始生锈。混凝土的碳化试验是测定在一定浓度的气体（CO_2）介质中混凝土试件的碳化程度。

11.5.1　试件及处理

试件及处理应符合下列规定：

（1）宜采用棱柱体混凝土试件,应以 3 块为一组,棱柱体的长宽比不宜小于 3。

（2）无棱柱体试件时,也可用立方体试件,其数量应相应增加。

（3）试件宜在 28 d 龄期进行碳化试验,掺有掺合料的混凝土可以根据其特性决定碳化前的养护龄期。碳化试验的试件宜采用标准养护,试件应在试验前 2 d 从标准养护室取出,然后应在 60 ℃下烘 48 h。

（4）经烘干处理后的试件,除应留下一个或相对的两个侧面外,其余表面应采用加热的石蜡予以密封,然后应在暴露侧面上沿长度方向用铅笔以 10 mm 间距画出平行线,作为预定碳化深度的测量点。

11.5.2　试验设备

（1）碳化箱（图 11.5）。应符合现行行业标准《混凝土碳化试验箱》(JG/T 247—2009)的规定,并应采用带有密封盖的密闭容器,容器的容积至少应为预定进行试验的试件体积的两倍。碳化箱内应有架空试件的支架、CO_2 引入口,分析取样用的气体导出口、箱内气体对流循环装置。为保持箱内恒温恒湿所需的设施以及温湿度监测装置,宜在碳化箱上设玻璃观察口,对箱内的温湿度进行读数。

(2)气体分析仪应能分析箱内二氧化碳浓度,并应精确至±1%。

(3)CO_2供气装置应包括气瓶、压力表和流量计。

图 11.5 碳化箱

11.5.3 试验步骤

(1)首先将经过处理的试件放入碳化箱内的支架上,各试件之间的间距不应小于50 mm。

(2)试件放入碳化箱后,应将碳化箱密封。密封可采用机械办法或油封,但不得采用水封。应开动箱内气体对流装置,徐徐充入CO_2,并测定箱内的CO_2浓度。应逐步调节CO_2的流量,使箱内的CO_2体积分数保持在20%±3%,在整个试验期间应采取去湿措施,使箱内的相对湿度控制在70%,温度应控制在(20±2)℃的范围内。

(3)碳化试验开始后应每隔一定时期对箱内的CO_2体积分数、温度及湿度做一次测定。宜在2 d每隔2 h测定一次,以后每隔4 h测定一次。试验中应根据所测得的CO_2体积分数、温度及湿度随时调节这些参数,去湿用的硅胶应经常更换,也可采用其他更有效的去湿方法。

(4)应在碳化3 d、7 d、14 d和28 d时,分别取出试件,破型测定碳化深度。棱柱体试件应通过在压力试验机上的劈裂法或者用干锯法从一端开始破型。每次切除的厚度应为试件宽度的一半,切后应用石蜡将破型后试件的切断面封好,再放入箱内继续碳化,直到下一个试验期。当采用立方体试件时,应在试件中部劈开,立方体试件应只做一次检验,劈开测试碳化深度后不得再重复使用。

(5)随后将切除所得的试件部分刷去断面上残存的粉末,然后喷上(或滴上)体积分数为1%的酚酞酒精溶液(酒精溶液含20%的蒸馏水)。约经30 s后,应按原先标划的每10 mm一个测量点用钢板尺测出各点碳化深度。当测点处的碳化分界线上刚好嵌有粗骨料颗粒时,可取该颗粒两侧处碳化深度的算术平均值作为该点的深度值,碳化深度测量应精确至0.5 mm。

11.5.4 结果计算和处理

(1)混凝土在各试验龄期时的平均碳化深度应按下式计算:

$$\overline{d_t} = \frac{1}{n}\sum_{i=1}^{n}d_i \tag{11.12}$$

式中 $\bar{d_t}$——试件碳化 t d 后的平均碳化深度(mm),精确至 0.1 mm;
　　　d_i——各测点的碳化深度,mm;
　　　n——测点总数。

(2)每组应以在 CO_2 体积分数为 20%±3%、温度为(20±2)℃、湿度为 70%±5%的条件下,3 个试件碳化 28 d 的碳化深度算术平均值作为该组混凝土试件碳化测定值。

(3)碳化结果处理时宜绘制碳化时间与碳化深度的关系曲线。

11.6　混凝土抗硫酸盐侵蚀试验

混凝土在硫酸盐环境中同时耦合干湿循环条件在实际环境中经常遇到,会加速对混凝土的损伤。本节介绍的试验方法适用于测定混凝土试件在干湿循环环境中,以能够经受的最大干湿循环次数来表示的混凝土抗硫酸盐侵蚀性能。

11.6.1　试件要求

(1)应采用尺寸为 100 mm×100 mm×100 mm 的立方体试件,每组应为 3 块。

(2)混凝土的取样、试件的制作和养护应符合《普通混凝土长期性能和耐久性能试验方法标准》(GB/T 50082—2009)的要求。

(3)除制作抗硫酸盐侵蚀试验用试件外,还应按照同样方法,同时制作抗压强度对比用试件。试件组数应符合表 11.2 的要求。

表 11.2　抗硫酸盐侵蚀试验所需的试件组数

设计抗硫酸盐等级	KS15	KS30	KS60	KS90	KS120	KS150	KS150以上
检查强度所需干湿循环次数	15	15 及 30	30 及 60	60 及 90	90 及 120	120 及 150	150 及设计次数
鉴定 28 d 强度所需试件组数	1	1	1	1	1	1	1
干湿循环试件组数	1	2	2	2	2	2	2
对比试件组数	1	2	2	2	2	2	2
总计试件组数	3	5	5	5	5	5	5

11.6.2　试验设备和试剂

干湿循环试验装置(图 11.6),宜采用能使试件静止不动,浸泡、烘干及冷却等过程能自动进行的装置,设备应具有数据实时显示、断电记忆及试验数据自动存储的功能。

也可采用符合下列规定的设备进行干湿循环试验。

①烘箱应能使温度稳定在(80±5)℃。

②容器至少能够装 27 L 溶液,并带盖,且由耐盐腐蚀材料制成。

③试剂采用化学纯无水硫酸钠。

图 11.6　全自动混凝土硫酸盐干湿循环试验装置

11.6.3　试验步骤

(1)试件应在养护至 28 d 龄期的前 2 d,将需进行干湿循环的试件从标准养护室取出。擦干试件表面水分,然后将试件放入烘箱中,并应在(80±5)℃下烘 48 h,烘干结束后应将试件在干燥环境中冷却到室温。对于掺入掺合料比较多的混凝土,也可采用 56 d 龄期或者设计规定的龄期进行试验,这种情况应在试验报告中说明。

(2)试件烘干并冷却后,应立即将试件放入试件盒(架)中,相邻试件之间应保持 20 mm 间距,试件与试件盒侧壁的间距不应小于 20 mm。

(3)试件放入试件盒以后,应将配制好的质量分数为 5% 的 Na_2SO_4 溶液放入试件盒,溶液应至少超过最上层试件表面 20 mm,然后开始浸泡。从试件开始放入溶液,到浸泡过程结束的时间应为(15±0.5)h,注入溶液的时间不应超过 30 min,浸泡龄期应从将混凝土试件移入质量分数为 5% 的 Na_2SO_4 溶液中起计时。试验过程中宜定期检查和调整溶液的 pH,可每隔 15 个循环测试一次溶液的 pH,应始终维持溶液的 pH 在 6~8 之间。溶液的温度应控制在 25~30 ℃,也可不检测其 pH,但应每月更换一次试验用溶液。

(4)浸泡过程结束后,应立即排液,并应在 30 min 内将溶液排空。溶液排空后应将试件风干 30 min,从溶液开始排出到试件风干的时间应为 1 h。

(5)风干过程结束后应立即升温,应将试件盒内的温度升到 80 ℃,开始烘干过程。升温过程应在 30 min 内完成,温度升到 80 ℃ 后,应将温度维持在(80±5)℃,从升温开始到开始冷却的时间应为 6 h。

(6)烘干过程结束后,应立即对试件进行冷却,从开始冷却到将试件盒内的试件表面温度冷却到 25~30 ℃ 的时间应为 2 h。

(7)每个干湿循环的总时间应为(24±2)h,然后应再次放入溶液,按照上述(3)~(6)的步骤进行下一个干湿循环。

(8)在达到表 11.2 规定的干湿循环次数后,应及时进行抗压强度试验。同时应观察经过干湿循环后混凝土表面的破损情况并进行外观描述。当试件有严重剥落、掉角等缺陷时,应先用高强石膏补平后再进行抗压强度试验。

(9)当干湿循环试验出现下列三种情况之一时,可停止试验:①抗压强度耐蚀系数达到 75%;②干湿循环次数达到 150 次;③达到设计抗硫酸盐等级相应的干湿循环次数。

(10)对比试件应继续保持原有的养护条件,直到完成干湿循环后,与进行干湿循环试验的试件同时进行抗压强度试验。

11.6.4 结果计算和处理

(1)混凝土抗压强度耐蚀系数应按下式进行计算:

$$K_1 = \frac{f_{cn}}{f_{c0}} \times 100\% \qquad (11.13)$$

式中 K_1——抗压强度耐蚀系数,%;

f_{cn}——n 次干湿循环后受硫酸盐腐蚀的一组混凝土试件的抗压强度测定值(MPa),精确至 0.1 MPa;

f_{c0}——与受硫酸盐腐蚀试件同龄期的标准养护的一组对比混凝土试件的抗压强度测定值(MPa),精确至 0.1 MPa。

(2)f_{cn} 和 f_{c0} 应以 3 个试件抗压强度试验结果的算术平均值作为测定值。当最大值或最小值与中间值之差超过中间值的 15% 时,应剔除此值,并应取其余两值的算术平均值作为测定值;当最大值和最小值均超过中间值的 15% 时,应取中间值作为测定值。

(3)抗硫酸盐等级应以混凝土抗压强度耐蚀系数下降到不低于 75% 时的最大干湿循环次数来确定,并应以符号 KS 表示。

11.7 混凝土碱－骨料反应试验

混凝土碱－骨料反应(alkali aggregate reaction,AAR)是指水泥中的碱性氧化物含量较高时,会与骨料中所含的 SiO_2 发生化学反应,并在骨料表面生成碱－硅酸凝胶,吸水后会产生较大的体积膨胀,导致混凝土胀裂的现象。由于该反应产生的破坏一旦发生难以阻止和修复,所以碱－骨料反应又被称为"混凝土的癌症",是影响混凝土结构耐久性的重要因素之一。

国际上已发现的碱－骨料反应有三种类型:碱硅酸反应(alkali silica reaction,ASR)、碱碳酸盐反应(alkali carbonate reaction,ACR)和碱硅酸盐反应(alkali silicate reaction)。本节介绍的试验方法用于检验混凝土试件在温度 38 ℃ 及潮湿条件养护下,混凝土中的碱与骨料反应所引起的膨胀是否具有潜在危害,适用于碱硅酸反应和碱碳酸盐反应。

11.7.1 试验仪器

(1)分别采用与公称直径为 20 mm、16 mm、10 mm、5 mm 的圆孔筛对应的方孔筛。

(2)称量设备的最大量程应分别为 50 kg 和 10 kg,感量应分别不超过 50 g 和 5 g,各一台。

(3)试模的内测尺寸应为 75 mm×75 mm×275 mm,试模两个端板应预留安装测头的圆孔,孔的直径应与测头直径相匹配。

(4)测头(埋钉)的直径应为 5~7 mm,长度应为 25 mm,应采用不锈金属制成,测头均应位于试模两端的中心部位。

(5)碱－骨料反应试验箱(图 11.7)。

图 11.7　碱-骨料反应试验箱

(6)养护盒及试件架(图 11.8)。养护盒应由耐腐蚀材料制成,不漏水且能密封。盒底部应装有(20±5)mm 深的水,盒内应有试件架,且应能使试件垂直立在盒中。试件底应与水接触,一个养护盒宜同时容纳 3 个试件。

(7)测长仪(图 11.9)的测量范围应为 275~300 mm,精度应为±0.001 mm。

图 11.8　养护盒及试件架

图 11.9　测长仪

11.7.2　一般规定

(1)原材料和设计配合比应按照下列规定准备。

①应使用硅酸盐水泥,水泥含碱量宜为 0.9%±0.1%(以 Na_2O 当量计)。可通过外加质量分数为 10% 的 $Na(OH)$ 溶液,使试验用水泥含碱量达到 1.25%。

②当试验用来评价细骨料的活性采用非活性的粗骨料时,粗骨料的非活性也应通过试验确定。试验用细骨料细度模数宜为 2.7±0.2。当试验用来评价粗骨料的活性用非活性的细骨料时,细骨料的非活性也应通过试验确定。当工程用的骨料为同一品种的材料,应用该粗、细骨料来评价活性。试验用粗骨料应由三种级配:20~16 mm、16~10 mm 和 10~

5 mm 各取 1/3 等量混合。

③每立方米混凝土水泥用量应为(420±10)kg,水灰比应为 0.42~0.45,粗骨料与细骨料的质量比应为 6∶4。

试验中除可外加 Na(OH)外,不得再使用其他的外加剂。

(2)试件应按下列规定制作。

①成型前 24 h,应将试验所用所有原材料放入(20±5)℃的成型室。

②混凝土搅拌宜采用机械拌合。

③混凝土应一次装入试模,应用捣棒和抹刀捣实,然后在振动台上振动 30 s 或直至表面泛浆为止。

④试件成型后应带模一起送入(20±2)℃、相对湿度在 95% 以上的标准养护室中,应在混凝土初凝前 1~2 h 对试件沿模口抹平并编号。

(3)试件养护及测量应符合下列要求。

①试件应在标准养护室中养护(24±4)h 后脱模,脱模时应特别小心不要损伤测头,并应尽快测量试件的基准长度。待测试件应用湿布盖好。

②试件的基准长度测量应在(20±2)℃的恒温室中进行,每个试件应至少重复测试两次,应取两次测值的算术平均值作为该试件的基准长度值。

③测量基准长度后应将试件放入养护盒中,并盖严盒盖,然后应将养护盒放入(38±2)℃的养护室或养护箱中养护。

④试件的测量龄期应从测定基准长度后算起,测量龄期应为 1 周、2 周、4 周、8 周、13 周、18 周、26 周、39 周和 52 周,以后可每半年测量一次。每次测量的前一天,应将养护盒从(38±2)℃的养护室中取出,并放入(20±2)℃的恒温室中,恒温时间应为(24±4)h。试件各龄期的测量应与测量基准长度的方法相同,测量完毕后,应将试件调头放入养护盒中,并盖严盒盖,然后应将养护盒重新放回(38±2)℃的养护室或者养护箱中继续养护至下一测试龄期。

⑤每次测量时,应观察试件有无裂缝、变形、渗出物及反应产物等,并应做详细记录。必要时可在长度测试周期全部结束后,辅以岩相分析等手段,综合判断试件内部结构和可能的反应产物。

(4)当碱—骨料反应试验出现以下两种情况之一时,可结束试验。

①在 52 周的测试龄期内的膨胀率超过 0.04%。

②膨胀率虽小于 0.04%,但试验周期已经达到 52 周(或者一年)。

11.7.3 试验结果和处理

(1)试件的膨胀率应按下式计算:

$$\varepsilon_1 = \frac{L_1 - L_0}{L_0 - 2\Delta} \times 100\% \tag{11.14}$$

式中 ε_1——试件在 t(d)龄期的膨胀率(%),精确至 0.001;

L_1——试件在 t(d)龄期的长度,mm;

L_0——试件的基准长度,mm;

Δ——测头的长度,mm。

(2)每组应以3个试件测值的算术平均值作为某一龄期膨胀率的测定值。

(3)当每组平均膨胀率小于0.020%时,同一组试件中单个试件之间的膨胀率的差值(最高值与最低值之差)不应超过0.008%;当每组平均膨胀率大于0.020%时,同一组试件中单个试件的膨胀率的差值(最高值与最低值之差)不应超过平均值的40%。

第12章 沥青混凝土

12.1 定 义

沥青混合料是采用人工组配的矿质混合料,与适量沥青材料在一定温度下经拌合而成的高级路面材料。沥青混合料经摊铺、碾压成型,即成为各种类型的沥青路面。

沥青混合料是沥青混凝土混合料和沥青碎石混合料的总称。

1. 沥青混凝土混合料

沥青混凝土混合料是由适当比例的粗骨料、细骨料及填料组成符合规定级配的矿质混合料,与沥青在严格控制条件下拌合而成的沥青混合料,代号 AC。

2. 沥青碎石混合料

沥青碎石混合料是由适当比例的粗骨料、细骨料及填料(或不加填料)与沥青拌合而成的沥青混合料,代号 AM。它很少或没有填料成分,粗骨料较多,空隙率较大(大于10%),这种沥青混合料铺筑的路面渗水性较大,耐久性较差,优点是热稳定性较好,不易变软和起波浪。

12.2 沥青混合料特点

沥青混合料是现代高等级路面的主要材料。沥青混合料之所以能发展成为高等级路面最主要的材料,是由于它具有以下优点。

(1)良好的力学性能。沥青混合料是一种黏弹塑性材料,可保证路面平整无接缝,使得汽车在高速行驶时平稳、舒适,而且轮胎磨损小。

(2)噪声小。在繁重交通条件下,噪声是公害之一,它对人体健康产生不良影响。沥青混合料路面具有柔性,且能吸收部分噪声。

(3)良好的抗滑性。沥青混合料路面平整、粗糙,能保证高速行驶车辆的安全。

(4)施工效率高,维护方便,经济耐久。采用现代工艺配制的沥青混合料可保证在15~20年内不大修。施工操作方便,进度快,施工完后可立即通车,而且其造价比水泥混凝土低得多。维修方便,路面修补时,新沥青混合料能很好地与老路面黏结。

(5)排水良好,雨天不泥泞,晴天无尘埃。沥青混合料路面也存在缺点,需进一步研究克服。沥青材料易老化,在长期大气因素影响下,其化学组分会逐渐变化,沥青质含量逐渐增多,饱和分含量逐渐减少,使得其脆性加大,产生老化现象,从而导致沥青混合料路面变脆,产生裂缝,强度降低;沥青混合料路面的使用年限比水泥混凝土路面短,需要经常养护修补;沥青材料的温度稳定性较差,夏季高温时易软化,使得路面易产生车辙、波浪、推移等病害,冬季低温时易变硬脆,在车辆冲击荷载的作用下易产生裂缝。

12.3 沥青混合料的分类

沥青混合料的种类很多,主要有5种分类方式,见表12.1。

表 12.1 沥青混合料的种类

分类方式	沥青混合料种类	说明
按沥青胶结料分	石油沥青混合料	以石油沥青为胶凝材料
	煤沥青混合料	以煤沥青为胶凝材料
按沥青混合料拌制和摊铺温度分	热拌热铺沥青混合料	沥青与矿料在加热状态下拌制、摊铺压实
	常温沥青混合料	以乳化沥青或稀释沥青为胶凝材料,与矿料在常温状态下拌制、摊铺压实
按矿质骨料的级配类型分	连续级配沥青混合料	采用的矿质混合料为由大到小各粒级的颗粒
	间断级配沥青混合料	采用间断级配的矿质混合料
按沥青混合料密实度分	密级配沥青混合料	按密实级配原则设计的连续型密级配沥青混合料,压实后空隙率小于10%,空隙率在3%~6%的为Ⅰ型,空隙率在4%~10%的为Ⅱ型
	开级配沥青混合料	原料主要由粗骨料组成,细骨料较少。压实后空隙率大于15%
按最大粒径分	粗粒式沥青混合料	骨料最大粒径等于或大于26.5 mm
	中粒式沥青混合料	骨料最大粒径为16 mm或19 mm
	细粒式沥青混合料	骨料最大粒径为9.5 mm或13.2 mm
	砂粒式沥青混合料	骨料最大粒径等于或小于4.75 mm(圆孔筛5 mm)

12.4 热拌沥青混合料

热拌沥青混合料是经人工组配的矿质混合料与黏稠沥青在专门设备中加热拌合,并采用保温运输工具运送到施工现场,在热态下进行摊铺、压实的沥青混合料。它是沥青混合料中最典型的品种,其他品种均由其发展而来。本节主要从沥青混合料的组成材料、主要技术性能、配合比及其设计3个方面进行阐述。

12.4.1 沥青混合料的组成材料

沥青混合料主要由沥青材料、粗骨料、细骨料以及填料按一定比例拌合而成。沥青混合料的技术性质取决于其组成材料的性质、组成材料配合的比例以及沥青混合料的制备工艺等因素。要保证沥青混合料的质量,首先要正确选择符合技术性质要求的、质量合格的各种组成材料。

1. 沥青材料

应根据当地气候条件、交通情况以及沥青混合料的类型和施工条件，正确选择沥青材料。按我国现行国家标准《沥青路面施工及验收规范》(GB 50092—1996)规定，高速公路、一级公路、城市快速路、主干路用沥青混合料的沥青应采用重交通量道路石油沥青，而对于其他公路和城市道路用沥青混合料的沥青应符合中、轻交通量道路石油沥青。煤沥青不能用于面层。沥青路面面层用沥青的标号，应根据当地气候条件、施工季节、路面类型、施工条件和方法，以及矿料类型等按表12.2选择。

表 12.2　热拌沥青混合料用沥青标号的选择

气候分区	年内最低月平均气温/℃	沥青种类	沥青标号	
			沥青碎石混合料	沥青混凝土混合料
寒冷地区	低于-10	石油沥青	AH-90,AH-110,AH-130,A-100,A-140	AH-90,AH-110,AH-130,A-100,A-140
		煤沥青	T-6,T-7	T-7,T-8
温和地区	-10~0	石油沥青	AH-90,AH-110,A-100,A-140	AH-70,AH-90,A-60,A-100
		煤沥青	T-7,T-8	T-7,T-8
较热地区	高于0	石油沥青	AH-50,AH-70,AH-90,A-60,A-100	AH-50,AH-70,A-60,A-100
		煤沥青	T-7,T-8	T-8,T-9

当沥青标号不符合使用要求时，可采用不同标号的沥青掺配的方法，但掺配后的沥青其技术性质应符合要求。

2. 粗骨料

粗骨料应尽量选用高强度、碱性的岩石轧制而成的近似正方形、表面粗糙、棱角分明、级配合格的颗粒，主要种类有碎石、破碎砾石和矿渣等。对于花岗岩、石英岩等酸性岩石轧制的粗骨料，在使用时宜选用针入度较小的沥青，并需要采取有效的抗剥离措施。常用的抗剥离措施有以下几种。

(1) 用干燥的生石灰粉或消石灰粉、水泥作为填料的一部分，其用量宜为矿料总量的1%～2%。

(2) 在沥青中掺入抗剥离剂。

(3) 将粗骨料用石灰浆处理后使用。为提高骨料与沥青黏结性能，骨料还应洁净、干燥、无风化颗粒且杂质含量不超过规定。另外，在力学性质方面也应符合相应标准的规定，具体要求见表12.3。

表 12.3　沥青混合料用粗骨料的技术要求

指标		单位	高速公路及一级公路		其他等级公路
			表面层	其他层次	
石料压碎值	不大于	%	26	28	30
洛杉矶磨耗损失	不大于	%	28	30	35
表观相对密度	不小于	t/m³	2.60	2.50	2.45
吸水率	不大于	%	2.0	3.0	3.0
坚固性	不大于	%	12	12	—
针片状颗粒含量(混合料)	不大于		15	18	20
其中粒径大于 9.5 mm	不大于	%	12	15	—
其中粒径小于 9.5 mm	不大于		18	20	—
水洗法小于 0.075 mm 颗粒含量	不大于	%	1	1	1
软石含量	不大于	%	3	5	5

3. 细骨料

沥青混合料用细骨料应选用洁净、干燥、无风化颗粒、杂质含量较少,且级配合格的天然砂、人工砂或石屑。但应注意,用于高速公路、一级公路、城市快速路、主干路的沥青混凝土面层和抗滑面层时,石屑的用量不宜超过砂的用量。

沥青混合料用细骨料的技术要求见表 12.4。

表 12.4　沥青混合料用细骨料的技术要求

项目		单位	高速公路、一级公路	其他等级公路
表观相对密度	不大于	t/m³	2.50	2.45
坚固性(大于 0.3 mm 部分)	不小于	%	12	—
含泥量(小于 0.075 mm 的含量)	不大于	%	3	5
砂当量	不小于	%	60	50
亚甲蓝值	不大于	g/kg	25	—
棱角性(流动时间)	不小于	s	30	—

细骨料应与沥青具有良好黏结能力。若使用与沥青黏结性能差的天然砂或用花岗岩、石英岩等酸性岩石破碎的人工砂或石屑,同样也应采取有效的抗剥离措施。

4. 填料

沥青混合料中的填料宜选用石灰岩或岩浆岩中的碱性岩石(憎水性石料)经磨细得到的矿粉。矿粉要求干燥、洁净,其质量应符合表 12.5 的要求。应注意若采用水泥、石灰、粉煤灰作填料,其用量不宜超过矿质混合料总量的 2%。

表 12.5 沥青混合料用填料的技术要求

项目		单位	高速公路、一级公路	其他等级公路
表观相对密度	≥	t/m³	2.50	2.45
含水量	≥	%	1	1
粒度范围<0.6 mm		%	100	100
<0.15 mm		%	90~100	90~100
<0.075 mm		%	75~100	70~100
外观	<		无团粒结块	
亲水系数	<		<1	
塑性指数	<		<4	

5. 矿质混合料

粗骨料、细骨料和填料按一定比例组配成为符合规范要求级配的矿质混合料,简称矿料。矿质混合料是沥青混合料的骨架,为保证沥青混合料的质量,要求矿质混合料必须具有足够的密实度和较高的初始内摩擦角,其级配应符合表 12.6 的规定。

表 12.6 矿质混合料的级配及沥青用量范围

级配类型			通过下列筛孔(方孔筛,mm)的质量分数/%													参考沥青用量/%
			53.0	37.5	31.5	26.5	19.0	16.0	13.2	9.5	4.75	2.36	1.18	0.6	0.3	0.15	0.075	
沥青混凝土混合料	粗粒	AC-30I	100	90~100	79~92	66~82	59~77	52~72	43~63	32~52	25~42	18~32	13~25	8~18	5~13	3~7	4.0~6.0
		AC-30Ⅱ	100	90~100	65~85	52~70	45~65	38~58	30~50	18~38	12~28	8~20	4~14	3~11	2~7	1~5	3.0~5.0
		AC-25I		100	95~100	75~90	62~80	53~73	43~63	32~52	25~42	18~32	13~25	8~18	5~13	3~7	4.0~6.0
		AC-25Ⅱ		100	90~100	65~85	52~70	42~62	32~52	20~40	13~30	9~23	6~16	4~12	3~8	2~5	3.0~5.0
	中粒	AC-20I			100	95~100	75~90	62~80	52~72	38~58	28~46	20~34	15~27	10~20	6~14	4~8	4.0~6.0
		AC-20Ⅱ			100	90~100	65~85	52~70	40~60	26~45	16~33	11~25	7~18	4~13	3~9	2~5	3.5~5.5
		AC-16I				100	95~100	75~90	58~78	42~63	32~50	22~37	16~28	11~21	7~15	4~8	4.0~6.0
		AC-16Ⅱ				100	90~100	65~85	50~70	30~50	18~35	12~26	7~19	4~14	3~9	2~5	3.5~5.5
	细粒	AC-13I					100	95~100	70~88	48~68	36~53	24~41	18~30	12~22	6~14	4~8	4.5~6.5
		AC-13Ⅱ					100	90~100	60~80	34~52	22~38	14~28	8~20	5~14	3~10	2~6	4.0~6.0
		AC-10I						100	95~100	55~75	38~58	26~43	17~33	10~24	6~16	4~9	5.0~7.0
		AC-10Ⅱ						100	90~100	40~60	24~42	15~30	9~22	6~15	4~10	2~6	4.5~6.5
	砂粒	AC-5I							100	95~100	55~75	35~55	20~40	12~28	7~18	5~10	6.0~8.0

续表12.6

级配类型			通过下列筛孔(方孔筛,mm)的质量分数/%													参考沥青用量/%
			53.0	37.5	31.5	26.5	19.0	16.0	13.2	9.5	4.75	2.36	1.18	0.6	0.3	0.15	0.075	
沥青碎石混合料	特粗	AM-40	100	90~100	50~80	40~65	30~54	25~30	20~45	13~38	5~25	2~15	0~10	0~8	0~6	0~5	0~4	2.5~3.5
	粗粒	AM-30		100	90~100	50~80	38~65	32~57	25~50	17~42	8~30	2~20	0~15	0~10	0~6	0~5	0~4	3.0~4.0
		AM-25			100	90~100	50~80	43~73	38~65	25~55	10~32	2~20	0~14	0~10	0~8	0~6	0~5	3.0~4.5
	中粒	AM-20				100	90~100	60~85	50~75	40~65	15~40	5~22	2~16	1~12	0~10	0~8	0~5	3.0~4.5
		AM-16					100	90~100	60~85	45~68	18~50	6~25	3~18	1~14	0~10	0~8	0~5	3.0~4.5
	细粒	AM-13						100	90~100	50~80	20~45	8~28	4~20	0~14	0~10	0~8	0~5	3.0~4.5
		AM-10							100	85~100	35~65	10~35	5~22	2~16	0~12	0~9	0~6	3.0~4.5
抗滑表面		AK-13A						100	90~100	60~80	30~53	20~40	15~30	10~23	7~18	5~12	4~8	3.5~5.5
		AK-13B						100	85~100	50~70	18~40	10~30	5~22	3~12	3~9	2~5	3.5~5.5	
		AK-16					100	90~100	60~82	45~70	25~45	11~35	10~25	8~18	6~13	4~10	3~7	3.5~5.5

12.4.2 沥青混合料的结构类型与强度理论

1. 沥青混合料的结构类型

沥青混合料的结构类型有悬浮-密实结构、骨架-空隙结构和密实-骨架结构3种,如图12.1所示。

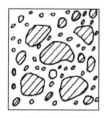 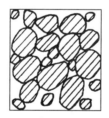 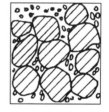

(a) 悬浮-密实结构　　(b) 骨架-空隙结构　　(c) 密实-骨架结构

图12.1　沥青混合料结构类型示意图

(1)悬浮-密实结构。

这种结构的沥青混合料中采用连续型密级配矿质混合料,矿料由大到小连续存在,并各具有一定的数量,较大颗粒被较小颗粒挤开,犹如悬浮处于较小颗粒之中,具有较高的密实度,但骨料中的大颗粒含量较少,且各级骨料均被次一级骨料所隔开,没有直接靠拢形成骨架,因此这种结构的沥青混合料受沥青的性质影响较大,高温稳定性较差。

(2)骨架-空隙结构。

这种结构类型的沥青混合料中采用连续型开级配矿质混合料,粗骨料所占的比例较高,细骨料则较少(甚至没有),粗骨料能直接接触形成骨架,但由于没有足够的细骨料可以填充粗骨料的空隙,其空隙率较大。因此这种结构类型的沥青混合料受沥青的影响相对较少,其高温稳定性较好,但空隙率大,耐久性较差。

(3)密实—骨架结构。

这种结构类型的沥青混合料采用间断型密级配矿质混合料。该矿质混合料去掉了中间尺寸粒径的骨料,既保证有足够数量的粗骨料以形成空间骨架,又有相当数量的细骨料填充密实骨架的空隙。它是集上述两种结构类型的优点于一身的结构类型,既密实又强度高,是理想的结构类型。

2. 强度理论

沥青混合料是一种复合材料,由沥青、粗骨料、细骨料和填料以及必要时所掺的外加剂组成。目前,对沥青混合料的强度理论有下列两种相互对立的理论。

(1)表面理论。

表面理论是一个传统的理论,比较突出矿质骨料的骨架作用,认为沥青混合料强度的关键是与矿质混合料的强度与密实度有关。按此理论,沥青混合料是由粗骨料、细骨料和填料经人工组配而成的密实级配矿质骨架,此矿质骨架由稠度较小的沥青胶结成为一个具有强度的整体。

(2)胶浆理论。

近代的研究从胶浆理论出发,认为沥青混合料是一种多级空间网状结构的分散系,它是以粗骨料为分散相而分散在沥青砂浆介质中的一种粗分散系;同样,沥青砂浆又是以细骨料为分散相而分散在沥青胶浆介质中的一种细分散系;而沥青胶浆又是以填料为分散相分散在高稠度的沥青介质中的一种微分散系。在该理论中突出的是沥青在混合料中的作用。

沥青混合料在路面结构中破坏主要有两种情况,一种是在高温时,由于抗剪强度不足或塑性变形过大而产生推挤现象;另一种是在低温时,由于抗拉强度不足或变形能力较差产生开裂现象。根据目前沥青混合料的强度和稳定性理论,主要考虑的是沥青混合料在高温时必须具有一定的抗剪强度和抗变形能力。

沥青混合料的抗剪强度(ζ)主要取决于沥青与矿质混合料相互作用产生的黏聚力(c)和矿质混合料在沥青混合料中因分散程度不同而产生的内摩阻角(φ)。其相互关系采用下式表示:

$$\zeta = c + \sigma \tan \varphi \tag{12.1}$$

3. 影响沥青混合料抗剪强度的因素

影响沥青混合料抗剪强度的因素,可以归纳为两类:内因与外因。内因主要有沥青的黏度、沥青与矿质混合料的吸附作用、沥青的用量、矿质混合料的级配类型、粒度、表面性质等。外因主要有温度、变形速率等。

(1)沥青黏度。

沥青混合料的黏聚力随沥青黏度的提高而增加,同时内摩擦角也随沥青黏度的提高而稍有增加。

(2)沥青与矿质混合料的表面吸附作用。

包括物理吸附与化学吸附,见表12.7。

表12.7 沥青与矿质混合料的表面吸附作用

物理吸附	物质都具有将周围分子或离子吸引到表面上来的能力; 物理吸附作用的大小,取决于沥青与矿料分子亲和性的大小。沥青种表面活性物质越多,则亲和性就越大,但这种吸附作用能被水破坏(即水稳定性较差)

续表12.7

物理吸附	物质都具有将周围分子或离子吸引到表面上来的能力； 物理吸附作用的大小,取决于沥青与矿料分子亲和性的大小。沥青种表面活性物质越多,则亲和性就越大,但这种吸附作用能被水破坏(即水稳定性较差)
化学吸附	沥青在矿料表面形成一层扩散结构膜,在此膜以内为结构沥青,此膜以外为自由沥青；结构沥青是黏聚力的提供者,这种吸附是不可逆的,可保证沥青混合料的水稳定性良好

在沥青混合料中,沥青与矿质混合料之间产生交互的物理化学作用。在这种作用下沥青在矿粉表面产生化学组分的重新排列,在矿粉表面形成一定厚度的扩散溶剂化膜,在此膜厚度以内的沥青称为"结构沥青",而在此膜厚度以外的沥青则称为"自由沥青",如图12.2所示。结构沥青是沥青中的活性物质(如沥青酸)与矿料中的金属阳离子产生化学反应,而在矿料表面构成的单分子的化学吸附层(沥青酸盐),所形成的化学吸附层使得沥青与矿料之间的黏结力大大提高。这种吸附黏力比矿料与水的结合力大。

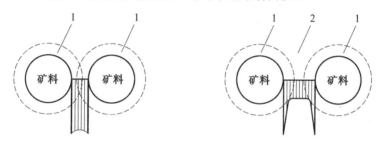

图12.2 自由沥青与结构沥青示意图
1—结构沥青;2—自由沥青

沥青在矿粉表面所形成的结构沥青与自由沥青的相对含量与矿质混合料的比表面积以及沥青的用量有关系。矿料的比表面积越大,则形成的沥青膜越薄,其中结构沥青所占的比率就越大,因而沥青混合料的黏聚力也越大。当沥青用量很少时,沥青不足以形成足够的结构沥青来黏结矿料颗粒;但随着沥青用量的增加,结构沥青逐渐形成,并能完整地包裹在矿料表面,使得沥青与矿料颗粒之间的黏附力随着沥青用量的增加而增加;随后,如沥青用量继续增加,沥青过多会逐渐将矿料颗粒推开,形成大量自由沥青,使得沥青混合料的黏聚力下降。

(3)沥青与矿粉的用量之比。为了形成足够的结构沥青,矿粉含量不宜过多,否则会使沥青混合料易结团成块,不易施工操作。

(4)矿质混合料的级配类型。密级配、开级配及间断级配的矿料拌合而成的沥青混合料的结构类型不同,其高温稳定性也不同。

(5)骨料的表面性质。具有显著棱角、表面粗糙且各方向尺寸相差不多近似于正方体的矿质骨料在碾压后能相互嵌挤锁结而具有很大的内摩擦角,从而提高沥青混合料的抗剪强度。另外,在其他条件一定的情况下,矿质骨料的颗粒越粗,所配制的沥青混合料的内摩擦角也越大;相同粒径的骨料,碎石的内摩擦角较卵石的大。

(6)温度及加荷速度。沥青混合料是一种热塑性材料,其抗剪强度随温度的升高而降低。加荷速度高,可使沥青混合料产生过大的应力和塑性变形,弹性恢复很慢,产生不可恢复的永久变形。

12.4.3 沥青混合料的主要技术性能

沥青混合料的技术性能是判断其质量状况的唯一、科学的依据。沥青混合料作为路面材料,要直接承受车辆荷载的作用以及各种自然因素长期的作用,因此它应该具有一定的强度、良好的高温稳定性和低温抗裂性、良好的耐久性和抗滑性能,以及为了便于施工而具有的良好的和易性。

1. 高温稳定性

沥青混合料的高温稳定性是指其在夏季高温(通常为 60 ℃)条件下,经车辆荷载长期重复作用后,不产生车辙和波浪等病害的性能。

沥青混合料是一种典型的流变性材料,其强度随温度的升高而降低。在夏季高温时,沥青混合料路面在重交通的反复作用下,由于交通的渠化,在轮迹带处逐渐变形下凹、两侧鼓起形成车辙。

我国现行国家标准《沥青路面施工及验收规范》(GB 50092—1996)规定,沥青混合料的高温稳定性采用马歇尔稳定度试验来测定;对高速公路、一级公路、城市快速路、主干路用沥青混合料,还应通过动稳定度试验来检验其抗车辙的能力。

马歇尔稳定度试验自提出以来,迄今已有半个多世纪,所测定的指标有三项:马歇尔稳定度(MS)、流值(FL)、马歇尔模数(T)(具体测定方法见试验部分)。马歇尔稳定度是指沥青混合料标准试件在规定温度和加荷速度下,在马歇尔仪中的最大破坏荷载(kN);流值是指试件达到最大破坏荷载时的垂直变形值(以 0.1 mm 计);而马歇尔模数则为马歇尔稳定度除以流值的商。

2. 低温抗裂性

沥青混合料随温度的降低,其变形能力下降。路面由于低温收缩以及行车荷载的作用,在薄弱部位产生裂缝,从而影响道路的正常使用。因此,沥青混合料作为路面材料,要求其既具有良好的高温稳定性,又具有良好的低温抗裂性。

沥青混合料的低温裂缝主要由低温脆化、低温缩裂和温度疲劳引起。低温脆化是指沥青混合料在低温条件下变形能力的降低;而低温缩裂通常是由材料本身抗拉强度不足造成;对于温度疲劳,主要是指沥青混合料因温度上下循环而引起的破坏。

通过控制沥青的选用,选择稠度较低、温度敏感性较低和抗老化能力较强的沥青,来保证沥青混合料具有一定的低温抗裂性。

3. 耐久性

沥青混合料路面受长期自然因素的作用,为保证路面具有较长的使用年限,必须具有良好的耐久性。

影响沥青混合料耐久性的因素很多,如:沥青和矿质骨料的化学性质、矿料颗粒的化学成分、沥青混合料的组成结构等。

沥青混合料的组成结构对耐久性所产生的影响主要表现在沥青混合料中的空隙率和沥青填隙率对耐久性的影响。空隙率较小的沥青混合料对防止水的渗入和阳光对沥青的老化作用有利;当沥青混合料的空隙率较大,且沥青与矿质骨料的黏结性能差时,饱水后石料与沥青的黏附力降低,易发生剥落,且颗粒间相互推移产生体积膨胀,混合料的力学强度会显著降低,最终导致路面产生早期破坏;但一般沥青混合料中都应有3%~6%的空隙率,以备夏季沥青材料膨胀。另外,沥青用量的多少与沥青路面的使用寿命也有很大关系。当沥青用量较正常用量减少时,则沥青膜变薄,混合料的延伸能力降低,脆性增加;同时沥青用量的减少,会使沥青混合料的空隙率增大,沥青膜暴露较多,加速老化,并增大了水对沥青的剥落作用。

在我国,沥青混合料的耐久性采用沥青混合料的空隙率、沥青饱和度(又称沥青填隙率,是指压实沥青混合料中,沥青部分体积占矿料骨架以外的空隙部分体积的百分率)和残留稳定度等指标来表征。

4. 抗滑性

随着现代高速公路的发展,对沥青混合料路面的抗滑性提出了更高的要求。

沥青混合料路面的抗滑性与矿质骨料的微表面性质、矿质混合料的级配情况以及沥青用量等因素有关。沥青用量对抗滑性的影响非常敏感,当沥青用量超过最佳用量的0.5%时,即可使沥青混合料的抗滑性能明显降低。

同时为保证长期高速行车的安全,要特别注意粗骨料的耐磨光性,应选用质地坚硬且多棱角的骨料。但硬质骨料往往属于酸性骨料,与沥青的黏附性能较差,在施工时应采取抗剥离措施。

我国现行国家标准对沥青混合料的抗滑性提出了磨光值、道瑞磨耗值和冲击值等三项指标。

5. 施工和易性

为便于施工,沥青混合料除了应具备如前所述的技术要求外,还应具备良好的施工和易性。

影响施工和易性的因素主要有:当地气温、施工条件以及组成材料的性质等。从组成材料来看,影响沥青混合料施工和易性的首要因素是矿质混合料的级配情况,如果粗骨料的颗粒相距过大,缺乏中间尺寸,矿质混合料就容易产生分层层积(粗颗粒集中在表面,细颗粒集中在底部);若细骨料过少,则沥青就不容易均匀地分布在粗颗粒的表面;若细骨料过多,则导致沥青混合料拌合困难。此外,当沥青用量过少,或矿粉用量过多时,沥青混合料容易产生疏松,不易被压实;相反,若沥青用量过多,或矿粉质量不好,则容易使沥青混合料黏结成块,不易摊铺。

目前,还没有一种较好的方法可测定沥青混合料的施工和易性,生产中对沥青混合料的这一性能大都凭目力鉴定。

12.4.4 沥青混合料的技术标准

我国现行国家标准《沥青路面施工及验收规范》(GB 50092—1996)对热拌沥青混合料的马歇尔试验技术标准规定见表12.8。

表 12.8　热拌沥青混合料马歇尔试验技术标准

项目	沥青混合料类型	高速公路、一级公路、城市快速路、主干路	其他等级道路及城市道路	人行道路
试件击实次数/次	沥青混凝土 沥青碎石、抗滑表层	两面各 75 两面各 50	两面各 50 两面各 50	两面各 35 两面各 35
稳定度 MS/kN	Ⅰ沥青混凝土 Ⅱ沥青混凝土、抗滑表层	>7.5 >5.0	>5.0 >4.0	>3.8 —
流值 FL(0.1 mm)	Ⅰ沥青混凝土 Ⅱ沥青混凝土、抗滑表层	20～40 20～40	20～45 20～45	2～5 —
空隙率/%	Ⅰ沥青混凝土 Ⅱ沥青混凝土、抗滑表层沥青碎石	3～6 4～10 >10	3～6 4～10 >10	2～5 — —
沥青饱和度/%	Ⅰ沥青混凝土 Ⅱ沥青混凝土、抗滑表层	70～85 60～75	70～85 60～75	75～90 —
残留稳定度/%	Ⅰ沥青混凝土 Ⅱ沥青混凝土、抗滑表层	>75 >70	>75 >70	>75 —

注：①粗粒式沥青混凝土的稳定度可降低 1～1.5 kN；
②细粒式及砂粒式沥青混凝土的空隙率可放宽至 1%～6%。
③沥青混凝土混合料的矿料间隙率宜符合表 12.9 的规定。

表 12.9　沥青混凝土混合料矿料的间隙率

骨料最大粒径/mm	37.5	31.5	26.5	19.0	16.0	13.2	9.5	4.75
矿料间隙率/%	≥12	≥12.5	≥13	≥14	≥14.5	≥15	≥16	≥18

12.4.5　沥青混合料的配合比

沥青混合料配合比是指配制成沥青混合料的各种组成材料用量之比，配合比设计就是确定各种组成材料用量的过程。这个过程主要由两部分构成，首先是确定由各种骨料配制而成的矿质混合料的配合比，然后再确定沥青的用量。

1. 矿质混合料配合比设计

矿质混合料配合比设计是将各种矿料按一定比例，组配成一个具有足够密实程度，且具有较高内摩阻力的矿质混合料。具体步骤如下：

（1）根据道路等级、路面类型和所处的结构层位，按表 12.10 确定沥青混合料的类型。
（2）根据所确定的沥青混合料类型，查表 12.6，确定所需要的矿质混合料级配范围。
（3）确定矿质混合料的配合比。详细描述见第 12.3 节。

表 12.10　沥青混合料类型

结构层位	高速公路、一级公路、城市快速路、主干路		其他等级公路		一般城市道路及其他道路工程	
	三层式沥青混凝土路面	两层式沥青混凝土路面	沥青混凝土路面	沥青碎石路面	沥青混凝土路面	沥青碎石路面
上面层	AC—13 AC—16 AC—20	AC—13 AC—16	AC—13 AC—16	AC—13	AC—5 AC—10 AC—13	AC—5 AM—10
中面层	AC—20 AC—25	—	—	—	—	—
下面层	AC—25 AC—30	AC—20 AC—25 AC—30	AC—20 AC—25 AC—30 AM—25 AM—30	AM—25 AM—30	AC—20 AC—25 AM—25 AM—30	AC—25 AM—25 AM—30

2. 确定最佳沥青用量

沥青混合料的最佳沥青用量(OAC)可以通过各种理论计算方法确定,但由于实际材料与理论取值存在差异,采用理论方法计算得到的最佳沥青用量必须通过试验修正,才能运用于工程中。具体步骤如下。

(1)制作试件。

按设计好的矿质混合料配合比,计算各种矿料的用量。根据表 12.6 推荐的沥青用量范围(或经验用量范围),估计适宜的沥青用量。然后在此基础上,按 0.5% 的变量制备不少于 5 组不同沥青用量的马歇尔试件。

(2)分别测定各组试件的物理力学性能指标,包括密度、空隙率、饱和度、矿料间隙率、马歇尔稳定度、流值和马歇尔模数。

(3)绘制沥青用量与各项物理力学指标的坐标图。

各个坐标图均以沥青用量为横坐标,以不同的物理力学指标为纵坐标,如图 12.3 所示。

(4)确定最佳沥青用量初始 1 值(OAC_1)。

在马歇尔稳定度坐标图中,取对应最大稳定度的沥青用量 a_1;在密度坐标图中,取对应着最大密度的沥青用量 a_2;在空隙率坐标图中,取对应规定空隙率范围中值的沥青用量 a_3;以上述 3 值的平均值作为最佳沥青用量初始 1 值,计算公式如下:

$$OAC_1 = \frac{a_1 + a_2 + a_3}{3} \tag{12.2}$$

(5)确定最佳沥青用量初始 2 值(OAC_2)。

在图 12.3 中确定同时满足稳定度、空隙率、流值和饱和度的沥青用量范围($OAC_{min} \sim OAC_{max}$,其中值为最佳沥青用量初始 2 值),即

$$OAC_2 = \frac{OAC_{min} + OAC_{max}}{2} \tag{12.3}$$

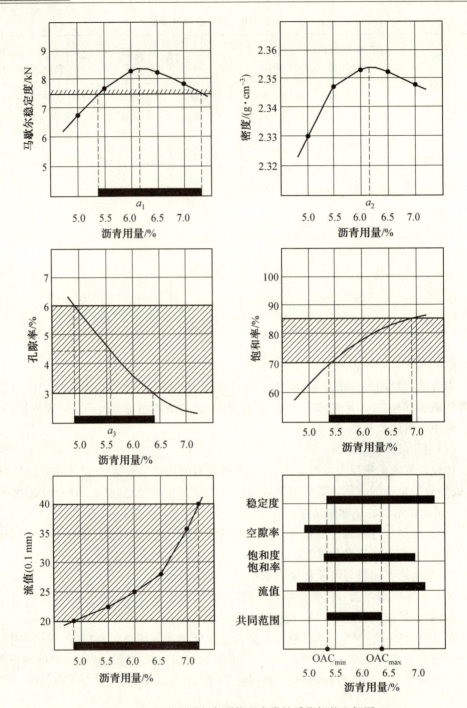

图 12.3 沥青用量与各项物理力学性质指标的坐标图

(6)根据 OAC_1 和 OAC_2 综合确定沥青最佳用量(OAC)。

按最佳沥青用量初始1值,在图中求取相应的各项指标,检查其是否符合表12.8的规定,同时检查矿料间隙率是否符合表12.9的要求,若上述两项均符合要求,则由 OAC_1 和 OAC_2 综合确定沥青最佳用量(OAC)。若不符合,则应调整级配,重新进行配合比设计,通过马歇尔试验,直至各项指标均符合要求为止。

(7)根据气候条件和交通特性调整最佳沥青用量。

①对于热区道路以及高速公路、一级公路、城市快速路和主干路,最佳沥青用量可以在OAC_1与OAC_{min}范围内确定,但一般不宜小于OAC_{max}的0.5%。

②对于寒区及一般道路,可以在OAC_1与OAC_{max}范围内确定,但一般不宜大于OAC_{min}的0.3%。

(8)水稳定性试验。

按最佳沥青用量制作一组马歇尔试件,进行浸水马歇尔试验,检验其残留稳定度是否合格。

我国现行《沥青路面施工及验收规范》(GB 50092—1996)规定:Ⅰ型沥青混凝土的残留稳定度不低于75%,Ⅱ型沥青混凝土的残留稳定度不低于70%。

(9)抗车辙试验。

按最佳沥青用量制作一组试件,在60 ℃条件下,采用车辙试验检验其动稳定度。规范规定:用于上、中面层的沥青混凝土,在60 ℃时车辙试验的动稳定度,对于高速公路、城市快速路不小于800次/mm,对于一级公路和主干路不小于600次/mm。

确定沥青用量,需经上述试验和反复调整,并参考以往工程实践经验,综合确定最佳沥青用量。

3. 沥青混合料配合比设计实例

设计某高速公路沥青混合路面用沥青混合料的配合比。

【设计资料】

(1)沥青混凝土的结构层位为三层式结构的上面层,当地最低月平均气温为-8 ℃。

(2)标号为AH-50、AH-70和AH-90石油沥青,且技术性能指标均合格。

(3)矿质骨料。碎石和石屑采用石灰石轧制而成,抗压强度大于120 MPa,磨耗率为12%,密度为2.70 g/cm³;洁净河砂,级配合格,中砂,表观密度为2.65 g/cm³;石灰石磨制的矿粉,粒度范围符合要求,无团粒和结块现象,表观密度为2.58 g/cm³。各种矿质骨料的筛分试验结果见表12.11。

表 12.11 各种矿质骨料的筛分试验结果

骨料	通过下列筛孔(方孔筛,mm)的质量分数/%									
	16.0	13.2	9.5	4.75	2.36	1.18	0.6	0.3	0.15	0.075
碎石	100	94	26	0	0	0	0	0	0	0
石屑	100	100	100	80	40	17	0	0	0	0
河砂	100	100	100	100	94	90	75	38	17	0
矿粉	100	100	100	100	100	100	100	100	100	83

【设计要求】

(1)根据道路等级、路面类型和结构层位确定矿质混合料的级配范围,并根据各种矿料的筛分试验结果,采用图解法确定矿质混合料的配合比。

(2)确定最佳沥青用量。

【设计步骤】

(1)矿质混合料配合比设计。

①根据题目所给条件(高速公路、沥青混凝土混合料、三层式结构的上面层),参考表

12.10,选择具有较好抗滑性的细粒式Ⅰ型沥青混凝土混合料(AC—13Ⅰ)。

②根据沥青混合料的类型,参考表12.6,确定所需矿质混合料的级配范围,见表12.12。

表12.12 矿质混合料的级配范围

级配类型	通过下列筛孔(方孔筛,mm)的质量分数/%									
	16.0	13.2	9.5	4.75	2.36	1.18	0.6	0.3	0.15	0.075
AC—13Ⅰ	100	95~100	70~88	48~68	36~53	24~41	18~30	12~22	8~16	4~8
级配中值	100	97.5	79	58	44.5	32.5	24	17	12	6

③采用图解法确定矿质混合料的配合比,如图12.4所示。

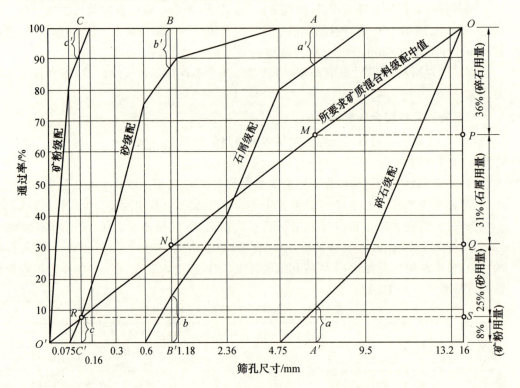

图12.4 图解法确定矿质混合料配合比的专用坐标图

由图解法确定矿质混合料配合比,碎石、石屑、砂、矿粉的质量分数比为36%∶31%∶25%∶8%。校核配合比,按图解法确定的配合比配合矿质混合料,得到一个合成的级配。将此级配与要求的矿质混合料级配范围进行比较,可以看出,合成的级配接近规范所要求的级配范围中值,见表12.13。

表 12.13 矿质混合料配合比校核表

组成情况		通过下列筛孔(方孔筛,mm)的质量分数/%								
		16.0	13.2	9.5	4.75	2.36	1.18	0.6	0.3	0.15	0.075
各种矿料的级配情况	碎石(100%)	100	94	26	0	0	0	0	0	0	0
	石屑(100%)	100	100	100	80	40	17	0	0	0	0
	河砂(100%)	100	100	100	100	94	90	75	38	17	0
	矿粉(100%)	100	100	100	100	100	100	100	100	100	83
各种矿料按配合比的级配情况	碎石(36%)	36	33.8	9.4	0	0	0	0	0	0	0
	石屑(31%)	31	31	31	24.8	12.4	4.3	0	0	0	0
	河砂(25%)	25	25	25	25	23.5	23.0	19.0	9.5	4.3	0
	矿粉(8%)	8	8	8	8	8	8	8	8	8	6.6
合成矿质混合料的级配		100	97.5	73.0	57.8	43.9	35.3	27.0	17.5	12.3	6.6
要求的矿质混合料级配范围		100	95~100	70~88	48~68	36~53	24~41	18~30	12~22	8~16	4~8
要求的矿质混合料级配中值		100	97.5	79	58	44.5	32.5	24	17	12	6

(2)确定最佳沥青用量。

①制作试件。按设计好的矿质混合料配合比,根据表 12.6 推荐的沥青用量范围 4.5%~6.5%,分别按 4.5%、5.0%、5.5%、6.0%、6.5%的沥青用量制备 5 组马歇尔试件。

②分别测定各组试件的物理力学性能指标,包括密度、空隙率、饱和度、矿料间隙率、马歇尔稳定度、流值和马歇尔模数,测定结果见表 12.14。

表 12.14 不同试件的物理力学性能指标测定结果

沥青用量/%	密度/(g·cm^{-3})	空隙率/%	矿料间隙率/%	沥青饱和度/%	稳定度/kN	流值(0.1 mm)	马歇尔模数/(kN·mm^{-1})
4.5	2.328	5.8	17.9	64.5	6.7	21	31.8
5.0	2.346	4.7	17.6	71.7	7.7	23	33.6
5.5	2.354	3.6	17.4	79.6	8.3	25	33.2
6.0	2.353	2.8	17.7	82.0	8.2	28	29.3
6.5	2.348	2.5	18.4	85.6	7.8	37	21.0
质量标准	—	3~6	≥15	70~85	>7.5	20~40	—

③以沥青用量为横坐标,不同的物理力学指标为纵坐标,绘制坐标图,如图 12.4 所示。

④确定最佳沥青用量初始 1 值(OAC_1)。在稳定度坐标图中,取对应最大稳定度的沥青用量 $a_1=5.8\%$ 在密度坐标图中,取对应最大密度的沥青用量 $a_2=5.8\%$ 在空隙率坐标图中,取对应规定空隙率范围中值的沥青用量($a_3=5.1\%$);以上述 3 个值的平均值作为最佳沥青用量初始 1 值,计算公式如下:

$$OAC_1 = \frac{a_1+a_2+a_3}{3} = \frac{5.8\%+5.8\%+5.1\%}{3} = 5.57\% \quad (12.4)$$

(3)确定最佳沥青用量初始2值（OAC_2）。在图12.4中确定同时符合稳定度、空隙率、流值和饱和度的沥青用量范围，$OAC_{min}=5.30\%$其中值为最佳沥青用量初始2值。

$$OAC_2 = \frac{OAC_{min} + OAC_{max}}{2} \tag{12.5}$$

(4)根据 OAC_1 和 OAC_2 综合确定沥青最佳用量（OAC）。按最佳沥青用量初始1值 $OAC_1=6.0\%$在图中求取相应的各项指标，检查是否符合表12.8的规定，同时矿料间隙率也符合表12.9的要求，综合确定最佳沥青用量为 $OAC=6.0\%$。

12.5 其他沥青混合料

12.5.1 冷铺沥青混合料

冷铺沥青混合料是指矿质混合料与稀释沥青或乳化沥青在常温状态下，经拌合、铺筑而成的沥青混合料。这种混合料一般较松散，存放时间较长，可达3个月以上，并可以随时取料施工。

1. 组成材料

(1)矿质骨料。与热铺沥青混合料对骨料的要求基本相同。

(2)沥青。可采用液体石油沥青、乳化沥青、软煤沥青等。乳化沥青的用量应根据当地气候、交通量、骨料情况、沥青标号、施工机械等条件来确定，一般情况下，沥青用量较热铺沥青碎石混合料少15%～20%。

2. 主要技术性能

(1)铺筑前，常温条件保存，呈疏松状态，不易结团，易于施工。

(2)抗压强度。制作标准试件（直径为50 mm、高为50 mm 的圆柱体试件），在22 ℃、50 ℃的温度条件下采用压力试验机，测定的极限抗压强度22 ℃温度条件下不低于3 MPa，50 ℃温度条件下不低于0.5 MPa。

(3)水稳定性。采用常温下真空抽气1 h后的饱水率表示。要求其饱水率应在3%～6%之间。

(4)冷铺沥青混合料不能在道路铺筑时，达到完全固结压实的程度，而是在铺筑开放交通之后，在车辆作用下逐渐固结而达到要求的密实度。

3. 应用

冷铺沥青混合料适用于一般道路的沥青路面面层，也适用于修补旧路和坑槽，也可作为一般道路旧路改造的加铺层。对于高速公路、一级公路、城市快速路、主干路等，冷铺沥青混合料只适用于沥青路面的联结层或平整层。

12.5.2 沥青玛蹄脂碎石混合料

沥青玛蹄脂碎石混合料是指由高含量粗骨料、高含量矿粉、较大沥青用量以及较少含量的中间颗粒组成的骨架密实结构类型的沥青混合料，代号SMA。

1. SMA 的优点

沥青玛琋脂碎石混合料作为路面材料,具有良好的性能。

(1)较高的抗车辙能力。

骨架密实结构类型的沥青混合料,能有效分散冲击荷载,防止车辙。

(2)优良的抗裂性能。

较多的沥青用量,能够在矿料表面形成较厚的沥青膜,从而提高其抗裂性能。

(3)良好的耐久性能。

较厚的沥青膜能减少水分渗透、沥青氧化和剥落、骨料破碎,从而延长使用寿命。

(4)较好的抗滑性能。

缺少中间颗粒,在沥青混合料内部可以产生较深的表面构造深度,增加沥青混合料路面的抗滑性能和吸声性能。

(5)经济合理。

由于 SMA 具有良好的耐久性能,且养护费用较低,因此具有较高的经济效益。

2. 组成材料

(1)骨料。

骨料的力学性能,如耐磨耗性、压碎指标、耐磨光性等,均高于一般沥青混合料的要求,且应具有近似立方体的形状和粗糙的表面纹理,以便更好地发挥其骨架作用,提高骨料与沥青的黏结强度。SMA 对骨料酸碱性的要求不是很严格,这是因为较多的沥青用量和矿粉用量完全可以包裹骨料颗粒表面,提高抵抗水侵蚀剥落的能力。应注意,矿粉应采用石灰石类碱性岩石磨制而成。

(2)沥青。

SMA 混合料应采用较黏稠的沥青,以适应高含量、低流淌性的要求。一般选用 AH-90 道路石油沥青。寒冷地区,应采用针入度较大的沥青,并考虑对沥青的改性。其他地区,应选用 AH-70、AH-60 标号的黏稠沥青。

(3)稳定剂。

作为混合料中的稳定材料,既可以稳定沥青,又可以改善沥青混合料路面的低温性能和抗滑性能。SMA 混合料在没有纤维的情况下,沥青矿粉胶浆在运输、摊铺过程中容易产生流淌离析现象,或是在成型后由沥青膜厚而引起路面抗滑性能差等现象。因此,有必要掺入适量的纤维作为稳定剂。沥青混合料中的稳定剂,除纤维外,还包括聚合物、橡胶粉等。

12.5.3 再生沥青混合料

1. 定义及分类

再生沥青混合料是指利用已破坏的旧沥青路面材料,通过添加再生材料、新沥青、新骨料,按一定的配合比重新铺筑的沥青混合料。

再生沥青混合料有表面处治型再生混合料、再生沥青碎石和再生沥青混凝土三种。按施工温度分为热拌再生沥青混合料和冷拌再生沥青混合料,热拌再生沥青混合料是旧油和新沥青在加热状态下拌合,经机械搅拌,充分混合均匀,再生效果较好,而冷拌再生沥青混合料的再生效果较差,成型期长,通常仅限于低交通量的道路使用。

2. 组成材料

(1)再生沥青。

由旧油、再生材料和新沥青按一定比例组成。经过较长时间后,沥青老化变成旧油,其黏度很高,通过添加再生材料,调节其化学组分,达到软化目的。

(2)骨料。

骨料包括旧骨料和新添加的骨料。

12.5.4 桥面铺装材料

对于大中型水泥混凝土桥,为保护桥面板而在上面铺筑的沥青铺装层,即为桥面铺装材料。

桥面铺装层应与桥面板具有良好的黏结性能、抗渗透性能、抗滑性能以及抗振动变形的能力。

桥面铺装材料一般由黏层、防水层、保护层和沥青面层组成,总厚度为 6~10 cm。对于潮湿多雨、坡度较大或设计车速较高的桥面还应加设抗滑表层。黏层沥青一般采用快干的乳化沥青,或快、中凝液体石油沥青、煤沥青等。防水层可采用沥青胶涂布,或高分子聚合物涂料,或沥青防水卷材(厚度较薄,为 1.0~1.5 mm)。保护层是为保护防水层而设置的,厚度一般为 1.0 cm,可采用 AC-5 或 AC-10 沥青混凝土或单层式沥青进行表面处理。沥青面层一般采用高温稳定性较好的 AC-16 或 AC-20 中粒式热拌热铺沥青混凝土混合料铺筑。

第 13 章 沥青材料试验

13.1 沥青针入度试验

13.1.1 试验目的与范围

沥青针入度试验的目的是测定沥青材料的针入度值,判断沥青材料的黏稠程度。针入度越大,沥青材料的黏稠度越小,沥青材料越软。

本方法适用于测定针入度小于 350(0.1 mm)的固体和半固体沥青的针入度。对于针入度为 350~500(0.1 mm)的沥青材料,本方法也适用,测定时,需采用深度为 60 mm、装样量不超过 125 mL 的试样皿或采用 50 g 荷载下测定的针入度乘 2 的二次方根。

13.1.2 仪器与设备

(1)针入度测定仪。

如图 13.1 所示。

(2)标准针。

采用硬化回火的不锈钢制成,其尺寸应符合规定,如图 13.2 所示。

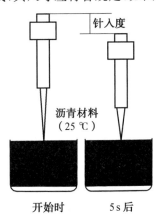

图 13.1 针入度测定仪示意图

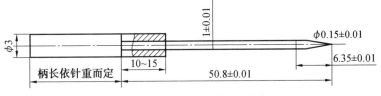

图 13.2 标准针的外形示意图(单位:mm)

(3)试样皿。

金属圆柱形平底容器。试样深度应大于预计标准针穿入深度 10 mm,其具体尺寸见表 13.1。

表 13.1 试样皿尺寸　　　　　　　　　　　　　　mm

项目	针入度小于200(0.1 mm)	针入度200~350(0.1 mm)	针入度350~500(0.1 mm)
直径	55	55	50
深度	35	70	60

(4)恒温水浴锅。

容量不小于 10 L,能将温度控制在试验温度的 0.1 ℃范围内。距水底部 50 mm 处有一个带孔支架,支架距水面至少 100 mm。在低温下测定沥青材料的针入度时,水浴锅中应装盐水。

(5)平底玻璃皿。

容量不小于 350 mL,深度足以没过最大的试样皿。内设一个不锈钢三脚支架,以保证试样皿温度。

(6)其他。

计时器、温度计(刻度范围在 0~50 ℃之间,分度值为 0.1 ℃)、筛子筛孔尺寸为 0.3~0.5 mm、瓷皿或金属皿(熔化沥青用)等。

13.1.3　样品制备

(1)将预先脱水的沥青试样加热熔化,经搅拌、过筛后,倒入试样皿中。

(2)将试样皿置于 15~30 ℃的室温下冷却 1~1.5 h(小试样皿)或 1.5~2 h(大试样皿),并防止灰尘落入。然后将两个试样皿和平底玻璃皿一起放入恒温水浴中,水面应没过试样表面 10 mm 以上,恒温至规定时间。

注:沥青加热熔化时,石油沥青加热温度不超过软化点的 90 ℃,煤沥青加热温度不超过软化点的 60 ℃;加热时间不超过 30 min。小试样皿恒温1~1.5 h,大试样皿恒温1.5~2 h。

13.1.4　试验步骤

(1)调整针入度仪,检查针连杆和导轨。先用合适的溶剂将标准针擦干净,再用干净的布擦干,然后将针插入连杆中固定,按试验要求条件放好砝码。

(2)将已恒温到试验温度的试样皿和平底玻璃皿取出,放置在针入度仪的平台上。调整标准针使针尖与试样表面刚好接触,必要时使用放置在合适位置上的光源反射镜来观察。移动活动齿杆使其与标准针的连杆顶端相接触,并调整针入度仪上的刻度盘指针为"0"。

(3)用手紧压按钮,同时开动计时器,使标准针自由落下穿入沥青试样,到规定时间停压按钮,使标准针停止移动。

(4)拉下活动齿杆,再次使其与标准针连杆顶端相接触。此时,指针随之转动,刻度盘上指针所指的读数即为试样的针入度。

(5)同一试样应在不同点重复试验 3 次,记录 3 次测定的针入度值。

注:每一次测点与测点之间、测点与试样皿边缘之间的距离都不得小于 10 mm;每次试

验后,都应将标准针取下,用浸有有机溶剂(煤油、苯或汽油)的棉花将针擦拭干净;当针入度超过200时,试验至少应使用3根标准针,每次测定后应将针留在试样中,直到3次测定完成后,才能把针从试样中取出。

13.1.5 试验结果

以3次测定针入度的算术平均值作为试验结果,且取整数。3次测定的针入度值相差不应大于表13.2中的数值,否则应重做试验。

表13.2 针入度差值

针入度(0.1 mm)	0~49	50~149	150~249	250~350
最大差值(0.1 mm)	2	4	6	8

13.2 沥青延度试验

13.2.1 目的与适用范围

延度是沥青试样在规定温度和拉伸速度下拉断时的长度。延度是反映沥青材料塑性的重要指标。

本方法适用于黏稠沥青以及液体沥青蒸馏后残留物的延度测定。非特殊说明,试验温度为(25 ± 0.5)℃,拉伸速度为(5 ± 0.25)cm/min。

13.2.2 仪器与设备

(1)沥青延度仪。

试件能够持续浸没于水中,并能按照一定速度拉伸试件。

(2)模具。

由黄铜制成,由两个弧形端模和两个侧模组成。

(3)水浴锅。

能保持试验温度变化不大于0.1 ℃,容量至少在10 L,且试件浸入水中的深度不小于10 cm,水浴锅中设置有带孔搁架以支撑试件,搁架距水浴锅底部不得小于5 cm。

(4)隔离剂。

由两份甘油加一份滑石粉调制而成(以质量计),用以制作试件。

(5)其他。

刀(制作试件时,用以切沥青)、金属板、金属网(筛孔尺寸为0.3~0.5 mm)、温度计、瓷皿或金属皿(熔化沥青用)等。

13.2.3 制作试件

(1)将模具水平地置于金属板上,再将隔离剂涂于模具内壁和金属板上。

(2)将预先脱水的沥青试样置于瓷皿或金属皿中加热熔化,经搅拌、过筛后注入模具中(自模具的一端至另一端往返多次),并略高出模具。

(3)将试件在 15~30 ℃空气中冷却 30~40 min,然后放在温度为(25±0.1)℃的水浴锅中保持 30 min。

(4)取出试件,用加热的刀将高出模具的沥青刮去,使沥青表面与模具齐平。

(5)最后将试件连同金属板再浸入(25±0.1)℃的水浴中保持 85~95 min。

13.2.4　试验步骤

(1)检查延度仪滑板的移动速度是否符合要求,然后移动滑板使指针正对标尺零点。调整水槽中的水温为(25±0.5)℃。

(2)将试件置于延度仪水槽中,将模具两端的孔分别套在滑板和槽端的柱上,然后以(5±0.25)cm/min速度拉伸模具,直至试件被拉断。

注:试验时,试件距水面和水底的距离不小于 2.5 cm;测定时,若发现沥青细丝浮于水面或沉入水底,则应在水中加入乙醇或食盐水,调整水的密度与试样的密度相近后,再进行试验。

(3)试件被拉断时指针所指标尺上的读数,即为试样的延度,单位为"cm"。同一样品,应做 3 次试验。

13.2.5　试验结果

以 3 个试件测定值的算术平均值作为试验结果。若 3 个试件测定值中有个测定值不在其平均值的 5%以内,但其中两较高值在平均值的 5%内,则舍去最低测定值,取两较高值的平均值作为试验结果;否则应重新试验。

13.3　沥青软化点试验(环球法)

13.3.1　目的与适用范围

软化点是沥青试样在测定条件下,因受热而下坠达 25.4 mm 时的温度。它是沥青材料质量标准中的重要技术性能(高温稳定性)指标。

本方法适用于软化点在 30~157 ℃范围内的石油沥青和煤沥青试样。对于软化点在 30~80 ℃范围的沥青材料应采用蒸馏水作为加热介质,对于软化点在 80~157 ℃范围的沥青材料应采用甘油作为加热介质。

13.3.2　仪器、设备与材料

(1)软化点试验仪。

由环、钢球定位器、支撑架以及浴槽等组合而成,其构造如图 13.3 所示。其中,钢球直径为 9.5 mm,每只质量为(3.50±0.05)g。环由金属材料制成,其尺寸如图 13.4 所示。

(2)温度计。

测温范围在 30~180 ℃之间,最小分度值为 0.5 ℃。使用时,水银球与环底部水平,但不接触环或支撑架。

(3)加热介质。

软化点在 30～80 ℃范围内的沥青采用新煮沸的蒸馏水作为加热介质,软化点在 80～157 ℃范围内的沥青采用甘油作为加热介质。

(4)隔离剂。

由两份甘油加一份滑石粉调制而成(以质量计),用以制作试件。

(5)其他。

刀(作试件时,用以切沥青)、金属板或玻璃板、0.3～0.5 mm 筛孔尺寸的筛、瓷皿或金属皿(熔化沥青用)等。

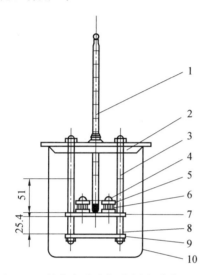

图 13.3 软化点试验仪示意图(单位:mm)
1—温度计;2—上承板;3—枢轴;4—钢球;5—环套;6—环;7—中承板;8—支承座;9—下承板;10—烧杯

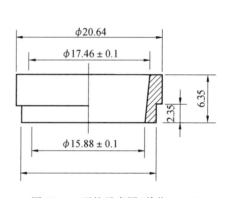

图 13.4 环的示意图(单位:mm)

13.3.3 试验准备

(1)将环置于涂上隔离剂的金属板或玻璃板上。

(2)将预先脱水的沥青试样加热熔化,经搅拌、过筛后,将沥青注入环内至略高出表面。

(3)将试样置于室温下冷却 30 min 后,用稍加热的刀刮去高出环面的多余沥青,使之与环面齐平。

石油沥青试样加热至倾倒温度的时间不超过 2 h,且加热温度不超过预计沥青软化点 110 ℃;煤沥青试样加热至倾倒温度的时间不超过 30 min,且加热温度不超过预计沥青软化点 55 ℃;若估计沥青软化点温度在 120 ℃以上时,应将环和金属板预热至 80～100 ℃;若重复试验,不能重新加热试样,而应在干净的器皿中用新鲜的试样制备试件。

13.3.4 试验步骤

(1)将装有试样的环、支撑架、钢球定位器放入装有蒸馏水(估计沥青软化点不高于 80 ℃)或甘油(估计沥青软化点高于 80 ℃)的保温槽内,恒温 15 min。同时,钢球也置于其中。

(2)将达到起始温度的加热介质注入浴槽内,再将所有装置放入浴槽中,钢球置于定位器中,调整液面至深度标记。将温度计垂直插入适当位置,使其水银球的底部与环的下面齐平。

注:新煮沸的蒸馏水的加热起始温度应为(5±1)℃,甘油的加热起始温度应为(30±1)℃。

(3)将浴槽置于加热装置上,开始加热,使加热介质的温度在 3 min 后的升温速率达到 5 ℃/min。若温度的上升速率超过此规定范围,则此次试验失败,试验应重做。

(4)当两个环上的钢球下降至刚触及下支撑板时,记录温度计所示的温度。

13.3.5　试验结果

取两个温度值的算术平均值作为测定结果(沥青的软化点)。若两个温度值的差值超过 1 ℃,则应重新试验。

13.4　沥青脆点试验

13.4.1　目的与适用范围

本方法适用于测定各种沥青材料的弗拉斯脆点。

13.4.2　仪器与设备

(1)弗拉斯脆点仪。

由弯曲器、薄钢片、冷却装置构成,如图 13.5 所示。

(2)其他。

温度计(测定范围为 −38～30 ℃,分度值为 0.5 ℃)、工业酒精、干冰或其他冷却剂、天平(感量大于 0.01 g)、电炉、滤筛等。

13.4.3　试验准备

(1)称取(0.4±0.01)g 沥青试样,置于薄钢片上,并在电炉上慢慢加热。当沥青刚刚开始流动时,用镊子夹住薄钢片,前后左右摇动,使得沥青试样均匀地布满薄钢片表面,形成光滑的沥青薄膜。整个操作应在 5～10 min 之内完成。

(2)将制备的试样薄膜置于平稳的试验台上,在室温下冷却至少 30 min,并保护薄膜不得沾染灰尘。

(3)向脆点仪的玻璃管内注入工业酒精,注入量约为玻璃管容积的一半。

13.4.4　试验步骤

(1)将涂有沥青薄膜的薄钢片稍稍弯曲,并小心装入弯曲器的两个夹钳中间。

(2)将安装好的弯曲器置于大试管中,并安装好温度计,再将装有弯曲器的大试管置于圆柱形玻璃筒内。

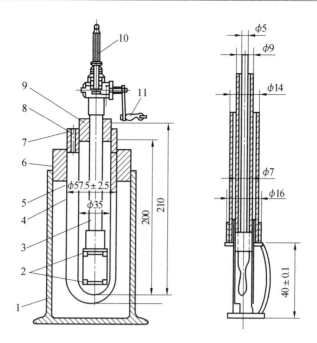

图 13.5 弗拉斯脆点仪示意图(单位:mm)

1—外筒;2—夹钳;3—硬质塑料管;4—真空玻璃管;5—试样管;6—橡胶塞;7—橡胶塞;8—冷却液通道;9—橡胶塞;10—温度计;11—摇把

(3)将干冰(或其他冷却剂)沿漏斗慢慢加入酒精中,控制温度下降的速度为 1 ℃/min。

(4)当温度达到离预计脆点温度约 10 ℃时,开始以 60 r/min 的速度转动摇把,直到摇不动为止。观察薄钢片上的沥青试模是否有裂缝,若听到断裂声,则不必再转动摇把,若无裂缝则以相同的速度转回。如此操作,每分钟使薄钢片弯曲一次。

(5)观察薄钢片上的沥青试模,出现一个或多个裂缝时的温度,即为试样的脆点。

13.4.5 试验结果

同一试样平行试验至少 3 次,每次试验都必须使温度回升至第一次试验相同的状态,取误差在 3 ℃范围以内的 3 个测定值的算术平均值作为试验结果,取整数。

13.5 沥青标准黏度试验

13.5.1 目的与适用范围

本方法采用道路沥青标准黏度计测定液体石油沥青、煤沥青、乳化沥青等材料流动状态时的黏度,采用 $C_{T,d}$ 表示(T 为试验温度,单位为℃;d 为沥青流出孔径,单位为 mm)。

13.5.2 仪器与设备

(1)道路沥青标准黏度计。

主要由水槽、盛样管、球塞、接受瓶组成。水槽为环形槽,中间有一圆井,井壁与水槽之间的间距不少于 55 mm。水槽中存有保温用液体(水或油)，上下方各设有一流水管，水槽置于可以调节高度的三脚架上，使得水槽底距试验台面约 200 mm。水槽的温度控制精度为±0.2 ℃。盛样管的管体采用黄铜制成，板底带流孔由磷青铜制成，其示意图如图 13.6 所示。盛样管的流孔尺寸有 3 mm、4 mm、5 mm 和 10 mm 4 种，误差范围为－0.025～0.025 mm。

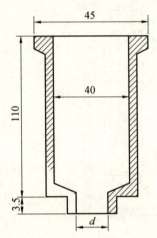

图 13.6　盛样管示意图(单位：mm)

球塞用以堵塞流孔，球塞直径有两种：12.7 mm 和 6.35 mm。10 mm 流孔选择直径为 12.7 mm 的球塞，其他流孔选择直径为 6.35 mm 的球塞。

接受瓶为圆柱形开口玻璃器皿，容积为 100 mL，在 25mL、50 mL、75mL、100 mL 处有刻度。

(2)恒温水槽。

(3)其他。

秒表、加热炉、大蒸发皿、肥皂水或矿物油。

13.5.3　试验准备

(1)根据沥青材料的种类和稠度，选择所需要流孔孔径的盛样管，置于水槽中，并用规定的球塞堵塞好流孔，流孔下放置蒸发皿，以备接受不慎流出的沥青试样。

(2)根据试验温度需要，调整恒温水槽的水温为试验温度的±0.1 ℃，并将其进出口与黏度计水槽的进出口连接，使热水能在水槽中正常循环。

13.5.4　试验步骤

(1)将试样加热至高出试验温度 2～3 ℃时，注入盛样管，数量以沥青液面达到球塞杆上的标记为准。

(2)试样在水槽中保持试验温度至少 30 min，用温度计轻轻搅拌沥青试样，测量试样的温度达到试验温度±0.1 ℃时，调整试样液面至球塞杆的标记处，再继续保温 1～3 min。

(3)将流孔下的蒸发皿移开，放置接受瓶，使其正对流孔。接受瓶中可先注入 25 mL 的肥皂水或矿物油，以利于洗涤以及读数准确。

(4)提起球塞,借助塞杆的标记悬挂在盛样管边上。当沥青试样流入接受瓶达 25 mL 时,按下秒表,开始计时,待试样流入 75 mL 时,按停秒表。

(5)记录沥青试样流入 50 mL 时,所用的时间,即为沥青试样的黏度。

13.5.5 试验结果

同一沥青试样至少进行两次平行试验,当两次测值之差不大于平均值的 4% 时,取平均值的整数作为试验结果。

13.6 沥青与粗骨料的黏附性试验

13.6.1 目的与适用范围

本方法适用于检验沥青与粗骨料表面的黏附性及评定粗骨料的抗水剥离能力。

对于最大粒径大于 13.2 mm 的粗骨料,应采用水煮法;对于最大粒径小于或等于 13.2 mm 的粗骨料,应采用水浸法。

13.6.2 仪器与设备

(1)恒温水箱。

保持温度在 (80 ± 1) ℃。

(2)拌合用小型容器。

容积约为 500 mL。

(3)天平。

称量范围为 500 g,感量不大于 0.01 g。

(4)标准筛。

9.5 mm、13.2 mm、19 mm 各 1 个。

(5)其他。

烘箱、烧杯(1000 mL)、铁丝网、细线、加热装置、玻璃板、搪瓷盘等。

13.6.3 试验准备

1. 水煮法试验

(1)将骨料通过 13.2 mm、19 mm 筛,取粒径为 13.2~19 mm 的形状接近立方体的规则骨料 5 个,用洁净水洗净,置于温度为 (105 ± 5) ℃的烘箱中烘干,然后放入干燥器中备用。

(2)将水注入大烧杯中,置于加热装置上煮沸。

2. 水浸法试验

(1)将骨料通过 9.5 mm、13.2 mm 筛,称取粒径为 9.5~13.2 mm 的形状规则的骨料 200 g,用洁净水洗净,置于温度为 (105 ± 5) ℃的烘箱中烘干,然后放入干燥器中备用。

(2)按规定方法准备沥青试样,加热至规定的拌合温度。

(3)将煮沸过的热水注入恒温水槽中,并保持温度在 (80 ± 1) ℃。

13.6.4 试验步骤

1. 水煮法试验

(1)将骨料逐个用细线在中部系牢,再置于温度为(105±5)℃的烘箱中 1 h。

(2)提起细线,将加热的骨料颗粒逐个提起,并浸入预先加热的沥青试样中(石油沥青为 130~150 ℃,煤沥青为 100~110 ℃)45 s,然后轻轻提出,使骨料颗粒表面完全被沥青薄膜裹覆。

(3)将裹覆沥青的骨料颗粒悬挂在试验架上,下面垫一张纸,使得多余的沥青流掉,并在室温下冷却 15 min。

(4)将骨料逐个用线提起,浸入大烧杯的沸水中央,调整加热装置,使得烧杯中的水保持微微沸腾状态,但不能有沸腾的泡沫。

(5)浸煮 3 min 后,将骨料从水中取出,观察骨料表面上沥青薄膜的剥落程度,并按表 13.3 评定黏附性等级。

表 13.3 沥青与粗骨料黏附性等级

试验后骨料表面上沥青薄膜的剥落情况	黏附性等级
沥青薄膜完全保存,剥落面积百分率接近 0	5
沥青薄膜少部分被水移动,厚度不均匀,剥落面积百分率小于 10%	4
沥青薄膜局部明显被水移动,基本保留在骨料表面上,剥落面积百分率小于 30%	3
沥青薄膜大部分被水移动,局部保留在骨料表面上,剥落面积百分率大于 30%	2
沥青薄膜完全被水移动,骨料基本裸露,沥青全部浮于水面上	1

2. 水浸法试验

(1)按准备的骨料按四分法称取 100 g,置于搪瓷盘上,一起放入已升温至沥青拌合温度以上 5 ℃的烘箱中持续加热 1 h。

(2)按每 100 g 骨料加入沥青(5.5±0.2)g 的比例称取沥青,放入小型拌合容器中,一起置于烘箱中加热 15 min。

(3)从烘箱中取出拌合容器,并将搪瓷盘中的骨料倒入拌合容器中,立即用小铲拌合均匀,使得骨料颗粒完全被沥青裹覆。然后立即取 20 个裹有沥青的骨料,用小铲置于玻璃板上,摊开,在室温下冷却 1 h。

(4)将放有骨料的玻璃板浸入温度为(80±1)℃的恒温水箱中,保持 30 min,并将剥离下来并浮于水面上的沥青,用纸片捞出。

(5)取出玻璃板,浸入水槽内的冷水中,观察骨料表面沥青剥落情况。评定剥离面积的百分率,按表 13.3 评定沥青与粗骨料的黏附性等级。

13.6.5 试验结果

水煮法试验时,同一试样应平行试验 5 个骨料颗粒。

评定剥离面积百分率应由两名以上经验丰富的试验人员目测评定,取平均等级作为试验结果。

第 14 章 沥青混合料试件制作方法

14.1 目的与适用范围

本方法适用于标准击实法或大型击实法制作沥青混合料试件,以进行沥青混合料物理力学性能检测使用。标准击实法适用于马歇尔试验、间接抗拉试验等所用的试件成型,试件为 ϕ101.6 mm×63.5 mm 的圆柱体。大型击实法适用于 ϕ152.4 mm×95.3 mm 的大型圆柱体试件的成型。

沥青混合料配合比设计或试验室进行人工配制时,制作试件应符合表 14.1 的规定。

表 14.1 沥青混合料试件制作规定

试件尺寸规定	试件直径大于等于 4 倍骨料公称最大粒径 试件厚度大于等于 1~1.5 倍骨料公称最大粒径
ϕ101.6 mm 试件	骨料公称最大粒径小于等于 26.5 mm 对于公称最大粒径大于 26.5 mm 的骨料,应采用等量的 13.2~26.5 mm 的骨料代替,或采用大型试件
ϕ152.4 mm 试件尺寸	骨料公称最大粒径小于等于 37.5 mm
1 组试件个数	不得少于 4 个

拌合厂或施工现场采集的沥青混合料制作 ϕ101.6 mm 试件时,应符合表 14.2 的规定。

表 14.2 沥青混合料 ϕ101.6 mm 试件制作要求

项目	骨料公称最大粒径小于等于 26.5 mm	骨料公称最大粒径在 26.5~31.5 mm 之间	骨料公称最大粒径大于 31.5 mm
取样方法	直接取样	过筛法取样或直接取样	过筛法取样
1 组试件个数	4 个	过筛法取样,试件数量为 4 个 直接取样,试件数量为 6 个	4 个

注:过筛法取样是指筛除 26.5 mm 的骨料后取样。

14.1.2 仪器设备

(1)击实仪。

标准击实仪由击实锤、ϕ98.5 mm 平圆形压实头及带手柄的导向棒组成。标准击实锤的质量为(4 536±9)g,击实锤从(457.2±1.5)mm 的高度沿着导向棒自由落下,击实试件。

大型击实仪组成同标准击实仪。击实锤的质量为(10 210±10)g,击实锤从(457.2±

2.5)mm的高度沿着导向棒自由落下,击实试件。

(2)标准击实台。

用以固定试模,由4根采用型钢固定在地面的木墩和木墩上的一块厚度为25 mm的钢板组成。

(3)试验室用沥青混合料拌合机。

能保证拌合温度恒定,并能充分均匀拌合沥青混合料,容量不小于10 L。

(4)脱模器。

电动或手动,可以无破损地将圆柱体试件推出试模。

(5)试模。

由高碳钢或工具钢制成,每组试模包括圆柱形金属筒、底座和套筒各一个。其示意图如图14.1所示。

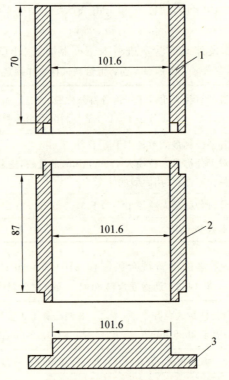

图14.1 圆柱体试件的试模与套筒示意图(单位:mm)
1—套筒;2—金属筒;3—底座

(6)其他。

烘箱、加热装置、称量装置(用于称骨料的装置感量不大于0.5 g,用于称沥青的装置感量不大于0.1 g)、加热沥青锅、标准筛、温度计(量程为0~300 ℃,分度值不大于1 ℃)、滤纸、胶布、卡尺、棉纱、秒表等。

14.1.3 试验准备

(1)确定试件制作的拌合和压实温度。

当缺乏沥青黏度测定条件时,温度按表14.3的规定选择。常温沥青混合料的拌合和压实温度在常温下进行。

表 14.3 沥青混合料拌合及压实温度 ℃

沥青混合料种类	拌合温度	压实温度
石油沥青	130～160	120～150
煤沥青	90～120	80～110
改性沥青	160～175	140～170

（2）在拌合厂和施工现场抽取的沥青混合料试样，置于烘箱或加热的砂浴上保温，并插入温度计测量温度，待温度达到要求后成型。

（3）试验室人工拌合沥青混合料，应按下列步骤进行。

① 将各种骨料置于(105±5)℃的烘箱中烘干至恒重。

② 按规定试验方法，分别测定不同粒径的粗细骨料及填料的各种密度，并测定沥青的密度。

③ 将烘干分级的骨料，按每个试件设计级配要求称量质量，并在金属盘中混合均匀。填料单独加热，并置于烘箱中预热至拌合温度以上约 15 ℃，备用。一般按一组试件的用量进行备料，但在配合比设计时宜对每个试件分别备料。

④ 用沾有少许黄油的棉纱擦拭试模、套筒以及击实座等，并置于 100 ℃ 的烘箱中加热 1 h 备用。

14.1.4 试验步骤

（1）将沥青混合料拌合预热至拌合温度以上 10 ℃ 备用。

（2）将每个试件预热的骨料置于拌合机中，用小铲适当混合，然后加入需要数量且已预热至拌合温度的沥青，开动机器，搅拌 1～1.5 min，然后暂停搅拌，加入已加热的填料，继续搅拌至混合料均匀。总拌合时间为 3 min。

（3）将拌合好的沥青混合料，均匀称取一个试件所需的用量（标准马歇尔试件约为 1 200 g，大型马歇尔试件约为 4 050 g），当已知沥青混合料的密度时，可根据试件的标准尺寸计算并乘 1.03 得到要求的混合料用量。

（4）从烘箱中取出预热的试模及套筒，将试模装在底座上，并垫上一张圆形吸油小的纸。按四分法从 4 个方向用小铲将混合料铲入试模中，用插刀或大螺丝刀沿周边插捣 15 次，中间 10 次。插捣后将沥青混合料表面整平成凸圆弧形表面。对于大型试件，混合料应分两次加入，每次插捣次数同上。

（5）将温度计插入混合料试件中心附近，检查混合料的温度。

（6）待混合料的温度达到压实温度时，将试模连同底座一起放在击实台上，并固定好。在装好的混合料上垫一张吸油性小的纸。再将装有击实锤和导向棒的压实头插入试模中。开动机器或人工将击实槌提至规定高度，并让击实槌自由落下，击实规定的次数（75 次、50 次或 35 次）。对于大型试件，击实次数为 75 次或 112 次。

（7）试件击实一面后，取下套筒，将试模掉头，装上套筒，然后采用同样的方法和次数击实试件的另一面。

（8）试件击实后，立即用镊子取掉垫纸，用卡尺量测试件离试模上口的高度，并由此计算出试件的高度。如高度不符合要求,则试件作废,应重新调整试件制作的用量。标准试件的高度应达到(63.5±1.3)mm,大型试件的高度应达到(95.3±2.5)mm。

(9)卸去套筒和底座,将装有试件的试模横向放置冷却至室温(不少于 12 h)。然后置于脱模机上,脱出试件,并置于干燥洁净的平面上待用。

14.2 压实沥青混合料密度试验

14.2.1 目的与适用范围

本方法适用于测定吸水率不大于2‰的各种沥青混合料试件的毛体积密度、相对密度。所测定的毛体积密度可用于计算沥青混合料试件的空隙率、矿料间隙等指标。

14.2.2 仪器设备

(1)浸水天平或电子秤。

当最大称量在 3 kg 以下时,感量不大于 0.1 g;当最大称量在3 kg 以上时,感量不大于0.5 g;当最大称量在 10 kg 以上时,感量不大于 5 g。

(2)溢流水箱。

有水位溢流装置,采用洁净水,能保持试件和网栏浸入水后的水位一定。

(3)试件悬吊装置。

用于悬吊天平下方的网栏和试件,吊线采用不吸水的细尼龙线绳,如图 14.2 所示。

(4)其他。

网栏、电风扇或烘箱、秒表、毛巾。

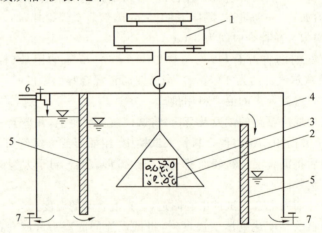

图 14.2 沥青混合料密度试验示意图
1—浸水天平或电子秤;2—试件;3—网篮;4—溢流水箱;5—水位隔板;
6—注水口;7—放水阀门

14.2.3 试验步骤

(1)选择适宜的浸水天平或电子秤,其最大称量应不小于试件质量的 1.25 倍,且不大于试件质量的 5 倍。

(2)除去试件表面的浮粒,称取干燥试件在空气中的质量。

(3)将试件挂上网栏,浸入溢流水箱中,调节水位,并将天平调平或复零。试件置于网栏中浸水 3～5 min,称取试件在水中的质量。若天平读数持续变化,不能很快达到稳定,说明试件吸水严重,不适用于此法,应改用蜡封法测定。

(4)从水中取出试件,用毛巾轻轻擦去表面的水分(注意不能吸走试件内的水分),称取试件的表干质量。

(5)对于从道路上钻取的试件,属于非干燥试件,可先称取水中质量,然后再采用电风扇将试件吹干至恒重,再称取试件在空气中的质量。

14.2.4 试验结果

(1)按下式计算试件的吸水率,精确至 0.1%:

$$S_a = \frac{m_f - m_a}{m_f - m_w} \times 100\% \tag{14.1}$$

式中 S_a——试件的吸水率,%;
m_f——干燥试件在空气中的质量,g;
m_w——试件在水中的质量,g;
m_f——试件的表干质量,g。

(2)按下式计算试件的相对密度和毛体积密度,精确至 0.001 g/cm³:

$$\gamma_f = \frac{m_a}{m_f - m_w} \rho_f = \frac{m_a}{m_f - m_w} \times \rho_w \tag{14.2}$$

式中 γ_f——试件的毛体积相对密度,无量纲;
ρ_f——试件的毛体积密度,g/cm³;
ρ_w——常温水的密度,g/cm³。

(3)按下式计算试件的空隙率,精确至 0.1%:

$$V_v = \left(1 - \frac{\gamma_f}{\gamma_t}\right) \times 100\% \tag{14.3}$$

式中 V_v——试件的空隙率,%;
γ_t——沥青混合料的理论最大相对密度,若实际测定有困难时,可采用下式计算。

(4)按下式计算试件的理论最大相对密度和理论最大密度,精确至 0.001 g/cm³:

①已知试件油石比例时,试件的最大相对密度按下式计算:

$$\gamma_t = \frac{100 + P_a}{\frac{P_1}{\gamma_1} + \frac{P_n}{\gamma_n} + \frac{P_a}{\gamma_a}} \tag{14.4}$$

式中 P_a——沥青混合料的油石比,%;
γ_a——沥青的相对密度;
$P_1 \cdots P_n$——各种骨料占矿料总质量的百分率,%;
$\gamma_1 \cdots \gamma_n$——各种骨料对水的相对密度。

②已知试件的沥青含量时,试件的最大相对密度按下式计算:

$$\gamma_1 = \frac{100}{\frac{P_1}{\gamma_1} + \cdots + \frac{P_n}{\gamma_n} + \frac{P_b}{\gamma_a}} \tag{14.5}$$

式中 P_b——沥青混合料中的沥青含量,%;

$P_1 \cdots P_n$——各种骨料占沥青混合料总质量的百分率,%。

③按下式计算试件的理论最大密度:

$$\rho_t = \gamma_t \times \rho_w \tag{14.6}$$

(5)按下式计算沥青的体积百分率,精确至 0.1%:

$$VA = \frac{P_b \times \gamma_f}{\gamma_a} VA = \frac{100 \times P_a \times \gamma_f}{(100 + P_a) \times \gamma_a} \tag{14.7}$$

式中 VA——沥青混合料试件的沥青体积百分率,%。

(6)按下式计算试件的矿料间隙率,精确至 0.1%:

$$VMA = VA + VV \quad VMA = (1 - \frac{\gamma_f}{\gamma_{sb}} \times P_s) \times 100\% \tag{14.8}$$

式中 VMA——沥青混合料试件的矿料间隙率,%;

P_s——沥青混合料中各种骨料占沥青混合料总质量的百分率之和,%;

γ_{sb}——全部骨料对水的相对密度,按下式计算。

$$\gamma_{sb} = \frac{100}{\frac{P_1}{\gamma_1} + \cdots + \frac{P_n}{\gamma_n}} \tag{14.9}$$

(7)按下式计算试件的沥青饱和度,精确至 0.1%:

$$VFA = \frac{VA}{VA + VV} \times 100\% \tag{14.10}$$

式中 VFA——沥青混合料试件的沥青饱和度,%。

14.3　沥青混合料马歇尔稳定度试验

14.3.1　目的与适用范围

本方法适用于马歇尔稳定度试验和浸水马歇尔稳定度试验,以进行沥青混合料配合比设计或检验沥青路面的施工质量。试验所采用的试件为标准马歇尔圆柱体试件和大型马歇尔圆柱体试件。

14.3.2　仪器设备

(1)沥青混合料马歇尔试验仪。

主要由加荷装置、上下压头、测试件垂直变形的千分表以及荷载读数装置构成,如图 14.3 所示。

(2)恒温水槽。

深度不小于 150 mm,水温控制精度为 1 ℃。

(3)真空饱水容器。

(4)其他。

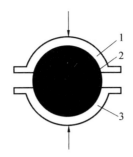

图 14.3 马歇尔稳定度试验示意图
1—上压头;2—试件;3—下压头

烘箱、天平(感量不大于 0.1 g)、温度计(分度值为 1 ℃)、卡尺、棉纱、黄油。

14.3.3 试验准备

(1)按标准击实法成型标准马歇尔试件,其尺寸为直径(101.6±0.2)mm、高度(63.5±1.3)mm,1 组试件的个数最小不得少于 4 个。大型马歇尔试件的尺寸为直径(152.4±0.2)mm、高度(95.3±2.5)mm。

(2)量测试件的实际直径和高度。采用卡尺测量试件中部的直径,并按十字对称的 4 个方向测量离试件边缘 10 mm 处的高度,精确至 0.1 mm,以平均值作为试件的高度。如试件高度不符合上述规定要求或两侧高度差大于 2 mm 时,则此试件作废。

(3)测定试件的密度、空隙率、沥青体积百分率、沥青饱和度和矿料间隙率。

(4)将恒温水槽中的温度调节至试验温度。黏稠石油沥青或烘箱养护过的乳化沥青混合料的试验温度为(60±1)℃,煤沥青混合料的试验温度为(33.8±1)℃。

14.3.4 试验步骤

1. 标准马歇尔试验方法

(1)将试件置于已达到规定温度的恒温水槽中,保温。标准马歇尔试件的保温需要 30~40 min,大型马歇尔试件的保温需要 45~60 min。保温时,试件之间应有间隔,并垫起试件,距离容器底部不小于 50 mm。

(2)将马歇尔试验仪的上下压头放入水槽或烘箱中,达到试件同样温度后,取出并擦拭干净。为使上下压头滑动自如,可在下压头的导棒上涂少量黄油。

(3)取出试件,置于下压头上,盖上上压头,然后装在加荷装置上。

(4)调整试验仪,使得所有读数表的指针指向零位。

(5)启动加荷装置,使试件受荷。加荷速度为(50±5)mm/min。

(6)当荷载达到最大值时,取下流值计。读取流值的读数和压力环中的百分表读数。

(7)从恒温水槽中取出试件至测出最大荷载值的时间,不超过 30 s。

2. 浸水马歇尔试验方法

与标准马歇尔试验方法不同之处在于,试件在已达到规定温度的恒温水槽中保温48 h。其余均与标准马歇尔试验方法相同。

14.3.5 试验结果

(1)确定试件的稳定度和流值。

①采用自动马歇尔试验仪时,将计算机采集的数据绘制成压力和变形曲线。曲线上的最大荷载即为稳定度,单位为"千牛(kN)";对应于最大荷载时的变形即为流值,单位为"毫米(mm)"。

②采用流值计和压力环时,根据压力环标定曲线,将压力环中百分表的读数换算为荷载值,或者由荷载测定装置读取最大值即为试件的稳定度,精确值为 0.01 kN;由流值计或位移传感器测定装置读取的试件垂直变形即为流值,精确值为 0.1 mm。

(2)按式(14.11)计算试件的马歇尔模数:

$$T = \frac{MS}{FL} \tag{14.11}$$

式中　T——试件的马歇尔模数,kN/mm;
　　　MS——试件的稳定度,kN;
　　　FL——试件的流值,mm。

(3)按式(14.12)计算试件的浸水残留稳定度:

$$MS_0 = \frac{MS_1}{MS} \times 100 \tag{14.12}$$

式中　MS_0——试件浸水后的残留稳定度,%;
　　　MS_1——试件浸水 48 h 后的稳定度,kN。

14.4　沥青混合料车辙试验

14.4.1　目的与适用范围

本方法适用于测定沥青混合料的高温抗车辙能力。

车辙试验的试验温度与轮压可根据有关规定和需要确定。非经注明,试验温度为 60 ℃,轮压为 0.7 MPa。

本方法适用于用轮碾压机成型的 300 mm×300 mm×50 mm 板块试件,也适用于现场切割制作的 300 mm×150 mm×50 mm 板块试件。

14.4.2　仪器设备

(1)车辙试验机。

主要由试验轮、试验台、加载装置、变形测量装置和温度测量装置构成。试验轮为橡胶制成的实心轮胎,轮宽为 50 mm,外径为 ϕ200 mm。试验台用于固定试模。

(2)试模。

由钢板制成。试模内侧尺寸为 300 mm×300 mm×50 mm。

(3)恒温室。

车辙试验机必须安放在恒温室内,室内温度应保持在(60±1)℃(试件内部温度为(60±

0.5)℃)或根据需要的其他温度范围。

(4)台秤。

称量 15 kg,感量不大于 5 g。

14.4.3 试验准备

(1)测定试验轮的接地压强。

试验温度为 60 ℃,在试验台上放置一块 50 mm 厚的钢板,在上面铺一张毫米方格纸,再在上面铺一张新复写纸。以 700 N 荷载试验轮静压复写纸,即可在方格纸上得出轮压面积,并由此求出试验轮的接地压强。当压强未在(0.7±0.05)MPa 之间,则荷载应予调整。

(2)制作试验用试块。

(3)试块成型后,连同试模一起在常温下放置 12 h 以上。对聚合物改性沥青混合料试块,放置时间以 48 h 为宜,但放置时间不得长于 1 周。

14.4.4 试验步骤

(1)将试块连同试模一起,置于已达试验温度的恒温室中,保温 5 h 以上,但不超过 24 h。

(2)在试块的试验轮不行走的部位粘贴一个热电偶温度计,以控制试块的温度稳定在(60±0.5)℃。

(3)将试块连同试模一起,置于车辙试验机的试验台上,试验轮处于试块的中央部位,其行走方向须与试块碾压或行车方向一致。

(4)开动试验机,使试验轮往返行走,时间约 1 h,或最大变形达到 25 mm 为止。

(5)试验时,试验机记录下变形曲线(图 14.4)和试块温度。

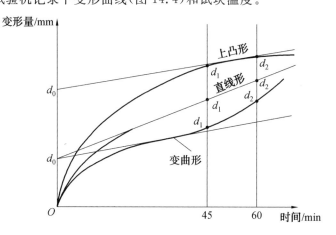

图 14.4 车辙试验自动记录的变形曲线

14.4.5 试验结果

(1)从图 14.4 上读取 45 min(t_1)和 60 min(t_2)的车辙变形量 d_1、d_2,精确至 0.01 mm。若变形过大,在未达到 60 min 时变形已达 25 mm,则取达到 25 mm 时对应的时间为 t_1,并将其前 15 min 记为 t_2,所对应的变形量为(d_1)。

(2)按下式计算沥青混合料试件的动稳定度。

$$DS = \frac{(t_2 - t_1) \times N}{d_2 - d_1} \times C_1 \times C_2 \tag{14.13}$$

式中　DS——沥青混合料的动稳定度,次/mm;
　　　d_1——对应于时间 t_1 的变形量,mm;
　　　d_2——对应于时间 t_2 的变形量,mm;
　　　C_1——试验机类型修正系数,曲柄连杆驱动试件的变速行走方式为 1.0,链驱动等速方式为 1.5;
　　　C_2——试件系数,试验室制备宽 300 mm 的试件为 1.0,从路面切割的宽 150 mm 的试件为 0.8;
　　　N——试验轮往返碾压的速度,通常为 42 次/min。

14.5　沥青混合料中沥青含量试验

14.5.1　目的与适用范围

本方法适用于采用离心分离法测定黏稠石油沥青拌制的沥青混合料中的沥青含量;适用于热拌热铺沥青混合料路面施工时,沥青含量的检测,用以评定沥青混合料的质量;也适用于旧路调查时检测沥青混合料中的沥青含量。

14.5.2　仪器设备

(1)离心抽提仪。
由试样容器及转速不小于 3 000 r/min 的离心分离器组成。
(2)回收瓶。
容量在 1 700 mL 以上。
(3)其他。
烘箱、天平(感量不大于 0001 g、1 mg 的天平各 1 台)、压力过滤装置、量筒(最小分度值为 1 mL)、圆环形滤纸、小铲金属盘、大烧杯等。
(4)材料。
三氯乙烯、碳酸铵饱和溶液。

14.5.3　试验准备

(1)将从运料卡车上采取的沥青混合料试样置于金属盘中适当拌合,待温度下降至 100 ℃以下时,用大烧杯装取 1 000~1 500 g 沥青混合料试样。
(2)从道路上采用钻机法或切割法取得的试样采用电风扇吹至完全干燥,然后置于烘箱中适当加热成松散状态取样。注意不得采用锤击方式,以防骨料破碎。

14.5.4　试验步骤

(1)向装有试样的大烧杯中注入三氯乙烯溶剂,并将其浸没,浸泡 30 min,用玻璃棒适当搅动,使得沥青充分溶解。

(2)将大烧杯中所有物质倒入离心分离器的容器中,并采用少量溶剂清洗烧杯及玻璃棒,清洗溶剂一并倒入容器中。

(3)取一圆环形滤纸,称量其质量,精确至 0.01 g。注意滤纸应完整、干净。

(4)将滤纸垫在分离器的容器边缘,盖上容器盖,在分离器出口处放置回收瓶。注意应密封回收瓶的上口,以防流出的液体成雾状散失。

(5)启动离心机,转速逐渐增至 3 000 r/min。观察沥青溶液通过出口处流入回收瓶的情况,待流出停止后停机。

(6)从离心机容器盖上的孔,加入新的三氯乙烯溶剂,数量与第一次大体相当,停留 3~5 min 后,重复上述操作。如此数次,直到流出的溶液成为清澈的淡黄色为止。

(7)卸下容器盖,取下圆环形滤纸,待滤纸上的溶剂完全蒸发后,置于(105±5)℃的烘箱中干燥至恒重。取出滤纸,称量其质量。所增重的部分(m_2)即为矿粉的质量。

(8)将容器中的骨料取出,待溶剂完全蒸发后,置于(105±5)℃的烘箱中干燥至恒重,然后置于干燥器中冷却至室温。取出,称量其质量(m_1)。

(9)采用压力过滤器过滤回收瓶中的沥青溶液,由滤纸增重(m_3)部分得出泄漏进沥青溶液中的矿粉质量。若无压力过滤器,可采用燃烧法测定。

燃烧法测定沥青溶液中矿粉质量的步骤:将回收瓶中的沥青溶液倒入量筒中;充分搅拌均匀,取 10 mL 溶液放入坩埚中;适当加热使溶液呈暗黑色后,置于高温炉中烧成残渣;待冷却后,向坩埚中按每 1 g 残渣 5 mL 的用量比例,注入碳酸铵饱和溶液,静置 1 h,放入 (105±5)℃的烘箱中干燥至恒重;取出,置于干燥器中冷却至室温,称量残渣的质量(m_4)。

14.5.5 试验结果

(1)按下式计算沥青混合料中矿质骨料的总质量:

$$m_a = m_1 + m_2 + m_3$$
$$m_3 = m_4 \times \frac{V_a}{V_b} \tag{14.14}$$

式中 m_a——沥青混合料中矿质骨料的总质量,g;

m_1——容器中的骨料干燥后的质量,g;

m_2——圆环形滤纸在试验前后的增加的质量,g;

m_3——泄漏进沥青溶液中的矿粉质量,g;

m_4——坩埚中燃烧干燥后的残渣质量,g;

V_a——沥青溶液的总量,mL;

V_b——取出燃烧干燥的沥青溶液数量(10 mL)。

(2)按下式计算沥青混合料中沥青含量:

$$P_b = \frac{m - m_a}{m}, \quad P_a = \frac{m - m_a}{m_a} \tag{14.15}$$

式中 m——沥青混合料的总质量,g;

P_b——沥青混合料中的沥青含量,%;

P_a——沥青混合料中的油石比,%。

同一沥青混合料试样至少进行两次平行试验,取平均值作为试验结果。两次试验结果的差值应小于0.3%;若大于0.3%但小于0.5%时,则应补充一次平行试验,以3次试验的平均值作为试验结果,3次试验的最大值和最小值之差不得大于0.5%。

第15章 钢 材

15.1 概 述

建筑钢材是主要的建筑材料之一。钢材材质均匀、性能可靠、强度高、塑性和韧性好,能够承受较大的冲击荷载和振动荷载。钢材具有良好的工艺性能,可焊接、铆接或螺栓连接,便于装配施工。其缺点是耐久性能差,容易锈蚀,维修费用高,耐火性能差。它广泛地应用于工业与民用建筑、桥梁工程等方面的钢结构和钢筋混凝土结构中。

15.1.1 钢与生铁

钢与生铁都是黑色金属,都属于Fe-C合金。钢是由生铁冶炼而成的。生铁是由铁矿石、熔剂、燃料在高炉中经还原反应、造渣反应而得的一种黑色金属。炼钢是向熔融的生铁中吹入空气或氧气,使生铁中的碳含量和杂质元素含量降低到一定程度,再经脱氧处理的工艺过程。理论上,碳质量分数在2%以下,杂质元素含量较少的Fe-C合金称为钢。

15.1.2 钢的分类

钢的分类方法较多,可按冶炼炉种、脱氧程度、化学成分、质量和用途等方面进行分类。

常用的炼钢炉有转炉、平炉和电炉。建筑钢材一般使用转炉钢和平炉钢。转炉炼钢效率较高,生产成本较低,但钢的化学成分不容易精确控制,质量较差。转炉按照吹入气体不同,又分为空气转炉和氧气转炉。平炉炼钢冶炼时间较长,钢的化学成分可以精确控制,炼成的钢质量较好,其缺点是生产效率较低,成本较高。电炉炼钢是以电为能源进行加热的一种炼钢方法,电炉炼钢质量最好,但能耗大,生产成本高,一般建筑钢材很少使用电炉钢。

在炼钢过程中,不可避免地有部分氧化铁残留在液态钢中,使钢的质量降低。因此在炼钢后期精炼时,需要进行脱氧处理。按照脱氧程度不同,钢可分为沸腾钢、镇静钢和半镇静钢,脱氧程度不同的钢其特点不同,沸腾钢、镇静钢和半镇静钢的代号及特点见表15.1。

表 15.1 沸腾钢、镇静钢和半镇静钢的代号及特点

钢种名称	脱氧程度	铸锭时的特点	性能	应用	代号
沸腾钢	不完全	大量气体溢出,引起钢水沸腾	组织不够致密,气泡含量较高,化学偏析较严重,质量较差,但出材率较高,成本低	一般建筑结构	F
镇静钢	完全	锭模内钢水平静冷却	组织致密,化学成分均匀,机械性能好,质量较高,但成本较高	承受冲击、振动荷载或重要焊接结构	Z
半镇静钢	介于沸腾钢和镇静钢两者之间				b

钢按化学成分分为碳素钢和合金钢。

钢按质量分为普通钢、优质钢和高级优质钢。

钢按用途分为结构钢、工具钢和特殊钢。

15.1.3　建筑钢材主要品种

钢经过加工生产成为钢材,建筑钢材是建筑工程中使用的各种钢材的统称。建筑钢材按用途分为钢结构用钢材(如各类型钢、钢板、钢管等)和钢筋混凝土结构用钢材(如各类钢筋、钢丝、钢绞线等)两类,建筑钢材主要品种见表15.2。

表15.2　建筑钢材主要品种

建筑钢材种类		主要品种
钢结构用钢材	型钢	热轧工字钢、热轧轻型工字钢、热轧槽钢、热轧轻型槽钢、热轧等边角钢、热轧不等边角钢等
	钢板	热轧厚板(厚度大于4 mm)、热轧薄板(厚度为0.35~4 mm)、冷轧薄板(厚度为0.2~4 mm)、压型钢板
	钢管	焊接钢管、无缝钢管
钢筋混凝土结构用钢材	钢筋	热轧光圆钢筋、热轧带肋钢筋、热处理钢筋、冷轧带肋钢筋
	钢丝	光面钢丝、螺旋肋钢丝、刻痕钢丝
	钢绞线	1×2、1×3、1×7结构钢绞线 Ⅰ级松弛钢绞线、Ⅱ级松弛钢绞线

15.2　钢材的主要技术性能

钢材的技术性能包括力学性能、工艺性能和化学性能三个方面。力学性能是指钢材在外力作用下所表现出来的性能,包括拉伸性能、冲击韧性、疲劳强度和硬度等;工艺性能是指钢材在加工过程中所表现出来的性能,包括冷弯性能、焊接性能和冷加工强化及时效等;化学性能是指钢材内部的不同化学元素对钢材性能的影响,以及在与外部环境不同化学物质接触时所发生的各种化学变化。

15.2.1　拉伸性能

钢材在建筑结构中的主要受力形式是受拉,因此,拉伸性能是建筑钢材的重要技术性能。在常温下采用拉伸性能试验方法测得钢材的屈服点、抗拉强度和伸长率是评定钢材力学性能的主要技术指标和重要依据。

钢材的拉伸性能试验,首先要按规定取样制作一组试件,然后放在力学试验机上进行拉伸试验,绘制出应力—应变图(图15.1、图15.2),将测得的指标与标准规定进行比较,最后做出拉伸性能是否合格的结论。

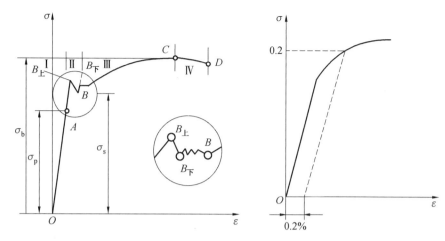

图 15.1 低碳钢拉伸性能应力－应变图　　图 15.2 中、高碳钢拉伸性能应力－应变图

低碳钢和中、高碳钢的拉伸性能差异较大，现分述如下。

1.低碳钢的拉伸性能

低碳钢的含碳量低，强度较低，塑性较好。从其应力－应变图中可以看出，低碳钢从受拉至拉断经历了 4 个阶段：弹性阶段（OA）、屈服阶段（AB）、强化阶段（BC）和颈缩阶段（CD）。

（1）弹性阶段（OA）。

钢材表现为弹性。在图 15.1 中 OA 段为一条直线，应力与应变呈正比关系，A 点所对应的应力称为比例极限，用"σ_p"表示，单位为"MPa"。

（2）屈服阶段（AB）。

钢材的应力超过 A 点后，开始产生塑性变形。当应力达到 $B_上$ 点（上屈服点）后，瞬时下降至 $B_下$ 点（下屈服点），变形迅速增加，似乎钢材不能承受外力而屈服。由于 $B_下$ 点比较稳定，便于测得，因此将 $B_下$ 点所对应的应力称为屈服点（或屈服强度），用"σ_s"表示，单位为"MPa"。

（3）强化阶段（BC）。

当应力超过屈服点后，钢材内部的晶格发生了畸变，阻止了晶格进一步滑移，钢材得到了强化，应变随应力的增加而增加。最高点 C 点对应的应力为钢材的最大应力，称为极限抗拉强度或抗拉强度，用"σ_b"表示，单位为"MPa"。

（4）颈缩阶段（CD）。

钢材抵抗变形的能力明显降低，应变迅速发展，应力逐渐下降，试件被拉长，并在试件的某一部位横截面急剧缩小而断裂。

低碳钢拉伸性能试验后，可测得屈服强度、抗拉强度和伸长率。

屈服点（σ_s）按下式计算：

$$\sigma_s = \frac{F_s}{A_0} \tag{15.1}$$

式中　σ_s——试件屈服点（MPU）；

F_s——屈服点荷载，；

A_0——试件横截面面积，mm^2。

当钢材受力超过屈服点后,会产生较大的塑性变形,不能满足使用要求。因此屈服点是结构设计中钢材强度的取值依据,是工程结构计算中非常重要的一个参数。

抗拉强度(σ_b)按下式计算:

$$\sigma_b = \frac{f_1}{A_0} \tag{15.2}$$

式中 σ_b——试件的抗拉强度,MPa;
F_1——极限破坏荷载,N;
A_0——试件横截面面积,mm^2。

抗拉强度是钢材抵抗拉断的最终能力。

工程中所用的钢材,不仅应具有较高的屈服点,并且应具有一定的屈强比。屈强比(σ_s/σ_b)是钢材屈服点与抗拉强度的比值,是反映钢材利用率和结构安全可靠程度的一个比值。屈强比越小,表明结构的安全可靠程度越高,但此值过小,钢材强度的利用率会偏低,会造成钢材浪费。因此建筑钢材应当有适当的屈强比,以保证既经济又安全。建筑钢材合理的屈强比一般为 0.60~0.75。

伸长率(δ)按下式计算:

$$\delta = \frac{l_1 - l_0}{l_0} \times 100\% \tag{15.3}$$

式中 l_0——试件的标距,mm;
l_1——试件拉断后,标距的伸长长度,mm。

将拉断后的钢材试件在断口处拼合起来,即可测出标距伸长后的长度 l_1。伸长率越大,则钢材的塑性越好。伸长率的大小与标距 l_0 有关,当标距取 $5d$ 时,试件称为短试件,所测出的伸长率用"δ_5"表示;标距取 $10d$ 时,试件称为长试件,所测出的伸长率用"δ_{10}"表示。对于同一种钢材而言,$\delta_5 > \delta_{10}$ 钢材应具有一定的塑性变形能力,以保证钢材内部应力重新分布,避免应力集中,而不至于产生突然的脆性破坏。

2. 中、高碳钢的拉伸性能

中碳钢、高碳钢的拉伸性能与低碳钢的拉伸性能不同,无明显的屈服阶段,如图 15.2 所示。由于屈服阶段不明显,难以测定其屈服点,一般以条件屈服点代替。条件屈服点是钢材产生 0.2% 塑性变形所对应的应力值,用"$\sigma_{0.2}$"表示,单位为"MPa"。中、高碳钢拉伸性能试验后,同样可测得两个强度指标——条件屈服点、抗拉强度及一个塑性指标——伸长率。

15.2.2 冲击韧性

冲击韧性是指钢材抵抗冲击荷载而不破坏的能力,用冲击值(a_u)表示,单位为 J/cm^2(即钢材试件单位面积所消耗的功)。对于直接承受动荷载作用,或在温度较低的环境中工作的重要结构,必须按照有关规定对钢材进行冲击韧性的检验。

检验时,先将钢材加工成为带刻槽的标准试件,再将试件放置在冲击试验机的固定支座上,然后以摆锤冲击带刻槽试件的背面,使其承受冲击而断裂。冲击值 α_k 越大,冲断试件所消耗的功越多,表明钢材的冲击韧性越好。

影响钢材冲击韧性的因素很多,如钢材内部的化学偏析、金属夹渣、焊接微裂缝等,都会使钢材的冲击韧性显著下降,环境温度对钢材的冲击韧性影响也很大。

试验表明,冲击韧性会随环境温度的下降而下降。开始时,下降缓和,当达到一定温度范围时,会突然大幅度下降,从而使得钢材呈现脆性,这时的温度称为钢材的脆性临界温度。钢材的脆性临界温度值越低,表明钢材的低温抗冲击性能越好。在北方室外工程,应当选用脆性临界温度较环境温度低的钢材。

15.2.3 疲劳强度

疲劳破坏是指钢材在交变荷载反复多次作用下,可能在最大应力远远低于屈服强度的情况下而突然破坏的现象,用疲劳强度表示,单位为 MPa。疲劳破坏是突然发生的,因而具有很大的危险性。

疲劳强度是指钢材试件在承受 10^7 次交变荷载作用下,不发生疲劳破坏的最大应力值。在设计承受反复荷载且需要进行疲劳验算的结构时,应当知道钢材的疲劳强度。

钢材的疲劳破坏是由拉应力引起,首先是局部开始形成微细裂纹,其后由于微细裂纹尖端处产生的应力集中而使裂纹迅速扩展直至钢材断裂。因此,钢材内部的化学偏析、金属夹渣以及最大应力处的表面光滑程度、加工损伤等,都会对钢材的疲劳强度产生影响。

15.2.4 硬度

硬度是指钢材抵抗硬物压入表面的能力,常用布氏硬度(HB)和洛氏硬度(HR)表示。

检测钢材布氏硬度时,以一定的静荷载把一淬火钢球压入钢材表面,然后测出压痕的面积或深度来确定钢材硬度大小,如图 15.3 所示。

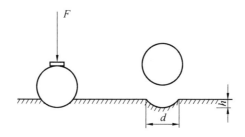

图 15.3 钢材硬度检测示意图

各类钢材的布氏硬度值与其抗拉强度之间有较好的相关性。钢材的抗拉强度越高,抵抗塑性变形越强,硬度值越大。

试验表明,当低碳钢的 HB<175 时,其抗拉强度与布氏硬度之间关系的经验公式为:$\sigma_b = 0.36 HB$。

根据上述经验公式,可以通过直接在钢结构上测出钢材的布氏硬度估算钢材的抗拉强度。

15.2.5 冷弯性能

冷弯性能是指钢材在常温下承受弯曲变形的能力。钢材的冷弯性能通过冷弯试验来检验,必须合格。

冷弯试验时,先按规定取样制作试件,查找相关质量标准确定试件的弯曲角度(a)和弯心直径与试件厚度的比值(d/a),然后如图 15.4 所示,在常温下对试件进行冷弯。在试件弯曲的外表面或侧面无裂纹、断裂或起层现象,则钢材的冷弯性能合格。

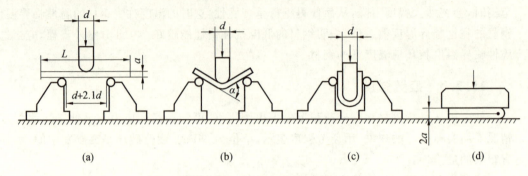

图 15.4　钢材冷弯试验示意图

冷弯性能和伸长率一样,都能反映钢材的塑性性能。伸长率是反映钢材在均匀拉伸变形下的塑性,而冷弯是反映钢材在不利变形条件下的塑性,是对钢材塑性更严格的检验。冷弯试验能暴露出钢材内部存在的质量缺陷,如气孔、金属夹渣、裂纹和严重偏析等。同时冷弯试验对焊接质量也是一种严格的检验,能暴露出焊接接头处存在的质量缺陷。

15.2.6　焊接性能

钢材在焊接过程中,高温作用使得焊缝周围的钢材产生硬脆性倾向。焊接性能是指钢材在焊接后,焊接接头的牢固程度和硬脆性倾向大小的性能。焊接性能好的钢材,焊接后,接头处牢固可靠,硬脆性倾向小,且强度不低于原有钢材的强度。

影响钢材焊接性能的因素很多,如钢材内部的化学成分及其含量、焊接方法、焊接工艺、焊接件的尺寸和形状以及焊接过程中是否有焊接应力发生等。当钢材内部的含碳量高、含硫量高、合金元素含量高时,都会降低钢材的焊接性能。

焊接结构应选含碳量较低的氧气转炉钢或平炉镇静钢。当采用高碳钢、合金钢时,焊接一般要采用焊前预热及焊接后热处理等措施。

15.2.7　冷加工强化及时效

1. 冷加工强化

在常温下,对钢材进行加工处理,使之产生塑性变形,从而达到提高屈服强度的方法称为冷加工强化。冷加工包括冷拉、冷轧和冷拔等。钢材经冷加工后,其屈服强度会提高,但同时其塑性和韧性会降低。

冷加工强化的原因是钢材在冷加工时,其内部应力超过了屈服强度,造成晶格滑移,使晶格的缺陷增多,晶格严重畸变,对其他晶格的进一步滑移产生阻碍作用,使得钢材的屈服强度提高,而随着可以利用的滑移面的减少,钢材的塑性和韧性随之降低。

2. 时效

钢材在使用前,放置一段时间,其屈服点、抗拉强度和硬度会随时间延长而增长,而塑性和韧性会降低的现象称为时效。一般情况下,钢材的时效过程需要几十年的时间,但经冷加工强化后,这一过程可以大大缩短(常温下为 15～20 d,人工加热 100～200 ℃需 2 h 左右)。

钢材经冷加工强化和时效处理后,其性能发生很大的变化,在其应力-应变图上可明显看到,如图 15.5 所示。

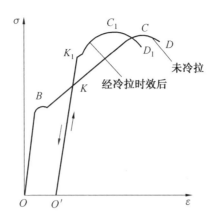

图 15.5 钢材冷加工强化和时效处理后的应力－应变图

$OBCD$ 是未经冷加工强化和时效的低碳钢拉伸应力－应变曲线。将钢材拉伸至超过屈服点达到强化阶段的任意点 K,然后卸去荷载,此时钢材已产生塑性变形。当拉力撤销时,钢材将沿 KO' 下降至 O' 点。

如立即重新拉伸,则应力－应变图由 O' 点开始,经 $O'KCD$ 至 D 点断裂,屈服点上升至 K 点,抗拉强度不变,这是冷加工强化后的应力－应变图。

如在 K 点卸荷后,将试件进行时效处理(自然时效或人工时效),然后再拉伸,则应力－应变曲线将沿 $O'KK_1C_1D_1$ 发展,表明钢材经冷加工强化和时效后,其屈服点和抗拉强度都有不同程度提高,但其塑性和韧性都有一定程度降低。

在建筑工程中,对于承受冲击荷载和振动荷载的钢材,不得采用冷加工的钢材。由于焊接会降低钢材的性能,因此,冷加工钢材的焊接必须在冷加工前进行。

15.2.8 化学元素对钢材性能的影响

钢是铁碳合金,其内部除铁、碳元素外,还含有许多其他元素,按对钢性能的影响,将这些元素分为有利元素和有害元素,如硅、锰、钛、铝、钒、铌等对钢性能有有利影响,为有利元素,而磷、硫、氧、氮等这些元素对钢性能有有害影响,为有害元素。

1. 碳

碳是决定钢性能的最主要元素。通常其质量分数在 $0.04\%\sim1.7\%$ 之间(大于 2.06% 时为生铁,小于 0.04% 为工业纯铁)。在碳质量分数小于 0.8% 时,随着碳含量的增加,钢的强度和硬度提高,而塑性和韧性下降,钢的冷弯性能、焊接性能也下降。

普通碳素钢和低合金钢的碳质量分数一般在 $0.10\%\sim0.45\%$ 之间,焊接结构用钢的碳质量分数一般在 $0.12\%\sim0.22\%$ 之间,碳含量变化幅度越小,其可焊性越有保证,机械性能也越稳定。

2. 硅

硅是钢中的有效脱氧剂。硅含量越多,钢材的强度和硬度就高,但硅含量过多时会使钢材的塑性和韧性降低很多,并会增加钢材冷脆性和时效敏感性,降低钢材的焊接性能。因此,钢中的硅含量不宜太多,在碳素钢中一般不超过 0.4%,在低合金钢中因有其合金他元素存在,其含量可以稍多些。

3. 锰

锰是钢中的主要脱氧剂之一,同时有除硫的作用。当锰质量分数在0.8%~1.0%时,可显著提高钢的强度和硬度,几乎不降低钢的塑性和韧性,同时对焊接性能影响不大。如果钢中锰含量过多,则会降低钢的焊接性能。因此,钢中的锰含量也应在规定的范围之内。与硅相似,在低合金钢中,由于有其他合金元素存在,其含量也可以稍多些。

4. 钛

钛是钢中很好的脱氧剂和除气剂,能够使钢的晶粒细化,组织致密,从而改善钢的韧性和焊接性能,提高钢的强度。但加入钛含量过多会显著降低钢的塑性和韧性。

5. 磷

磷是钢中有害元素,由炼钢原料带入。磷会使钢的屈服点和抗拉强度提高,但磷在钢中会部分形成脆性很大的化合物Fe_3P,使得钢的塑性和韧性急剧降低,特别是低温下的冲击韧性降低更显著,这种现象称为冷脆性。此外,磷在钢中偏析较为严重,分布不均,更增加了钢的冷脆性。

6. 硫

硫是钢中极为有害的元素,在钢中以硫化铁夹杂物形式存在。在钢热加工时,硫易引起钢的脆裂,降低钢的焊接性能和韧性等,这种现象称为热脆性。

7. 氧、氮

氧和氮也是钢中的有害元素,会显著降低钢的塑性、韧性、冷弯性能和焊接性能。

15.2.9 钢材锈蚀及防护

钢材锈蚀是指钢表面与周围介质发生化学反应或电化学反应而遭到侵蚀的过程。钢材与周围介质发生的化学反应主要是氧化反应,使得钢材表面形成疏松的氧化物。钢材本身含有多种化学元素,这些成分的电极电位不同,会形成很多微电池,产生电化学反应。在潮湿环境中,钢材表面会覆盖一层水膜,在阳极,铁被氧化成Fe^{2+}离子进入水膜;而在阴极、氧被还原成OH^-;两者结合成为不溶于水的$Fe(OH)_2$并进一步氧化成疏松易剥落的$Fe(OH)_3$,红棕色的铁锈。

钢材锈蚀会使得钢结构有效截面减小,浪费钢材,而且会形成程度不同的锈坑、锈斑,造成应力集中,加速结构破坏。若受到冲击荷载或循环交变荷载作用,还将产生锈蚀疲劳现象,引起钢材疲劳强度显著下降,甚至出现脆性断裂。

钢材锈蚀的主要影响因素有环境湿度、侵蚀性介质、钢材的材质及其表面状况等。钢材锈蚀时,其体积增大,在钢筋混凝土中会使得周围的混凝土膨胀开裂。

要防止钢材锈蚀,可采用在钢材表面加做保护层或加入合金元素的方法。保护层可以使钢材与周围介质隔离,从而起到防止锈蚀的作用。在钢中加入合金元素如钛、铬、镍、铜等都可以提高钢的耐锈蚀能力。

在钢筋混凝土结构中,钢筋表面被混凝土包裹保护,且混凝土中的碱性会使钢筋表面形成一层钝化膜,一般不易锈蚀。工程中,主要从两个方面来防止钢筋锈蚀:一是严格控制混凝土质量,使得其具有较高的密实程度;二是确保钢筋表面有足够的混凝土保护层厚度,以防止空气和水分进入。对于重要的预应力混凝土结构,还可采用在混凝土中加防锈剂或在钢筋表面镀锌、镀镍等措施。

15.3 常用钢的品种、质量标准和应用

工程中常用钢品种主要有碳素结构钢和低合金结构钢两种。另外在钢丝中也部分使用了优质碳素结构钢。

15.3.1 碳素结构钢

碳素结构钢在各类钢中产量最大,用途最广。多加工成热轧钢板、型钢和异形型钢等。

碳素结构钢按屈服点数值分为 Q195、Q215、Q235、Q255、Q275 5 个不同强度等级的牌号;按硫磷杂质含量分为 A、B、C、D 4 个质量等级;按脱氧程度不同分为特殊镇静钢(TZ)、镇静钢(Z)、半镇静钢(b)和沸腾钢(F)。

碳素结构钢的牌号由 4 个部分组成:

【举例】Q235—B·F

①Q——第一部分,为"屈"字拼音的第一个字母;
②235——第二部分,表示该碳素结构钢的屈服点应大于 235 MPa;
③B——第三部分,表示碳素结构钢的质量等级为 B 级;
④F——第四部分,表示碳素结构钢的脱氧程度为沸腾钢。

碳素结构钢的化学成分必须符合《碳素结构钢》(GB/T 700—2006)的有关规定,见表 15.3。

表 15.3 碳素结构钢的化学成分

牌号	等级	C	Mn	Si	S	P	脱氧程度
Q195	—	0.06~0.12	0.25~0.50	≤0.30	≤0.050	≤0.045	F、b、Z
Q215	A	0.09~0.15	0.25~0.55	≤0.30	≤0.050	≤0.045	F、b、Z
	B				≤0.045		
Q235	A	0.14~0.22	0.30~0.65	≤0.30	≤0.050	≤0.045	F、b、Z
	B	0.12~0.20	0.30~0.70		≤0.045		
	C	≤0.18	0.35~0.80		≤0.040	≤0.040	Z
	D	≤0.17			≤0.035	≤0.035	TZ
Q255	A	0.18~0.28	0.40~0.70	≤0.30	≤0.050	≤0.045	Z
	B				≤0.045		
Q275	—	0.20~0.38	0.50~0.80	≤0.35	≤0.050	≤0.045	Z

碳素结构钢的拉伸性能、冲击韧性和冷弯性能应符合表 15.4 和表 15.5 的规定。

表 15.4 碳素结构钢的拉伸性能

牌号	等级	屈服点 σ_0/MPa,≥						抗拉强度/MPa	伸长率 δ_5/%,≥					
		钢材厚度(直径)/mm							钢材厚度(直径)/mm					
		≤16	16~40	40~60	60~100	100~150	>150		≤16	16~40	40~60	60~100	100~150	>150
Q195	—	195	185					315~430	33	32	—	—	—	—
Q215	A B	215	205	195	185	175	165	335~450	31	30	29	28	27	26
Q235	A B C D	235	225	215	205	195	185	375~500	26	25	24	23	22	21
Q255	A B	255	245	235	225	215	205	410~550	24	23	22	21	20	19
Q275	—	275	265	255	245	235	225	490~630	20	19	18	17	16	15

表 15.5 碳素结构钢的冲击韧性和冷弯性能

牌号	等级	冲击试验		冷弯试验 $B=2a(180°)$				
		温度/℃	V型冲击功(纵向)/J	牌号	试样方向	钢材厚度(直径)/mm		
						60	60~100	100~200
						弯心直径 d		
Q195	—	—	—	Q195	纵	0	—	—
					横	0.5a		
Q215	A	—	—	Q215	纵	0.5a	1.5a	20
	B	20	≥27		横	a	2a	2.50
Q235	A	—	—	Q235	纵	a	2a	2.50
	B	20	≥27		横	1.5a	2.5a	3a
	C	0		Q255	—	2a	3a	3.5a
	D	−20		Q275	—	3a	4a	4.5a
Q255	A	—	—			—		
	B	20	≥27					
Q275	—	—	—					

注:B 为试样宽度,a 为钢材厚度(直径)。

Q235 号钢中碳的质量分数在 0.14%~0.22%之间,属低碳钢,具有较高的强度、良好的塑性、韧性和焊接性能,综合性能好,能满足一般钢结构和钢筋混凝土结构用钢的要求,在建筑工程中应用最广泛。常轧制成钢筋和各种型钢。

Q195、Q215号钢的碳含量较低,强度低,塑性和韧性好,其加工性能和焊接性能良好。其主要用于轧制薄板和盘条,制造铆钉和螺栓等。

Q255、Q275号钢的强度较高,硬度较大,耐磨性较好,但塑性和韧性较差,焊接性能也较差,不易焊接和冷弯加工。其可用于轧制带肋钢筋和螺栓连接配件,但多用于机械零件和工具等。

15.3.2 低合金结构钢

低合金结构钢是在碳素结构钢的基础上加入少量合金元素(合金元素质量分数小于5%)的结构钢。其屈服点、抗拉强度、耐磨性、耐锈蚀和耐低温性能均较高。与碳素结构钢相比,可节约钢材20%~30%,而成本提高并不显著。

低合金结构钢按屈服点数值分为Q295、Q345、Q390、Q420、Q460 5个不同强度等级的牌号,其表示方式与碳素结构钢相同;按杂质元素含量分为A、B、C、D、E 5个质量等级。

低合金结构钢的化学成分必须符合《低合金高强度结构钢》(GB/T1591—2018)的规定,见表15.6。

表15.6 低合金高强度结构钢的化学成分　　%

牌号	质量等级	化学成分(质量分数)													
		C	Si	Mn	P	S	Nb	V	Ti	Cr	Ni	Cu	N	Mo	B	Als
					≤											≥
Q345	A	≤0.20	≤0.50	≤1.70	0.035	0.035	0.07	0.15	0.20	0.30	0.50	0.30	0.012	0.10	—	—
	B				0.035	0.035										
	C				0.030	0.030										
	D	≤0.18			0.030	0.025										0.015
	E				0.025	0.020										
Q390	A	≤0.20	≤0.50	≤1.70	0.035	0.035	0.07	0.20	0.20	0.30	0.50	0.30	0.015	0.10	—	—
	B				0.035	0.035										
	C				0.030	0.030										
	D	≤0.50			0.030	0.025										0.015
	E				0.025	0.020										
Q420	A	≤0.20	≤0.50	≤1.70	0.035	0.035	0.07	0.20	0.20	0.30	0.80	0.30	0.015	0.20	—	—
	B				0.035	0.035										
	C				0.030	0.030										
	D	≤0.50			0.030	0.025										0.015
	E				0.025	0.020										

续表15.6

牌号	质量等级	化学成分(质量分数)													
		C	Si	Mn	P	S	Nb	V	Ti	Cr	Ni	Cu	N	Mo	B	Als
		≤														≥
Q460	C	≤0.20	≤0.60	≤1.80	0.030	0.030	0.11	0.20	0.20	0.30	0.80	0.55	0.015	0.20	0.04	0.015
	D				0.030	0.025										
	E				0.025	0.020										
Q500	C	≤0.18	≤0.60	≤1.80	0.030	0.030	0.11	0.12	0.20	0.60	0.80	0.55	0.015	0.20	0.004	0.015
	D				0.030	0.025										
	E				0.025	0.020										
Q550	C	≤0.18	≤0.60	≤2.00	0.030	0.030	0.11	0.12	0.20	0.80	0.80	0.80	0.015	0.30	0.004	0.015
	D				0.030	0.025										
	E				0.025	0.020										
Q620	C	≤0.18	≤0.60	≤1.80	0.030	0.030	0.11	0.12	0.20	1.00	0.80	0.80	0.015	0.30	0.004	0.015
	D				0.030	0.025										
	E				0.025	0.020										
Q690	C	≤0.18	≤0.60	≤1.80	0.030	0.030	0.11	0.12	0.20	1.00	0.80	0.80	0.015	0.30	0.004	0.015
	D				0.030	0.025										
	E				0.025	0.020										

注:型材及棒材 P、S 含量可提高 0.005%,其中 A 级钢上限可为 0.045%;
当细化晶粒元素组合加入时,20(Nb+V+Ti)≤0.22%,20(Mo+Cr)≤0.30%。

低合金结构钢的拉伸性能、冲击韧性和冷弯性能应符合表15.7～15.9 的规定。

表 15.7 低合金高强度结构钢的拉伸性能

牌号	质量等级	拉伸试验																			
		以下公称厚度(直径、边长)下屈服强度(R_{eL})/MPa								以下公称厚度(直径、边长)抗拉强度(R_m)/MPa						断后伸长率(A)/mm						
																公称厚度(直径、边长)						
		≤16	16~40	40~61	63~80	80~100	100~150	150~200	200~250	250~400	≤40	40~63	63~80	80~100	100~150	150~250	250~400	≤40	40~63	63~100	100~150	150~250	250~400
Q345	AB	≥345	≥335	≥325	≥315	≥305	≥285	≥275	≥265	—	470~630	470~630	470~630	470~630	450~600	450~600	—	≥20	≥19	≥19	≥18	≥17	—
	C																						
	DE									≥265							450~600	≥21	≥20	≥20	≥19	≥18	≥17

续表15.7

牌号	质量等级	拉伸试验																	
		以下公称厚度(直径、边长)下屈服强度(R_{eL})/MPa								以下公称厚度(直径、边长)抗拉强度(R_m)/MPa						断后伸长率(A)/mm					
																公称厚度(直径、边长)				
		≤16	16~40	40~61	63~80	80~100	100~150	150~200	200~250	250~400	≤40	40~63	63~80	80~100	100~150	150~250	250~400	≤40	40~63	63~100	100~150	150~250	250~400
Q390	A B C D E	≥390	≥370	≥350	≥330	≥330	≥310	—	—	—	490~650	490~650	490~650	490~650	470~620	—	—	≥20	≥19	≥19	≥18	—	—
Q420	A B C DE	≥420	≥400	≥380	≥360	≥360	≥340	—	—	—	520~680	520~680	520~680	520~680	500~650	—	—	≥19	≥18	≥18	≥18	—	—
Q460	C DE	≥460	≥440	≥420	≥400	≥400	≥380	—	—	—	550~720	550~720	550~720	550~720	530~700	—	—	≥17	≥16	≥16	≥16	—	—
Q500	C D E	≥500	≥480	≥470	≥450	≥440	—	—	—	—	610~770	600~760	590~750	540~730	—	—	—	≥17	≥17	≥17	—	—	—
Q550	CD E	≥550	≥530	≥520	≥500	≥490	—	—	—	—	670~830	620~810	600~790	590~780	—	—	—	≥16	≥16	≥16	—	—	—
Q620	CD E	≥620	≥600	≥590	≥570	—	—	—	—	—	710~880	690~880	670~860	—	—	—	—	≥15	≥15	≥15	—	—	—
Q690	CDE	≥690	≥670	≥660	≥640	—	—	—	—	—	770~940	750~920	730~900	—	—	—	—	≥14	≥14	≥14	—	—	—

注:当屈服不明显时,可测量$R_{0.2}$代替下屈服强度;

宽度不小于600 mm扁平材,拉伸试验取横向试样;宽度小于600 mm的扁平材、型材及棒材取纵向试样,断后伸长率最小值相应提高1%(绝对值);

厚度为250~400 mm的数值适用于扁平材。

表 15.8 夏比(V 型)冲击试验的试验温度和冲击吸收能量(冲击韧性)

牌号	质量等级	试验温度/℃	冲击吸收能量/J 公称厚度(直径、边长)/mm		
			12~150	150~250	250~400
Q345	B	20	≥34	≥27	—
	C	0			27
	D	−20			
	E	−40			
Q390	B	20	≥34	—	—
	C	0			
	D	−20			
	E	−40			
Q420	B	20	≥34	—	—
	C	0			
	D	−20			
	E	−40			
Q460	C	0	≥34	—	—
	D	−20			
	E	−40			
Q500、Q550、Q620、Q690	C	0	≥55	—	—
	D	−20	≥47		
	E	−40	≥31		

注:冲击试验取纵向试样。

表 15.9 冷弯性能

牌号	试样方向	180°弯曲试验 [d=弯心直径,a=试样厚度(直径)] 钢材厚度(直径、边长)	
		≤16 mm	16~100 mm
Q345 Q390 Q420 Q460	宽度不小于 600 mm 扁平材,拉伸试验取横向试样;宽度小于 600 mm 的扁平材、型材及棒材取纵向试样	2a	3a

注:冲击试验取纵向试样。

Q295 号钢中只含有少量合金元素,强度较低,但塑性、冷弯性能、焊接性能和耐锈蚀性能较好。其主要用于建筑工程中对强度要求不高的一般工程结构。

Q345、Q390 号钢的强度较高,焊接性能、冷热加工性能和耐锈蚀性能也较高,其综合性能良好。其主要用于工程中承受较高荷载的焊接结构。

Q420、Q460 号钢的强度高,特别是在热处理后,具有较高的强度。其主要用于大型工程结构及要求强度高、荷载大的轻型结构。

15.4 常用建筑钢材

建筑工程中常用的建筑钢材,按使用部位分为钢结构用钢材和钢筋混凝土结构用钢材两种。

15.4.1 钢结构用钢材

钢结构一般使用各种型钢,型钢是采用钢锭经加工后形成的具有一定截面形状的钢材,按截面分为简单截面的型钢和复杂截面的型钢。简单截面的型钢主要有圆钢、方钢、六角钢和八角钢等,复杂截面的型钢主要有角钢、槽钢、工字钢和钢轨等,如图 15.6 所示。

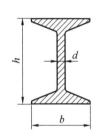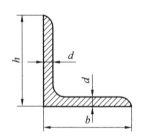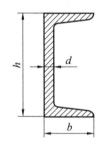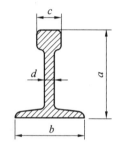

图 15.6　工字钢、角钢、槽钢、钢轨截面示意图

型钢与型钢之间的连接比较方便,可以通过焊接、铆接或螺栓连接,且形成的结构具有强度高、刚度大、承载力高等特点,因此采用型钢制成的钢结构主要应用于大跨度、重荷载的工业厂房、铁路和公路桥梁等工程中。

15.4.2 钢筋混凝土结构用钢材

1. 热轧钢筋

热轧钢筋分为热轧光圆钢筋和热轧带肋钢筋,而热轧带肋钢筋又分为普通热轧钢筋和细晶粒热轧钢筋。热轧光圆钢筋的横截面为圆形,表面光滑;热轧带肋钢筋的表面为两条纵肋和沿长度方向均匀分布的横肋,如图 15.7 所示。

热轧光圆钢筋按屈服强度为 300 级,其牌号由 HPB+屈服强度特征值构成,表示为 HPB300。其公称直径范围为 6~22 mm。

热轧带肋钢筋按屈服强度分为 335、400、500 级,其牌号 HRB(或 HRBF)+屈服强度特征值构成,分别表示为 HRB335、HRB400、HRB500、HRBF335、HRBF400、HRBF500、RRB400。其公称直径范围为 6~50 mm。

按照《钢筋混凝土用钢第 1 部分:热轧光圆钢筋》(GB 14915.1—2017)和《钢筋混凝土用钢第 2 部分:热轧带肋钢筋》(GB 14915.2—2018)的规定,热轧光圆钢筋和热轧带肋钢筋的拉伸性能和冷弯性能应符合表 15.10 的要求。表中 R_{eL} 表示屈服强度,R_m 表示抗拉强

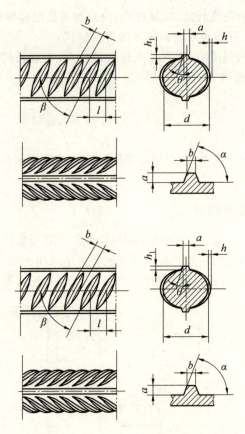

图 15.7 热轧带肋钢筋的外形

度,A 表示断后伸长率,A_{gt} 表示最大力总伸长率。

表 15.10 热轧钢筋的力学性能和工艺性能

牌号		公称直径 /mm	拉伸性能 A/%				冷弯性能
			R_{eL} MPa	R_m /MPa	A /%	A_{gt} /%	弯心直径(d)、公称直径(a)
			不小于				
热轧光圆钢筋	HPB300	6~22	300	420	25.0	10.0	180°
热轧带肋钢筋	HRB335 HRBF335	6~25 28~40 40~50	335	455	17		180° $d=3a$ 180° $d=4a$ 180° $d=5a$
	HRB400 HRBF400 RRB400	6~25 28~40 40~50	400	540	16	7.5	180° $d=4a$ 180° $d=5a$ 180° $d=6a$
	HRB500 HRBF500	6~25 28~40 40~50	500	630	15		180° $d=6a$ 180° $d=7a$ 180° $d=8a$

钢筋应按批进行检查和验收,每批由同一牌号、同一炉罐号、同一规格的钢筋组成,60 t 为一个检验批。

热轧带肋钢筋的表面有轧制的钢筋牌号标志、经注册的厂名(或商标)、公称直径毫米数字。钢筋牌号标志以阿拉伯数字或阿拉伯数字加英文字母表示,HRB335、HRB400、HRB500 分别以 3、4、5 表示,HRBF335、HRBF400 和 HRBF500 分别以 C3、C4、C5 表示。厂名以汉语拼音字头表示,公称直径毫米数以阿拉伯数字表示。

2. 冷轧带肋钢筋

冷轧带肋钢筋由热轧圆盘条经冷轧或冷拔后,在表面冷轧成两面或三面有肋的钢筋,如图 15.8、图 15.9 所示。钢筋冷轧后允许进行低温回火处理。

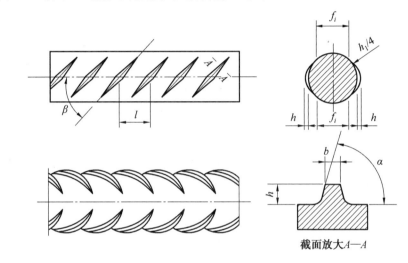

图 15.8　两面肋冷轧带肋钢筋表面及截面形状示意图

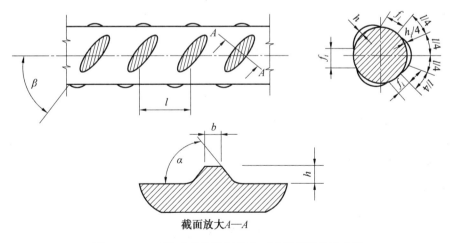

图 15.9　三面肋冷轧带肋钢筋表面及截面形状示意图

根据《冷轧带肋钢筋》(GB 13788—2017)冷轧带肋钢筋按抗拉强度分为 CRB550、CRB650、CRB800、CRB970、CRB1170 共 5 个牌号。

冷轧带肋钢筋的直径范围为 4～12 mm,推荐的公称直径为 5 mm、6 mm、7 mm、8 mm、9 mm、10 mm。冷轧带肋钢筋的力学性能和工艺性能应符合表 15.10 的规定;当进行冷弯试验时,受弯曲部位表面不得产生裂纹。

表 15.11 冷轧带肋钢筋的力学性能和工艺性能

级别代号	抗拉强度 σ_p/MPa	伸长率/%		弯曲试验(180°)	反复弯曲次数	应力松弛 $\sigma_{con}=0.7\sigma_b$	
		δ_{10}	δ_{100}			1 000 h /%	10 h /%
CRB550	550	8	—	$d=3a$	—	—	—
CRB650	650	—	≥4.0	—	3	≤8	≤5
CRB800	800	—	≥4.0	—	3	≤8	≤5
CRB970	970	—	≥4.0	—	3	≤8	≤5
CRB1170	1 170	—	≥4.0	—	3	≤8	≤5

冷轧带肋钢筋用于非预应力构件,与热轧圆盘条相比,强度提高17%左右,可节约钢材30%左右;用于预应力构件,与低碳冷拔丝比,伸长率高,钢筋与混凝土之间的黏结力较大,适用于中、小预应力混凝土结构构件,也适用于焊接钢筋网。

3. 热处理钢筋

热处理钢筋是经过淬火和回火调质处理的螺纹钢筋,分有纵肋和无纵肋两种。

热处理钢筋公称直径有 6 mm、8.2 mm、10 mm 3 种规格。钢筋经热处理后应卷成盘。每盘应由一整根钢筋盘成,且每盘钢筋的质量应不小于 60 kg。每批钢筋中允许由 5% 的盘数不足 60 kg,但不得小于 25 kg。公称直径为 6 mm 和 8.2 mm 的热处理钢筋盘的内径不小于 1.7 m;公称直径为 10 mm 的热处理钢筋盘的内径不小于 2.0 m 热处理钢筋的力学性能应符合表 15.12 的规定。

表 15.12 预应力混凝土用热处理钢筋的为学性能

公称直径/mm	牌号	σ_b/MPa	σ_{10}/%
6	$40Si_2Mn$		
8.2	$48Si_2Mn$	≥1 325	≥100
10	$45Si_2Cr$		

热处理钢筋具有较高的强度,较好的塑性和韧性,特别适合于预应力构件。钢筋成盘供应,可省去冷拉、调质和对焊工序,施工方便,但其应力腐蚀及缺陷敏感性强,应防止产生锈蚀及刻痕等现象。热处理钢筋不适用于焊接。

4. 钢丝

预应力混凝土用钢丝简称预应力钢丝,是以优质碳素结构钢盘条为原料,经淬火、酸洗、冷拉制成的用作预应力混凝土的钢丝。钢丝按交货状态分为冷拉钢丝和消除应力钢丝两种;按外形分为光面钢丝和刻痕钢丝两种;按用途分为桥梁用、电杆及其他水泥制品用两类。

钢丝为成盘供应。每盘由一根组成,其每盘质量应不小于 50 kg,最低质量不小于 20 kg,每个交货批中最低质量的盘数不得多于 10%。消除应力钢丝的盘径不小于 1 700 mm;冷拉钢丝的盘径不小于 600 mm。经供需双方协议,也可供应盘径不小于 550 mm 的钢丝。

消除应力光圆及螺旋肋钢丝的力学性能见表 15.13。

钢丝的抗拉强度比低碳钢热轧圆盘条、热轧光圆钢筋、热轧带肋钢筋的强度高1～2倍。在构件中采用钢丝可节约钢材、减小构件截面积和节省混凝土。钢丝主要用作桥梁、吊车梁、电杆、楼板、大口径管道等预应力混凝土构件中的预应力筋。

5. 钢绞线

预应力混凝土用钢绞线简称预应力钢绞线,是由多根圆形断面钢丝捻制而成。钢绞线按应力松弛性能分为两级:Ⅰ级松弛(代号Ⅰ)、Ⅱ级松弛(代号Ⅱ)。钢绞线的公称直径有 14.0 mm、12.0 mm、15.0 mm 3 种规格,每盘成品钢绞线应由一整根钢绞线盘成,钢绞线盘的内径不小于 1 000 mm。如无特殊要求,每盘钢绞线的长度不小于 200 m。

预应力混凝土用钢绞线的力学性能见表 15.14。

钢绞线与其他配筋材料相比,具有强度高、柔性好、质量稳定、成盘供应不需接头等优点。其适用于大型建筑、公路或铁路桥梁、吊车梁等大跨度预应力混凝土构件的预应力钢筋,广泛地应用于大跨度、重荷载的结构工程中。

表 15.13 消除应力光圆及螺旋肋钢丝的力学性能

公称直径 d_a /mm	公称抗拉强度 R_m/MPa	最大力的特征值 F_m/kN	最大力的最大值 $F_{m,max}$/kN	0.2%屈服力 $F_{p0.2}$/kN	最大力总长率 (L_a=200 mm) A/%	反复弯曲性能 弯曲次数(次/180°)	反复弯曲性能 弯曲半径 R/mm	应力整整性能 初始力相当于实际最大力的百分数/%	应力整整性能 1 000 h 应力松弛率 r/%
4.00		18.48	20.99	≥16.22		≥3	10		
4.80		26.61	30.23	≥23.35		≥4	15		
5.00		28.86	32.78	≥25.32		≥4	15		
6.00		41.56	47.21	≥36.47		≥4	15		
6.25		45.10	51.24	≥314.58		≥4	20		
7.00		56.57	64.26	≥414.64		≥4	20	70	≤2.5
7.50	1 470	64.94	73.78	≥56.99	≥3.5	≥4	20		
8.00		73.88	83.93	≥64.84		≥4	20	80	≤4.5
14.00		93.52	106.25	≥82.07		≥4	25		
14.50		104.19	118.37	≥91.44		≥4	25		
10.00		115.45	131.16	≥101.32		≥4	25		
11.00		1 314.69	158.70	≥122.59		—	—		
12.00		166.26	188.88	≥145.90		—	—		

续表15.13

公称直径 d_a /mm	公称抗拉强度 R_m/MPa	最大力的特征值 F_m/kN	最大力的最大值 $F_{m,max}$/kN	0.2%屈服力 $F_{p0.2}$/kN	最大力总长率 (L_a=200 mm) A/%	反复弯曲性能 弯曲次数(次/180°)	反复弯曲性能 弯曲半径 R/mm	应力整整性能 初始力相当于实际最大力的百分数/%	应力整整性能 1 000 h 应力松弛率 r/%
4.00	1 570	114.73	22.24	≥13.37	≥3.5	≥3	10	70	≤2.5
4.80		28.41	32.03	≥25.00		≥4	15		
5.00		30.82	34.75	≥27.12		≥4	15		
6.00		44.38	50.03	≥314.06		≥4	15		
6.25		48.17	54.31	≥42.39		≥4	20		
7.00		60.41	68.11	≥53.16		≥4	20		
7.50		614.36	78.20	≥61.04		≥4	20		
8.00		78.91	88.96	≥614.44		≥4	20		
9.00	1 670	914.88	112.60	≥87.89		≥4	25		
14.50		111.28	125.46	≥97.93		≥4	25		
10.00		123.31	139.02	≥108.51		≥4	25		
11.00		1 414.20	168.21	≥131.30		—	—		
12.00		177.57	200.19	≥156.26		—	—		
4.00		20.99	23.50	≥18.47		≥3	10		
5.00		32.78	36.71	≥28.85		≥4	15		
6.00		47.21	52.86	≥41.54		≥4	15	80	≤4.5
6.25		51.24	57.38	≥45.09		≥4	20		
7.00		64.26	71.96	≥56.55		≥4	20		
7.50		73.78	82.62	≥64.93		≥4	20		
8.00	1 770	83.93	93.98	≥73.86		≥4	20		
14.00		106.25	118.97	≥93.50		≥4	25		
4.00		22.25	24.76	≥114.58		≥3	10		
5.00		34.75	38.68	≥30.58		≥4	15		
6.00		50.04	55.69	≥44.03		≥4	15		
7.00		68.11	75.81	≥514.94		≥4	20		
7.50		78.20	87.04	≥68.81		≥4	34		
4.00	1 860	23.38	25.89	≥20.57		≥3	20		
5.00		36.51	40.44	≥32.13		≥4	15		
6.00		52.58	58.23	≥46.27		≥4	15		
7.00		71.57	714.27	≥62.98		≥4	20		

表 15.14 预应力混凝土用钢绞线的力学性能

钢绞线结构	公称直径 /mm	强度级别 /MPa	整根钢绞线的最大负荷 /kN,≥	屈服负荷 /kN,≥	伸长率 /%,≥	1000h 松弛值(%),≤			
						Ⅰ级松弛		Ⅱ级松弛	
						初始负荷			
						70%破断负荷	80%破断负荷	70%破断负荷	80%破断负荷
1×2	10.00	1 720	≥67.9	≥57.7	≥3.5	≤8.0	≤12.0	≤2.5	≤4.5
	12.00		≥97.9	≥83.2					
1×3	10.80		≥102	≥86.7					
	12.90		≥147	≥125					
1×7 标准型	14.50	1 860	≥102	≥86.6					
	11.10	1 860	≥138	≥117					
	12.70	1 860	≥184	≥156					
	15.20	1 720	≥239	≥203					
		1 860	≥259	≥220					
1×7 模拔型	12.70	1 860	≥209	≥178					
	15.20	1 820	≥300	≥255					

15.5 钢筋试验

15.5.1 试验取样

1. 低碳钢、热轧圆盘条

低碳钢热轧圆盘条的检验项目、取样与试验方法见表 15.15。

表 15.15 低碳钢热轧圆盘条的检验项目、取样与试验方法

序号	检验项目	取样数量	取样方法	试验方法
1	化学成分(熔炼分析)	1个/炉	GB/T 20066	GB/T 223 GB/T 4336、GB/T 20123
2	拉伸	1个/批	GB/T 2975	GB/T 228
3	弯曲	2个/批	不同根盘条、GB/T 2975	GB/T 232
4	尺寸	逐盘		千分尺、游标卡尺
5	表面			目视

注:对化学成分结果有争议时,仲裁试验按 GB/T 223 进行。

2. 热轧光圆钢筋

钢筋的屈服强度 R_d、抗拉强度 R_m、断后伸长率 A、最大力总伸长率 A_g 等力学性能特征

值应符合表 15.16 的规定。表 15.16 所列各力学性能特征值,可作为交货检验的最小保证值。根据供需双方协议,伸长率类型可从 A 或 A_{gt} 中选定。如伸长率类型未经协议确定,则伸长率采用 A,仲裁检验时采用 A_{gt}。按表 15.16 规定的弯芯直径弯曲 180°后,钢筋受弯曲部位表面不得产生裂纹。钢筋应无有害表面缺陷,按盘卷交货的钢筋应将头尾有害缺陷部分切除。热轧光圆钢筋的检验项目和检验方法见表 15.17。

表 15.16 热轧光圆钢筋力学性能(GB/T 14915.1—2017)

牌号	R_{eL}/MPa	R_m/MPa	A/%	A_{gt}/%	冷弯试验(180°)
	不小于				
HPB300	300	420	25.0	10.0	$d=a$

注:d 表示弯芯直径;a 表示钢筋公称直径。

表 15.17 热轧光圆钢筋的检验项目、取样与试验方法

序号	检验项目	取样数量	取样方法	试验方法
1	化学成分(熔炼分析)	1	GB/T 20066	GB/T 4336、GB/T 20123、GB/T 20125
2	拉伸	2	不同根(盘)钢筋切取	GB/T 28900、GB/T 1944.1—2017
3	弯曲	2	不同根(盘)钢筋切取	GB/T 28900、GB/T 1944.1—2017
4	尺寸	逐支(盘)	—	钢筋直径的测量应精确到 0.1 mm
5	表面	逐支(盘)	—	目视
6	质量偏差		试样应从不同根钢筋上截取,数量不少于 5 支,每支试样长度不小于 500 mm,精确到 1 mm	GB/T 1944.1—2017

注:对化学分析和拉伸试验结果有争议时,仲裁试验分别按 GB/T 223、GB/T 228 进行。

3. 热轧带肋钢筋

热轧带肋钢筋由低合金钢热轧而成,横截面为圆形,主要力学性能应符合表 15.18 的规定。热轧带肋钢筋强度较高,塑性、可焊性也较好,钢筋表面带有纵肋和横肋,与混凝土界面之间具有较强的握裹力。因此,热轧带肋钢筋主要用于钢筋混凝土结构构件的受力筋。热轧带肋钢筋的检验项目和检验方法等见表 15.19。

表 15.18 热轧带肋钢筋的力学性能和工艺性能(GB/T 14914.2—2018)

牌号	屈服强度 R_{eL}/MPa	抗拉强度 R_m/MPa	断后伸长率 A/%	总伸长率 A_{gt}/%
	不小于			
HRB400	400	540	16	7.5
HRBF400				
HRB500	500	630	15	
HRBF500				

表 15.19 热轧带肋钢筋的检验项目、取样与试验方法

序号	检验项目	取样数量	取样方法	试验方法
1	化学成分（熔炼分析）	1	GB/T 20066	GB/T 223、GB/T 4336
2	拉伸	2	任选两根钢筋切取	GB/T 28900、GB14914.2
3	弯曲	2	任选两根钢筋切取	GB/T 28900、GB14914.2
4	反向弯曲	1	—	GB/T 28900、GB14914.2
5	疲劳试验	供需双方协议		
6	尺寸	逐支		GB/T 14914.2
7	表面			目视
8	质量偏差	试样数量不少于 5 支,每支试样长度不小于 500 mm。长度应逐支测量,应精确到 1 mm。测量试样总质量时,应精确到不大于总质量的 1%		GB/T 14914.2
9	晶粒度	2	任选两根钢筋切取	GB/T 6394

注：对化学分析和拉伸试验结果有争议时,仲裁试验分别按 GB/T 223、GB/T 228 进行。

4. 冷轧带肋钢筋

冷轧带肋钢筋由热轧圆盘条经冷轧而成,表面带有沿长度方向均匀分布的月牙肋,力学性能和工艺性能应符合表 15.20 的规定。反复弯曲试验的弯曲半径应符合表 15.21 的规定。由于冷轧带肋钢筋是经过冷加工强化的产品,因此其强度提高、塑性降低、强屈比变小。冷轧带肋钢筋主要用于中小型预应力混凝土结构构件和普通混凝土结构构件。冷轧带肋钢筋的检验项目、取样与试验方法应符合表 15.22 的规定。

表15.20 冷轧带肋钢筋的力学性能和工艺性能(GB/T 13788—2017)

分类	级别代号	$R_{p0.2}$ /MPa ($\geqslant$)	R_m /MPa ($\geqslant$)	$R_m/R_{p0.2}$ ($\geqslant$)	伸长率/%		最大力总延伸率/%	弯曲试验180°	反复弯曲次数	应力松弛率 初始应力应相当于公称抗拉强度的70%
					A ($\geqslant$)	A_{100} ($\geqslant$)	A_g ($\geqslant$)			1 000 h 松弛率/%
普通混凝土钢筋用	CRB550	500	550	1.05	11.0	—	2.5	$D=3d$		—
	CRB550H	540	600	1.05	14.0		5.0	$D=3d$		
	CRB680H	600	68	1.05	14.0	—	5.0	$D=3d$	4	$\leqslant 5$
预应力混凝土用	CRB650	585	650	1.05	—	4.0	2.5		3	$\leqslant 8$
	CRB800	720	800	1.05	—	4.0	2.5			$\leqslant 8$
	CRB800H	720	800	1.05	—	74.0	4.0		4	$\leqslant 5$

注:表中 D 为宽心直径;d 为钢筋公称直径;当该牌号钢筋作为普通钢筋混凝土用钢筋使用时,对反复弯曲和应力松弛不做要求,当该牌号钢筋作为预应力混凝土用钢筋使用时应进行反复弯曲试验代替180°弯曲试验,并检测松弛率。

表15.21 反复弯曲试验的弯曲半径　　　　　　　　　　　mm

钢筋公称直径	4	5	6
弯曲半径	10	15	15

表15.22 冷轧带肋钢筋的检验项目、取样与试验方法

序号	检验项目	取样数量	取样方法	试验方法
1	拉伸	每盘1个	在每(任)盘中随机切取	GB/T 28900、GB/T 21839
2	弯曲	每批2个		GB/T 28900
3	反复弯曲试验	每批2个		GB/T 21839
4	应力松弛试验	定期1个		GB/T 21839、GB/T 13788
5	尺寸		逐盘	GB/T 13788
6	表面			目视
7	质量偏差	每盘1个,试样长度应不小于500 mm,长度精确到1 mm,测量试样质量时,应精确到1 g		GB/T 13788

注:表中试验数量栏中"盘"指生产钢筋的"原料盘"。

5. 取样

钢筋力学性能试验应在尺寸、表面状况等外观检验项目检查验收合格基础上进行取样。

验收时,钢筋应有出厂证明或试验报告单,并抽样做机械性能试验,在使用中若有脆断、焊接性能不良或机械性能显著不正常时,还应进行化学成分分析试验。

钢筋应按批进行检查和验收,每批由同一牌号、同一炉罐号、同一规格的钢筋组成。每批质量通常不大于 60 t。超过 60 t 的部分,每增加 40 t(或不足 40 t 的余数),增加一个拉伸试验试样和一个弯曲试验试样。

对热轧带肋钢筋、热轧光圆钢筋、低碳钢热轧圆盘条、热处理钢筋取样时,当每批取样不大于 60 t 时,每批取一组试样。对热轧带肋钢筋、热轧光圆钢筋、热处理钢筋取样时,在该批中任选两根钢筋,在每根上截取两段,一个拉试件、一个弯试件,即两个拉试件和两个弯试件为一组,捆好并附上该钢筋规格的标牌,试件不允许进行车削加工。对低碳钢热轧圆盘条取样时,任选两盘,去掉端头 500 mm,截取一个拉试件和两个弯试件为一组(两个弯试件要分别在两盘上截取),捆好并附上该钢筋规格的标牌。

对冷轧带肋钢筋应按批进行检查验收,每批由同钢号、同规格和同级别的钢筋组成,质量不大于 60 t。

对冷拉钢筋应分批验收,每批由不大于 20 t 的同级别、同直径的冷拉钢筋组成。进行力学性能试验时,从每批中抽取两根钢筋,每根取一拉一弯两个试样,四个试样为一组分别进行拉伸和冷弯试验;当有一项检验指标不符合要求时,应取双倍数量的试样重做各项试验;如仍有一个试样不合格,则该批冷拉钢筋为不合格品。

对冷拔低碳钢丝应逐盘进行检验,相同材料盘条冷拔成同直径的钢丝,以 5 t 为一批。进行力学性能试验时,甲级钢丝从每盘中任一端先去掉 500 mm,然后取一拉一弯两个试样,分别做拉力和反复弯曲试验,按其抗拉强度确定该盘钢丝的组别。乙级钢丝分批取样,同一直径的钢丝 5 t 为一批,任选 3 盘,每盘截取两个试样,分别做拉力和反复弯曲试验。如果有一个不合格,应在未取过试样的盘中另取双倍数量试样,再做各项试验。如果仍有一个试验不合格,应对该批钢丝逐盘取样进行试验,合格者方可使用。

对钢筋进行拉伸和冷弯试验时,任选两根钢筋切取,且在钢筋的任意一端截去 500 mm 后各取一套试样。拉伸和冷弯试验试样不允许进行车削加工,拉伸试验钢筋的长度 $L=5a+200$ mm(a 为钢筋直径,mm)或 $10a+200$ mm。拉力试样长度与试验机上下夹头之间的最小距离及夹头的长度有关,冷弯试验钢筋试样长度 $L\geqslant 5a+150$ mm,也可根据钢筋直径和试验条件来确定试样长度。在拉伸试验的试件中,若有一根试件的屈服点、抗拉强度和伸长率 3 个指标中有一个达不到标准中的规定值,或冷弯试验中有一根试件不符合标准要求,则在同一批钢筋中再抽取双倍数量的试件进行该不合格项目的复验,复验结果中只要有一个指标不合格,则该试验结果判定为不合格。

15.5.2 钢筋拉伸试验

在常温下对钢筋进行拉伸试验,测量钢筋的屈服点、抗拉强度和伸长率等主要力学性能指标,据此可以对钢筋的质量进行评价和判定。

1. 主要仪器设备

(1)液压万能试验机(图 15.10)。

常用的液压万能试验机有指针式和数显式两类,控制方式有手动和全自动两种。试验时无论使用何种试验机,其示值误差都应小于 1%。试验过程中为了保证试验机的安全和测量数据的准确性，根据试件的最大破坏荷载值，须选择合适的量程，当荷载达到最大时，试验机的量程指针最好落在第三象限内，或者数显破坏荷载在量程的 50%～75% 之间，如游标卡尺、螺旋千分尺或精度更高的测微仪，精度为 0.1 mm。

图 15.10　液压万能试验机

（2）游标卡尺和螺旋千分尺（图 15.11）。

根据试样尺寸测量精度要求，选用相应精度的任一种量具。

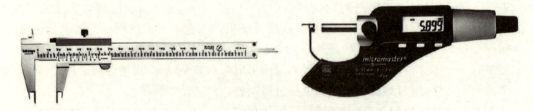

图 15.11　游标卡尺和螺旋千分尺

（3）钢筋打点机（图 15.12）。

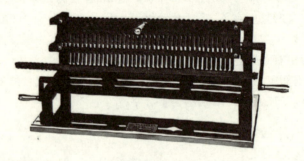

图 15.12　钢筋打点机

2. 试验条件与试件制备

（1）试验机拉伸速度和试验温度。

试验时，试验机的拉伸速度选择是否合适对试验结果有明显影响，同一个试件用不同的拉伸速度进行测试会得到不同的试验结果。拉伸速度可根据试验机的技术特点、试样的材质、尺寸及试验目的来确定,以保证所测钢筋抗拉强度性能的准确性。除有关技术条件或有特殊要求外,屈服前应力增加速度为 10 MPa/s,生产检验允许采用 10~30 MPa/s 的应力增加速度;屈服后试验机活动夹头在负荷下的移动速度应不大于 0.5 L/min。当不需要测定屈服指标时,按规定的速度且平稳而无冲击性地施荷即可。

材料在不同的温度条件下,一般都表现出不同的性能特点或性能差异,钢筋也是如此。钢筋拉伸试验应在 10~35 ℃ 的温度条件下进行,如果试验温度超出这一范围,应在试验记录和报告中予以注明。

(2)试样制备。

钢筋拉伸试验所用的试件不得进行车削加工,可用两个或一系列等分小冲点或细划线标出试件的原始标距,并测量标距长度,精确至 0.1 mm,如图 15.13 所示。试件两端应留有一定的富余长度,以便试验机钳口能够牢固地夹持试样,同时试件标距端点与试验机的夹持点之间还要留有 0.5~1 倍钢筋直径的距离,避免试件标距部分处在试验机的钳口内。

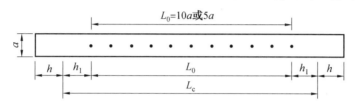

图 15.13 钢筋拉伸试件

a—试样原始直径;L_0—标距长度;L_c—试样平行长度;h—夹头长度;h_1—$(0.5~1)a$

3. 试验步骤

(1)根据被测钢筋的品种和直径,确定钢筋试样的原标距 L_0,$L_c=5a$、$10a$ 或 $100a$(a 为钢筋直径)。

(2)用钢筋打点机在被测钢筋的表面打刻标点。打刻标点时,能使标点准确清晰即可,不要用力过大和破坏试件的原况;否则,会影响钢筋试件的测试结果。

(3)接通试验机电源,启动试验机油泵,使试验机油缸升起,度盘指针调零。根据钢筋直径的大小选定试验机的合适量程,控制好回油阀。

(4)夹紧被测钢筋,使上下夹持点在同一直线上,保证试样轴向受力。不得将试件标距部位夹入试验机的钳口中,试样被夹持部分不小于钳口的 2/3。

(5)启动油泵,按要求控制试验机的拉伸速度,测力度盘的指针停止转动时的恒定负荷或不计初始瞬时效应时最小负荷,即为钢筋的屈服点荷载,记录屈服点荷载。

(6)屈服点荷载测出并记录后,继续对试样施荷直至拉断,从测力度盘读出最大荷载,记录最大破坏荷载。

(7)卸去试样,关闭试验机油泵和电源。

(8)测量试件断后标距。将试样拉断后的两段在拉断处紧密对接起来,尽量使其轴线位于一条线上,拉断处若形成缝隙时,此缝隙应计入试样拉断后的标距部分长度内。

①当拉断处到邻近标距端点的距离大于 $L_0/3$ 时,可用游标卡尺直接量出断后标距 L_1。

②当拉断处到邻近标距端点的距离小于或等于 $L_0/3$ 时,可按移位法确定断后标距 L_1,即在长段上,从拉断处 O 点取等于短段格数,得 B 点,再取等于长段所余格数(偶数,如图

15.14 所示)的一半,得 C 点;或者取所余格数(奇数,如图 15.14 所示)减 1 与加 1 的一半,得 C 与 C_1 点。移位后的 $L_1=AB+2BC$ 或 $L_2=AB+BC+BC_1$。当直接测量所求得的伸长率能够达到技术条件要求的规定值时,则可不必采用移位法。

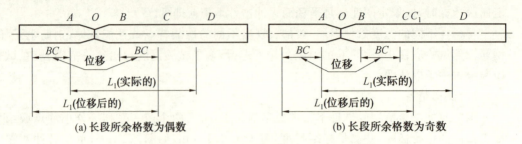

(a) 长段所余格数为偶数　　　　(b) 长段所余格数为奇数

图 15.14　移位法测量钢筋断后标距示意图

4. 计算与结果评定

(1) 钢筋的屈服点 σ_s 和抗拉强度 σ_p 分别按下式计算:

$$\sigma_s=\frac{F_s}{A}, \quad \sigma_p=\frac{F_b}{A} \tag{15.1}$$

式中　σ_s、σ_p——钢筋屈服点和抗拉强度,MPa;
　　　F_s、F_b——钢筋屈服荷载和最大荷载,N;
　　　A——钢筋试件横截面积,mm²。

由于直径与横截面积之间有对应关系,当钢筋试件的公称直径已知时,为计算快捷和方便,试件的横截面积可按表 15.23 查用。

表 15.23　钢筋公称直径与横截面积的对应关系

公称直径 a/mm	横截面积 A/mm²	公称直径 a/mm	横截面积 A/mm²
8	50.27	22	380.1
10	78.54	25	490.9
12	113.1	28	615.8
14	153.9	32	804.2
16	201.1	36	1 018
18	254.5	40	1 257
20	315.2	50	1 964

钢筋的屈服点和抗拉强度计算精度按下述要求确定。当 σ_s、σ_p 均大于 1 000 MPa 时,精确至 10 MPa;当 σ_s、σ_p 在 200～1 000 MPa 时,精确至 5 MPa;当 σ_s、σ_p 小于 200 MPa 时,精确至 1 MPa。

(2) 钢筋短、长试样的伸长率分别以 δ_5、δ_{10} 表示,定标距试样的伸长率应附该标距长度数值的角注。钢筋伸长率 δ_5(或 δ_{10})按下式计算,精确至 1%:

$$\delta_5 (或 \delta_{10})=\frac{L_1-L_0}{L_0}\times 100\% \tag{15.2}$$

式中　δ_5、δ_{10}——$L_0=5a$、$L_0=10a$ 时钢筋的伸长率,%;

L_0——钢筋原标距长度,mm;
L_1——试件拉断后直接量出或按移位法确定的标距长度,mm。

在结果评定时,如发现试件在标距端点上或标距外断裂,则试验结果无效,应重做试验。对钢筋拉伸试验的两根试样,当其屈服点、抗拉强度和伸长率3个指标均符合前述对钢筋性能指标的规定要求时,即判定为合格。如果其中一根试样在3个指标中有一个指标不符合规定,则判定为不合格,应取双倍数量的试样重新测定3个指标。在第二次拉伸试验中,如仍有一个指标不符合规定,不论这个指标在第一次试验中是否合格,拉伸试验结果即作为不合格。

5. 注意事项

(1)在钢筋拉伸试验过程中,当拉力未达到钢筋规定的屈服点(即处于弹性阶段)而出现停机等故障时,应卸下荷载并取下试样,待恢复正常后可再做拉伸试验。

(2)当拉力已达钢筋所规定的屈服点至屈服阶段时,不论停机时间多长,该试样按报废处理。

(3)当拉力达到屈服阶段,但尚未达到极限时,如排除故障后立即恢复试验,测试结果有效;如故障长时间不能排除,应卸下荷载取下试样,该试样作报废处理。

(4)当拉力达到极限(度盘已退针),试件已出现颈缩,若此时伸长率符合要求,则判定为合格;若此时伸长率不符合要求,应重新取样进行试验。

15.5.3 钢筋冷弯试验

钢筋冷弯试验也是钢筋力学性能试验的必做试验项目,通过对钢筋进行冷弯试验,可对钢筋塑性进行定性检验,同时可间接判定钢筋内部的缺陷及可焊性。

1. 主要仪器设备

(1)液压万能试验机。同拉伸试验要求,单功能的压力机也可进行钢筋冷弯试验。
(2)钢筋弯曲机。带有一定弯心直径的冷弯冲头。
(3)钢筋反复弯曲机等。

2. 试验步骤

(1)钢筋冷弯试件不得进行车削加工,根据钢筋的型号和直径,确定弯心直径,钢筋混凝土用热轧带肋钢筋的弯心直径按表15.24确定。将弯心头套入试验机,按图15.15(a)调整试验机平台上的支辊距离 L_1:

$$L_1 = (d+3a) \pm 0.5a \tag{15.3}$$

式中 d——弯曲压头或弯心直径,mm;
a——试件厚度或直径或多边形截面内切圆直径,mm。

表 15.24 钢筋混凝土用热轧带肋钢筋弯心直径　　　　　　　　　　　　mm

牌号	公称直径 d	弯心直径
HRB400	6～25	$4d$
RRBF400	28～40	$5d$
HRB400E	>40～50	$6d$
RRBF400E		

续表15.24

牌号	公称直径 d	弯心直径
HRB500 RRBF500 HRB500E RRBF500E	6~25	$6d$
	28~40	$7d$
	>40~50	$8d$
HRB600	6~25	$6d$
	28~40	$7d$
	>40~50	$8d$

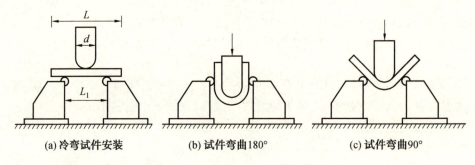

图 15.15 钢筋冷弯试验装置图

(2)放入钢筋试样,将钢筋面贴紧弯心棒,旋紧挡板,使挡板面贴紧钢筋面或调整两支辊距离到规定要求。

(3)调整所需要弯曲的角度(180°或90°)。

(4)盖好防护罩,启动试验机,平稳加荷,使钢筋弯曲到所需要的角度。当被测钢筋弯曲至规定角度(180°或90°)后,如图15.15(b)、(c)所示,停止冷弯。

(5)揭开防护罩,拉开挡板,取出钢筋试样。

3. 结果判定

钢筋弯曲后,按有关规定检查试样弯曲外表面,钢筋受弯曲部位表面不得产生裂纹现象。当有关标准未作具体规定时,检查试样弯曲外表面,若无裂纹、裂缝或裂断等现象,则判定试样合格。钢筋弯曲试验结果判定见表15.25。在微裂纹、裂纹、裂缝中规定的长度和宽度,只要有一项达到其规定范围,即应按该级评定。

表 15.25 钢筋弯曲试验结果判定

结果	判定依据
完好	试样弯曲处的外表面金属基体上,无肉眼可见因弯曲变形产生的缺陷
微裂纹	试样弯曲外表面金属基体上出现的细小裂纹,其长度小于等于2 mm,宽度小于等于0.2 mm
裂纹	试样弯曲外表面金属基体上出现开裂,其长度大于2 mm且不大于5 mm,宽度大于0.2 mm且不大于0.5 mm

续表15.25

结果	判定依据
裂缝	试样弯曲外表面金属基体上出现明显开裂,其长度大于5 mm,宽度大于0.5 mm
裂断	试样弯曲外表面出现沿宽度贯裂的开裂,其深度超过试样厚度的1/3

4. 钢筋反向弯曲试验要点

(1)反向弯曲试验的弯心直径比弯曲试验相应增加一个钢筋直径。反向弯曲试验先正向弯曲90°,后反向弯曲20°。经反向弯曲试验后,钢筋受弯曲部位表面不得产生裂纹。

(2)反向弯曲试验时,经正向弯曲后的试件,应在100 ℃温度下保温不少于30 min,经自然冷却后再反向弯曲。当能保证钢筋人工时效后的反向弯曲性能时,正向弯曲后的试样亦可在室温下直接进行反向弯曲。

5. 金属线材反复弯曲试验

当需要进行金属线材反复弯曲试验时,试样的选择应从外观检查合格线材的任意部位截取;试样应尽可能是直的,试件长度为150~250 mm,试验时在其弯曲平面内允许有轻微的弯曲。必要时可对试样进行矫直,当用手不能矫直时,可将试样置于木材或塑料平面上,用由这些材料制成的锤轻轻锤直。矫直时试样表面不得有损伤,也不允许有任何扭曲。一般按下述步骤进行:

(1)使弯曲臂处于垂直位置,将试样由拨杆孔插入并夹紧其下端,使试样垂直于弯曲圆柱轴线所在的平面。

(2)操作应平稳而无冲击,弯曲速度每秒不超过一次,要防止温度升高而影响试验结果。

(3)将试样从起始位置向右(左)弯曲90°返回至原始位置,作为第一次弯曲;再由起始位置向左(右)弯曲90°返回至起始位置,作为第二次弯曲。依次连续反复弯曲,连续进行到有关标准中所规定的弯曲次数或试样折断为止;如有特殊要求,可弯曲到不用放大工具即可见裂纹为止。试样折断时的最后一次弯曲不计。

6. 注意事项

(1)在钢筋弯曲试验过程中,应采取适当防护措施(如加防护罩等),防止钢筋断裂时飞出伤及人员和损坏临近设备。弯曲碰到断裂钢筋时,应立即切断电源,查明情况。

(2)当钢材冷弯过程中发生意外故障时,应卸下荷载,取下试样,待恢复后再做冷弯试验。

比较分析两种材料抵抗冲击时的吸收功,观察破坏断口的形貌特征。

15.5.4 钢筋焊接接头试验

在实际工程中,经常出现钢筋连接的情况,而焊接是钢筋最常用的连接方式,接头的焊接质量将直接影响钢筋的整体性能及其质量。试验时,首先要对钢筋焊接接头的外观质量进行检查,当接头外观质量检查合格时,才可进行钢筋焊接接头的力学性能试验。由于钢筋焊接接头力学性能的试验原理、方法和操作过程与钢筋的力学性能试验基本相同,所以本节只对钢筋焊接接头试验做一般性介绍。

1. 钢筋焊接接头外观检查与质量要求

钢筋焊接接头种类与质量要求见表 15.26。

表 15.26 钢筋焊接接头种类与质量要求

接头种类	质量要求
闪光对焊接头 电渣压力焊接头	闪光对焊接头处不得有横向裂纹,消除受压面的金属毛刺和镦粗部分,且与母材表面齐平; 与电极接触处的钢筋表面不得有明显烧伤; 接头处的弯折角应不大于 3°,接头处的轴线偏移不大于 0.1 倍钢筋直径且不大于 2 mm
电弧焊接头	焊缝表面应平整,不得有凹陷或焊瘤; 焊接接头区域不得有裂纹
气压焊头	两钢筋轴线弯折角应不大于 3°; 压焊面偏移应不大于 0.15 倍钢筋直径且不大于 4 mm

2. 钢筋焊接接头力学性能试验

(1) 试验方法。

对外观检查合格的钢筋接头可进行力学性能试验,试验项目有抗拉强度及冷弯性能,具体试验方法同前所述的钢筋力学性能试验方法。

(2) 结果判定。

①拉伸试验。钢筋闪光对焊接头、电弧焊接头、电渣压力焊接头、气压焊接头、箍筋闪光对焊接头、预埋件钢筋 T 形接头的拉伸试验,应从每一检验批接头中随机切取 3 个接头进行试验并应按下列规定对试验结果进行评定:

符合下列条件之一,应评定该检验批接头拉伸试验合格:a. 3 个试件均断于钢筋母材,呈延性断裂,其抗拉强度大于或等于钢筋母材抗拉强度标准值;b. 2 个试件断于钢筋母材,呈延性断裂,其抗拉强度大于或等于钢筋母材抗拉强度标准值;c. 另一试件断于弯曲试验结果应按下列规定进行评定:

注:试件断于热影响区,呈延性断裂,应视作与断于钢筋母材等同;试件断于热影响区,呈脆性断裂,应视作与断于焊缝等同。

②符合下列条件之一,应进行复验:a. 2 个试件断于钢筋母材,呈延性断裂,其抗拉强度大于或等于钢筋母材抗拉强度标准值;另一试件断于焊缝,或热影响区,呈脆性断裂,其抗拉强度小于钢筋母材抗拉强度标准值。b. 1 个试件断于钢筋母材,呈脆性断裂,其抗拉强度大于或等于钢筋母材抗拉强度标准值;另 2 个试件断于焊缝或热影响区,呈脆性断裂。c. 3 个试件均断于焊缝,呈脆性断裂,其抗拉强度均大于或等于钢筋母材抗拉强度标准值。

③当 3 个试件中有 1 个试件抗拉强度小于钢筋母材抗拉强度标准值,应评定该检验批接头拉伸试验不合格。

④复验时,应切取 6 个试件进行试验。试验结果:若有 4 个或 4 个以上试件断于钢筋母材,呈延性断裂,其抗拉强度大于或等于钢筋母材抗拉强度标准值;另 2 个或 2 个以下试件断于焊缝,呈脆性断裂,其抗拉强度大于或等于钢筋母材抗拉强度标准值,应评定该检验批

接头拉伸试验复验合格。

⑤可焊接余热处理钢 RRB400W 焊接接头拉伸试验,其抗拉强度应符合同级别热轧带肋钢筋抗拉强度标准值 540 MPa 的规定。

⑥预埋件钢筋 T 形接头拉伸试验,3 个试件的抗拉强度均大于或等于表 15.27 的规定值时,应评定该检验批接头拉伸试验合格。若有一个接头试件抗拉强度小于表 15.27 的规定值时,应进行复验。复验时,应切取 6 个试件进行试验。其抗拉强度均大于或等于表 15.27 的规定值时,应评定该检验批接头拉伸试验复验合格。

表 15.27 预埋件钢筋 T 形接头抗拉强度规定值

钢筋牌号	抗拉强度规定值/MPa
HPB300	400
HRB335、HRBF335	435
HRB400、HRBF400	520
HRB500、HRBF500	610
RRB400W	520

(2)弯曲试验。

钢筋闪光对焊接头、气压焊接头进行弯曲试验时,应从每一个检验批接头中随机切取 3 个接头,焊缝应处于弯曲中心点,弯心直径和弯曲角度应符合表 15.28 的规定。

表 15.28 接头弯曲试验指标

钢筋牌号	弯心直径	弯曲角度/(°)
HPB300	$2d$	90
HRB335、HRBF335	$4d$	
HRB400、HRBF400、RRB400W	$5d$	
HRB500、HRBF500	$7d$	

注:d 为钢筋直径,mm;

直径大于 25 mm 的钢筋焊接接头,弯心直径应增加 1 倍钢筋直径。

参 考 文 献

[1] 王陵茜.市政工程材料[M].3版.北京:中国建筑工业出版社,2020.
[2] 郭秋生.建筑工程材料检测[M].北京:中国建筑工业出版社,2018.
[3] 姜志青.道路建筑材料[M].5版.北京:人民交通出版社,2015.
[4] 高琼英.建筑材料[M].4版.武汉:武汉理工大学出版社,2012.
[5] 林宗寿.水泥工艺学[M].2版.武汉:武汉理工大学出版社,2017.
[6] 白宪臣.土木工程材料实验[M].3版.北京:中国建筑工业出版社,2022.
[7] 叶建雄.建筑材料基础实验[M].北京:中国建材工业出版社,2016.
[8] 葛勇.土木工程材料学[M].北京:中国建材工业出版社,2007.
[9] 张建.建筑材料与检测[M].2版.北京:化学工业出版社,2011.